绿色化学前沿丛书

绿色化学产品

闫立峰　编著

科学出版社

北　京

内 容 简 介

本书围绕绿色化学的基本理念，归纳总结了近年来绿色化学产品方面研究的最新进展，分别介绍了绿色产品定义、绿色制药、绿色农药与杀虫剂、绿色食品添加剂、绿色陶瓷产品与技术、绿色纳米复合材料、绿色水修复材料、绿色多孔材料、生物基功能材料和绿色涂层材料等内容。全书以绿色化学产品的制造与性能为主线，以绿色化学原理为基础，以绿色合成技术为核心，以环境友好产品为目标，脉络清晰，集科学性、应用性、先进性于一体。

本书可作为高等院校化学、化工、制药、环境、生物等相关专业本科生或研究生的教材，也可作为相关行业科技工作者的参考资料。

图书在版编目(CIP)数据

绿色化学产品 / 闫立峰编著.—北京：科学出版社，2018.5

(绿色化学前沿丛书 / 韩布兴总主编)

ISBN 978-7-03-057128-1

Ⅰ. ①绿…　Ⅱ. ①闫…　Ⅲ. ①化工产品-无污染工艺　Ⅳ. ①TQ072

中国版本图书馆CIP数据核字(2018)第071018号

责任编辑：翁靖一 / 责任校对：韩　杨

责任印制：徐晓晨 / 封面设计：东方人华

科学出版社出版

北京东黄城根北街16号

邮政编码：100717

http://www.sciencep.com

北京虎彩文化传播有限公司印刷

科学出版社发行　各地新华书店经销

*

2018年5月第　一　版　开本：720×1000　1/16

2020年1月第二次印刷　印张：18

字数：342 000

定价：128.00元

(如有印装质量问题，我社负责调换)

绿色化学前沿丛书

编 委 会

总　　序

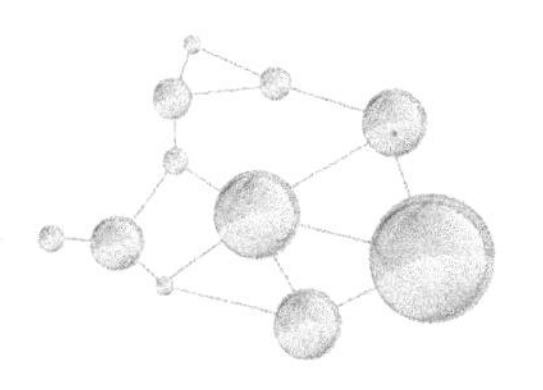

化学工业生产人类所需的各种能源产品、化学品和材料，为人类社会进步作出了巨大贡献。无论是现在还是将来，化学工业都具有不可替代的作用。然而，许多传统的化学工业造成严重的资源浪费和环境污染，甚至存在安全隐患。资源与环境是人类生存和发展的基础，目前资源短缺和环境问题日趋严重。如何使化学工业在创造物质财富的同时，不破坏人类赖以生存的环境，并充分节省资源和能源，实现可持续发展是人类面临的重大挑战。

绿色化学是在保护生态环境、实现可持续发展的背景下发展起来的重要前沿领域，其核心是在生产和使用化工产品的过程中，从源头上防止污染，节约能源和资源。主体思想是采用无毒无害和可再生的原料、采用原子利用率高的反应，通过高效绿色的生产过程，制备对环境友好的产品，并且经济合理。绿色化学旨在实现原料绿色化、生产过程绿色化和产品绿色化，以提高经济效益和社会效益。它是对传统化学思维方式的更新和发展，是与生态环境协调发展、符合经济可持续发展要求的化学。绿色化学仅有二十多年的历史，其内涵、原理、内容和目标在不断充实和完善。它不仅涉及对现有化学化工过程的改进，更要求发展新原理、新理论、新方法、新工艺、新技术和新产业。绿色化学涉及化学、化工和相关产业的融合，并与生态环境、物理、材料、生物、信息等领域交叉渗透。

绿色化学是未来最重要的领域之一，是化学工业可持续发展的科学和技术基础，是提高效益、节约资源和能源、保护环境的有效途径。绿色化学的发展将带来化学及相关学科的发展和生产方式的变革。在解决经济、资源、环境三者矛盾的过程中，绿色化学具有举足轻重的地位和作用。由于来自社会需求和学科自身发展需求两方面的巨大推动力，学术界、工业界和政府部门对绿色化学都十分重视。发展绿色化学必须解决一系列重大科学和技术问题，需要不断创造和创新，这是一项长期而艰巨的任务。通过化学工作者与社会各界的共同努力，未来的化学工业一定是无污染、可持续、与生态环境协调的产业。

为了推动绿色化学的学科发展和优秀科研成果的总结与传播，科学出版社邀请我组织编写了“绿色化学前沿丛书”，包括《绿色化学与可持续发展》、《绿色化学基本原理》、《绿色溶剂》、《绿色催化》、《二氧化碳化学转化》、《生物质转化利用》、《绿色化学产品》、《绿色精细化工》、《绿色分离科学与技术》、《绿色介质与过程工程》十册。丛书具有综合系统性强、学术水平高、引领性强等特点，对相关领域的广大科技工作者、企业家、教师、学生、政府管理部门都有参考价值。相信本套丛书对绿色化学和相关产业的发展具有积极的推动作用。

最后，衷心感谢丛书编委会成员、作者、出版社领导和编辑等对此丛书出版所作出的贡献。

中国科学院院士

2018 年 3 月于北京

前　言

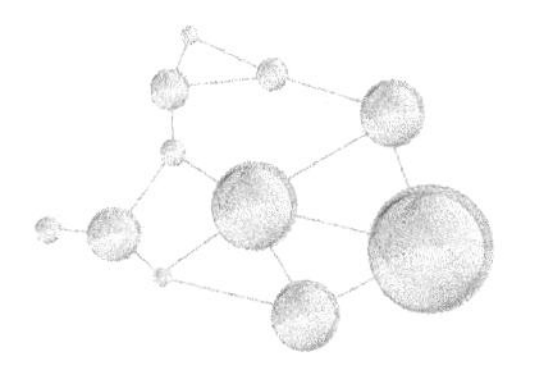

绿色化学产品，这个名字听起来非常吸引人，如果我们身边的各种产品均绿色了，那么世界将会变得更加美好，在享受生活的同时再也不会担心其污染及安全问题。但绿色化学产品真的走进我们的日常生活了吗？答案有些遗憾，那就是目前还很少，但未来一定是这样的，这中间的路就是目前绿色化学工作者在孜孜追求与奋斗的，但愿这一天早点到来，让我们不再受雾霾、白色垃圾、残余农药等的困扰。

虽然通往绿色化学产品的道路还很漫长，但并不是遥不可及，特别是绿色化学概念的诞生及深入人心，众多的国家和科技机构，众多的科技精英已投身于这个事业，套用一句俗语“道路是曲折的，但前景是光明的”。在绿色化学 12 基本原则的指导下，在原子经济性的标尺衡量下，在生命周期评价的不断发展与完善中，我们已经越来越清楚什么样的产品才能算是“绿色化学产品”，虽然目前市场上仍不多，但朝着这个目标的努力却是有目共睹的。

本书的目的就是初步汇总与归纳一下近年来在这个努力的过程中，已经取得了哪些进展，特别是哪些产品及领域的绿色化更紧迫一些。希望通过本书的简介引起更多的学者或人士关心绿色化学产品的发展，并进一步思考如何能够把这些产品更绿色化。

本书的结构分成绿色化学产品定义与相关的绿色化学产品，列出的相关绿色化学产品也仅仅是很少的一部分，但希望读者通过这一小部分的介绍，大致理解绿色化学产品的发展理念与途径，希望能够引起新的思考，在更广泛的产品领域发展绿色化学产品。可以说，只要是产品，均可以从绿色化的角度对其再认识，均应存在进一步改进的空间，只有这样，人类才能真正走向可持续发展，这也是本书出版的初衷。

在本书撰写的过程中得到了丛书总主编韩布兴院士的热心帮助，从选题到章节内容设计，均给予了热情的指导，在此表示衷心的感谢。

限于编者的时间和精力，书中难免存在疏漏，敬请广大读者批评指正。

闫立峰

2018 年 1 月 28 日

合肥(大雪中)

目　　录

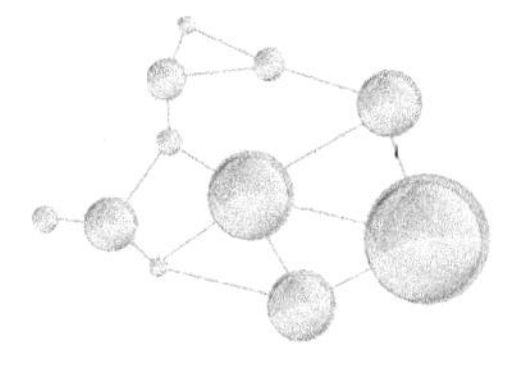

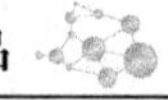

第1章 绿色产品定义

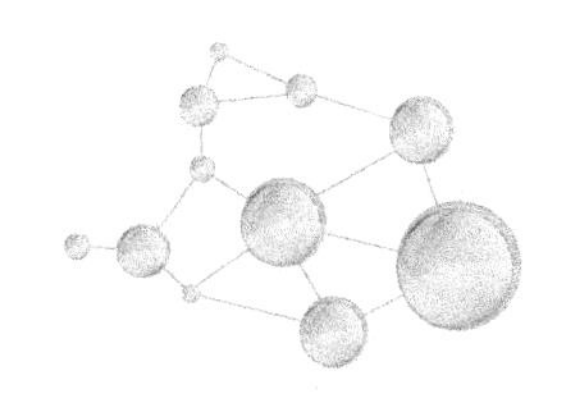

1.1 简介

早在1980年，市场上一些商品开始被冠以环境友好的标签，特别是在食品领域，天然的有机食品开始受到关注。但真正引起大家关注的是进入21世纪后，当大家更多地关心全球变暖和天然资源日益枯竭的时候，“绿色”的概念开始被大众所了解，并开始在产品生产中得到体现[1-5]。

与此同时，研究者开始关注与建筑相关的疾病，并开始了解室内环境品质(IEQ)与人的健康的关系，特别是室内装修材料与家具的影响，并开始出现第三方的认证，“绿色”的标签开始更多地被提及。研究者特别关注的是产品的毒性和对儿童的健康影响。

于是，大量的研究者开始建议关注化学品的暴露问题，特别是挥发性有机化合物(VOCs)，包括室内装修材料与家具，VOCs的过多排放会导致哮喘、肺炎和过敏等。甚至在很低的浓度下也会发生健康危害，如破坏内分泌系统、基因活化、大脑发育等。

需要注意的是，从产品中释放的化学品和产品的化学组成是两个不同的概念，许多产品宣称“低VOC”或“无VOC”是针对国家或者地方颁布的标准而言的，如美国环保署(EPA)对室内涂料的VOC含量限制是250g/L。这样的材料在室外使用时可以减少VOC的释放，但会导致其在地表局部的富集，如在室内使用，仍会导致较为严重的室内环境问题。最好的描述不是说明产品中含多少VOCs，而是在施工后直接测定室内的空气质量，只有达标才是合格的产品。

“绿色”的标签随后被大量使用，甚至是被滥用，导致大家对“绿色”的概念开始模糊，甚至导致消费者的理解与商家的宣传存在差异，故迫切需要对“绿色产品”进行定义。虽然有很多种表述，但“绿色产品”应该具备以下特点：

1) 可导致高的IEQ，通常是通过减少或者消除VOC的释放来实现；

2) 不含高毒性的化合物，在生产过程中也不产生高毒性的化学品；

3) 耐用且易维护；

4) 全部或者部分易回收使用；

5) 由天然或者可再生资源制造；

6) 低能耗(包括制造过程)；

7) 尽量由本地资源及制造商生产；

8) 生物可降解。

鉴于此，逐渐发展与形成了一些第三方主导的认证机构与标签，如绿色产品认证和生态标签等。有时还把生命周期评价(LCA)的方法包括进来，从产品的设计、生产、使用、废弃等全程对产品进行评价，包括能源使用、循环程度、空气与水的环境影响等。如法国的 AFSETT 标签和“NF 环境”，日本的“生态标签”，德国的 AgBB 和“绿色天使”，欧盟的“CE Marking”，丹麦的“室内空气标签”，新加坡的“绿色标签框架”，韩国的“生态标签计划”，泰国的“绿色标签”，新西兰的“环境选择”，美国的“绿色标签+”、“绿色卫士”和“绿色密封”，澳大利亚的“好的环境选择”，北欧的“挪威生态标签”，加拿大的“生态标志”等。

今天，“绿色”或者“绿色的”概念已是随处可见，特别是用于描述可持续及环境友好的产品与过程。但实际上“绿色”与“可持续”有区别，“绿色”通常用于描述单个产品与过程，而“可持续”则多用于描述一个整体的系统，特别是包括了产品的设计、构建、流通、使用或者处置等。“可持续”的概念诞生于 1994 年在奥斯陆举办的 Roundtable on Sustainable Production。“可持续消费”被定义为一个伞形的系统，包含一系列关键的要素，如满足需求、提升生活的质量、改进资源的利用效率、最小化废弃物等。为满足目前与下一代生活的基本需要和改善生活的愿望，提供更好和安全服务的同时尽量减少对环境和人的危害。

“环境友好”则是指产品或者服务对室外环境及居民无害。然而，美国联邦贸易委员会则在 1999 年签署一个文件，警告那些使用“环境友好”作为标签的产品与服务，要留意产品、包装和服务会产生的某些环境影响，避免使用标签后造成消费者选择方面的困难。2004 年在美国进行的一个调查，发现以下一些现象：

1) 只有 32%的美国人有环境友好方面的基本认识；

2) 20%的人被不正确或者过时的环境神话严重影响；

3) 不同阶层与工作环境的人的环境知识没有大的区别；

4) 83%的儿童获得的环境信息是来源于媒体；

5) 对于大部分成年人而言，媒体则是获得环境信息的唯一方式。

但是媒体并没有提供更深层次的关于环境的教育，甚至会导致较多的误会。一个对消费者的调查显示，约三分之一的人不知如何正确宣讲绿色产品，十分之一的人会盲目相信“绿色”的宣传，约四分之一的人会去阅读相关包装的标签以确认产品的绿色说明，只有五分之一的人会去认真阅读相关的说明及上网检索与学习。

拙劣的市场营销构想则是另外一个导致“绿色”、“可持续”和“环境友好”标签被误用的原因，导致不成熟的、迷惑甚至怀疑的消费者。目前存在四个绿色营销方面的问题：

1) 绿色营销公司通常只关注把“环境”作为营销范围，而不是试图分析和描述产品本身及其真正的环境影响。

2）许多公司过于强调消费者的需要，而忽略了他们在环境方面的兴趣，即使有也只是局限于市场部或者产品部。这会阻碍公司发展一个广泛与全面的绿色营销。

3）很多公司在考虑到短期的节省成本时才热心于绿色营销，而对于投资发展更可持续的产品与过程方面缺乏兴趣。

4）许多的绿色营销活动尽量避免过多的改变，相关公司更愿意花精力于对现有产品与过程的修修补补。

为了保护消费者，避免被误导型的绿色营销所伤害，一些国家从立法的角度进行了规范。例如，澳大利亚颁布了《绿色营销和贸易实践法案》，要求所有公司不得用过度的绿色营销误导消费者，该法案包括：①误导和欺诈；②对产品或服务进行不正当的表述。如果违法，可能导致严重的处罚，包括最高110万美元的罚款。澳大利亚竞争与消费者委员会则建议公司，如果他们想要加入环境标签，则要遵守如下要求：①诚实和真实；②详细描述产品或服务的哪一部分符合环境标签；③使用常人能够理解的语言描述；④解释所宣称条款的足够的益处。而且该委员会建议产品不要自己使用“绿色”、“环境友好”和“环境安全”这些标签，因为太模糊，易导致误解。

1.2 绿色化学：绿色产品的未来

由于产品的健康风险主要来自于其中化学品的释放，以及这些化学品对环境与人体的危害，化学家在绿色产品的制造中是责无旁贷的，绿色化学的诞生就是为了从根本上解决产品的环境与人体危害问题。目前，绿色化学的研究涉及聚合物、溶剂、生物基产品、再生产品、分析方法、合成方法学和设计安全化学品等，是解决产品绿色化的根本方法。其中的六个建议如下：

1）把污染预防与产品服务计划拓展到更多的商业部门，再聚焦到资源的有效利用与污染的预防，而不是处理已形成的污染；

2）发展绿色化学从业者的教育与培训，促进研究与发展，通过新的教育计划来实现技术转移；

3）建立一个在线的产品成分网络，在保护商业秘密的基础上尽可能披露产品的化学成分；

4）建立一个在线的有毒化学品清单，提供化学品的基本物化参数、毒性数据，以及如何使用它们；

5）通过建立一个系统的、科学的流程来评估化学品的安全性并加速研究安全的产品；

6）提倡“从摇篮到坟墓”的评价与经济，利用市场的杠杆作用，促进生产的产品在设计时就是安全的。

目前，它们中的两个已经变成了法律：如加利福尼亚州的AB 1879法案和SB

509法案。2010年加利福尼亚州毒性物质控制部向州法律办公室提交了一个“Green Chemistry Proposed Regulation for Safer Consumer Products”，该条规给出了一个流程来鉴定和排序消费产品中的化学品，还提供了一个已经在市场中使用或者不断改进的化学品选择的路线图。

这个过程通常由三个部分组成：优先次序、替代评估和调整答复。对于市场中已有的产品，过程则要求检查是否有更安全的替代物及潜在的产品形式，或全部取代的可能；而对于新产品，该条规要求制造商关注其潜在的影响，并且在其投放市场前进行系统的评估。

1.3 可持续制造

可持续制造并没有独特和通用的定义，但美国商务部是这样描述的：“产品在制造过程中应尽量减少负面环境影响，节约能源和自然资源，对雇员、社区和消费者均是安全的，且经济上是可行的”。可持续制造是可持续发展这个大的概念的一部分，其目的是回应在经济增长和全球扩张的商业和贸易过程中增加的对环境影响的认识和关注。

可持续的产品需要通过立法流程认证，往往需要很多年。在此期间，零售商、消费者和非政府组织将继续呼吁关于他们购买的商品成分的透明度和存在哪些潜在危险的明确声明。

在此期间，与具有良好环保行为的企业做生意是投资者、监管机构、客户和社区的重要选择。可持续制造可以给行业带来经济效益、良好的信誉，也可以吸引投资。这些好处并非只是一个现有大企业的事，新企业和小企业也可以发挥令人兴奋的作用。例如，初创企业、小型和中型企业以其灵活的商业模式和对既定的工作方式依赖的减少而受益，也可以在不断发展和迅速创新上有竞争优势。绿色市场价值数以万亿，低碳产品的全球市场已经预计价值超过5兆亿美元。

化工行业在全球行业中具有非常重要的作用。在全球范围内它产生的营业额超过17 000亿美元，生成9%的国际贸易。化工行业处于多个部门的上游，如建筑、运输、食品、卫生、服装、电子等。这个行业也能够向下游产业提供中间产品，它直接帮助创建材料的消费市场。由于化工行业的战略地位，其可持续发展就变得异常重要。

此外它还往往被公众舆论视为环境退化的最重要原因之一。化工行业包含复杂的结构，包括很多方面及不同的领域，如石油化工、工业中间体或化学过程、无机和有机中间体、聚合物、染料、医药和农业产品的生产等。虽然有如此不同的领域，但其基本问题确是共同的，解决了化学合成的可持续性问题，就增加了解决这些问题的机会。

与可持续发展有关的问题可以归纳如下：引起污染的化学过程和产品、由危险化学品引起的风险、原料来源的减少。针对这三个问题，化工行业应担起责任，为地球的可持续发展作出贡献。事实上，化工行业大部分的最终产品可延伸到环境中，涉及产品的制造和消费。剧毒、易燃、易爆的产品可以导致突发的事件，涉及的人和事通常是在当地范围内的，并且是短暂的。而污染物对环境的危险可能是长期的，并且有可能扩散到全球。

化学工业系统必须直面这些问题，包括：

1）减少化学物质在合成和使用过程中的污染；

2）减少化学过程中使用危险化学品，减少有害物质在最终产品中的出现；

3）减少使用稀有原料和非可再生原料。

近几年，为更大程度地认识这一点并增加敏感性，新的立法与严格的程序也被关注：例如，工业流程中，使用和投放市场化学品的质量和数量，以及相关的废物生成和排放物的特性应被关注。同时，作为政策的一部分，减少废物处理的一些技术措施也备受关注，如有可能，产品在结束了它们的使命后应该被回收。

1.4　产品的生命周期

化工行业可以帮助人们生活得更好，所以需要想办法在有限资源的情况下提供更多令人喜欢的产品，如住房、健康和卫生产品，并降低其环境负担。这要求不仅仅是生产它们，还要从整个产品的生命周期，即“从摇篮到坟墓”，甚至“从摇篮到摇篮”，来考虑其对环境的影响。这包括原料采购、制造、包装、运输和分配、零售、使用，以及使用后回收或处置的影响等。任何产品或服务的可持续性评估均需要基于生命周期方法的集成分析。

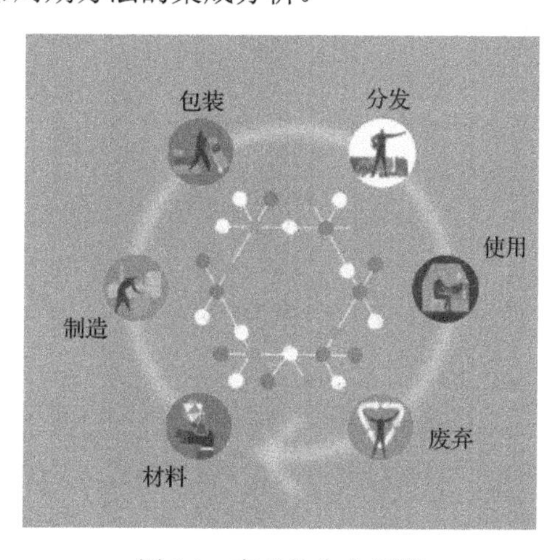

图1.1　产品的生命周期

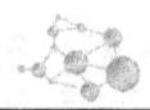

图 1.1 显示了一个集成的生命周期过程，在此周期中，要考虑可持续发展的所有三个支柱：环境、社会和经济(图 1.2)。

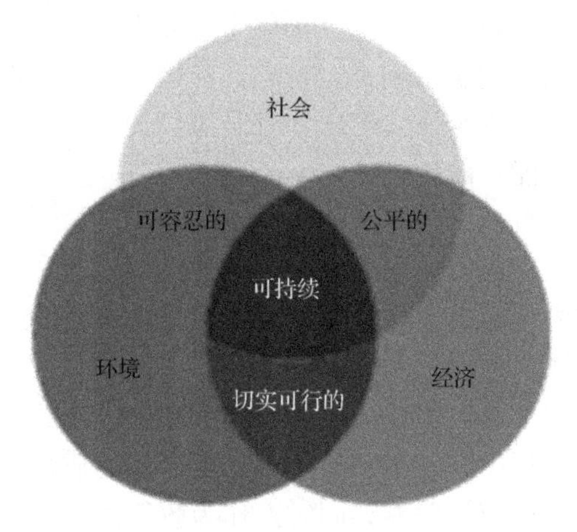

图 1.2 可持续发展的支柱

同样的过程也适用于每个支柱部门内部的决策。例如，在一个领域内环境的改进，如空气、水、土地或生物多样性，可能决定其在另一个领域中的取舍。在任何决策过程中，需要所有支柱环节可持续性的整合。可以在图 1.3 中看到过程与环境的基本相互作用，以及它可能会对产品整个生命周期的环境影响。实际的生产过程复杂得多，对环境的影响主要从如图 1.3 所示的三个阶段考察。

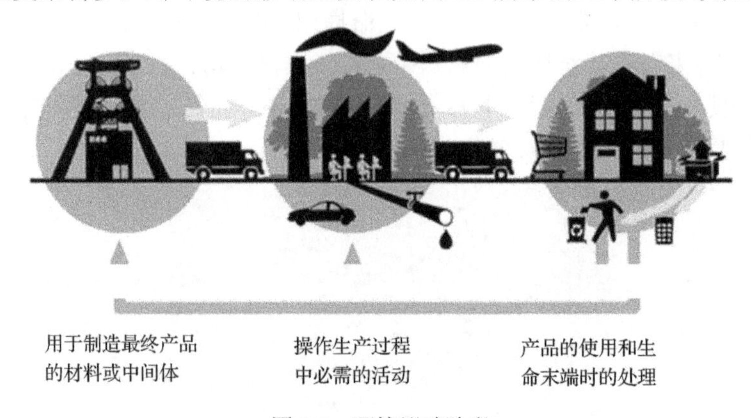

图 1.3 环境影响阶段

1.4.1 闭环模式

公司越来越多地从线性生产模式转换为闭环模式。这意味着一个过程的副产品可以成为另一个过程的原料。闭环循环有助于提高资源利用效率、提升供应安全和降低成本，为废物管理和处置提供帮助。闭环模式随着商品价格上涨和资源的稀缺性增加而被加强。一些地区的政策制定者也提倡从线性模式变为循环经济模式，例如，德国和中国等国家已颁布了“循环经济”相关的立法。可以从图 1.4 中看出闭环模式与线性模式的不同。

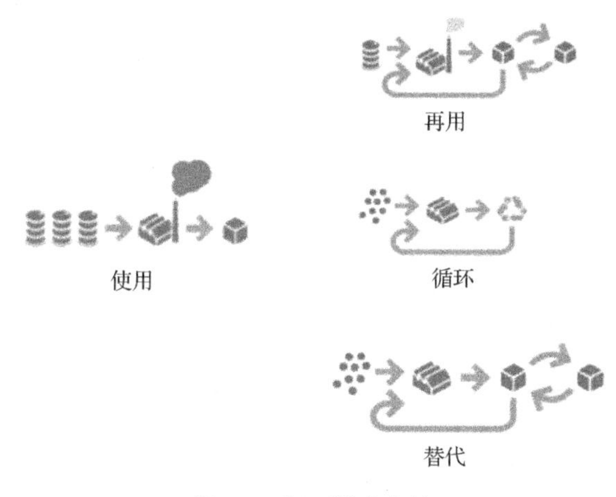

图 1.4 闭环模式方法

1) 最简单的闭环模式是“再用”，一个产物不需要经过再制造就可以再用；

2) 当需要回收和材料再循环时，闭环回收涉及产品或材料返回到同一应用程序中；

3) 一个更广泛的循环可以包括使用回收材料，以供后续不同的应用中使用。

材料使用的优先事项是使用闭环策略，而不是从系统中丢弃材料或进行垃圾填埋。不同选项之间的选择将取决于整体的可持续性评价，包括环境效益、经济效益和社会所接受程度等。在许多情况下，闭环使经济和环境意识增强，很重要的一点是采取一个宽泛的化工产品和过程生产的观点来考察能源使用、排放和整体对环境的影响。生命周期评价(LCA)工具可以帮助确定最可持续的发展战略。

1.4.2 产品管理

可持续的产品应同时遵守公共卫生、福利和环境的要求，在其全生命周期中，从原料到最终产品的处置过程中提供环境、经济和社会效益。健全产品和过程管理的做法是实现这一目标的关键。可持续发展的一个重要方面是确保产品在完成其预期用途后是安全的，产品包括现有的和新合成的。产品管理涉及化工产品的各个方面。产品的特点和功能应由基于生命周期评价的方法考虑，包括：

1) 通过生命周期分析对现有的和新的工业生产过程中的安全、健康和环境影响进行风险分析(包括危险和暴露)；

2) 通过多种方式，包括产品标签、预防措施、使用限制和替换来减少实际和潜在的风险；

3) 致力于不断改进产品设计、评估、教育、交流和客户支持；

4) 明确承诺提供产品信息，并沿整个价值链提供，以确保安全使用和处理；

5) 与政府、地方社区和非政府组织建立伙伴关系以防止意外，并回答公众关注的问题。

有更多的理由要求公司应该更多地考虑新产品的研发，而不是只考虑提高利润率。例如：

1) 可以提高生产效率来减少废物的产生或限制对资源的消耗；

2) 通过减少暴露或选择不那么有害的物质来实现产品，同时增加对工作人员、客户和环境的安全性保护；

3) 供应商投放市场新产品，提供新奇和改善的性能。

当开发一个新产品或产品系列时，公司也应基于客户的需要提供选择。例如，针对最终不同使用者要考虑的问题进行个性化设计。

当评估替代品时，需要考虑一些基本的要素：

1) 替代物质是否能提供它旨在取代物质相同的功能？

2) 替代品是否和其原来化学品一样与过程兼容？

3) 替代品是否能够稳定地得到供应？（例如，是不是稀土元素？）可以很容易取得其供应吗？

4) 替代材料使用的中期或长期影响是什么？

5) 替代品的生产对资源使用的影响是什么？是否存在有任何潜在的社会经济影响？

1.4.3 过程管理

公司应寻求优化的流程以减少能源、其他资源的使用和废物的产生。在某些情况下，这甚至需要完全重新思考，这种物质是否可以使用不同的技术来制造。例如，膜系统可以代替溶剂来分离两种物质。在这一领域基于可再生材料的化学可能存在大量的机会。例如，发酵过程可代替传统的石油工业用于制造一些醇类，如正丁醇等。

类似于产品的安全性，生命周期方法用于评估制造变化过程中安全的影响是重要的。整体中一部分的改善可以导致对其他部分存在必要性的再思考。过程安全风险评估应包含供应链以理解其全面的影响。存在一系列的评估工具可用于评估产品和过程，使用不同的方法侧重于不同的方面，如环境、经济和社会的可持续性等。

1.4.4 生命周期评价

LCA 方法的开发是在 20 世纪 70 年代能源危机后发展起来的。虽然生命周期在开始的时候只是思想，后来发展的 LCA 是一个结构化的工具，横跨整个产品生命周期，既可以确定改进的领域，也可以与其他产品或服务系统进行比较，已准确用于评估环境负担。

LCA 允许“从摇篮到坟墓”的评价，即从开始到回收过程的所有阶段相关的影响。它提供的工具来汇编清单(能量、物质投入和环境排放)，评估与特定的输入和排放有关的潜在影响，并为决策提供解释。

现在 LCA 的标准(ISO 14040 和 ISO 14044)是建立在大量社会从业人员和解决方案提供商的基础上的。减少温室气体排放量可以看成是一个子集或简化的 LCA，当前和未来减少温室气体排放的法规都是基于现有的 LCA 方法和实践制定的。

LCA 的目标是在一个完整的环境影响框架下比较产品和服务，以改进流程、支持政策，并为决策者提供一个良好的依据。生命周期评价是指公正、全面地评估生产需要的原材料、制造、分配、使用和处置，包括所有涉及的运输步骤。生命周期评价的开展被分成如图 1.5 所示的四个不同的部分。

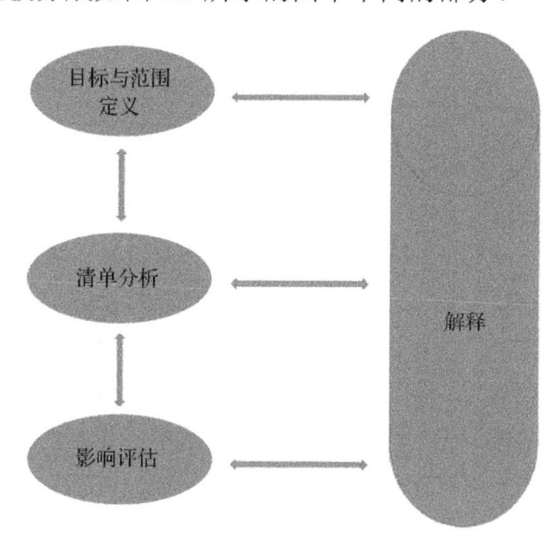

图 1.5　生命周期评价流程的不同阶段

在某一阶段的结果可告知其他的阶段如何完成，不同阶段间往往相互依存。

1) 目标与范围定义：产品或服务的功能的定义，并明确所包含的系统边界。LCA 开始于声明要研究的目标和范围，并阐明研究的范围及解释结果向谁传达。

2) 生命周期清单(LCI)：LCI 涉及依据产品系统的性质创建的流动清单。流动清单包括输入的水、能源和原材料，并在空气、土地和水中的释放。为完善清单，需要建立技术体系的物流模型，并进行数据的输入和输出。

3) 生命周期影响评价(LCIA)：使用 LCI 结果评估环境影响。一般情况下，这一过程涉及清单数据与具体环境影响类别和类别指标的结合，包括如全球变暖潜能、臭氧消耗潜能值、水体富营养化和潜在的资源枯竭等。这一阶段的 LCA 评估旨在基于 LCI 物流结果分析潜在环境影响的意义。经典的 LCIA 包括下列强制性元素：①影响类别、类别指标和表征模型的选择；②影响测量，分类 LCI 流，使用可能的 LCIA 方法和常见的等价单位及标定，然后再汇总，以提供整体的影响。

LCIA 任选的元素包括：①归一化，计算基于参考信息的类别指标的量级大小；②分组，影响类别的排序和可能排名；③加权，对不同类型的环境影响进行加权、排序和赋值，并归结为单一指标，用以比较不同产品、工艺或活动。目前加权方法多采用专家评分法和模型推算法，例如，目标距离法，距离目标值越近权重越大。

4)数据质量分析：更好地理解收集的指标结果的可靠性。

5)解释：在这一阶段，从清单分析和影响评估得到的结果可在一起被考虑。结果应符合定义的目标和范围。应该得出结论、解释局限性和提供建议。

6)同行审查：任何生命周期评价结果应向外公布，并按照 ISO 标准接受同行审查。

1.4.4.1 选择正确的参数

在 LCA 分析中，功能单位可用于比较不同的产品或服务。顾名思义，它与提供的产品服务或功能相关。对任何 LCA 而言，选择最合适的功能单位至关重要，因为它是针对所有生命周期影响都归一化处理的单位。在某些情况下相提并论是合适的。例如，“每吨产品产生的”，但对消费者而言，通常更为合适的是考虑“每个消费者使用的”。例如，对洗涤剂的评价可以采用“每次洗涤带来的”。反映研究目的的地理范围和系统边界数据的定义也很重要。例如，在欧盟，研究应反映在整个欧盟地区产品的生命周期，要使用与地理相关的数据。如果产品不属于欧盟的地理范围，也应提供真实情况的数据。

1.4.4.2 LCA 工具和数据库

商品化的 LCA 软件工具可以帮助评估。这些工具包括 SimaPro、TEAM、Umberto、GaBi 和其他工具。在某些情况下收集在研究系统的生命周期清单数据是必要的，但也有一系列可用于运行 LCA 研究的全部门和行业数据库，如 EcoInvent、欧洲参考生命周期数据库(ELCD)和其他数据库等。

被问的问题将确定所需数据的类型，如是否它应该是行业平均、现有最佳技术或实际测量的数据。使用行业标准数据将有助于进行生命周期评估研究，但对结果的解释要小心。尤为重要的是要确保比较使用数据的可比年龄、地理范围、质量标准和适用范围等。

1.4.4.3 数据分析

生命周期分析是否有效取决于其数据，因此，至关重要的是用于完成生命周期分析的数据要准确且是最新的。当与另一个不同的生命周期分析进行比较时，两个产品在评价时应使用同样的数据。如果一个产品采用更高可用性的数据，它就不能公正地与另一种采用较低可用性数据的产品进行对比。

对生命周期分析而言，数据的有效性应被持续关注。由于全球化及研究和发展的快速化，新材料和制造方法不断地被介绍到市场当中。数据的更新变得非常重要，但也对 LCA 实时更新数据带来执行的困难。LCA 的结论是否有效取决于是否采用的是最近的数据。

1.4.4.4 碳足迹

最近的发展在整个产品或服务的 LCA 中特别关注环境的影响，即温室气体的排放量或“碳足迹”。这反映了近期对气候变化的重点关注和减少碳排放管理需要。碳足迹历史上被定义为“组织、活动、产品或人引起的温室气体(GHG)排放”。然而，因所需的数据量太大，精确计算总碳足迹是不可能的。

碳足迹可以帮助识别产品或服务中温室气体排放量来自于哪里，LCA 可以显著帮助改进目标。但是，为确保整体环境的改善，其他环境方面，如水也需要考虑，需要对作为整体的社会和经济方面进行可持续性的评估。

有几个组织开发了计算碳足迹的标准方法，如英国标准 PAS 2050、ISO14067 和 WRI/WBCSD 温室气体议定书等。

1.4.4.5 环境产品声明

环境产品声明(EPD)是标准化的(ISO 14025/TR)和基于 LCA 工具评价产品或系统的环保性能。环保产品声明可以有三种类型：

1)类型Ⅰ：第三方授权的标签或标记(ISO 14024)。类型Ⅰ标签被第三方授予，基于该产品满足一个给定产品类别的特定条件。

2)类型Ⅱ：自行宣布的索赔涉及有限的环境要素(ISO 14021)。类型Ⅱ声明是制造商基于对一个产品的性能或更多有限的环境属性确定的。ISO 的具体指导存在于下列第二类声明中：可堆肥、可降解、设计的可拆卸、寿命延长的产品、回收的能量、可回收利用物、循环再造的内容、消费前后的材料、再生的材料、回收的材料、减少的能源消耗、减少用水量、减少的资源的使用、可重复使用、可再充装、废物减少等。

3)类型Ⅲ：基于整个产品生命周期(ISO 14025)的环境宣言。类型Ⅲ声明由制造商提出，提供在其整个生命周期中其产品对环境影响的量化信息。

生命周期思想的重要评价是确定在产品生命周期中的环境热点发生在哪里，以便制定战略解决它们。而充分的LCA分析通常需要相当长的时间和资源，现在对许多现有类别的产品有LCA分析，而这些可以用来指引未来的努力方向。

1.4.4.6 经济和社会分析

公司使用一系列的工具来评估和管理产品的经济方面。类似于LCA，生命周期成本(LCC)生成与使用LCA分析相同的系统边界和产品相关的成本，但更侧重于其成本的影响。

还没有一般的标准来规定或描述如何进行LCC分析或确保不同应用之间的可比性。因此，同时进行LCA和LCC分析的机构需要解决问题的系统边界和时间尺度以确保一致性和可比性。LCA已与LCC联合起来进行涵盖两个完整的经济和环境方面的可持续性分析。公司进行LCC和LCA分析必须确保不同的部门，如会计、金融和环境管理，携手合作以避免效率低下、冗余的工作和不一致的数据。

环境和经济的值的组合被称为生态效率，体现在ISO14045标准中。生态效率可以理解为经济生态效益，它通过测量获得单位产值对环境的影响。评估产品对可持续发展的社会方面的影响不是件容易的事。第一，社会层面的可持续发展是一个复杂的问题。第二，除了在评价方法上存在问题，还有非常实际的障碍，例如，可用性的数据和程序要满足公众和业界的共识。一个基本的问题涉及很多的社会方面，如确保安全工作的做法、提供高技术就业、没有童工或强迫劳动的供应链等，这些都不是可定量地归因于个别产品质量方面的。另外，在生命周期评估数据库中，到目前为止还没有类似体现社会影响方面的数据库。

1.5 现在的形势

传统上，末端处理是减少工业生产活动对环境影响的方法。这些技术的解决方案并不是制造过程的基本部分，不会改变这一进程本身。不像末端治理技术，清洁生产(或污染预防)是基于预防原则：重点转移到了污染在工业过程中产生的原因。清洁生产的概念还包括有效地利用资源和减少废物。清洁生产原则与环境改善的需要是一致的，要求在过程、产品、组织结构的变化中体现出来。虽然清洁生产的实践仍然在每个公司的组织边界内，但它是对环境更加友好的产品与过程进行综合评价办法的第一步。实际上它的核心是生态高效的生产(少花钱多办事)和过渡到闭环生产系统。应用清洁生产在宏观层面的概念，直接导致了工业生态学概念的出现。

在全球，为数有限的经济部门面临着主要的环境压力，包括农业、工业、电力生产、运输、施工(建筑和基础设施)和制造基地(油品炼油厂、化学品、非金属矿、基本金属)等。在化工行业中主要的生态创新是在相关化学过程中，以低毒和较少影响环境和可再生的原材料取代传统化学品，用于废物最小化地生产新的化学品和材料。化学中生态创新的开放领域更关注多相催化剂、生物催化、替代溶剂的使用、无溶剂化工流程的设计和创新技术等，如微型反应器、旋转圆盘反应器、连续流反应器、微通道反应器和催化膜反应器等。很多替代技术用来提供化学过程的能量，特别是使用微波技术。使用可再生原材料用于生产化学品和材料当然是最有前途的生态创新，是绿色增长的化工行业领域。利用生物质生产生物基商品和工业产品对环境和社会经济发展提供了可观的效益。

LCA 分析的目标之一是建立“可持续化学产业研究年鉴”，尤其是，审查增量的和创新的产品及其生产过程中的活动。这些调查旨在获得节约用水和减少排放到大气中二氧化碳的成果。

参考文献

[1] Byrka K, Jedrzejewski A, Sznajd-Weron K, et al. Difficulty is critical: the importance of social factors in modeling diffusion of green products and practices. Renew. Sustain. Energy Rev., 2016, 62(9): 723-735.

[2] Cai Z, Xie Y, Aguilar F X. Eco-label credibility and retailer effects on green product purchasing intentions. Forest Poli. Econ., 2017, 80(7): 200-208.

[3] Jasti N V K, Sharma A, Karinka S. Development of a framework for green product development. Benchmarking: An Int. J., 2015, 22(3): 426-445.

[4] Liu P, Yi S-P. Pricing policies of green supply chain considering targeted advertising and product green degree in the Big Data environment. J. Clean. Prod., 2017, 164(10): 1614-1622.

[5] Wei C-F, Chiang C-T, Kou T-C, et al. Toward sustainable livelihoods: investigating the drivers of purchase behavior for green products. Bus. Stra. Environ., 2017, 26(1): 626-639.

第 2 章
绿 色 制 药

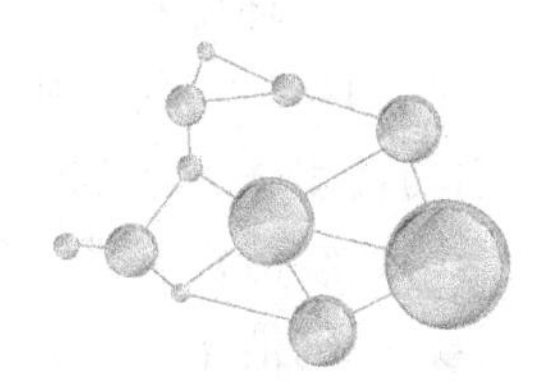

2.1 绿色医药化学合成工具箱

医药化学是设计和合成与生命体相互作用以获得某种响应的化合物，用来治疗偏离正常的生物体。为了实现这一目标，医学化学家/制药业化学家要拥有不同的计算和合成工具，以支持药物的发现。合成工具可以被理解为“所有采用经典的批处理或流程的化学和生化转化”。在这里，将重点讨论化学转化。

制药公司的大多数药物发现方法仍将重点放在以靶向活性为目标的研究上，在这些研究中，蛋白质被认为对疾病有很大的影响。然而，由于疾病和生物系统是自然的多调节系统，所以像表型方法或多药理学这样的概念现在被更频繁地使用。在 1999～2008 年，表型筛选已被证明是最成功的发现类药物的方法[1]。

2.1.1 从药物发现到候选化合物

通常，在选定目标之后，第一轮研究将致力于识别进攻点。这些点将会在“靶点到先导化合物”的程序和优化中进一步被探索，从而得到一个候选靶点。在化学优化过程中，化学家必须将许多相互独立的特性结合到一个单一的化学结构中。这些特性可通过在药物发现过程中必须完成的标准来描述(图 2.1)。

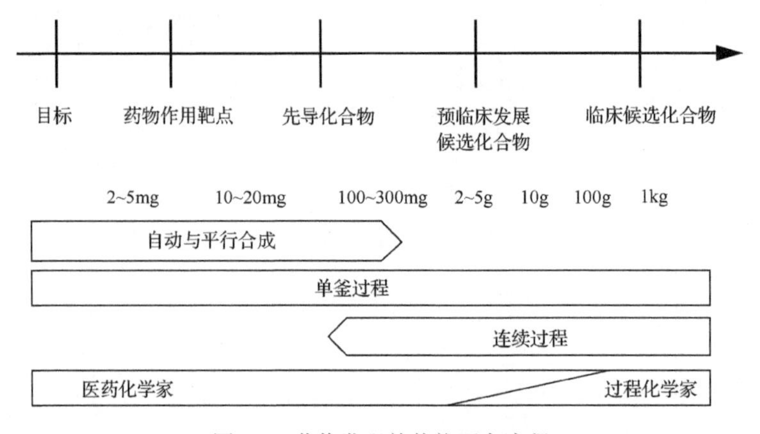

图 2.1 药物发现的传统研究流程

每个公司都有自己的标准集和决策点。一些公认的标准可以被定义为：

1) 药物作用靶点的化合物已经证实了目标蛋白的活性，并且适用于进一步的优化，也适用于知识产权(IP)的申请与保护。

2) 先导化合物是一些对 ADME[吸收(absorption)、分布(distribution)、代谢(metabolism)和排泄(excretion)]的体外特性有效的化合物，是安全的、可获得专利的，并且它们的活性在体内的模型中得到了证实。

3) 候选化合物适合临床发展，并在体内的模型中被证明是与其相关的。

"预临床发展候选化合物"也经常被用来作为先导化合物优化后的决策点，在候选化合物选择之前，常常要进行必要的毒理学研究、长时间的动物模型研究和优化合成路线。在这一阶段，通常由医药化学家把合成的挑战移交给过程化学家。

2.1.2 药物发现的多参数空间

药物发现的每个阶段有不同的需求，包括所需的材料、化合物的纯度、物理形式等。设计属性最关键的一点是要满足药物化学的"先导化合物"的属性。在这个阶段，需要一个高度灵活的合成路线，结合生物活性组分在一个多参数空间中寻找"最优的"化合物，在活性、选择性、ADME、毒理学、专利性、可药物性和进一步的目标特定成分等方面进行研究(图 2.2)。因此，应特别关注这一阶段，其中合成工具的"绿色化"是关键。

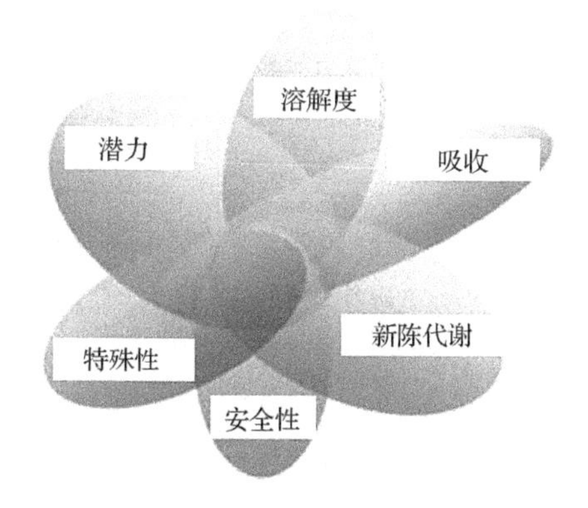

图 2.2 多参数空间药物活性化合物的优化

2.1.3 药物发现中的先导化合物的优化阶段

由于药物发现是高度竞争的，"时间"是整个过程中非常重要的因素。这就是为什么所有公司都尽可能缩短优化周期的时间，以便在 1～2 年内完成领先的优化阶段，并执行尽可能多的优化周期。这也是为什么，特别是在药物发现的早期阶段，自动化的、组合的或并行的方法发挥着重要作用(图 2.3)。

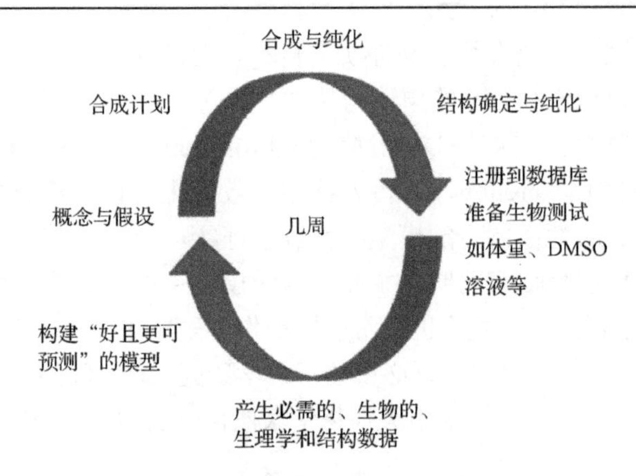

图 2.3　在优化循环过程中重要的活动

时间在药物发现过程中扮演着重要的角色。为获得一组不同的分子，必须采用不同的合成策略。在优化周期中，需要对属性空间进行探索，并获得适当的结果。这种期望往往导致在关键中间体或最后分子中引入侧链和官能团，可以以常见的中间体或构件作为起点，以适当减少合成步骤，重点是快速获得必要的化合物(图 2.4)。

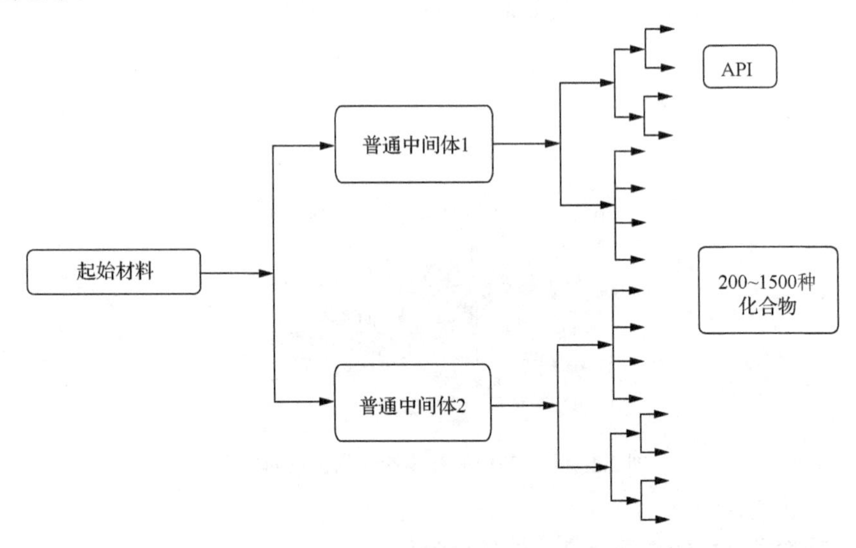

图 2.4　药物先导活性成分的优化过程

通常，在先导化合物优化过程中，进行体外测试所需的最低量为 50mg，这就需要在 50～4100mg 范围内对一个给定化合物进行再合成，因此至少应该考虑到对合成路线的优化。不过，如果需要对选定的化合物进行分析，通常只有大于 4.1g 才能进行优化。

2.1.4 合成工具盒和反应分析

合成工具盒是巨大的。在 20 世纪 90 年代，一个化学家在图书馆可能会通过查阅《先进有机化学》来选择合成路线。而现在，这本书已经出版了第七版，它包含了 1650 个反应/反应类型和 2 万多个参考资料。尽管这些数字令人印象深刻，但与 Reaxys 或 SciFinder 这样的数据库相比，它只是一小部分，后者涵盖了近 6 千万次的反应。一些人认为已经探索了可能的生物活性化合物的所有反应，这并不令人惊讶。然而，化学领域的化学家正努力在合成和制造分子方面承担起他们的责任，因为在化学领域的许多挑战和瓶颈依然都是存在的。CHEM21 协定就是为了使 API 更绿色生产而建立起来的，并对合成化学家和过程化学家所使用的合成工具进行了比较(图 2.5)[2]。

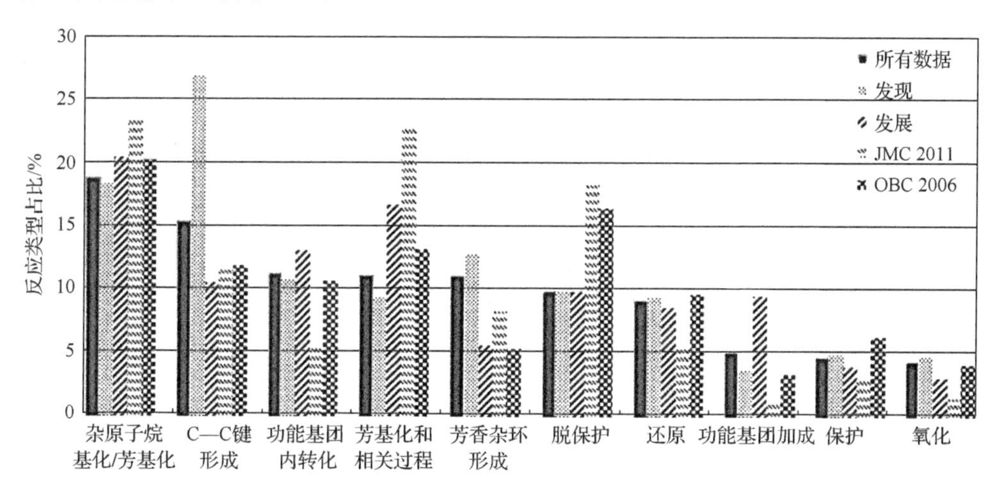

图 2.5 CHEM21 计划中药物研发涉及的主要反应类型

2.1.5 “绿色”和度量

在判断合成工具的“绿色度”之前，定义和讨论一些相关的问题是很重要的。有三个主要的领域需要关注(图 2.6)：反应的危险与安全、反应条件(产量、净化、溶剂和反应温度)、废物与试剂(上游和下游的注意事项)。这些注意事项已被详细地讨论，并随着绿色化学的 12 项原则的发展而进一步被阐述和扩展。最近，有一份对 15 种转化中使用试剂的详细分析，涉及它们的安全性和对环境的影响。考虑选择“绿色”试剂是很重要的，然而，在判断整体的环境影响时，对整体反应参数的整体分析是至关重要的。

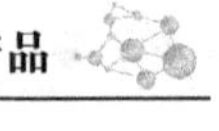

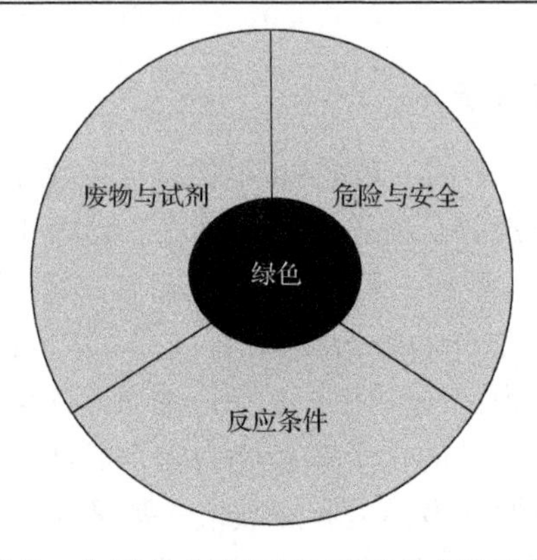

图 2.6　考虑一个反应“绿色度”时要考虑的三个主要方面

这就是为什么在 CHEM21 协议中，出现了一个可以作为衡量标准的“工具盒”，这取决于合成序列的复杂程度。在小范围的合成和早期发现或发展的早期阶段，对产率、质量和溶剂均进行了评估，见表 2.1。

表 2.1　由 CHEM21 协议的实验数据的第 1 阶段分析的量度

参数	测量和标志		
产率	＞89%	70%～89%	＜70%
MI/PMI (质量强度/过程质量强度)			
溶剂	使用推荐的溶剂	使用有问题的溶剂	使用危险或高危险溶剂
催化剂/酶	使用的催化剂/酶 或不需要的	使用化学计量的催化剂	过量试剂的使用
	催化剂回收	催化剂不可回收	
关键要素	所有的元素可广泛提供	废弃后 50～500 年的风险	废弃后 50 年的风险
能量	温度范围 0～70℃	温度范围-20～140℃	露天温度范围
	反应在回流温度下进行		回流下反应
反应器	连续	釜式	
后处理	猝灭、过滤	溶剂交换，水溶剂中猝灭	色谱柱分离、高温蒸馏、 多步结晶
健康和安全	高爆炸性、毒性及 对环境的影响	H205, H220, H224 H241 H301, H311, H331 H341, H351, H361, H371, H373 H401, H412	H200, H201, H202, H203 H230, H240, H250 H300, H310, H330 H340, H350, H360, H370, H372 H400, H410, H411, H420
关心的化学品			REACH 授权
可提供性	大于 100g 至少两个供应商		
适用性	转化可采用更广泛的试剂	转化仅在有限的 溶剂中进行	转化只在选择性 溶剂中进行

2.1.6　神奇三角形：合成路径选择

医药化学家试图在最短的时间内找到一种可持续的合成方法，在最短的时间内合成各种不同的化合物，这可以被描述为“神奇三角形”(图 2.7)。图中说明了药物化学家所受到的限制，在这种情况下，开发“绿色”低危险路线的愿望必须与快速开发/优化和广泛适用的路线相平衡，以便为各种类似物的制备做好准备。

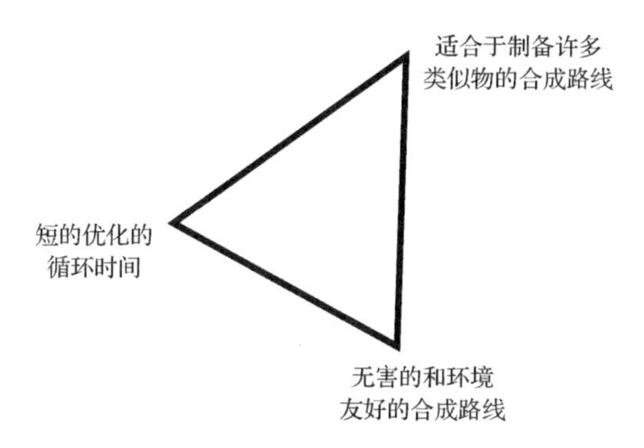

图 2.7　神奇三角形：依据三个主要变量的合成路线的选择

与“神奇三角形”相关的问题可通过分析“一种强有力的、选择性的肾上腺素受体-WB4101 的合成”体现。目标是获得比给定起始点更有选择性的肾上腺素类亚型。在合成二氢苯氧酸的过程中，引入了一种合适的中间体，以一种有效的方式合成各种不同的化合物(图 2.8)。采用的九步的双氢苯脲片段的合成路径并不短，但适用于此目的，在某些情况下不需要进一步的纯化。然而，这条路线有一个很大的缺点，即第六步只有 26%的收率。因此，需要快速的方法开发新的合成路线，并使其有广泛的适用性，以适应对环境友好路径的需要。

2.1.7　应用绿色化学指标

总体来说，图 2.8 中所示的方案是一个九步的合成，包括两个结晶和三个色谱纯化步骤。所提供的数据计算得到总体产率(6.3%)和质量强度(MI 5000)，总共使用了 13 种不同的溶剂。有趣的是，大约 70%的总体反应质量可以归因于检测和提取过程(以及在小范围内的处理)。可以把这视为一个典型的合成过程，它也反映了一个典型的医学化学实验室里的研究水平。通过对不同阶段中可能产生的废弃物的质量的对比发现，早期的全部研究产生的废弃物为 200～2000t，临床前为 150～1500t，临床 I 期为 40～400t。

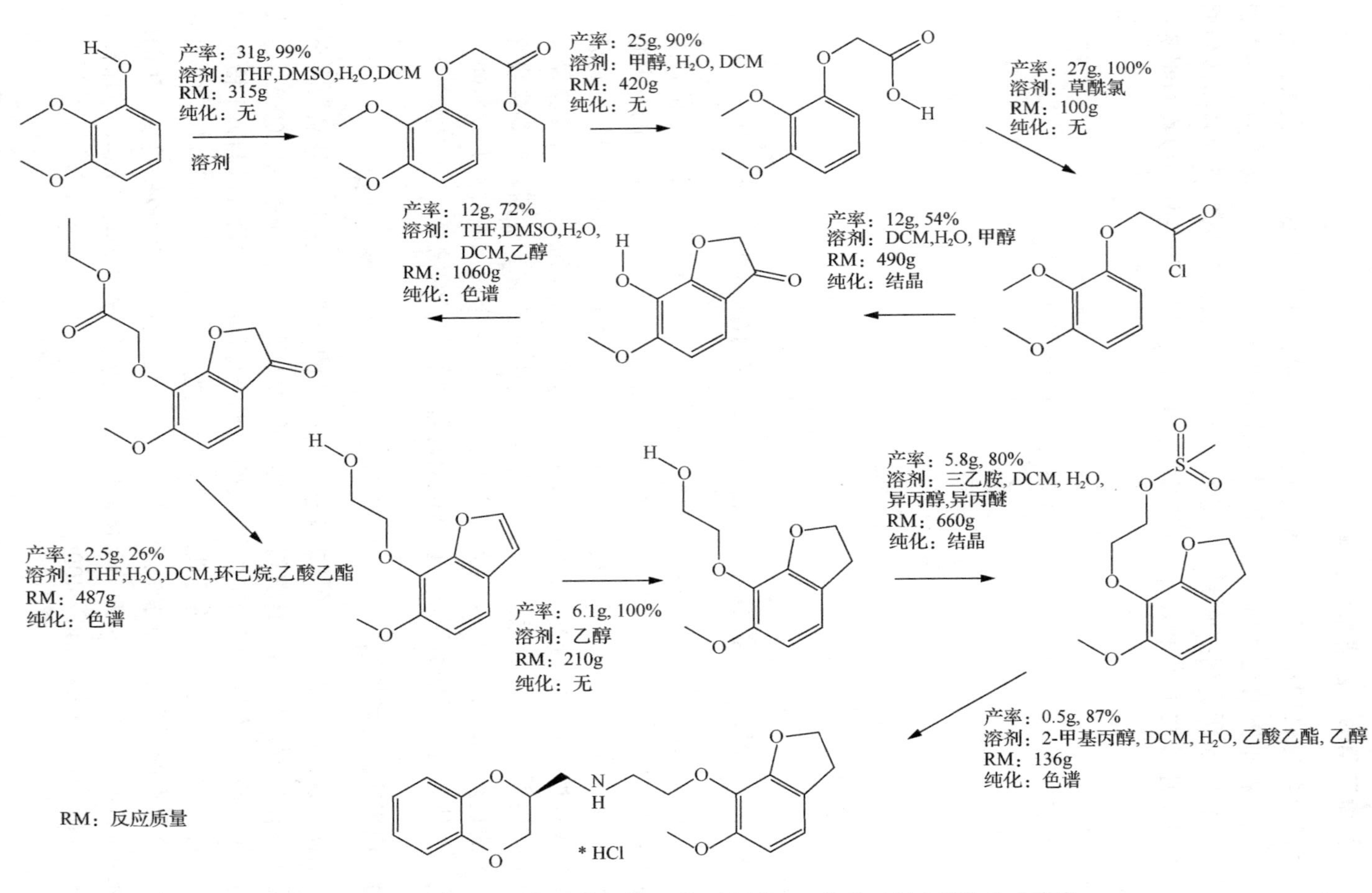

图2.8　2-[2-(2,6-二甲氧基苯氧基)乙基]胺甲基-1,4-苯并二氧六环的合成路线

平行或微波化学(MW)会对医学化学环境中的 MI 产生重大影响。以多模式和单模式 MW 为例进行了比较，研究了 Suzuki-Miyaura 反应(图 2.9)，目的是比较不同的催化剂和硼源(如硼酸、硼酸酯和三氟硼酸)的影响，如图 2.10 所示。反应的焦点是高转化率和高回收率，这就是为什么需要使用两倍等物质的量的硼衍生物、10%(摩尔分数)的 Pd 源及过量的乙醚洗涤的原因，这导致了 MI 约为 200。通过与每步 MI 500 且最后一步 MI 72 的反应对比，发现平行的方法有类似的 MI。过程中共使用了 4 种溶剂，包括二甲氧乙烷和乙醚。经闪蒸色谱法纯化后的分离产率＞85%[3]。

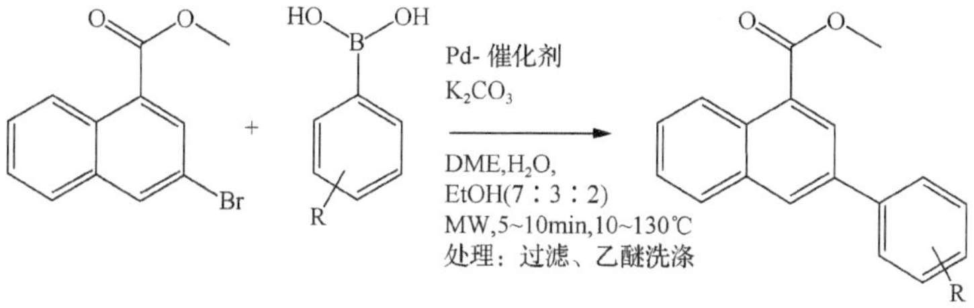

图 2.9 Suzuki-Miyaura 反应路线

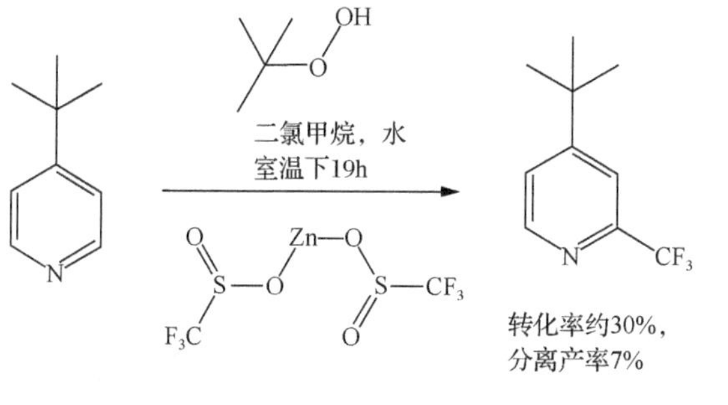

图 2.10 采用 Zn-试剂类似物进行的 C—H 键活化反应

总之，自动化的方法可能有助于加速过程，对“神奇三角形”的其他参数有或多或少的影响。

2.1.8 如何减少 MI 和浪费？

对上述两个例子的分析提出了进一步的问题：“在研究实验室能做些什么来减少 MI 和浪费？”是否需要使用这么多的溶剂，尤其是不适宜的溶剂？

在研究过程中，高质量强度通常发生在处理和净化过程中。由于通常反应是在毫克范围内进行的，所以需要更高的稀释度和更多的洗涤周期来保证高的回收率。然而，如微反应容器或微量滴定板、离心机进行相分离或固相萃取提取或浓缩产品等还没有被广泛用于克服缺陷。到目前为止，这方面的研究还不够。

另一个问题是，总体来说，药物化学合成路线并没有针对特定的目标分子进行优化，这导致了低收率步骤。例如，在图 2.8 所示的例子中，如果合成二氢苯脲，那么在步骤六中加倍的产量将使 MI 从 5000 减少到大约 1500。尽管拥有丰富的经验、知识及获取数据库和反应模型工具，但人们仍在使用中等收率的反应。这表明仍然缺少某些反应的合成工具，甚至是缺乏对某些反应类型更好的理解。

一个原因可能是，新反应技术的实施是耗时的，而且并非总是快速成功的。例如，C—H 键的活化，可使用 Zn-试剂将 CF_3-单元引入到 *N*-异质酰基体系中，如图 2.10 所示。

在反应序列中，进一步减少浪费和降低 MI 的方法与步数有关。了解每一种中间产物的分离、纯化和特性是很重要的，在合成新的化合物时，很少使用套叠合成或“一锅”的反应，这也会对反应序列的绿色化产生巨大的影响。在考虑套叠合成或“一锅”的反应时犹豫不决的另一个原因是溶剂的选择。这种现象的主要原因是，人们倾向于遵循文献中的方法，而不去进一步思考为什么要使用这种溶剂。此外，在目前的情况下，色谱纯化尤其是广泛使用的制备型 HPLC 是不能避免的，故对溶剂的“绿色化”是必要的。

当然，对再合成 41g 目标分子的要求，有必要考虑反应对环境的影响，或者使用自己在过程化学评估中收集到的经验，或者让过程化学家给出建议。

2.1.9 能源消费

另外一点要讨论的是能源消耗。对反应本身，与反应温度、蒸馏过程等有关，这些都是重要的因素。然而，在实验室中使用通风柜和空调是能源消耗的最大来源。

单个反应的影响似乎可以忽略不计，但综合努力的总和是不可忽视的。最重要的影响是选择所使用的溶剂和数量。另外，需要进一步探索反应、进一步研究净化技术，并比较基于总体环境足迹的新技术。随着循环时间和反应的多样性在早期药物发现中起着至关重要的作用，合成工具需要有广泛的试剂，并且对被认为是“无问题”的溶剂进行优化。

1) 药物化学是一种设计和合成化合物的艺术，它与生命体相互作用，以获得某种反应，从而导致在生物体中消除不正常的问题。

2) 药物发现的阶段是目标发现、药物靶向点的发现、对先导化合物或流程的发现、先导化合物的优化(有时是临床前的候选选择)，最后是临床候选物的选择。

3) 先导化合物优化的周期包括启动假设和结构设计、综合规划、合成和纯化、结构验证和纯度检查、对生物测试的数据库准备、必要的生物和物理化学数据的生成、验证假设和构建改进的结构活动模型。

4) 医药化学家试图在最短的时间内找到一种可持续的合成方法，从而在各种不同的化合物中找到多种不同的目标化合物。

5) 世界各地的研究实验室产生的废物量是相当可观的，与世界上临床 I 期实验产生的废物量相当。

6) 溶剂的选择和用量对反应的绿色和产率具有最重要的影响。

2.2 绿色制药策略

制药行业是污染的重要来源，被认为是“碳热点”领域，属于典型的非低碳经济。英国国民健康服务(NHS)机构认为，21%的温室气体来源于制药行业，截至 2016 年，美国总统绿色化学挑战奖中至少有 11 项获奖项目与制药行业的绿色化有关，可以看出制药行业的绿色化任重道远。通常，药物中的活性成分含有较大分子量的复杂结构和高的专效性，要求非常低的杂质含量和高的化学选择性，这直接导致其制造过程中的低效并产生大量的废弃物。通常，每生产 1kg 药物活性成分至少消耗 100kg 的原料。其中一个很重要的原因是在反应的过程中使用了大的保护基团以提高反应的选择性，并使用大量的溶剂，包括在反应中和产品纯化过程中。另外，药物合成还经常用到化学计量反应而不是催化剂，使得反应路线笨重、费时、低效，而由一个药片真正到患者使用又往往要耗费数月乃至数年的时间。故制药行业迫切需要绿色化，可持续制药的另一个挑战来自于催化剂，目前广泛使用的催化剂主要依赖于铂或钯，它们稀缺的资源及高昂的成本也制约着制药行业的发展。绿色制药还要求发展新的绿色合成路线来代替现有的合成路线，希望以更短的步骤得到希望的产物(图 2.11)。

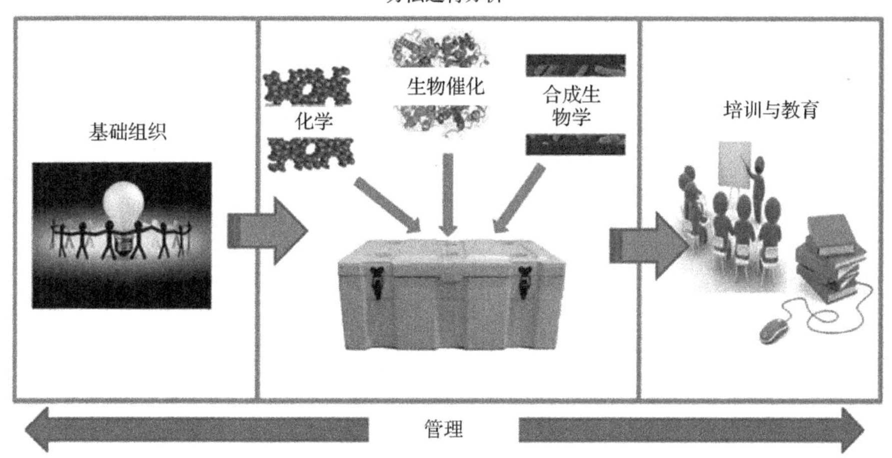

图 2.11　药物研发绿色化路线图

绿色制药主要包括以下的研究内容：

1）形成氨基化合物以改进原子经济性；

2）脂肪烃与芳烃催化 C—H 键活化以形成 C—C 键和 C—N 键；

3）立体中心的不对称合成；

4）手性胺的合成（N-中心化学）；

5）用于亲核取代反应的醇的活化；

6）绿色氟化（选择性和试剂）。

其中重要的领域包括：

1）发展和使用新型的有机或有机金属催化剂，特别是使用碱金属催化；

2）强化过程，如使用连续流化学以提高制造工厂的时空效率；

3）发展和强化生物催化以改进流程及发展新奇的合成路线；

4）利用合成生物学，特别是采用瀑布式的生物催化反应，探索新的高通量分子生物学以使生物体能产生高附加值的产品。

2.2.1 CHEM21 计划

CHEM21 计划是由欧洲 10 个大学研究组、5 个小中型企业和 6 个欧洲制药工业协会联合会（European Federation of Pharmaceatical Industrial and Association, EFPIA）成员公司组成的团队提出的计划，其目的是发展一系列绿色化学技术来合成医药中间体，以及进行相应的培训，并提出了一个名为“Vision2020”的路线图。技术立足于化学催化和合成方法、生物催化和合成生物学四个大的方面及五个工具盒。曼彻斯特大学作为管理机构，GSK 公司则作为合作伙伴具体运行[4]。

（1）工具盒一　起点

选择合适的目标分子与原料，探讨面临的绿色化学挑战。

（2）工具盒二　化学技术

对药物化学和化工科学家提供改进的可持续化学工具盒，用于发展药物的绿色合成路线，目标是通过利用一些简单并有广泛应用空间原子经济性的反应与原料，以减少废弃物的产生。过程需要更少的溶剂，且易回收使用。对催化方法而言，更多关注丰富的低毒的材料，如铁、铜和镍。当使用贵重金属时，要尽量少且可回收。通过整合强化的连续流反应方法，发展更绿色和经济的过程。在药物设计中，氟元素具有很重要的地位，氟化反应的绿色化就变得很重要。氨的形成在药物化学和过程化学中均被广泛使用，但大部分过程不够绿色，应该改进。另外，规模化反应与监测其绿色化程度要求发展精细的标准。

（3）工具盒三　生物催化

为发展生物催化可持续制造路线需要发展一个完整的“系统生物催化”。如图

2.12 所示，不但要考虑生物催化的生物化学方面，还要考虑反应工程的原则和全系统的绿色化。

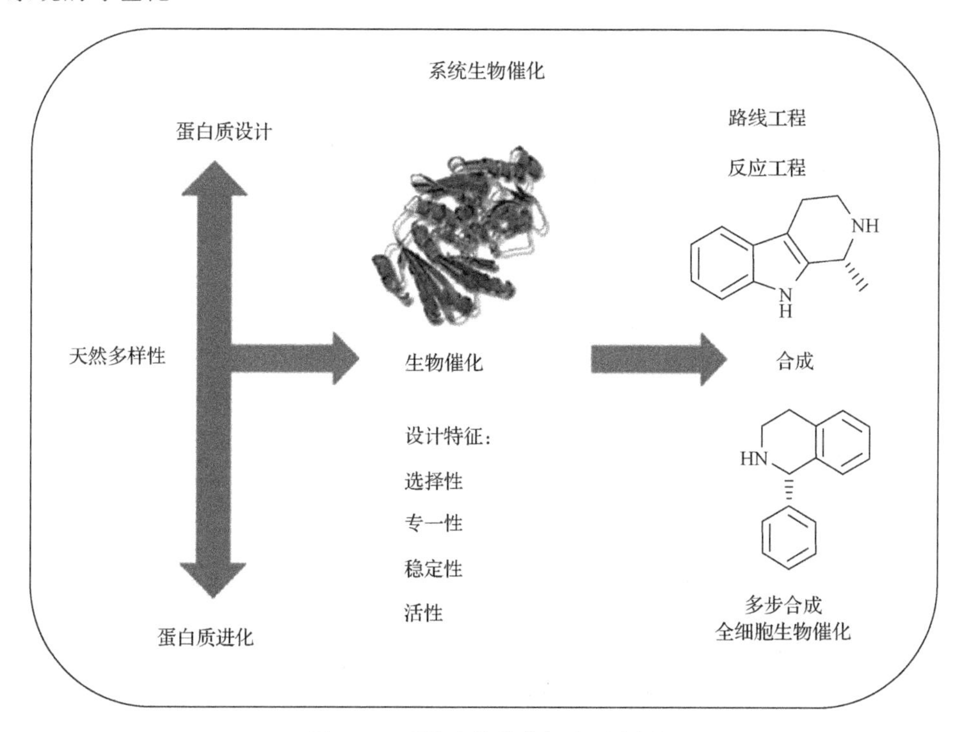

图 2.12 系统生物催化概念示意图

(4) 工具盒四 合成生物学

合成生物学没有一个简单定义，但公认的是它涉及应用目的的生物工程和其拥有制造复杂分子的巨大潜在应用。

(5) 工具盒五 教育与培训

对最新的研究成果进行归纳总结，并及时实施教育与培训。

2.2.2 药物从发现到制造过程中的绿色化学挑战

一个新药的发现与发展是个长期且复杂的过程，通常需要很多团队多年的工作。其中，医药化学家是这个团队中的关键，包括概念的酝酿、可能药物候选物的选择等。到某一个阶段后，这些候选物被公司的发展团队跟进。发展过程的目标包括研究药物的安全性、有效性和确保质量，在完成临床和安全性研究后，数据被提交并被审核，用于经销授权申请、新药申请，如果申请成功，药物就可在许可区域上市。新药的安全性和有效性评价是通过一系列的临床测试进行的，如表 2.2 所示。

 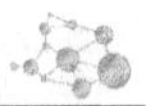

表 2.2　药物研发的主要阶段和特征

阶段	项目与目的	大致的时间与费用	药物活性成分需求
临床前	非临床安全测试和支持临床 I 期的规划		几百克～几千克
I 期	对人的安全性数据； 进一步的非临床长期剂量的安全性研究	21.6 月； 152 万美元	
II 期 a	决定验证方案； 人安全实验； 进一步的非临床长期剂量的安全性研究	25.7 月	几十千克
II 期 b	剂量范围的测试研究； 人安全实验； 进一步为III期准备的非临床长期剂量的安全性研究及注册	234 万美元	
III期	确定药物的有效性； 人安全实验和副作用； 支撑注册的非临床安全性研究	30.5 月； 865 万美元	几百千克～几吨

2.2.3　药物活性成分的商业化发展路线[5]

2.2.3.1　发现

一个合成路线包括从原料到最终产物的一系列化学变化。在药物发现的阶段，需要制备一系列的化合物，通常需要几毫克，如果采用易获得的化合物仅进行少量的评估，这个过程就会存在错失发现的风险。一个治疗呼吸道炎症的例子是预先合成一系列的吲哚乙酸化合物，最终得到 AZD1981 化合物。该路线可以引入位置与结构的多样性：如选择不同取代的苯胺作为吲哚的原料；在 C-3 位置，采用不同取代的芳基硫醇为原料；在 C-2 位置通过选择不同的酮为原料；对氨基基团上通过反应改变为酰胺、磺化酰胺等，如图 2.13 所示。在专利中，共描述了 37 个样品，制备量均在 250mg 左右。图中所示的全反应的产率只有 8%，该项目的过程质量强度为 718kg/kg 药物活性成分。

NO_2 NH_2 1.次氯酸特丁酯 THF, −78℃ 2. Cl S O 32% NO_2 S Cl N H

1.NaH, THF 2. Br O O Et 70.4% NO_2 S Cl N CO_2Et 1. H_2, 5% Pt/C, EtOH 2. 色谱分离 67%

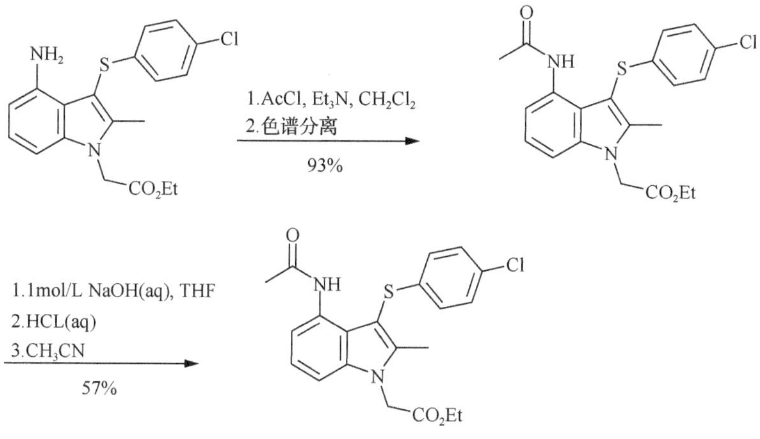

1.AcCl, Et_3N, CH_2Cl_2
2.色谱分离
93%

1.1mol/L NaOH(aq), THF
2.HCL(aq)
3.CH_3CN
57%

AZD1981

图 2.13　AZD1981 的典型合成路线图

2.2.3.2　确保概念的实施

一旦候选化合物被确认，化学合成团队就要针对单一目标进行制备，他们的目标是设计和发展最佳的合成路线合成药物活性成分，并确保支撑计划的进行。这就需要足够的药物化学成分，对一个口服药物而言，不同的临床试验阶段需要的量也不一样，通常需要毫克级至2g。随后的发展需要千克级的药物活性成分。在这个过程中，合成也要进一步发展，为规模化生产做准备，包括替代不安全的试剂、溶剂，并且尽量避免潜在的热不稳定物和易分解成气体的产物。通常，这些努力更多地体现在产物的处理和中间体的分离过程中，如发展合适的反应淬灭、除去不纯物的洗涤方法、产物的结晶方法，涉及的过程包括反应淬灭、萃取、洗涤、蒸发和色谱纯化等。规模化的色谱技术，特别是制备型 HPLC 在初级的千克级产品制备过程中非常高效。有时，还会要求对合成路线进行优化，如在图 2.14 中，吲哚核可以通过 Makosza 反应合成化合物(1)，避免了原来的低温合成路线，避免了二氯甲烷的使用，并可省去所有的色谱纯化步骤。

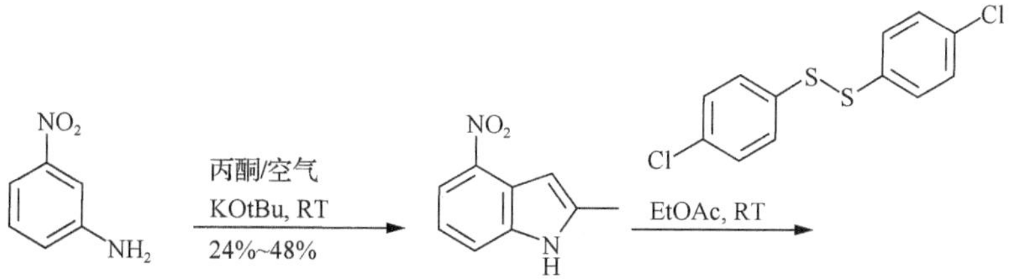

丙酮/空气
KOtBu, RT
24%~48%

EtOAc, RT

(1)

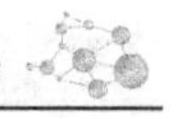

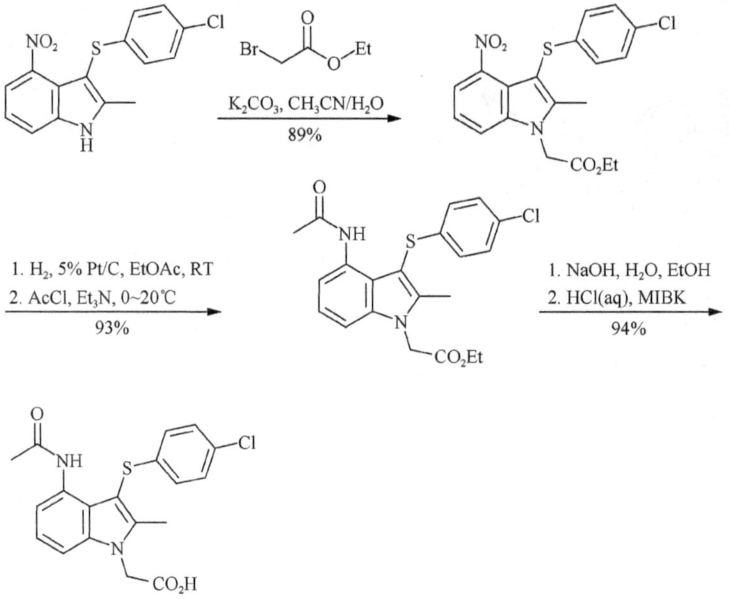

图 2.14 AZD1981 的改进合成路线

总产率在 18.7%～37%

2.2.3.3 绿色化学 12 原则

在进行合成优化时，绿色化学 12 原则是改进的依据，例如，采用原则设计的合成路线更符合新的法规要求，试验最小副作用的原料将会改善局部的环境。在合成 AZD1981 时，Makosza 反应在丙酮的闪点之上进行，并有空气的存在，得到的硝基-吲哚也是热不稳定的。另外，第一步反应的产率也是很低的，直接影响到整体的成本。AZ 团队发展了一个可规模化的新路线，如图 2.15 所示，采用 Semmler-Wolff 芳香化反应制备吲哚，全过程产率可以达到 51%。

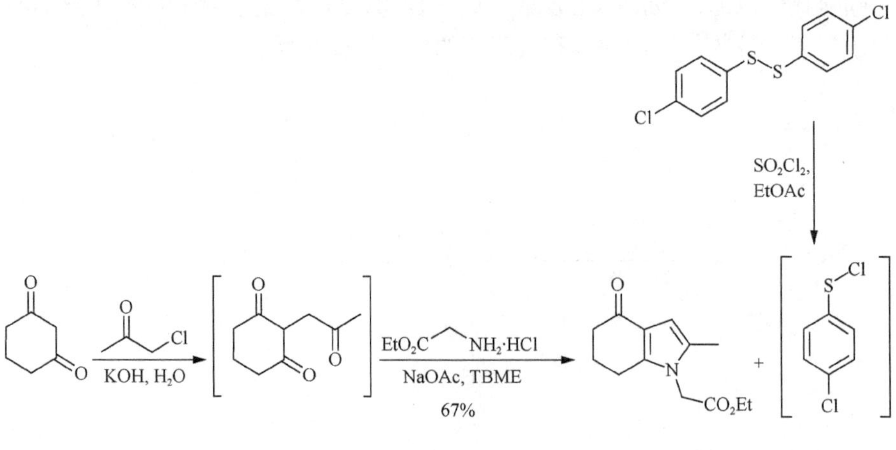

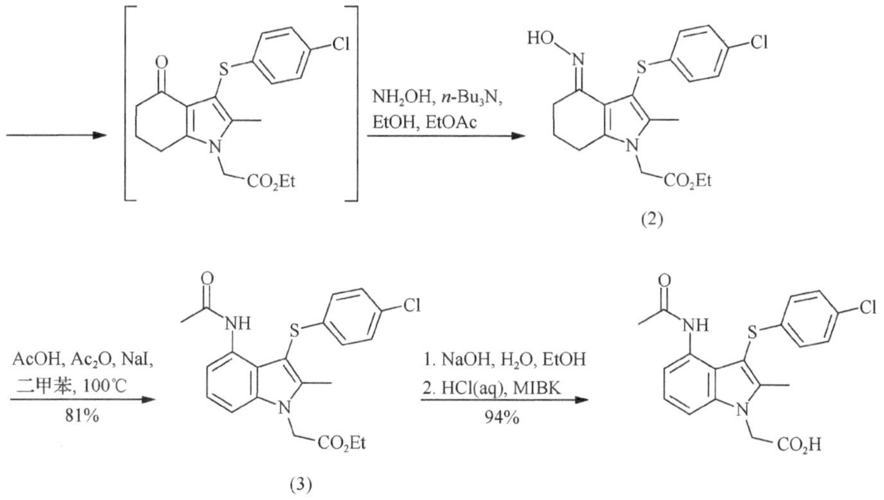

图 2.15 一个新的 AZD1981 合成路线

2.2.3.4 质量保证

高品质与化学生产和控制是确保药物产品质量的核心，通过产品测试给出相应的标准。

(1) 控制过程相关的杂质

临床测试前后的安全性研究可以得到病人给药的允许剂量。其中过程相关的杂质的定量是个关键，通常要求报告大于 0.05%的有机杂质和最大的日剂量小于 2g 时的那些大于 0.10%的有机杂质。这通常会导致更多的产品纯化步骤，伴随着更多废物的产生。作为改进，合适的安全性研究要求对杂质进行定量，通常，最终的目标是使用长期安全的材料，对应慢性病治疗时，至少要求两年的致癌性研究以证明药物是安全的。

(2) 残余溶剂

溶剂经常会在药物中残留，应该对它们进行分类，并研究相应的副作用，如表 2.3 所示。例如，目前推荐的四氢呋喃的日摄入量由 121mg/d 降低至 7.2mg/d。

表 2.3 残余溶剂分类

分级	描述	例子(浓度限制)	溶剂标示
1	应该避免的溶剂(已知的对人有强致癌性的和环境毒害的)	苯(2ppm)、四氯化碳(4ppm)	暂无
2	限制性溶剂(非基因动物致癌性、不可逆毒副作用及足够大毒性但可恢复)	乙腈(410ppm)、二氯甲烷(600ppm)、己烷(290ppm)、吡啶(200ppm)	红/琥珀
3	对人有低毒性的溶剂	乙酸乙酯、异丙醇	绿色

2.2.3.5 残余的金属

在药物的合成过程中，往往会用到含金属的催化剂，如钯和铂系(钌、铑和铼)金属催化剂，但它们的毒性也很大，对口服药而言，其最大含量应限制在低于 10ppm，注射药的要求低于 1ppm，吸入药则要低于 0.1ppm。故这些金属的替代催化剂就变得很有必要，例如，可以采用铜、钴或者镍作为催化剂，在作为口服药时它们的残余浓度可以分别放宽到 300ppm、5ppm 和 20ppm。采用绿色化学还可以最大效率利用和回收它们，以达到药用品质的要求。如图 2.16 所示的药物合成中，通过筛选 42 种金属催化剂，发现铱金属催化剂可以高效地催化这个反应。

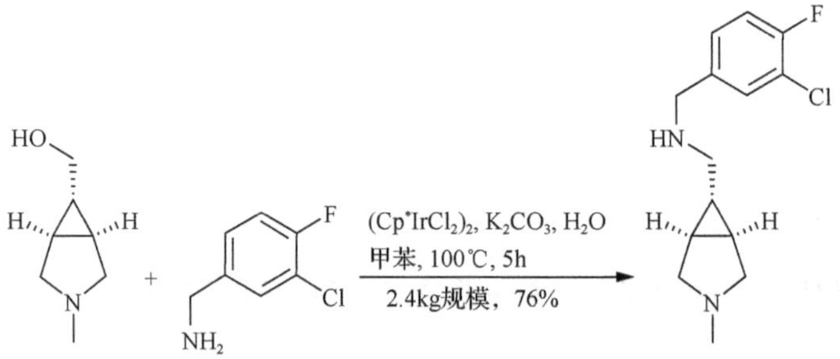
HO
H
H
N
+
F
Cl
NH₂
(Cp*IrCl₂)₂, K₂CO₃, H₂O
甲苯, 100℃, 5h
2.4kg规模，76%
F
Cl
HN
H
H
N

图 2.16 GlyT1 抑制剂中间体的合成

2.2.3.6 基因毒性杂质

对基因毒性杂质的控制是药物质量控制的一个特殊方面，近期受到特别的关注。基因毒性杂质的定义为“能与 DNA 反应并对 DNA 有潜在或者直接毒性的物质”，通常情况下这样的物质摄取量应该低于 1.5μg/d。

所有用于药品生产和产品接触的材料都必须进行传染性海绵状脑病(TSE)的污染风险评估。风险最高的材料有可能来源于动物源，包括氨基酸、一些酶和胆固醇载体催化剂等。基因毒性杂质的控制是质量控制的一个额外的、具体的方面，也受到了相当的重视。关于残留的基因毒性杂质的许可水平一直是个有争论的话题，通常认为允许每天暴露于一种诱变的不洁杂质的剂量限制在 1.5μg/d。因此，需要专门的分析技术，能够在百万分之一(ppm)水平上检测分析物。

将绿色化学原理应用到合成路线设计中应避免使用基因毒性材料，从而消除了检测的需要。然而，目前合成技术的现状，高频率的碳杂原子键形成，意味着对潜在的基因毒性试剂的使用是相当普遍的。此外，一些试剂和溶剂的组合也可能导致基因毒性杂质的形成(如硫酸和乙醇溶剂)。这些因素的结合意味着，在可预见的未来，必须要面对避免基因毒性杂质的挑战。药物产品的临床表现可以高度依赖于选定的形式，如母体、盐、溶剂或水化合物、共晶体和(或)多态形式等。

2013 年美国销售的前 100 种药品中，有 70 种是小分子或多肽，它们都含有至少一种碳杂原子键，其中 59 种至少含有一种氮原子，42 种是手性的，41 种含有至少一种杂原子环。因此，可以合理地假设目前的合成方法所面临的挑战在不久的将来可能是一样的，如碳-异原子烷基化、酰化和碳—碳键的形成等。然而，人们可能会期望反应基质的形状、功能和水溶解度的改性，以应对降低亲脂性的挑战。这些考虑强调了开发可靠的、广泛适用的综合方法的必要性，这将使科学家有信心在最初的设计中使用它们。采用改进的方法和技术的策略，以及谨慎的溶剂选择和工艺设计，以确保材料可以被回收利用，这为降低药物制造的整体影响提供了巨大的潜力。

参考文献

[1] Messinger J, Otsomaa L, Rasku S. Medicinal chemistry: how “green” is our synthetic tool box? London: the Royal Society of Chemistry, 2016: 101.

[2] Roughley S D, Jordan A M. The medicinal chemist’s toolbox: an analysis of reactions used in the pursuit of drug candidates. J. Med. Chem., 2011, 54(10): 3451-3479.

[3] Fumagalli L, Pallavicini M, Budriesi R, et al. 6-Methoxy-7-benzofuranoxy and 6-methoxy-7-indolyloxy analogues of 2-[2-(2,6-dimethoxyphenoxy)ethyl]aminomethyl-1,4-benzodioxane (WB4101):1 discovery of a potent and selective α1D-adrenoceptor antagonist. J. Med. Chem., 2013, 56(16): 6402-6412.

[4] Brown, M J B. An introduction to CHEM21 chemical manufacturing methods for the 21st century pharmaceutical industries. London: the Royal Society of Chemistry, 2016: 7.

[5] Hayler J. From discovery to manufacturing: some sustainability challenges presented by the requirements of medicine development. London: the Royal Society of Chemistry, 2016: 82.

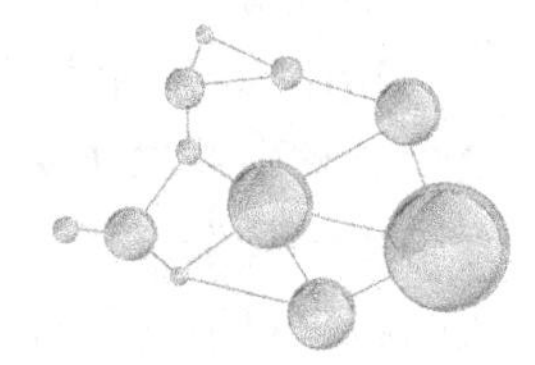

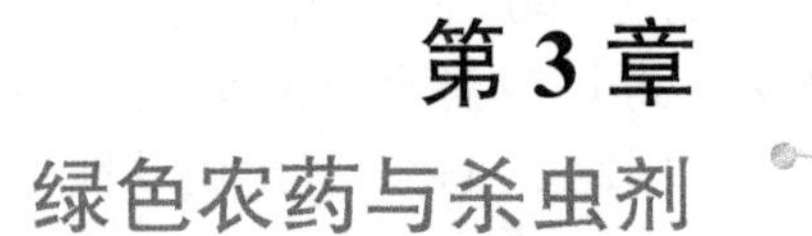

第3章 绿色农药与杀虫剂

3.1 农药的特性和理化性质[1]

根据联合国粮食及农业组织介绍的农药定义，农药是用于预防、摧毁或控制害虫的物质或混合物，使用的范围包括动物疾病、有害的动植物物种。害虫是指在生产、加工、储存或销售食品、农产品、木材和木材制品时造成损害或其他干扰的物种。农药与杀虫剂包括用于生长调节剂、脱叶剂、干燥剂、疏果剂或防止果实过早脱落的药剂，以及在收割前后用于作物以防止储存或运输过程中变质的物质，但不包括化肥、植物和动物营养素、食品添加剂和动物药物等化学品。

农药使用的历史背景，可追溯到农业本身的起点，随着虫害数量的增加与土壤肥力的减少，它变得更加重要。然而，现代农药在农业和公共卫生中的使用可追溯到20世纪。第一代农药涉及使用剧毒化合物，如砷(砷酸钙和砷酸铅)和氰化氢熏蒸剂，用于控制真菌、昆虫和细菌等害虫。其他化合物包括波尔多混合物(硫酸铜、石灰和水)和硫黄。它们由于毒性和低效逐渐被摒弃了。第二代涉及合成有机物的使用，第一个重要的合成有机农药是滴滴涕，德国科学家 Ziedler 在 1874年第一次合成，并在1939年由Muller发现了它的杀虫效果。

滴滴涕可有效地杀死害虫，提高作物产量，还相当廉价，使其迅速蔓延到全球范围内，也被用于许多非农业领域中。例如，它在第二次世界大战中被用于战士驱除虱子，为控制蚊子传染疟疾做出了贡献。继滴滴涕合成成功之后，其他的化学物质也被合成出来，使那个时代就像卡森在她的书《寂静的春天》里形容的那样，是一个“化学雨的时代”。

农业中杀虫剂的密集使用带来了很多的问题，“绿色革命”已是众所周知与迫在眉睫。绿色革命也是一个世界性的农业运动，始于墨西哥，其主要目标是提高世界粮食供应量，以满足当时迅速增长的人口的需求。绿色革命涉及农业实践的三个主要方面，其中农药的使用是一个不可分割的组成部分。在墨西哥成功之后，绿色革命传遍了世界。虫害控制在农业方面一直是重要的，但绿色革命尤其需要更多的杀虫剂投入，因为大多数高产品种不抗病虫害，部分原因是单一栽培体系。每年的害虫都摧毁了世界30%～48%的粮食生产，如表3.1所示。

表 3.1 估计每年世界主要农作物由害虫造成的损失

农作物	估计损失/%			
	虫类	疾病	杂草	总计
稻	26.7	8.9	10.8	46.4
玉米	12.4	9.4	13.0	34.8
小麦	5.0	9.1	9.8	23.9
黍	9.6	10.6	17.8	38.0
土豆	6.5	21.8	4.0	32.3
木薯	7.7	16.6	9.2	33.5
大豆	4.5	11.1	13.5	29.1
花生	17.1	11.3	11.8	40.2
甘蔗	9.2	10.7	25.1	45.0

害虫和啮齿目动物对储藏农产品也造成了巨大的损失。内饲昆虫以籽粒胚乳和胚芽为食，其结果是谷物的质量损失、营养价值降低和最终使用质量的劣化。一些昆虫通过物理分泌物和粪便污染破坏谷物，还包括幼虫蜕皮和空茧等。在储藏的农产品中，一种常见的害虫控制手段是使用杀虫剂，如马拉硫磷、甲基毒死蜱或涂布在储藏容器表面的溴氰菊酯等。

另外，疟疾仍是热带许多地区的主要媒介传染病。据估计，每年发生超过百万的临床病例，在热带非洲的病例占这些数字的 90%以上。其他媒介传染病，包括锥虫病、盘尾丝虫病和丝虫病等，尤其在热带地区严重。因此，很明显，发明杀虫剂不是一种奢侈的技术文明，而是人类福祉的一种必需品。

农药在农业中的使用导致了单位土地作物产量大幅度提高。研究已建立了每公顷农药用量与每公顷作物产量的可能关系，如表 3.2 所示。滴滴涕和其他农药等，已被证明了在农业和公共卫生方面的效用。经济得到了提振，作物产量大幅度增加，昆虫传染疾病导致的死亡人数减少。杀虫剂挽救了无数人的生命，阻止了从昆虫传染的疾病。

表 3.2 一些国家/地区的杀虫剂使用及相应作物产量

国家或者地区	农药使用量/(kg/hm^2)	作物产量/(t/hm^2)
日本	10.8	5.5
欧洲	1.9	3.4
美国	1.5	2.6
拉丁美洲	0.2	2.0
大洋洲	0.2	1.6
非洲	0.1	1.2

尽管在上文所述的农业和公共卫生中使用杀虫剂的效果很好，但它们的使用通常伴随着有害的环境和公共卫生影响。农药由于其高的生物活性和毒性(急性和慢性)，在环境污染物中占据着独特的位置。虽然有些杀虫剂在其作用方式中被描述为是选择性的，但它们的选择性仅限于试验动物。因此，杀虫剂最好被设计成为杀菌剂(能够伤害正常形式的生命以外的目标害虫)。

在农作物、园林或家畜中使用的许多杀虫剂，往往是几种化学物质混合在一起，在适当的载体或稀释剂材料中悬浮。这些化学物质被称为活性成分，负责杀死或以其他方式影响害虫。除了活性成分之外，还有其他化学物质，它们通常与不杀死害虫的活性成分一起配制。这些称为惰性成分，充当载体、稀释剂、黏合剂、分散剂，可延长有效成分的保质期或使农药气味更好。通常情况下，容器标签上的有效成分是使用通用名称命名的。然而，通用名称不是唯一辨认杀虫剂的方法，并且通用名称实际上不提供关于农药的化学性质的完全信息。当化学家想给一个特定的和明确的化学名称时，这些名字通常是冗长而复杂的，但它们是命名上百万已知化学物质的必要条件。有两个主要的系统，用于衍生化学品的系统命名，一个来自国际纯粹与应用化学联合会(IUPAC)，另一个来自化学文摘社(CAS)。作为上述两个系统命名的例子，以下杀虫剂的名字分别为：IUPAC 命名为(*E*)-1-(六氯-3-吡啶基甲基)-*N*-硝基咪唑-2-叶立德胺；CAS 命名为(2*E*)-1-[(六-氯-3-吡啶基)甲基]-*N*-硝基-咪唑亚胺。

除了一个系统的名称外，CAS 还为每种化学品分配一个注册编号，不同于别的化学品。例如，上述的杀虫剂有一个 CAS 注册号 138261-41-3，如先前所指出的，系统的名称对于仅仅使用杀虫剂的外行来说是太过复杂。在这方面，杀虫剂领域的专家更多地使用系统的名称对于许多目的来说，一个相对简短的名称将会比系统的名称或注册号有帮助，这就是通用名称的作用。

大多数人在阅读、写作或谈论杀虫剂时需要的是一个简短、相当简单且令人难忘的名字。通用名称由国际标准化组织(ISO)根据给定的准则批准。例如，杀虫剂(*E*)-1-(六氯-3-吡啶基甲基)-*N*-硝基咪唑-2-叶立德胺的通用名称是从系统名称的部分中获得的，称为“吡虫啉”。注册通用名称的过程通常始于农药生产商向 ISO 提交名称的建议，ISO 委员会检查建议的名称是否符合规则，而不是误导，且不太可能与现有的杀虫剂或药物名称混淆。通用名称一经 ISO 批准，就不再属于该公司，而是可以在更广泛的范围内使用。

“农药”一词是所有杀虫剂、除草剂、杀菌剂、杀鼠剂、木材防腐剂、园林化学品和家用消毒剂的总称，可用于杀死一些害虫。由于农药的身份特殊、理化性质的不同，因此将它们分类及其在各自的群体中进行研究是合乎逻辑的。根据不同的需要，综合农药的分类方法。有三种最流行的农药分类方法：基于作用方式分类、基于目标害虫种类分类和基于农药化学成分分类。

杀虫剂的分类还可根据它们采取作用的方式来进行。这样，杀虫剂就被归类为接触(非系统的)和全身(系统的)杀虫剂。非系统性杀虫剂是那些不明显地击穿植物组织，并且没有在植物循环系统内运输的。当它们接触到目标害虫时，非系统性杀虫剂只会带来预期的效果，因此称为接触杀虫剂。接触杀虫剂的例子是百草枯和敌草快。另外，系统性杀虫剂是那些有效穿透植物组织，并通过植物循环系统移动，以达到预期效果。系统性杀虫剂的例子包括草甘膦等。在这种方法的分类中，杀虫剂的名字是以目标的相应害虫的名称命名，如表3.3所示。

表3.3 基于目标生物体的农药分类

农药种类	目标组织/害虫
杀虫剂	昆虫
除草剂	草
啮齿动物杀灭剂	啮齿动物
杀真菌剂	真菌
杀螨剂	蛛和螨虫
软体动物类杀灭剂	软体动物
杀菌剂	细菌
杀鸟剂	鸟类害虫
杀病毒剂	病毒
杀藻剂	微藻

还可根据活性成分的化学性质分类农药。农药的化学分类是迄今为止对在农药和环境领域研究者，以及那些寻找细节的人最有用的分类。这是因为，从这种分类可有效地给出线索，如各自农药的物理和化学性质。根据化学分类，农药分为四大类：有机氯、有机磷、氨基甲酸酯、除虫菊素和拟除虫菊酯[2]。

有机氯农药是含有五个或更多氯原子的有机物。有机氯是第一个用于农业和公共卫生的合成有机农药。它们大多被广泛用作杀虫剂，用于控制各种各样的昆虫，因为对大多数化学和微生物降解都有抵抗力，它们在环境中具有长期的残留效应。有机氯杀虫剂充当神经系统的干扰物，导致昆虫的抽搐和瘫痪及其最终死亡。一些常用的有机氯农药的代表性例子是滴滴涕(DDT)、林丹(六六六，$C_6H_6Cl_6$)、硫丹、艾氏剂、狄氏剂和氯丹，其化学结构如图3.1所示。

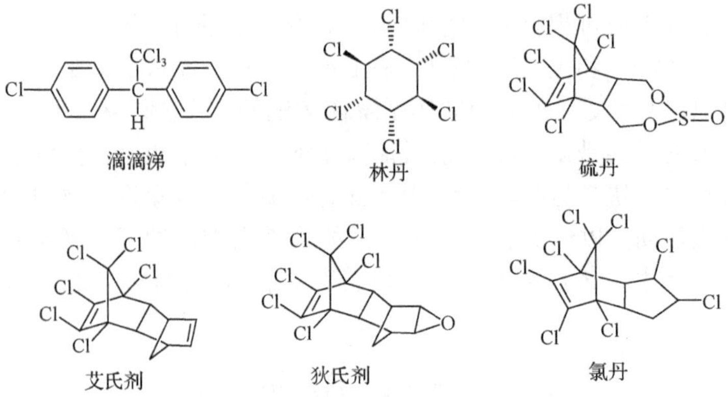

滴滴涕　林丹　硫丹

艾氏剂　狄氏剂　氯丹

图 3.1　一些常用有机氯农药的化学结构式

含磷有机物也是常用的杀虫剂，其中，R_1和R_2通常是甲基或乙基，P═O 基团中的 O 可在某些化合物中被 S 取代，而 X 基团则可以采取多种形式。有机磷农药通常是对脊椎动物和无脊椎动物的毒性更大，作为胆碱酯酶抑制剂，导致永久性覆盖的乙酰胆碱神经递质跨越突触。因此，神经冲动无法跨越突触，导致肌肉迅速抽搐，从而瘫痪和死亡。与有机氯农药不同，有机磷农药在环境中容易被各种化学和生物反应分解，因此，有机磷农药在环境中并不持久。一些广泛使用的有机磷农药包括对硫磷、马拉硫磷和草甘膦等，其化学结构如图 3.2 所示。

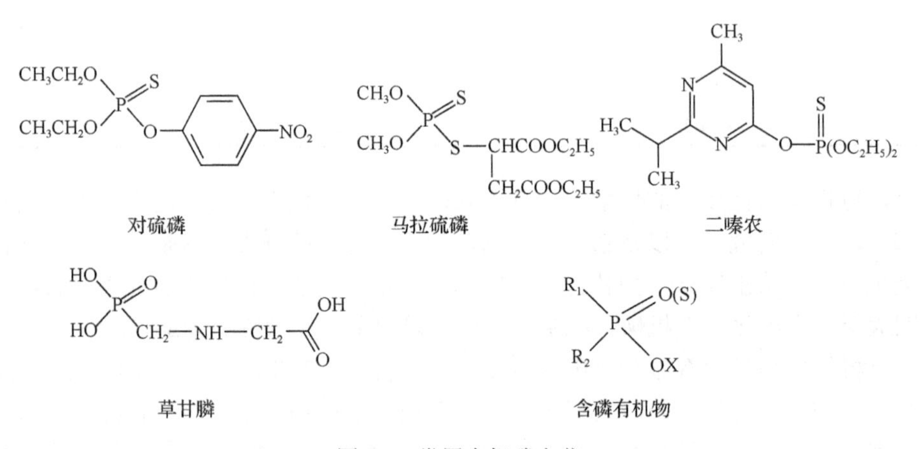

图 3.2　常用有机磷农药

R_1是醇基团；R_2是甲基；R_3通常是氢

有机氮农药主要包括甲氨甲酸萘酯、克百威和灭害威等，其化学结构如图 3.3 所示。

拟除虫菊酯是依天然除虫菊酯的结构合成出来的类似物，通常包含(+)-反菊酸和(+)-反除虫菊酸衍生的光学活性酯，其结构如图 3.4 所示。

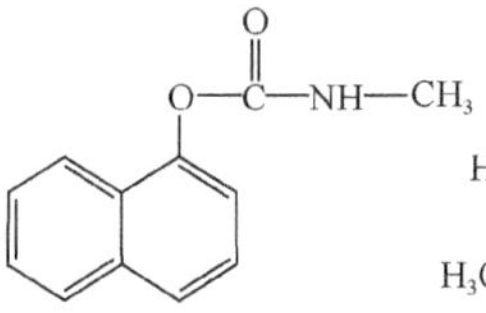

甲氨甲酸萘酯 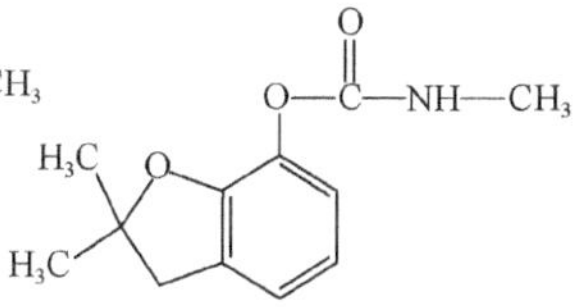　克百威 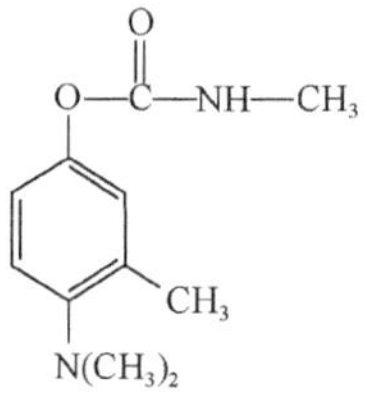　灭害威

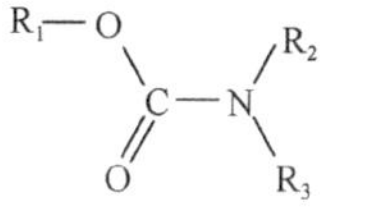

由氨基甲酸获得的有机杀虫剂的化学通式

图 3.3　甲氨甲酸萘酯、克百威、灭害威化学结构

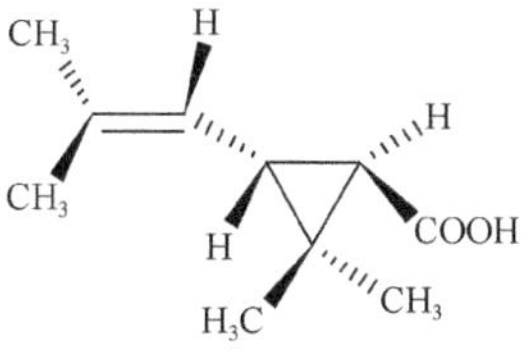

(+)-反菊酸 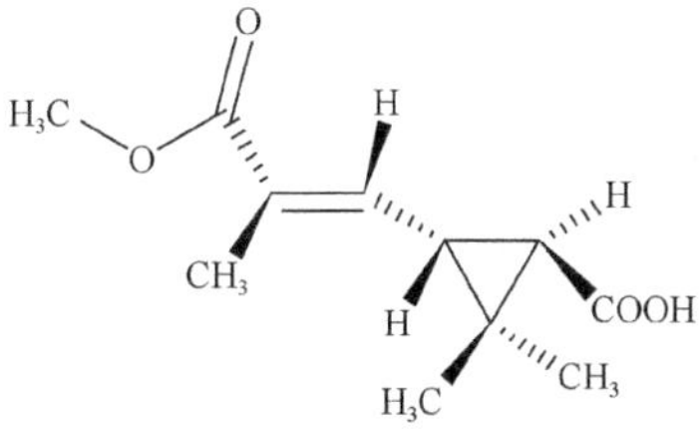　(+)-反除虫菊酸

图 3.4　(+)-反菊酸和(+)-反除虫菊酸化学结构

拟除虫菊酯具有公认的对害虫快速杀灭、哺乳动物毒性低和易生物降解的性能。虽然自然产生的除虫菊素是有效的杀虫剂，但它们的光化学降解是迅速的，故用它们作为农业杀虫剂不切实际。通过对除虫菊素结构的改性，引入双苯氧基基团，以一些卤素取代氢，以保持除虫菊素的基本性质，从而开发出天然除虫菊素(拟除虫菊酯)的合成类似物。最广泛使用的合成拟除虫菊酯包括氯氰菊酯和溴氰菊酯等，其结构如图 3.5 所示。

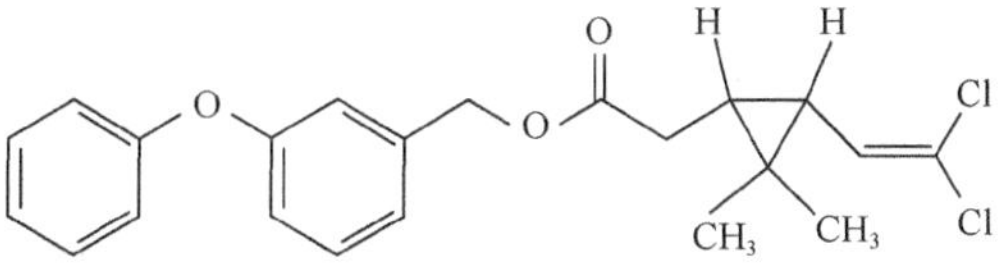

合成除虫菊酯 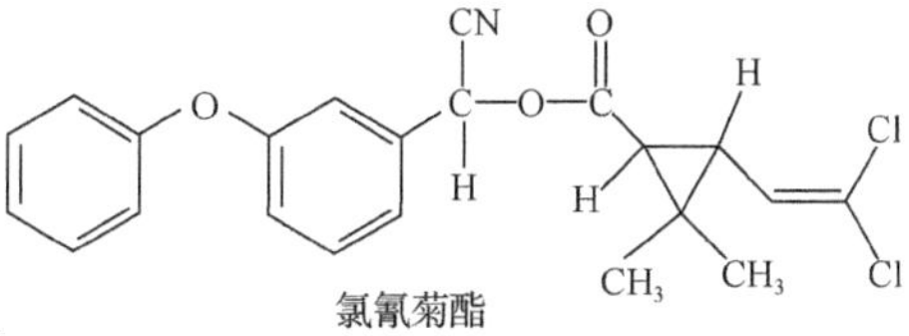　氯氰菊酯 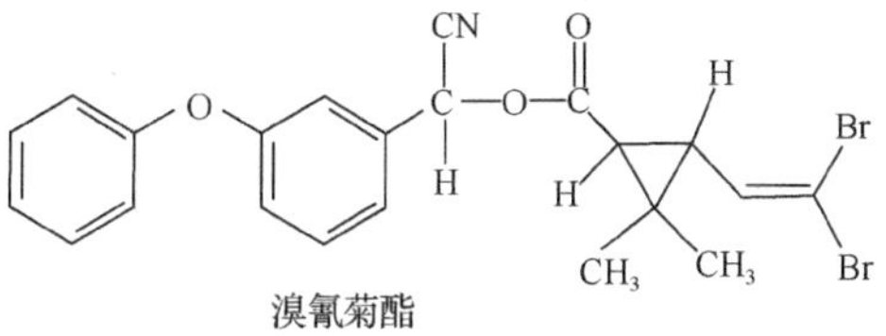　溴氰菊酯

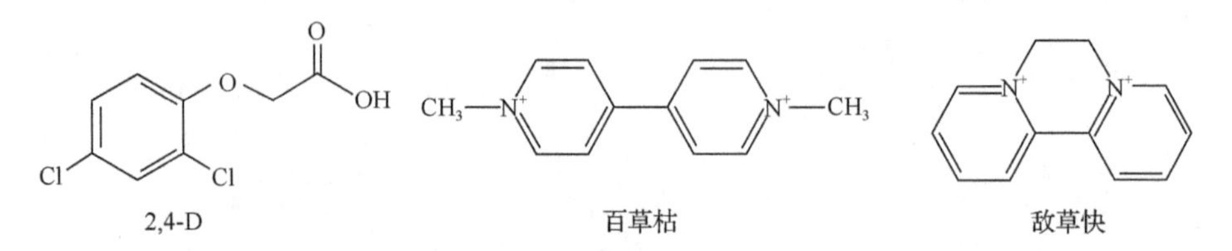

图 3.5　合成除虫菊酯等化学结构

杀菌剂是用于控制农作物真菌感染的杀虫剂，分为无机和有机杀菌剂。无机杀菌剂包括波尔多混合物、$Cu(OH)_2$、$CaSO_4$、$CuCO_3$ 和孔雀石；有机杀菌剂包括苯菌灵和喹啉铜等，其化学结构式如图 3.6 所示。

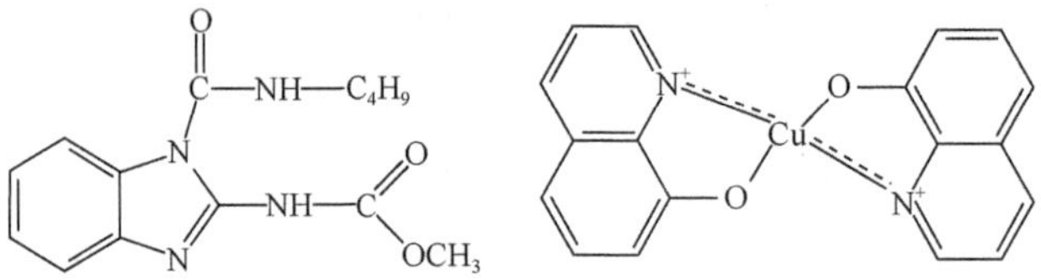

苯菌灵　　喹啉铜

图 3.6　苯菌灵和喹啉铜的化学结构

在另一分类系统中，杀虫剂被分成两组，即广谱杀虫剂和选择性杀虫剂。广泛的广谱杀虫剂可杀死各种各样的害虫和其他非靶有机体。它们是非选择性的，通常对爬行动物、鱼类、宠物和鸟类是致命的，如毒死蜱和氯丹。然而，选择性杀虫剂是那些只杀死某一特定或一群害虫的杀虫剂，对其他生物体产生一点点伤害或根本不起作用。例如，除草剂 2,4-D 影响阔叶植物但不影响草。

关于毒性水平，世界卫生组织(WHO)制定了一个分类系统，根据人意外接触后对人体健康的潜在风险，对杀虫剂进行分组，并将它们分成以下类：Ⅰa 类为极度危险类；Ⅰb 类为高度危险等级，Ⅱ类为适度危险等级，Ⅲ类为略危险，Ⅳ类为不太可能出现在正常使用中的急性危险的产品。

农药对目标害虫种类的生物活性极大地受其理化性质的影响。农药的物理性质，具体决定了农药的作用方式、用量和随后的环境化学动力学。农药的物理性质根据其化学成分和配方极大不同。在一些参考资料如农药手册中，通常会给出活性成分的分子量和物理性质(外观和气味)。农药的分子量是一种固有的特性，它区别于其他农药。例如，常见的气相杀虫剂的分子量约为 103 或更少。然而，分子量远大于 500 时，预测复杂分子的状态和性质就变得非常困难。

物质的蒸气压是测量其挥发性的参数。对于农药，容易挥发被认为是有利的，但另一方面可能会产生消极影响。例如，一种具有熏蒸剂作用的农药有强的穿透力。然而，高的蒸气压会导致农药扩散和环境污染。易挥发的杀虫剂需要进行处理，使蒸气不逃脱进入大气。低蒸气压的农药满足这个要求，但如果溶于水，就有可能积聚在水中；如果不溶于水，杀虫剂可能在土壤或生物群中积聚。

溶解度是衡量某种物质在给定溶剂中是否容易溶解的方法。除非另有说明，在水中溶解的单位是以 ppm(每百万分之一)或 mg/L 标度的。当溶解性太低时，可用 ppb①与 μg/L 作为单位。溶解度的测量受温度、pH、物质极性、氢键、分子尺寸和使用方法的影响。农药溶解度的环境意义在于，由于其极强的极性性质，在土壤或生物群中易溶于水的农药往往不会积聚。这表明，它有可能通过水解降解。分配系数 K_{ow} 是一个测量物质在相等体积的正辛醇和水之间的溶解度比率[3]。

$$K_{ow}=\frac{\text{正辛醇相的浓度}}{\text{水相中的浓度}}$$

K_{ow} 是一个无单位参数，它提供了对大多数杀虫剂和其他分子量小于 500 的有机物的其他物理性质的有效预测。K_{ow} 被认为是在生物体和食物链中积累农药的一个重要指标。低 K_{ow} 值(一般≤2)的杀虫剂表明这种杀虫剂或其代谢产物在植物脉管系统中可能发生系统位移。农药在土壤和沉积物上的吸附是决定农药在环境中最终归处及其最终降解过程的主要因素。大多数杀虫剂是非极性和疏水性的，它们不是很易溶于水。非极性农药往往被推到含有非极性有机物的土壤和沉积物中。K_d 为吸附系数，它测量了在土壤中一定量水中吸附农药的量，而不考虑土壤有机质含量。

农药在环境中释放之后，它们经历了一系列复杂的相互依存的过程，统称为杀虫剂的化学动力学。农药所经历的化学动力学过程本质上是由其固有的物理化学性质决定的，部分是由 pH、温度、水分、降水、盐度、光照强度和地形等环境参数确定的。主要的化学动力学过程决定了农药的持久性、分布及它们在环境中的终极命运，包括运输、滞留、降解和生物吸收。在所有这些化学动力学的过程中，降解具有重要意义，因为它需要在环境中进行农药的化学转化，因此是农药的化学性质。

农药的降解是农药分子分解或化学转化为其他形式，而与母体分子相比，其毒性不一定更单一、更弱。在某些情况下，降解产物也有毒，也有杀虫的作用。一个很好的例子就是 DDT 的降解，它本身就是一种农药。农药的降解率通常以半衰期($t_{1/2}$)来衡量，即最初的农药用量中耗尽一半所需的时间。导致农药转化的降解过程可分为两大类：化学降解和生物降解。化学降解通常发生在水

---

① ppb，$1ppb=10^{-9}$。

或大气中，通常是四种反应(氧化、还原、水解、光解)之一。生物降解通常发生在土壤和生物体中，它利用了四种反应之一的氧化反应，杀虫剂所经受的反应的类型主要取决于其宿主及农药固有物理化学性质和环境(水、土壤、空气、生物分布等)。

农药的氧化反应是环境中溶解氧与农药反应的过程。这种氧化过程也可以通过单线态氧、臭氧、氢气、过氧化物或其他羟基自由基来实现。羟基自由基是在水或大气中化学氧化农药的主要药剂。这种受激分子可以由杀虫剂或环境中的其他大分子形成。例如滴滴涕，在阴沟产气杆菌微生物的帮助下，在紫外光和(或)铁催化剂的存在下，可在土壤中进行还原和氧化反应，形成还原和氧化产物，如图 3.7 所示。

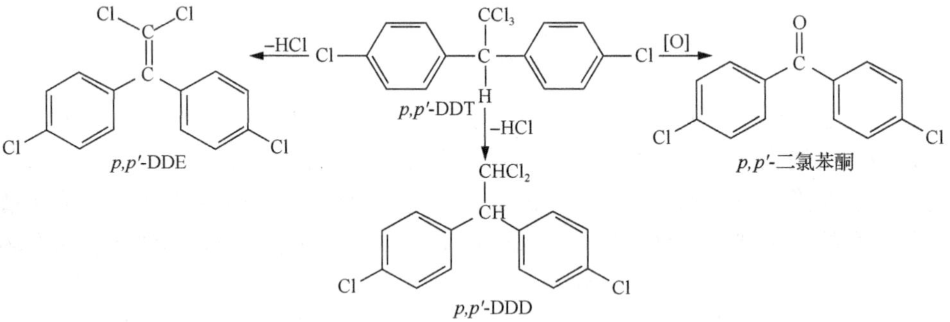

图 3.7　滴滴涕的氧化和还原反应

农药还原是一种化学反应，农药会降低其氧化状态。在环境中的还原剂通常是氢。例如，马拉硫磷在酸性水生环境中经历了一个还原反应，这是一个乙基取代加氢导致两个功能异构分子形成的马拉硫磷单酸。

水解是一种 pH 依赖的反应，其中杀虫剂与水(即氢离子和羟基离子)反应。水解是大多数农药在环境中所发生的最常见的反应之一。大多数有机磷和氨基甲酸酯特别在碱性条件下对水解反应有高度反应活性。一种很容易溶于水的农药，因为它的极性更强，在土壤或生物群中不会积聚。这表明它会通过水解降解。图 3.8 显示了阿特拉津在水中的水解过程。

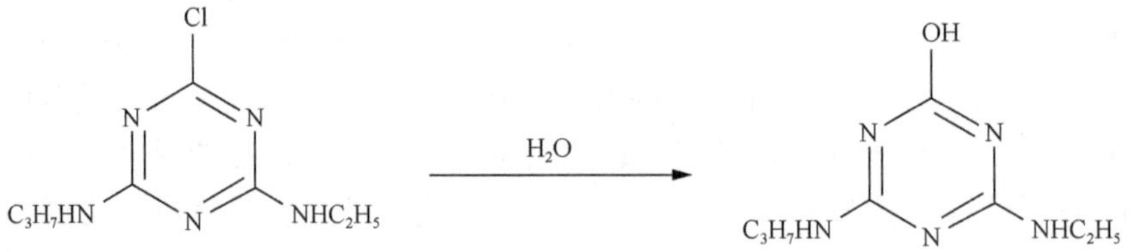

图 3.8　阿特拉津在水中的水解

光降解或光解是通过日光分解或转化，导致农药化学键断裂的结果。有机分子吸收光子并在受激以后产生电子而改变分子。光解反应对降解上层大气中的有机分子、浅水水域环境、叶面和土壤表面具有重要意义，拟除虫菊酯尤其易发生光解反应。空气中农药总的光解可以采取以下几步，这些步骤可通过硫磷的光解过程来说明，如图 3.9 所示。

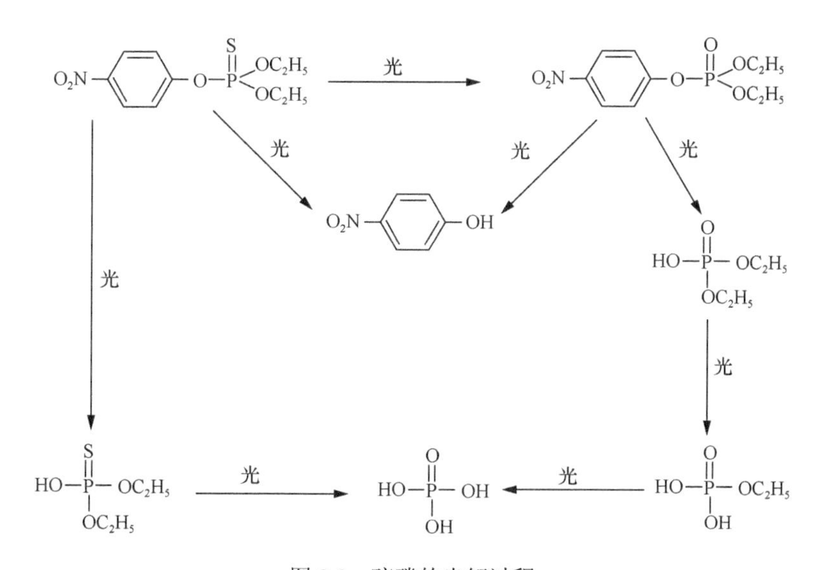

图 3.9 硫磷的光解过程

生物降解是指在水和土壤中发生的杀虫剂的分解或转化。微生物降解率取决于土壤中农药的数量和性质、土壤和土壤中的微生物种群、有利于微生物活动的温度、适宜的 pH、充足的土壤水分、曝气和高有机质含量。参与生物降解的微生物包括真菌、细菌和其他使用杀虫剂作为基质的微生物。发现拟除虫菊酯、有机磷和一些氨基甲酸酯更容易被生物降解。然而，由于碳—氯键的强度大，大多数有机氯已被证明是难以降解的。图 3.10 是微生物降解 2,4-D 的一个例子。微生物降解的 2,4-D 可以遵循不同的途径，取决于存在何种类型的微生物。路径 a 发生在当短黄杆细菌和节杆菌存在时；路径 b 发生在真菌曲霉存在时。

此外，在环境中的氧化过程是混合功能氧化酶(MFO)导致的。MFO 是一种复杂的酶系统，它含有一种称为细胞色素 P-450 的酶，负责脂溶性化合物的氧化。例如，通过 MFO 来实现对硫磷的酶氧化，这涉及 P═S 到 P═O 键的转换，形成对氧磷，进一步水解为磷酸二乙酯和对硝基苯酚(图 3.11)。

OCH2COOH
2,4-D
a
b
琥珀酸

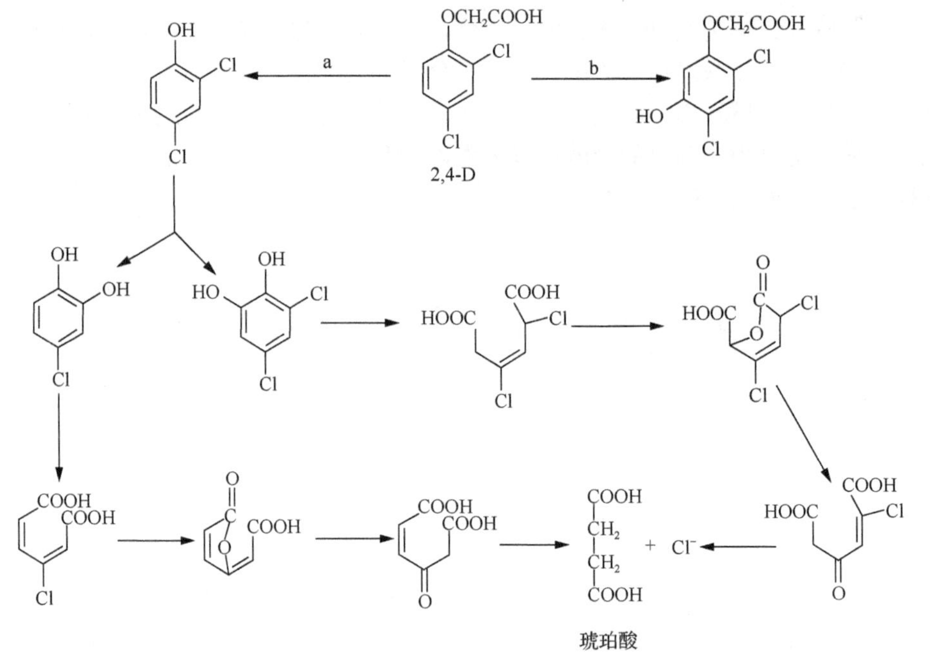

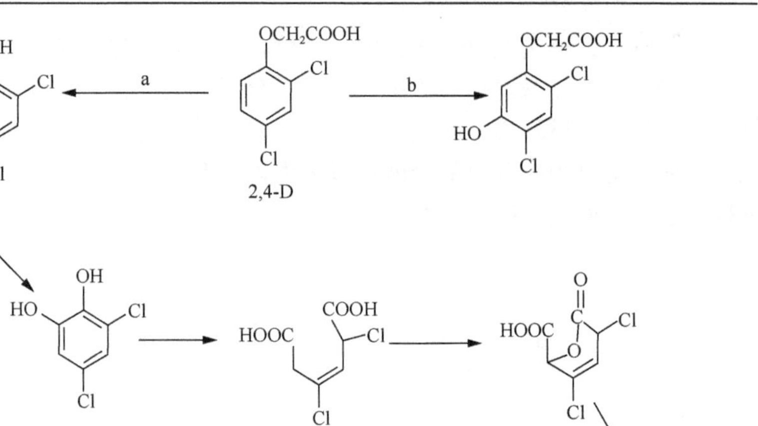

图 3.10　杀虫剂 2,4-D 的微生物降解

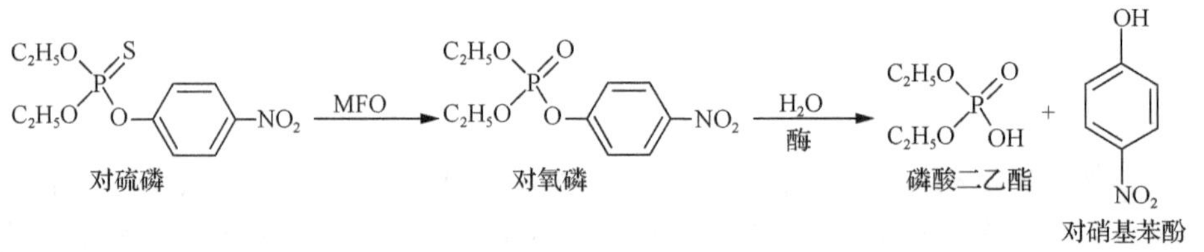

对硫磷
MFO
对氧磷
H2O
酶
磷酸二乙酯
对硝基苯酚

图 3.11　对硫磷的酶降解

3.2　绿色化学与可持续农业：生物农药

3.2.1　农药与绿色化学[3]

可持续农业描述了许多人日益向往的健康而平衡的农业系统。然而在这个农业系统中还有许多未知的因素，如工作的细节、需要哪些投入，以及在过程中使用什么技术。绿色化学创新将是帮助其过渡到一个更可持续的农业系统的关键。

采用先进绿色化学(AGC)理念对这个领域进行了一年的调查，已找到这些问题的初步答案。调查发现，认同绿色化学作为适用于可持续农业是非常重要的，而且很多绿色化学研究也把这个作为其研究的重心。绿色化学与传统农业领域的相互作用正迅速发展，是因为开发生物燃料和生物材料的压力越来越大。但在这

种关系中有缺失的环节，大多数绿色化学家开发生物基材料的初衷并不是为了可持续生产的原料。

尽管绿色化学在可持续农业中的应用目前还相对较少，但在绿色化学中有一个特定的领域，直接影响到可持续农业：生物农药的研究。选择关注生物农药是因为这个领域是最有可能带来杀虫剂的替代品。一些美国总统绿色化学挑战奖已经颁给了生物农药中的革新。此外，生物农药是一个快速增长的市场，并备受关注。

目前生物农药的市场正在迅速扩张，每年大约10%的增长，超过80%的生物农药全球销售额有望突破亿元大关，并弥补了生产者市场使用的总农药的4.2%。生物农药的使用是由生产者采用传统耕作做法完成的。果园作物占生物农药总用途最大份额的55%。很难得到关于农药总使用的最新数据。然而，专家估计，在过去十年中，总的农药使用率每年下降1.3%。这一下降归因于对健康和环境影响的关注，以及有机农业的崛起等。

绿色化学和可持续农业既是革命性的领域，也有重大重叠。可持续农业包括各种各样的耕作技术和从业人员。广义上讲，可持续农业谋求实现三个目标：农场盈利、社区繁荣和环境管理。后者包括：保护和改善土壤质量，减少对燃料、合成肥料和杀虫剂等非可再生资源的依赖性，并最大限度地减少对安全、野生动物、水质和其他环境资源的不利影响。

绿色化学本质上是“一组减少或消除在设计、制造和应用化学产品中使用或产生有害物质的原则”。绿色化学将产品和过程转移到基于可再生原料的创新经济中，在分子水平上防止毒性。这两个领域都需要安全的产品、健康的人、清洁的环境、绿色的工作，最重要的是，系统的方法可持续地生产人们需要的东西。没有一个方法或技术可提供完美的答案，但是，一个相互关联的可持续技术和方法系统将使人们更接近最终的目标。绿色化学与可持续农业本质上是相互交织的，农民需要绿色化学家来制造安全的农业化学品，而绿色化学家需要农民实践可持续农业，提供真正的“绿色”生物基原材料并加工成新产品。这种相互依存关系是创造性的一个重要因素，但这两个领域的从业者很少意识到这一事实。具体地说，绿色化学家应该尽可能使用可再生的原料。可再生原料可来自专门种植的农作物或废料。可通过创新生物催化剂将农业材料转化为高附加值产品，包括新的碳水化合物、多糖、酶、燃料和化学品等。

绿色化学与可持续农业结合既可以作为农产品的消费者，也可以作为补救技术的来源，并作为投入的生产者。首先，绿色化学明确鼓励使用生物原料和生物催化剂以提供一个与农业的直接联系。然而，在绿色化学文献中，不那么明确的是，生物原料本身是否应该以可持续的方式产生。其次，绿色化学与农业通过现场修复的应用而交叉。传统的耕作方式在土壤环境、水和空气中留下不需要的化学物质。绿色化学家正在解决这些挑战，在去除污染物过程中不创造更多的有毒废料。例如，卡内基梅隆大学的绿色化学家开发了一种 TAML®催化剂，可以安全地用于去除水中的特定化学品，包括农药残留物(如甲草胺)。这种绿色化学的革新不应被看作是继续使用这些化学品的灵丹妙药，但它们给社区提供了一个有价值的工具来处理污染问题，并帮助农民向更有机的方法过渡，并更普遍地管理循环用水的使用。最后，绿色化学是为农业生产创造更绿色的技术的必要条件。绿色化学替代品对于可持续生产农业产品至关重要，可不再继续依赖有毒农药和相关化学品。大家关心的一个核心问题是，如何用更环保的替代品来替代杀虫剂/化学品？绿色化学正在开展这方面有前途的工作，例如，新的杀虫剂正在被设计和生产，可以更加良性和(或)更有针对性。来源于植物或微生物的生物农药/杀虫剂是一个有趣的研究方向。由于对象的复杂性，绿色化学家不太可能发现一个单一的永久的“绿色”解决方案，以取代无处不在的危险化学品。逻辑很简单：一种“绿色”广谱杀虫剂，可杀死它接触的一切生物，是极其危险的。故农药的专一性将是焦点，使其目标更精细，每个对象都有一个专门的产品。

根据美国环保署的规定，生物农药是从天然材料，如动物、植物、细菌和矿物衍生的农药。这里重点讨论的两个主要类别包括生化和微生物杀虫剂(第三类生物农药、转基因作物不在讨论的范围)。生化杀虫剂的种类包括昆虫信息素、植物提取物和油脂、植物生长调节剂和昆虫生长调节剂。微生物杀虫剂子类别包括细菌、病毒、真菌和其他较少常见的微生物。

表 3.4 显示了生物农药与常规杀虫剂相比的一些常见益处和缺点。每个类别的生物农药和每个单独的产品都必须进行分析，以评估对人类和环境健康的特定产品的全部影响，以及与种植者有关的其他因素。

表 3.4 生物农药活性成分与常规杀虫剂利弊的比较

利	弊
低毒性	短的寿命
更快的生物降解	有限的农田持久性
对特殊害虫的针对性	窄的应用范围
特定的作用方式	特定的作用方式
管理而不是根除(保持生态平衡)	慢的杀灭速率

生物农药的领域有广阔的发展空间。在这一领域有大量的工作和研究，但像其他绿色化学解决方案一样，开发安全、有效的生物农药产品需要整体思维和多学科的方法来构建，这也是对生物农药行业的挑战。将实验室发现变成有利可图的商业产品也是一种挑战，这反映了其他发明者在实施绿色化学解决方

案时所面临的问题。

此外，要注意的是，生物农药的毒性与其广谱性有关。一端是极度狭窄的高选择性产品，在相反的末端是更广泛有效的生物农药产品。特定条件下，生物农药对人和环境的影响几乎是完全良性的。然而，当它们的影响更广泛时，生物农药提出了一些与常规杀虫剂有关的人类和生态系统的影响。表 3.4 总结了这项调查对生物农药产生的利弊。

一般来说，与常规化学农药相比，使用生物农药有明显的益处。在表 3.4 中可以看出，这些优点也带来了它们自己独特的缺点。总之，生物农药往往是毒性较小、可生物降解更快且对特殊虫害更有针对性。但由于害虫的目标范围较窄，它们也趋向于具有更具体的作用方式。生物农药经常被设计来控制害虫种群到可管理的水平，而不是完全根除一个目标害虫。新的技术对人类和生态系统会带来益处，包括提高食品安全、工人安全，以及减少对现有控制抗虫害工具发展的忧虑。

使用生物农药也有一些一般性的挑战。例如，它们倾向于更慢发生作用，并且可能是要具体到害虫的生命周期。其他属性，如环境中的持久性，既有好处也有挑战，需要平衡。例如，在环境中快速降解的生物农药可能也有短暂的保质期或有限的田地持久性，需要多个一起应用，狭窄的目标范围和非常具体的作用方式也可以看作是一个好处或挑战。虽然专一性的好处是降低了对非靶向物种的影响，但一个挑战是，对特定作物主要害虫的控制可能需要不止一个产品，而且可能会更昂贵。也如所指出的那样，生物农药在一个连续的广度上有其特殊性：一些活性成分是高度特定的，而另外一些则可以有宽的作用方式。

生物农药产品通常是跨学科发展的，从昆虫学、微生物学、真菌学、生物化学到创业和投资者教育。从一个有效成分的发现到产品需要更多的多学科团队合作。一个大学实验室可以做基础研究，然后一家公司可以授权专利，并开发一种方法来生产有效成分，而另一家公司可能开发产品配方。但如上所述，在设计和推出生物农药产品时，需要有一套更广泛的观点，最重要的是，这个过程还应该包括环境健康科学家和绿色化学家。

有时，有前途的绿色化学发现会被放在架子上而被忽略。例如，学术研究人员发现一个特定的微生物农药可以与甲基溴一样控制线虫，但由于生产成本高昂，从未商业化。多亏了一个新的发现，实现了高效率的方法来培育巴斯德氏芽菌微生物，这一发现导致了对巴斯德氏芽菌的产品。毫无疑问，其他类似孤立的技术还存在，等待被重新发现和发展成产品。

应迫使有毒化学品退出市场，为发展绿色化学解决方案提供奖励，并使这些解决方案商业化。结果，一批新的生物农药代替那些更有毒的农药的产品已进入市场。如果没有禁令，对替代品的研究资金和新产品的市场空间将不会被关注与再分配。例如，对甲基保棉磷的严格限制和甲基对硫磷的禁止使用，对为控制苹果蠹蛾而开发更安全的替代品至关重要。

生物农药解决方案往往要求种植者学习新的应用技术和新的方法来思考害虫管理。如上所述，生物农药通常是非常具体的，并且具有非常精确的操作方式。这种特异性意味着，工作人员在使用后可以快速进入场地，从而减少等待时间，并为用户提供更大的灵活性。然而，特异性也意味着种植者可能需要购买几种不同的产品来满足它们的害虫管理需要，这是一个种植者需要关注的潜在成本。生物农药还需要新的技能和了解害虫、它们的生命周期及如何使用生物农药来有效调解。这既是一个挑战，也是扩大农业部门新的熟练劳动力类别的机会。

生物农药是一套工具和应用产品，将帮助农民从高毒性的传统化学农药转变为一个真正可持续的农业时代。当然生物农药只是一个更大的解决方案的一部分。可持续农业是一个广阔的领域，但是，帮助农民从目前的化学依赖性转移到有机农业，需要过渡和新时代的工具。生物农药可以并将在这个过程中发挥重要作用。

3.2.2 生物农药分类

"生物农药是从动物、植物、细菌和某些矿物等天然材料中衍生的杀虫剂"。美国 EPA 根据使用的活性成分的类型，即微生物、生化或植物保护剂将生物农药分成三大类。微生物农药的活性成分通常是微生物，如细菌或真菌。微生物活性成分可以是孢子或有机体本身。生化农药是从天然来源中提取或合成的化学物质，具有与自然发生的化学品相同的结构和功能。生化杀虫剂区别于传统农药的结构和它们的作用方式(机制，它们杀死或控制害虫)。

生物农药与传统产品一样被要求评估其毒理学特征，美国 EPA 通过将较低的数据要求与高的评审优先级相结合，为生物农药提供快速跟踪和注册。通常，新的生物农药成分在 11 个月内可完成登记，而常规杀虫剂可能需要 2～3 倍的时间。美国 EPA 农药注册过程的主要焦点是人类健康和安全。生态标签是由消费者驱动的，旨在帮助他们区分可供购买的农产品。美国农业部有机认证标签是最广泛接受的食品标签，提供了更多的农药使用限制。生态标签通常包含广泛的社会和生态考虑，包括养护和社会责任。虽然一些生态标签被纳入了对农产品生产中使用的农药的评估，但农药标准和评价也嵌入在生态标签中。因此，通常不直接向消费者提供杀虫剂信息。食品和农产品的生态标签系统不提供大多数消费者在影响种植者选择农药方面发挥积极作用所需的透明度。表 3.5 列出了市场中一些评估系统的概览，以及如何将农药评估纳入其中的比较。

表 3.5 生态标签纳入的农药标准

标签	组织	农药评估	标签适用领域
有机认证	USDA	允许和禁止的农药清单	农产品
健康种植	Protected Harvest	农药环境评估体系	农产品
绿色盾牌	NRDC	基于人健康保证的农药禁止	害虫管理专业服务
雨林联盟认证	Rainforest Alliance	禁止农药清单	食品
公平贸易认证	Fair Trade USA	禁止农药清单	食品
食品联盟认证	Food Alliance	禁止农药清单	食品

除了一些明显的例外，一般天然物质是被允许的，而合成物质是被禁止的。五毒性指数包括：哺乳动物对工人的急性风险、婴幼儿膳食风险、急性鸟类毒性、急性水生生物毒性、对蜜蜂的急性毒性。人类健康标准包括急性哺乳动物毒性、致癌性、神经毒性、生殖和发育毒性。

3.2.3 生物农药目录

生物农药类别有：①生物化学农药：害虫信息素、植物提取物和油、植物生长调节因子、昆虫生长调节因子；②微生物农药：细菌生物农药、真菌生物农药、病毒生物农药、其他微生物生物农药；③生物农药配方。

3.2.3.1 生物化学农药

生物化学农药是与常规化学农药中关系最密切的一类。生物化学杀虫剂区别于常规杀虫剂，主要是它们对目标有机体的非毒性作用方式和天然来源特性。活性成分可以是单个分子或分子的混合物，如含有植物精油的天然混合物，或在用昆虫信息素时，一种叫作异构体的结构相似的分子混合物。虽然所有活性成分的生化农药都发生在自然界中，但该产品的活性成分可能是一种合成的模拟自然发生的物质。使用一个可行的产品和(或)过程通常是必要的，如昆虫费洛蒙。由于这类生物农药中的许多活性成分是合成的，所有的绿色化学原理应适用于活性成分的研发。

并非所有天然的化学品都可被调控为生物农药，有些是相当有毒性的。例如，柠檬烯是几种柑橘精油的组分。柠檬烯浓缩提取物由于其有毒的作用方式而被视为常规杀虫剂。相比之下，在用作农药时，柠檬烯的油通常具有非毒性的作用方式，并被调控为生物农药。实际上，非毒性的作用方式通常意味着在接触物质与死亡之间存在着延迟。一些非毒性的作用方式的例子包括窒息或饥饿。生物化学和常规杀虫剂的区别可能是复杂的，生物化学杀虫剂通常属于不同的生物功能类，

包括害虫信息素、植物提取物、植物生长调节因子和昆虫生长调节因子。下面介绍了这些类生物化学杀虫剂的例子。在美国 EPA 注册了 122 种几乎所有的生物化学农药活性成分，其中包括 18 种引诱剂花卉、20 种植物生长调节剂、6 种昆虫生长调节剂、19 种驱虫剂和 36 种费洛蒙。

(1) 害虫信息素

害虫信息素是昆虫用来与同一物种的其他成员交流的化学物质。在结构上，这些化学品通常与香精香料中使用的物质非常相似。费洛蒙是一些信息素的更广泛范畴的子集。挥发性信息化合物被定义为一种由植物或动物产生的信息承载物质，或这种物质的合成类比，它唤起相同或其他物种个体的行为反应。害虫信息素可用于各种功能，包括吸引其他同类到已知的食物来源或线索、寻找配偶或发出报警。害虫信息素可以用于害虫管理。害虫信息素本身不会杀死目标害虫。当用于害虫管理时，两种常见的用途是吸引昆虫到含有致命农药的陷阱或扰乱交配。当空气中含有较高浓度的性信息素时，减少了雄性找到一个雌性的成功率。害虫信息素还可以用来监测害虫种群，作为更大的综合害虫管理系统的一部分，特别是要确定适当的时机应用杀虫剂。害虫信息素占市场上生物化学杀虫剂的很大比例。在 2002 年，美国 EPA 注册了 36 种信息素，其中包括多个单独的产品。当害虫的压力是中等到低的时候，害虫信息素可以单独使用，甚至可几年连续使用。

利用害虫信息素的优势包括其高的物种特异性和相对较低的毒性。性信息素往往是特定的物种，可使它们成为最有针对性的害虫管理战略之一。这种特异性可使其他昆虫物种和非靶向生物体不受干扰，从而维持生态平衡。害虫信息素的缺点是，它们往往必须与其他害虫管理策略结合使用，以达到所需的功效，当害虫泛滥时尤其如此。由于害虫的密度很大，只需撞到雌性，而不是用费洛蒙长距离的交流，雄性就很容易找到伴侣。然而，害虫管理策略的结合通常会降低随后几年的虫害压力，为昆虫费洛蒙单独使用创造机会。

一个生物信息素的实例为澳洲坚果蛀虫：三个相关分子的组合被用来控制坚果类作物在果和果仁中的蛀虫。两个乙酸酯分子为立体异构，仅在其组分原子的空间取向上不同(*E* 和 *Z*)，第三个是相应的醇。它们的化学结构式如图 3.12～图 3.14 所示。

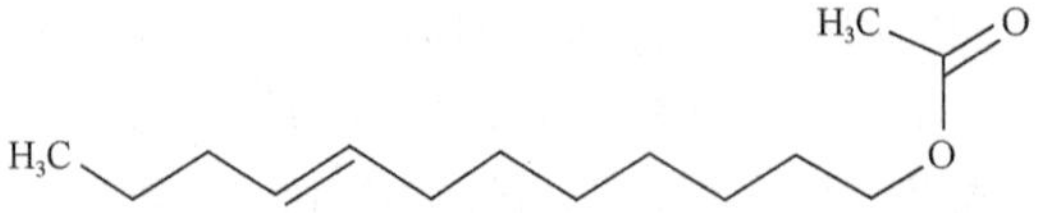

H_3C O O H_3C

图 3.12 (*E*)-8-十二烯-1-乙酸酯(CAS#38363-29-0)

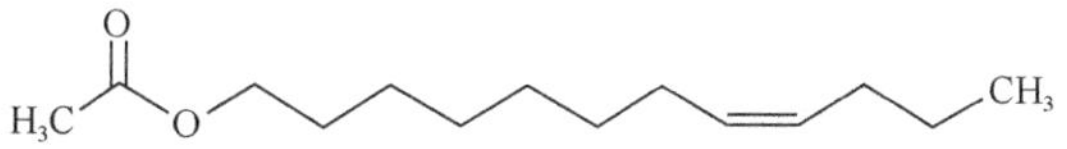

图 3.13　(Z)-8 十二烯-1-乙酸酯(CAS#28079-04-1)

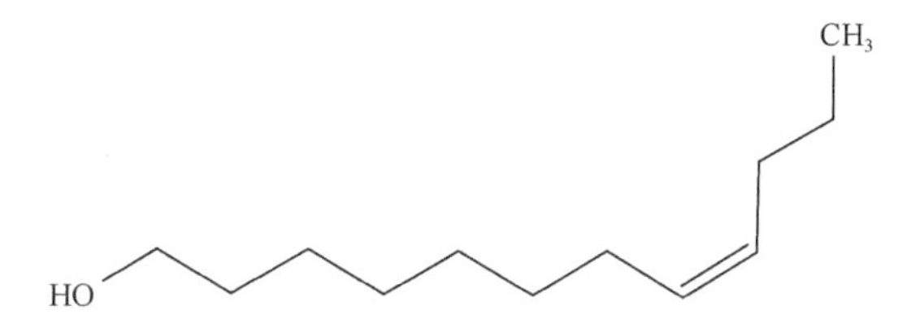

图 3.14　(Z)-8-十二烯-1-醇(CAS#40642-40-8)

生物信息素使用的第二个例子是卷叶蛾物种的交配破坏。采用非常相似的分子混合物，特别是组合和比例的混合，可以用来破坏几种昆虫的交配，主要是不同的卷叶蛾物种。表 3.6 列出了用于控制特定物种的异构体的具体混合物。为了控制欧洲玉米螟的各种菌株，需要一个更大的特异性，每个品系都需要通过调整立体异构体的比例来进行特定的混合，且用量很低。在系统中使用时，它们常常与新烟碱、昆虫生长调节剂或其他生物农药相结合，其中一些其他方法引起了对非靶向生物体(如蜜蜂)预期影响的担忧。

表 3.6　卷叶蛾物种性费洛蒙

害虫种类	科学名字	乙酸酯异构体	醇异构体
茶卷叶蛾	茶长卷叶蛾	*Z*	
黑头萤火虫	苹黑痣小卷蛾	*Z*	
欧洲玉米螟	玉米螟虫	*Z* 和 *E*	
杂食卷叶蛾	荷兰石竹小卷蛾	*Z* 和 *E*	*Z* 和 *E*
丛生的苹果蛾	苹白小卷蛾	*E*	*E*
苹果浅褐卷叶蛾	苹淡褐卷蛾	*E*	

在过去的十年内，藤蔓粉蚧从墨西哥侵入并蔓延到加利福尼亚州，造成珍贵葡萄园的重大损失。最初的反应是侧重根除。后来发现了一种用于检测和监测入侵物种的信息素。加州大学河滨分校的实验室成功地进行了应用研究，以合成信息素分子，并在信息素诱饵的监测陷阱中开发和测试它的使用。然而，随着葡萄粉蚧在加利福尼亚州的许多葡萄种植区被发现，焦点从根除转移到控制上。

研究者开发了使用信息素来干扰葡萄粉蚧种群的交配。研究的主要目标是确定毒性较小的杀虫剂，这可能是有机磷的有效替代品。两家公司参与了商业化过程，Kuraray 公司开发了生产活性成分的合成路线和工艺，Suterra 公司则开发了农药产品，包括惰性成分的选择、喷头的设计，以及产品的检测和注册等。葡萄

粉蚧的白色蜡质外表加上它在树皮底下藏匿的习惯，使对它的控制特别具有挑战性。大多数杀虫剂需要直接接触粉蚧，难以对树皮下的害虫有效控制。许多“软性”杀虫剂不能穿透蜡质的外表，一些杀虫剂，如皂类，甚至可从虫子身上滑掉(图3.15)。然而，费洛蒙是分散在空气中的挥发性分子，并被昆虫感知。通过实地试用，研究者还发现了意想不到的益处。其一是信息素的应用似乎吸引了更多的天然藤蔓粉蚧捕食者到作业区。其二是费洛蒙欺骗了寄生蜂捕食者，使其相信有更多的藤蔓粉蚧存在。弥漫着信息素的空气吸引了田野里的天敌。

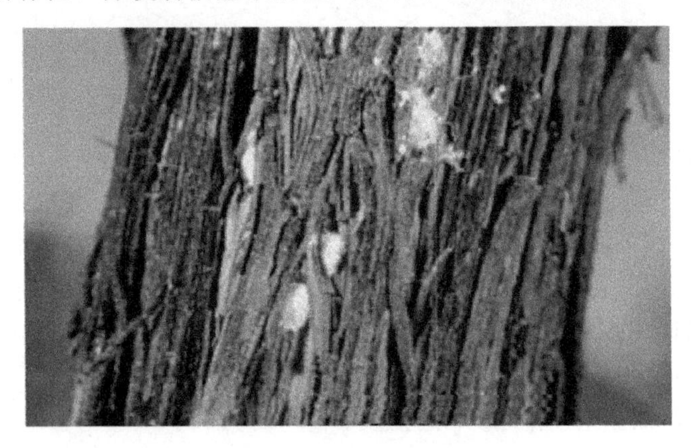

图 3.15 葡萄藤上的粉蚧

粉蚧在葡萄藤的树干上(葡萄树；雌性粉蚧以植物汁液为食，通常在根部或其他缝隙中；它们附着在植物上，并分泌一种粉状蜡层，用于保护植物汁液)

这个例子说明了开发和使用生物农药的复杂性，开发过程中经常需要协作，从生物农药到市场，需要透明化和教育，以便让种植者做出明智的选择。

(2) 植物生长调节因子

植物激素和植物生长调节因子是改变植物或植物部分生长，或促进植物的某些生物变化的化学物质。植物可天然产生荷尔蒙，而人类将生长调节因子应用于植物。植物生长调节因子可能是合成的化合物，模仿自然发生的植物激素，或者它们可能是从植物组织中提取的天然激素。植物生长调节因子被定义为可通过生理作用，以加速或延缓生长或成熟的速度，或以其他方式改变作物的行为及其生产的物质。但不包括植物营养素、微量元素、营养化学品、植物孕育剂或土壤修正的物质。

植物生长调节因子的优点是，这些物质的浓度很低，却可对生长产生较大的影响。植物生长调节因子通常以 ppm 或 ppb 的剂量使用。但为了成为有效的植物生长调节因子，必须由植物组织吸收，这可能是一个缺点。此外，植物生长调节因子也是强有力的化合物，人们担心它们的使用可能会对非靶向物种和生态系统平衡问题产生意想不到的影响。一些植物生长调节因子被称为人类致癌物质和内分泌干扰物。这类化合物需要环境健康专家更多的研究。

有五个主要的植物生长调节因子和几个次要群体。每个组都有一组不同的作用方式，它影响前段中列出的一个或多个功能，例如，支持根增长以帮助移植。有关关联功能、实用用途和主要类植物生长调节因子的示例见表 3.7。

表 3.7 植物生长调节因子

分类	功能	实际应用	例子
植物激素	梢伸长	树木果实变瘦，提高根与花的成形	吲哚-3-丁酸(IBA)[1]
赤霉素	刺激细胞分化与伸长	提高茎长、花与果实大小	赤霉酸(GA3)[1]
细胞激肽	刺激细胞分化	延长花与蔬菜的储存期、发芽和根生长	Kenetin[1]
乙烯和产乙烯物	熟化	对果实与蔬菜进行整体熟化	乙烯[1]
生长抑制剂和延缓剂	停止生长(抑制剂)或减缓生长(延缓剂)	通过缩短内节促进花的生长，或延迟烟草生长	脱落酸[2]

注：1) 由美国 EPA 作为生物农药监管；2) 由美国 EPA 作为常规杀虫剂使用。

植物生长调节因子应用实例一：加州柑橘，在收获加州柑橘作物之前，采用三种植物生长调节因子的组合。2,4-二氯苯氧乙酸(2,4-D)主要用于延缓和减少不需要的落果。赤霉酸(GA3)主要用于延缓成熟。α-萘乙酸(NAA)用于促进果实的增长(稀释增加剩余果实的大小)，抑制树干上吸盘的生长。虽然 GA3 被用作生物农药，NAA 和 2,4-D 被用作常规杀虫剂。尤其怀疑农药 2,4-D 有内分泌干扰作用，是一种潜在的致癌物质。

植物生长调节因子应用实例二：Valent BioSciences 公司生产了一种产品，可用于有机果园。有效成分是胺乙氧甘氨酸(AVG)。AVG 可阻止乙烯的产生，减慢果实的成熟。它是由发酵的链霉菌，一个土壤传播的细菌构成的。AVG 被美国 EPA 作为生物农药监管。

(3) 昆虫生长调节因子

昆虫生长调节因子是改变昆虫生长发育的化学物质。因此，它们是专门控制害虫的。昆虫生长调节因子有三种主要类型，分别有不同的作用方式。幼虫荷尔蒙基杀虫剂扰乱不成熟的发育和成虫的出现。抗保幼激素干扰幼虫激素腺体的正常功能，从而间接地阻止了具有生殖能力的成虫的出现。甲壳素合成抑制剂限制昆虫在蜕皮后产生新的外骨骼的能力。因此，甲壳素合成抑制剂使昆虫不能被有效保护，大大减少了其存活的概率。

美国 EPA 把可以调节害虫生长的调节因子作为生物农药或常规杀虫剂。例如，虽然印楝和它的组成楝素都被认为是生物农药，但各种甲壳素合成抑制剂，包括苯甲酰脲、噻嗪酮和灭蝇胺都被作为常规杀虫剂。大多数登记为生物农药的昆虫生长调节因子都是幼虫的荷尔蒙基杀虫剂。更确切地说，大多数注册的昆虫生长调节因子是一种与幼虫激素类似的化学物质，通常称为抑制生长剂，它们可以自然地发生或合成。幼虫荷尔蒙基杀虫剂主要用于家庭，如杀蟑螂和螨。一些抑制生长剂更稳定，并注册为可在户外使用。

与植物生长调节因子一样，昆虫生长调节因子的优点是它们在非常微小的用量时是有效的。然而，它们不影响节肢动物，一般包括昆虫、蜘蛛和甲壳类，如龙虾和小龙虾。这可能会对非靶向物种种群造成巨大的负面影响。与植物生长调节因子一样，昆虫生长调节因子需要由环境健康专家对病例进行进一步的调查。

昆虫生长调节因子应用实例一：印楝油，印楝是原产于印度的印楝树(印楝籼稻)的天然衍生材料。印楝材料可以影响昆虫、螨、线虫、真菌、细菌甚至一些病毒。尽管源自天然和可再生能源，但由于其相对广谱的活性，印楝产品的使用引起了一些关注。昆虫生长调控是植物油脂组分提供的多重功能之一。在分离的印楝组分中，柠檬楝素是有效的昆虫生长调节因子。印楝素不直接杀死害虫，但改变生活行为，以这种方式作用时，昆虫不能再进食、繁殖或经历蜕变。更确切地说，印楝素通过抑制蜕皮激素的生物合成或代谢而扰乱蜕皮等。

昆虫生长调节因子应用实例二：*S*-甲氧普烯，是一种幼虫激素类似物。其干扰了幼虫激素的正常功能，控制昆虫的生长、发育和成熟。这些化学类似物在幼体阶段允许幼虫生长和成为蛹，但之后蛹就不再变化为成虫。*S*-甲氧普烯可在室内和室外应用，包括食品和非食品作物。其有效的广泛的控制范围包括蜱、螨、蜘蛛、飞蛾和甲虫等。其独特的应用是将它添加到牛饲料中，可以通过牛的消化系统而不被分解。在粪便中 *S*-甲氧普烯的存在可有效地控制牛角蝇的牛害虫。*S*-甲氧普烯对鸟类或哺乳动物无害，但对某些鱼类和水生无脊椎动物却有毒性。

3.2.3.2　微生物农药

微生物杀虫剂来源于自然发生或转基因细菌、真菌、藻类、病毒或原生动物。它们通过产生特定于害虫的毒素或各种其他的作用方式来抑制害虫，通过竞争来防止其他的微生物。对于所有作物类型，细菌生物农药的市场约占 74%，真菌生物农药约占 10%，病毒生物农药占 5%，捕食者生物农药占 8%，其他生物农药则占 3%。目前，美国环保局已经注册了大约 72 种有微生物活性的成分。注册的微生物农药包括 35 种细菌产品、15 种真菌、6 种非自行生产发育的(基因工程)微生物杀虫剂、8 种植物保护剂、1 种原生动物、1 种酵母和 6 种病毒。

一个典型的例子是采用一种甲基溴的替代物，巴斯德氏芽菌用于控制线虫，植物寄生线虫是农业最大的挑战之一。这些微小的蠕虫钻入土壤，并攻击植物根系，造成农作物受损，每年造成全球农作物损失估计 1 亿美元。传统上，它们是由熏蒸剂，特别是有问题的化学甲基溴来进行控制的。熏蒸剂因对人类和环境的负面健康影响而被调查，因此正在研究诸如生物控制之类的替代品。微生物杀虫剂在线虫的控制中具有优于熏蒸剂的特异优势。线虫可以在熏蒸剂应用时挖洞深藏在土壤中以避免接触。在作物出现后，它们可以升到植物根部的水平，因为它们的毒性可破坏作物，熏蒸剂不能重新应用。相比之下，许多微生物杀虫剂可以应用于这个阶段，以保护整个植物生命周期。然而，许多微生物杀虫剂依赖于线虫。这可能是一个挑战，因为植物致病性线虫一般是食草动物。

在约 50 年前，学术界和美国农业部的研究人员发现了一种叫作巴斯德氏芽菌的细菌属，是对线虫进行控制的一种大有前途的替代品。巴斯德氏芽菌对其他生物控制的一个特别好处是它不需要被线虫吃掉也是有效的。巴斯德氏芽菌孢子被应用到土壤中，当线虫通过时，它们附着在线虫的外层角质层上。孢子发芽，进入线虫的身体，导致其死亡，将新的孢子散布到土壤中。每株细菌都是特定于某种线虫的。

巴斯德氏芽菌商业化的主要技术挑战是发展一个经济上可行的大规模制造过程。在实验室开发的初期过程涉及寄主的生长线虫，在宿主体内生长细菌，并提取孢子来制定产品。这一过程耗资太大，需要进行技术突破。最近的技术挑战是通过寻找一种在活体宿主之外种植细菌的方法。一个新的专利过程允许在传统的商用发酵罐中使用容易获得的生长介质，并快速有效地生长多种巴斯德氏芽菌的渗透剂。这种技术进一步大大降低了生产成本，使产品在经济上可行。

微生物农药可以以多种形式被运送到农作物中，包括活生物体、死有机体和孢子。微生物农药的制造、调控和使用与常规化学农药的区别最为显著。要有效地培养有机体，无论是在野外还是在制造过程中，都需要了解各种各样的生态考虑因素。虽然微生物杀虫剂控制了各种各样的害虫，但每种特定的微生物农药活性成分都是相对于其靶害虫才有效。

(1) 细菌生物农药

细菌生物农药是微生物农药最常见的形式。它们通常被用作杀虫剂，尽管它们也可以用来控制不需要的细菌、真菌或病毒。作为一种杀虫剂，它们通常是特定于飞蛾和蝴蝶的个体，以及甲虫、苍蝇和蚊子的物种。它们必须与目标害虫接触，并且可能需要摄入才能有效。作用方式因目标害虫而异，见表 3.8。在昆虫中，细菌通过产生特定于虫害的内毒素来扰乱其消化系统。当用于控制致病细菌或真菌时，细菌生物农药在植物上富集，并产出致病物种。

表 3.8　细菌生物农药与它们的作用方式

细菌举例	主要类别	目标害虫	作用方式
杆菌、苏云金芽孢杆菌(Bt)	杀虫剂	鳞翅类蝴蝶和蛾	消化系统
枯草芽孢杆菌	杀菌剂	细菌和真菌 病原体如丝核菌、镰刀霉、曲霉菌等	在植物根部和其他部位殖入
假单胞菌荧光素	杀真菌/杀菌剂	一些真菌、病毒和细菌疾病	控制病原体生长

细菌生物农药应用实例：苏云金芽孢杆菌，最广泛使用的微生物杀虫剂是苏云金芽孢杆菌(Bt)的亚种和菌株，约占生物农药市场的 90%。这种细菌的每种菌株都产生不同的蛋白质组合，可以杀死一个或几个相关的昆虫幼虫。当摄入昆虫幼虫时，Bt 释放毒素(蛋白质)在昆虫中肠的肠道内衬中。毒素结合在肠道内产生毛孔，使消化系统瘫痪，导致死亡。Bt 主要用于控制鳞翅目害虫(飞蛾和蝴蝶)，这是最有害的农作物害虫。然而，Bt 也可以用来控制其他害虫，包括特定种类的蚊子、苍蝇和甲虫。研究者发现了 Bt=500～600 之间的菌株。据报道，属于各种名单的昆虫大约有 525 种可以被 Bt 毒素感染。

(2) 真菌生物农药

真菌生物农药可用于控制昆虫、植物病害，包括其他真菌、细菌、线虫和杂草。它们通常寄生或产生生物活性代谢产物，如溶解植物壁的酶。作用方式是多种多样的，并且取决于杀虫真菌和目标害虫，如表 3.9 所示。白僵菌孢子在昆虫体内发芽、生长和增殖，产生毒素和排泄养分，导致昆虫死亡。木霉菌是一种真菌拮抗剂，生长在致病真菌的主要组织中，分泌酶降解其他真菌的细胞壁，然后消耗目标真菌的细胞内物质，并将其自身的孢子繁殖。*Muscador albus*，一种内生真菌，可替代有问题的农药，特别是甲基溴的应用。*Muscador albus* 可将气态毒素释放到土壤中，以根除影响主要经济作物的土壤传播的虫害和细菌。与许多细菌生物农药和所有病毒生物农药相比，真菌生物农药的一个优势是它们不需要被吃掉也是有效的。然而，它们是生物体，往往需要一个狭窄的条件范围包括潮湿的土壤和凉爽的温度范围等。

表 3.9　真菌生物农药和它们的作用方式

真菌	主要类别	目标害虫	作用方式
白僵菌	杀虫剂	食叶害虫	白园叶病
哈茨木霉	杀真菌剂	土壤产生的疾病	寄生
Muscador albus	熏剂	细菌与土壤基害虫	释放易挥发性毒素

真菌生物农药应用实例：黄曲霉，真菌黄曲霉菌株 AF36 用作棉花的杀菌剂。其某些菌株产生一种高毒性的物质——黄曲霉，在棉花种子中的称为黄曲霉毒素，这是一种肝脏致癌物质。AF36 是一种不产生黄曲霉毒素的菌株。因此，AF36 在棉花田上的应用减少了导致真菌产生的黄曲霉毒素的数量，从而保护工人和公众。

(3) 病毒生物农药

杆状病毒(病毒生物农药)是攻击昆虫和其他节肢动物的病原体。与此类别的成员不同，它们不被认为是生物体，而是寄生复制微量元素。杆状病毒是非常小的，主要由所需的双丝 DNA 病毒组成。由于这种遗传物质容易被日光照射或宿主肠道内的条件所破坏，感染杆状病毒粒子(病毒)被称为多面体的蛋白质涂层保护。杆状病毒的两个主要家族包括颗粒状病毒和核多角体病毒。它们在保护蛋白质外壳的数量和结构上是不同的，并且与许多其他类型的病毒相比，它们在结构上相对更大和复杂。

所有类型的杆状病毒必须被宿主吃掉，才能产生感染。由此产生的感染通常对昆虫宿主是致命的。每株杆状病毒都是针对特定昆虫物种的。这两种杆状病毒在靶害虫范围内不同，如表3.10所示。核多角体病毒在三种不同的昆虫种类中有相对广泛的目标害虫，包括蝴蝶和飞蛾(鳞翅目)、蚂蚁、蜜蜂和黄蜂(膜翅目)及苍蝇(双翅目)。颗粒体病毒的目标害虫仅限于鳞翅目昆虫的种类。杆状病毒在寄主昆虫细胞的细胞核中发育。当被寄主昆虫摄取时，传染性病毒粒子在内部被释放并变得活跃起来。一旦进入幼虫肠内，病毒的蛋白质外衣很快被瓦解，病毒的DNA继续感染消化细胞。几天内，宿主幼虫就无法消化食物，因此减弱和死亡。

表3.10 杆状病毒靶虫与行为方式

病毒类型	主要类别	目标害虫	作用方式
核多角体病毒(NPV)	杀虫剂	鳞翅目昆虫(88%)、膜翅目昆虫(6%)、双翅目昆虫(5%)	在幼虫中感染消化细胞
颗粒状病毒(GV)	杀虫剂	鳞翅目昆虫	在幼虫中感染消化细胞

由于它们的高宿主特异性，使用杆状病毒作为生物农药是特别有吸引力的。每种病毒只会攻击特定种类的昆虫，它们已经被证明对植物、哺乳动物、鸟类、鱼类或非靶向昆虫没有负面影响。当用于综合害虫管理系统时，这种特异性对保护天敌是有用的。杆状病毒也可能导致在宿主种群内发生突发性和严重的疫情，以实现完全控制。杆状病毒的另一个主要优势是在某些情况下，它们可取代农业使用中的抗生素。

杆状病毒的缺点包括需要对病毒进行摄入，从而降低药效，以及它们传统上高的生产成本。较低效率的摄入是由作用方式部分抵消的。当靶虫死去时，死虫寄主的尸体就在树叶上蔓延开来。被感染的昆虫胴体的位置和形式增加了其被另一个幼体宿主吃掉的概率。历史上杆状病毒的生产要求活的宿主(在体内生产)，这使得它变得昂贵。

病毒生物农药应用实例一：苹果蠹蛾颗粒状病毒，苹果蠹蛾是一种害虫，破坏果树如梨和苹果树。在孵化前，苹果蠹蛾颗粒状病毒被用作叶面喷洒液附着在卵上。幼虫在进入果实之前需要摄取病毒。如果在卵上喷洒，幼虫在孵化后进食时会摄取病毒，感染并死亡。苹果蠹蛾颗粒状病毒通常是与其他控制措施实施时在有机和常规农业中轮换使用，并且可以结合使用。它可以减少或消除对传统农业的有机磷和拟除虫菊酯的使用，保护有机农业的抗虫性多杀菌素。因为它在阳光下降解，必须每隔 7～10 天重新应用。

病毒生物农药应用实例二：噬菌体，噬菌体是一种感染细菌细胞壁的病毒。病毒侵袭导致植物病害的细菌，它可以作为农药使用。一个例子是杀死黄单胞杆菌属，一个致病细菌的产物。它可以取代传统的产品包括铜或抗生素等链霉素，后者是一种常用的植物抗生素。与导致人类疾病的细菌一样，植物致病细菌对抗生素产生抗药性，并能促进高抗药性细菌菌株的进化（“超级臭虫”），需要开发更有效的抗生素来控制它们的成本。

(4) 其他微生物农药

在综合害虫管理系统中还有各种其他有机体也被用作生物控制。原虫是微观单细胞动物样的有机体，很少用作生物农药。使用诸如活虫释放之类的宏观捕食者也是一种常见的生物控制策略，它可以非常有效，但必须妥善管理，以防止将昆虫引入到它们可能没有天敌的地区造成生态失衡。宏观掠食性动物不作为生物农药使用。线虫是典型的寄生虫，通常被用作杀虫剂。虽然美国 EPA 不规范它们作为生物农药，但它们也经常被认为是这类控制手段的一部分。

3.2.3.3 生物农药配方

注册生物化学或微生物农药需含有上述类别中的一个或多个活性成分。有效成分主要负责农药的性能。除了活性成分，产品配方中含有一个到多个其他成分称“惰性物质”。这一术语可能会误导，因为它暗示这些成分没有特定的功能，或者从人类和环境健康的角度来看它们是良性的。相反，惰性物质是非常重要的组成部分，有效的产品中惰性物质变化很大。此外惰性物质可能会有严重的潜在健康和生态系统的影响，并可以包括内分泌扰乱化学品、过敏原和其他关注化学品。

在农药产品中，惰性物质通过确保产品接触目标害虫，甚至保证活性成分被吸收或食用，从而危害或杀死目标害虫，帮助实现产品的有效性。惰性物质在产品配方中包括各种要素，包括提高产品性能，使产品更容易应用于作物，帮助农药在表面蔓延或粘在树叶和土壤上，帮助将农药移入昆虫体内，稳定产品的保质期，帮助活性成分溶于水。水的溶解度很重要，因为水是农药制剂中最常见的溶剂和载体。

美国 EPA 根据其对人类和环境健康的整体毒性分析，对农药中惰性物质进行了分类。农药制剂中所允许的所有惰性物质均按表 3.11 所述的四种清单中的一种分类。一般来说，有机农业中使用的杀虫剂可能只含有来自清单 4 的惰性物质。在注册过程中，必须向美国 EPA 披露所有的农药产品配方，包括每种惰性物质的标识和相对数量，并将其纳入为注册农药产品而进行的总体风险评估。

表 3.11　美国 EPA 惰性物质列表

惰性物质分类	描述
1 类	毒理学关注的惰性物质
2 类	潜在毒性惰性物质/高优先级测试
3 类	惰性物质未知毒性
4 类	极少关注的惰性物质

有争议的是，现行法律不要求在农药标签上列出每个惰性物质的准确信息或相对数量，或向公众披露，除非惰性物质被确定为剧毒的。这些信息通常被视为机密的商业信息，就像其他产品一样，如清洁产品或香水配方。标签简单列出了所有惰性物质的添加剂数量作为“其他”成分。

3.2.4　生物农药的挑战和机遇

生物农药提供了强有力的工具来创造新一代可持续的农产品。它们是最有可能替代一些目前正在使用的最有问题的化学农药，这也受到越来越多的关注。生物农药还可以提供解决方法，例如，可解决传统化学杀虫剂的抗虫性问题。

生物农药行业面临的压倒性的挑战是兑现该领域的诺言。随着对上述具体技术和产品的讨论表明，这些问题和未经检验的假设都有待解决。对生物农药的挑战来源于它们的功效和安全性，公众和种植者对市场上广泛的生物农药产品的困惑，以及当前自相矛盾的阻碍和青睐领域增长的市场条件。具体的介入和推进生物农药的挑战与机遇见表 3.12。

表 3.12　挑战与机遇

挑战	机遇
效验 它们发挥作用吗?	效验 表达：更多的田野测试、农业推广、合作研发
安全性： 对人 对环境	安全性： 更深入的测试(更跨学科的环境健康科学测试) 快速筛选和吞吐量(借用制药公司使用更广泛的生态学分析方法) 更广泛地测试活性成分和惰性物质(使用尖端环境健康科学)
透明度： 用户教育 公众理解 公众了解有关产品(既有活性成分又有惰性物质)的问题	透明度： 行业标准和生态标签：与公众、种植者和决策者更好地沟通产品的功效和安全性 多利益干系人关于害虫管理技术、产品的选择和权衡的对话，包括生物农药
市场问题： 小生产者 vs. 经济规模 商机产品 vs. 广阔的规模	市场问题： 转移场地 淘汰最关心的农药 奖励创新者 创建多学科“农药创新团队”，以开发和测试急需的替代品，通过环境和健康终结点进行测试

生物农药有一个问题。与许多“绿色”产品的情况一样，生物农药遭受用户对其有效性的怀疑。许多种植者不相信生物农药的作用。但正如在这项研究中所指出的，生物农药不是替代现有的广谱农药。它们最好作为系统的综合害虫管理战略的一部分，有时需要更多的技能和理解才能有效地使用。然而，当使用预想的方式，生物农药可能是非常有效的，不仅能帮助种植者控制害虫，也能保护自然掠食性动物及工作者的健康，并且为消费者提供无化学制剂的产品和纯净的水。

改善和(或)提高对生物农药功效认识的机会包括扩大实地试验，并有意促进开发商、种植者和农业专家之间的研究和发展合作。生物农药将得益于更广泛和更深入的测试，并报告它们的表现，如何最好地确保最佳性能，以及不同的条件如何影响这些结果等。扩大可用于实地试验的资源是必不可少的。在这些试验中，吸引当地农学院校和外地的推广也是非常重要的。带来这些合作伙伴不仅改善了最终产品，而且拓宽了农民在可利用的信息资源的基础上如何最好地使用它们的可能性。

如果设计采用了绿色化学 12 原则，生物农药可以提供新一代的农业害虫管理产品，即可持续的，无论从环境和健康的角度。通过利用绿色化学，并解决对产品有效性和安全性的信心，通过提高产品的透明度，并通过调节市场为最环保的解决方案让路，生物农药可能是革命性的。它们可以改变人们如何进行农业生产，如何理解和处理害虫和非靶向物种，包括有益的有机体。它们可以改变农场工人的工作和生活，保护消费者、社区和生态系统的健康。

3.3 水力压裂液中的杀菌剂[5]

杀菌剂广泛应用于食品保鲜、水处理、卫生保健、纺织等行业。在过去的几十年里，开发了多种生物活性有机化学品，用于消毒、杀菌和保藏，包括季铵盐化合物、乙醇和酚醛化合物、醛类、含卤化合物、喹啉和异喹啉衍生物、杂环化合物和过氧化物。56 种杀菌剂在石油采油中的应用也有几十年，特别是在二次采油过程中的水驱作业中。同样，杀菌剂是用于水力压裂液的最常见的化学添加剂，水力压裂液是一种水基流体用于帮助诱发含油脂/天然气的非常规地层(如页岩)裂缝的形成过程。总浓度高于 500mg/L，总流体体积超过 1000 万 t/水平井，每次水力压裂操作使用的杀菌剂总量可达 1000 加仑(美)①。

① 加仑，容积单位，1 加仑(美)=3.78543L，1 加仑(英)= 4.54609L。

在水力压裂作业中，必须对细菌进行控制，以防止井下过量的生物膜形成，导致堵塞，从而抑制气体萃取。杀菌剂主要用于抑制硫酸盐还原菌(SRB)的生长，其在生物体的呼吸过程中产生硫化物。当流体伴随着产生的硫化氢气体返回时，在地下产生的硫化物物种可能会对操作工人的安全和健康造成风险。此外，SRB和酸性细菌(APB)可能会导致地下生产套管/油管的腐蚀，导致石油产品套管失效和环境污染。

水力压裂作业为细菌物种提供了许多有利的生长和增殖栖息地。细菌污染的主要来源是钻井泥浆、水、支撑剂和储罐。在使用前长时间储存水，通常在衬里或无衬里的瓦窖里，可导致微生物的大量增殖。地下压裂液环境升高的温度也有利于微生物生长，因此，许多细菌物种(包括厌氧物种，原产于页岩地层)可能在水力压裂过程中扩散到地下。在未经处理的返排水样中，各种各样的细菌包括变形菌门、α-变形菌门、δ-变形菌门、梭菌、耐热菌、螺旋体、拟杆菌门和古菌都被发现。在高压下硫酸盐被嗜压菌还原，与甲烷或有机物的氧化耦合均被激发，在水力压裂过程中，亚磷含量会自然地增加。类似的压力诱发的效应在铁还原细菌中也被观察到。事实上，在100～150MPa时，超过大多数地层压力的情况下，虽然高压可降低细菌的存活能力，但仍不够。

在水力压裂液配方中经常使用杀菌剂。虽然它们的应用通常是强制性的，特别是在地上油水分离设备、储水罐和用于输送这些流体的管道中。据报道，某些页岩地层固有的极高温度可能会自然地阻碍微生物的生长。不同地区的页岩的温度变化很大，甚至在单一的地层中也是如此。含气页岩，存在1200～2600m的地下，通常在40～100℃，但有些地区可以达到100～125℃。在更深的页岩如得克萨斯州/路易斯安那州的Haynesville(地下3200～4100m)，井下温度可达近200℃。然而，研究表明，一些细菌是非常持久的，可能不会被极端的地下条件完全杀死，或者更高的压力可能会阻止细菌在高温下死亡。此外，低温水力压裂液的注入可能导致套管和靶材温度降低。因此，即使在温度超过122℃的地层中，也观察到有氧细菌繁殖，故有时也会添加杀菌剂。

为了实现井下细菌控制，目前在水力压裂液中正在添加多种杀菌剂，如表3.13所示。使用的杀菌剂的选择高度依赖于各自的页岩地层的地质学和生物地球化学，通常根据它们在细菌控制的功效、兼容性与各自的环境和成本效率等方面需要量身定做。某些杀菌剂的组合可能产生协同效应，从而减少了足够效果所需的剂量。此外，必须考虑对其他流体添加剂的反应性，由于许多生物杀伤剂是固有的反应性分子，其富有的副作用是不可取的。

表 3.13　常用的油田杀菌剂

商品名	化学结构	化学式	作用方式	使用频率/%
戊二醛		$C_5H_8O_2$	E	27
二溴氰基丙酰胺		$C_3H_2Br_2N_2O$	E	24
四羟甲基硫酸磷		$[(HOCH_2)_4P]_2SO_4$	E	9
二十二烷基二甲基氯化铵		$C_{22}H_{48}NCl$	L	8
光气		ClO_2	O	8
三丁基十四烷基氯化磷		$C_{26}H_{56}PCl$	L	4
癸烷基二甲基苄基氯化铵		$C_9H_{34}NCl$	L	3
甲基异噻唑啉酮		C_4H_5NOS	E	3
氯代甲基异噻唑啉酮		C_4H_4NOSCl	E	3
次氯酸钠	Na^+ $Cl—O^-$	$NaClO$	O	3
二甲噻嗪		$C_5H_{10}N_2S_2$	E	2
二甲基噁唑烷		$C_5H_{11}NO$	E	2
三甲基噁唑烷		$C_6H_{13}NO$	E	2
N-溴琥珀酰亚胺		$C_4H_4BrNO_2$	E	1
布罗波尔		$C_3H_6BrNO_4$	E	<1
过乙酸		$C_2H_4O_3$	O	<1

注：作用方式有亲电的(E)，细胞溶解(L)或氧化的(O)。

与水淹不同，采油工程中有源源不断的流体流入，因此，需要长期抑制微生物活性，生物杀菌剂在水力压裂中的应用目标也列于表3.13中。水力压裂在压裂操作完成后化学杀菌剂将有害微生物种群提前降至最低水平，以减少其在水库和井系统中的繁殖风险。井下裂缝中的油层变质，水力压裂完成则变得困难。虽然此时灭菌是不大可能的，以有害细菌为目标的杀菌剂，要达到特定的效能，需要几个月或更长。因此，了解微生物动力学是至关重要的，即微生物的类型和浓度、碳源、氮源和电子受体的存在，以及生长限制因素等。此外，在地下条件下，水力压裂液中微生物的潜在增长率也需要考虑。

表3.13列出了最常见的水力压裂杀菌剂。这些杀菌剂根据各自的作用方式分成两组：亲电和细胞溶解。细胞溶解（也称为膜活化）杀菌剂是两亲性的表面活性剂，它们的活性一般基于细菌细胞壁的溶解及其随后的破裂。具体来说，它们已知的作用发生涉及对细胞膜表面的阴离子官能团和随后的脂类双层的摄动和溶解，导致渗透调节能力丧失，最终溶解细胞。用于水力压裂的两种主要裂解杀菌剂是阳离子季铵盐/胺类化合物：癸基-2-二甲基氯化铵（DDAC）和苯扎铵氯（ADBAC）。这些杀菌剂的特点是一个季铵氮原子，携带一个永久性的正电荷，并结合四个碳取代基。季铵盐阳离子化合物（QACs）被用于采油井中，并在美国几乎所有的页岩地层中使用。虽然作为杀菌剂，QACs同时也可作为阳离子表面活性剂、缓蚀剂和黏土稳定剂。唯一常用的溶解杀菌剂是氯化三丁基四十二磷酸盐（TTPC）。

亲电杀菌剂通常具有反应性电子受体功能基团，即醛类与富含电子的化学基团反应，如细菌细胞壁上细胞膜蛋白的硫醇仲胺基团。戊二醛是水力压裂操作中最常用的亲电杀菌剂。类似甲醛和其他醛类，它是一种强有力氨基酸和核酸的交联剂，导致细胞壁损伤和细胞质凝固。

2,2-溴-2-硝基丙胺（DBNPA）和2-溴-硝基丙烷-2-1,3二醇被认为是非氧化杀菌剂，它们与含硫亲核试剂如谷胱甘肽或半胱氨酸反应迅速，从而扰乱关键细胞组分和生物功能。另一种目前注册用作水力压裂液中的杀菌剂是季鳞化合物，如四（羟甲基）膦硫酸盐（THPS）。在碱性条件下，它们脱酰并释放三（羟甲基）膦，其可断裂微生物细胞壁中二硫氨基酸中的硫—硫键。

最后，虽然罕见，但仍有报道的是使用含硫的杀菌剂，最常用的含硫杀菌剂包括两种化学品，氯代甲基异噻唑啉酮和甲基异噻唑啉酮。它们可与各种各样的氨基酸反应，抑制临界代谢过程。据报告，细胞溶解杀菌剂在多种环境中具有相对的耐降解性。在酸性和碱性条件下，强氧化剂存在下它们是稳定的，当受热时也是不易被水解降解的。另外，亲电杀菌剂是活性化学物质，因此在自然环境中，蛋白质和有机物的功能基团减少是相对短暂的。除戊二醛外，其他化学品均不与自己反应：在杀菌剂中，戊二醛通过羟醛缩合可进行自聚合，特别是在高pH时，由此产生的α,β-不饱和聚合物是无毒的。溴硝醇是一个例外，因为它与氧气和硫醇反应产生超氧化物，一个活性氧物种。

水解是亲电杀菌剂常见的主要降解途径。其特点是增加了一个水分子，导致产生两个较小的片段分子，这个过程是强烈受周围环境的 pH 影响的。在某些情况下，水解产物的毒性及持久性比它们的母体化合物可能更高。溴硝醇在 60℃和 pH 8 水解 3h，产生甲醛、亚硝胺和其他分子。尽管母体化合物在环境中是短暂的，但其降解产物毒性更持久。

另一个影响化学品在地下稳定性的因素是周围环境的 pH。虽然在水力压裂中使用的杀菌剂在接近中性的 pH 相对稳定，但 pH 的微小变化对任何酸或碱催化反应都有很大影响。一些水力压裂液中的杀菌剂含有生色团，在暴露于紫外线时，可能会发生直接的降解反应。此外，所有的杀菌剂都可以通过活性物种在间接光降解作用下降解。

由于增殖细菌的杀菌剂适应性，杀菌剂的微生物降解和矿化作用在稀释或降解时可能退化到亚致死水平。最小抑菌浓度不仅取决于杀菌剂的类型和混合物，而且还依赖于生物体的类型。

在井下条件时，如上所述，在高温和井下条件的压力下，对化学物质的反应性的了解甚少。先前对产水的研究表明，它没有包含最初被注入油井中的所有相同的有机物，这表明在地下发生了吸附和(或)降解。随着地下温度和压力增加，化学平衡将转移，并且反应平衡将转移倾向于吸热的产品(负 $\Delta_r H$)和产品比标准状态更小的体积(较少分子和液体/固体)，高的井下压力和温度不仅可能导致意外的化学反应或降解，而且可能会改变生物降解有机物(包括杀菌剂)的可能性。

在高温下，有机化学品的稳定性也受到目前无机矿物的高度影响。因此，在水力压裂过程中，尝试了解杀菌剂和其他有机添加剂的生物地球化学的影响是很重要的。生产井的完全压裂通常需要 3～5 天，在这段时间内，溶液中的无机物可能会变得复杂或在水力压裂液中有机添加剂的作用下催化降解。此外，水力压裂中使用的极端压力可能在危险的高温下工作，以产生在正常表面条件下意想不到的化学反应，导致生物杀菌剂的命运仍然不明。

大多数用于水力压裂液的杀菌剂是严重的眼部和皮肤刺激物，但对哺乳动物的急性毒性相对较低。除有少数例外，它们的口服致死剂量(LD_{50})值为 200～1000mg/kg。然而，同样的杀菌剂对水生生物的毒性很低，特别是对污染物高度敏感的软体动物如牡蛎。尽管没有剧毒，某些杀菌剂被怀疑具有发育毒性、致癌性、诱变、遗传毒性和(或)慢性毒性(表 3.14)。迄今为止，国际癌症研究机构(IARC)或美国 EPA 对水力压裂液中的杀菌剂仅有少量进行了评估。对于余下的生物杀菌剂，存在的证据不足以得出任何确切的结论。

表 3.14 水力压裂操作中使用的杀菌剂的毒性数据

杀菌剂	哺乳动物（鼠）		慢性毒性
	LD_{50}（口服）/(mg/kg)	LC_{50}（吸入）/(4h, mg/L)	
ADBAC	305	0.054～0.510	—
溴硝醇	325	0.588	生殖系统毒性；降解产物甲醛和亚硝胺为致癌物质
二氧化氯	316	0.290	对实验室动物有可发展的毒性
氯代甲基异噻唑啉(CMIT)	105	0.330	与甲基异噻唑啉酮(MIT)有类似毒性
棉隆	519	8.415	对实验室动物有可发展的毒性
DBNPA	207	0.320	降解产物二溴乙腈(DBA)是可能的致癌物质
DDAC	238	0.070	对实验室动物有可发展的毒性
DMO	1 173	1.100	降解产物甲醛是致癌物质
戊二醛	460	＞4.160	—
次氯酸盐	5 800	—	诱导有机体突变的物质；可以反应产生三氯甲烷，可能的致癌物质
MIT	105	0.330	神经毒性
过乙酸	1 540	0.450	—
THPS	290	0.591	诱导有机体突变的物质；可以反应产生甲醛是致癌物质
二水氯化三甲胺(TMO)	1 173	1.100	降解产物甲醛是致癌物质

在用于水力压裂液的杀菌剂中，致癌性是罕见的，而且通常只在非常高浓度时被证实。通常，任何致癌性都是由生物杀菌剂的分解产物而不是母体化合物本身造成的。此外，在水力压裂操作中使用的几种杀菌剂是已知或疑似产甲醛的。甲醛是已知的人类致癌物，然而，当溶解在水中，甲醛主要是以其毒性较小的水合形式存在。一些化合物(虽然没有致癌)被发现在体外可变异 DNA。然而，体外效应不一定意味着对人的影响。在人呼吸细胞和鱼类细胞中也观察到 ADBAC 暴露的遗传毒性效应。对于整体风险评估，必须包括水力压裂液中杀菌剂的流动性和降解性，这可能会限制它们对人类或其他有机体施加毒性的能力。

有毒杀菌剂的替代产品和技术已经存在或正在被探索，以得到一种能够更可持续的细菌控制的途径。然而，它们没有一个是不对任何环境和(或)人类健康影响的。一个被公认为有相对较低环境影响的杀菌剂是 THPS，由于其毒性低、治疗水平低、使用得当能迅速降解，而获得了 1997 年的美国总统绿色化学挑战奖。过乙酸是一种在水力压裂操作中已经使用的杀菌剂，它是一个比过氧化氢更强的氧化剂，但没有发现产生有害的化学品，并没有预料会有不良的健康影响，包括致癌。

臭氧已被广泛用于饮用水和食品消毒。它在关键的细胞组分中容易与双键反应，已知产生的一些消毒副产物有溴酸盐。此外，各种呼吸系统疾病、心脏病发作和过早死亡等健康影响与臭氧及其相关污染物有关。此外，臭氧的快速反应动力学对井下应用不利，通常需要几天到几周才能完成。与其他氧化剂类似，包括过乙酸，它可能诱发金属腐蚀，从而造成钢套管失效。光气的寿命比臭氧更长，因此已经用于水力压裂液。其腐蚀电位比较低，但其毒性较大，可能产生致癌消毒副产物。

注射硝酸或亚硝酸盐已被广泛用作微生物杀菌剂，特别是在海上水驱作业中，海水不断注入井下，硝酸根被证明可非常有效地减少 SRB 的数量和活动。还有其他的替代方法，甚至不用化学品，如使用超声波或紫外光辐照。这些技术已经证明对微生物控制非常有效，但它们的高能需求和对残余效应的缺乏认识，阻碍了它们的广泛使用。此外，电化学方法，生成的电化学活化溶液可用于产生活性氧物种，如羟基自由基等。另外，在高氯浓度的存在下，电化学技术也可以产生次氯酸(HOCl)，如前所述，这是众所周知的生产消毒副产物。由于其能耗一般较低，电化学技术广泛应用于饮用水和污水处理厂中。虽然它们在井下应用有限，但它们可能是水力压裂相关的地上水作业的可行替代品。

根据现有的关于使用、流动性、退化的数据，在水力压裂操作中使用的杀菌剂的毒性，可以得出以下结论：①虽然不带电物种大多可以在水相中使用，但它们易受到生物或非生物学的降解，阳离子季铵盐和鳞化合物将强烈吸附到土壤或沉积物中，其中生物可降解性是有限的。②在表层和浅层的环境中，许多生物杀菌剂是通过非生物学和微生物(特别是有氧)过程降解的，但有些可能会转化为更有毒或持久的化合物，在某些条件下可能累积。③虽然是一个关键的因素，但对生物杀菌剂在井下条件下的降解和吸附(高压、温度、盐和有机物浓度)的理解是极其有限的，目前还不能够进行可靠的风险评估。④目前正在努力开发替代性降低人体健康风险的杀菌剂。现有替代方案的应用目前受到高成本、高能源需求、井下条件下消毒副产物形成等的限制。

关于水力压裂液中杀菌剂的命运和运输的关键数据尽管在其他类似工业中广泛和长期使用，但在地下环境中仍然不是很清楚。对于生物和非生物学(如光解、水解)降解过程尤其如此，这是从环境中去除有机污染物的关键。因此，今后处理生物杀菌剂降解率的研究应侧重于各种环境条件下的基础试验和实地的调查，以及它们的径流和淋溶潜力。此外，如前所述，由于在水力压裂或注入深层处理井后，对深层地质地层的独特作用，需要考虑它们的反应性和吸附行为。

生物杀菌剂对各种转化和降解过程的敏感性、某些降解产物报告的毒性和(或)持久性，需要适当的分析检测方法，以便更准确地评估其潜在的环境影响。可采用基于高分辨率质谱的优异筛查方法，理论上可以对水力压裂化学品进行改造。

此外，需要研究水力压裂液未来的环境命运和输运研究的复杂性。其他有机添加剂的存在，特别是聚合物，会增加流体黏度，如胶凝剂或摩擦减速剂聚丙烯酰胺，可能对它们通过土壤的输运性能产生重大影响。反之亦然，在其最低限度抑制浓度以上的杀菌剂可能会影响其他水力压裂液中有机添加剂的天然生物降解过程。

到目前，还没有水力压裂液中有机添加剂对地下水污染的公认的数据。但是，由于先前报告的水力压裂液漏油(例如，2013 年仅在科罗拉多州就有 591 起溢漏)记录，必须进行最低限度的监测与综合化学分析，并给出化学报告(如散装水的特性、pH 和 TDS，以及无机物的浓度，包括氯化物、钠、钙、钡、锶、镁、镭、铀和铁等)。这些数据将有助于制定适当的清理战略，允许生态系统和人类健康风险评估，从而为更可持续的发展铺平道路。

3.4 精油作为绿色杀虫剂[6]

近年来，对杀虫剂的过度使用造成的环境问题一直是科学家和公众关注的焦点。据估计，每年在农作物上使用的杀虫剂约有 250 万 t，而全世界杀虫剂造成的损害每年达到 1000 亿美元。造成这一现象的原因有两个：①杀虫剂的高毒性和难降解性质；②土壤、水资源和作物中残留物的副作用。因此，一方面需要寻找新的高选择性和可生物降解的杀虫剂，以解决对哺乳动物的长期毒性问题，另一方面，必须研究环境友好型杀虫剂，并开发可用于减少农药使用的技术，同时还要保持农作物产量。作为减少对人类健康和环境的消极影响的手段，天然产物是一种很好的替代合成农药，天然产物绿色农药是诱人的和有利可图的。“绿色农药”的概念是指所有类型的天然和有益的害虫控制材料，可以帮助减少害虫种群和增加粮食生产。它们是安全的，且比合成农药更符合环境的要求。

在当前绿色杀虫剂概念的实践中，已经做出了一些合理的尝试，包括植物提取物、激素、信息素和毒素等有机来源物质，并涵盖了虫害控制的许多方面，如微生物、食虫的线虫、植物衍生的杀虫剂、微生物的次生代谢产物、费洛蒙和用于转基因作物的基因等。最近，鼓励使用来自天然资源的产品，特别是极易生物降解的合成和半合成产品很受重视。在这里，要强调一些最近的研究进展，其中精油已被证明为安全的，且商业上可行的绿色杀虫剂。

精油被定义为具有强烈芳香成分的挥发油，并给植物带来独特的味道或气味。它们是植物代谢的副产品，通常被称为挥发性植物次生代谢产物。精油是在植物细胞壁的腺体毛或分泌腔中发现的，并且存在于不同植物的叶、茎、树皮、花朵、根部和(或)果实中。精油的芳香特性为植物提供各种功能，包括：①吸引或排斥昆虫；②保护自己免受热和寒冷的影响；③利用油中的化学成分作为防卫材料。许多精油有很多其他的用途，如作为食品添加剂、调味品和组分化妆品、肥皂、香水、塑料或作为树脂的主要成分等。

通常，这些精油在室温下是液态的，但在室温下很容易从液体转变为气态，且在稍高的温度时并不分解。在大多数植物中发现的精油含量在 1%～2%，但也可以包含从 0.01%～10%不等的数量。例如，橙树在花朵、橙子果实和树叶中可产生不同的油脂成分。在某些植物中，主要的油脂成分可能占据主导地位，而在其他植株中则是各种萜烯鸡尾酒一样的混合物。例如，在菖蒲中，甲基胡椒粉占据了精油的 75%，在菖蒲根状茎中 β-细辛脑含量达到了 70%～80%，在不同时间间隔的香菜籽和叶片中芳樟醇含量在 50%～60%，其次是 p-伞花烃、萜烯、樟脑和柠檬烯。

大多数精油包括含有 10 个碳原子以上的单萜化合物，它们通常以环状或非环的结构排列，以及由 15 个碳原子组成的碳氢化合物的倍半萜。更高的萜烯也可能作为次要组分存在。最主要的群体是具有饱和或不饱和已环或芳香系统的化合物。双环（1,8-桉叶素）和非环（芳樟醇、香茅醛）也是精油的主要组分。

3.4.1 精油作为绿色农药

通过公共教育和认识的提高，可让大家了解天然的绿色概念，并建议避免使用有毒的杀虫剂，并告知公众农药使用的潜在风险和可供的选择性。在这些方案中建议的各种步骤包括对种植、收割、草循环、堆肥蔓延、深根浇水、芯曝气、缓释土壤喂养、有益生物的使用等方面。这个概念对于厨房、花园、草坪和其他家用害虫控制策略也非常有用。使用精油或其组分丰富了这一自然概念，因为它们的挥发性、在田间条件下的持续有限性等，它们中有几个已经完成严格的使用流程检验。

精油通常是通过芳香植物的蒸气蒸馏获得的，特别是在香水和食品工业中用作芳香剂和调味品，以及最近的芳香疗法和草药。植物精油主要从几个植物来源进行商业化生产，其中许多是薄荷家族的成员。精油通常由单萜、生物基因相关酚类化合物和倍半萜组成的混合物。精油包括 1,8-桉叶素，主要成分油是从迷迭香和桉树、丁香油的丁香酚、百里香里提取的百里酚、来自各种薄荷的薄荷醇、从菖蒲中提取的萜烯和来自许多植物物种的香芹酚和芳樟醇等。

许多植物传统上被用于保护储藏的商品，特别是在地中海区域和南亚，但自 20 世纪 90 年代起精油对各种各样的害虫所表现出的杀灭活性引起了大家新的兴趣。证据表明，章鱼胺对一些害虫的快速作用表明了一种神经毒性的作用方式。精油的纯萜类成分对哺乳动物有适度毒性（表 3.15）。但是，除了少数例外，精油本身或基于油脂的产品大多对哺乳动物、鸟类和鱼类是无毒的，因此，把它们在“绿色杀虫剂”名目下列入是合理的。

表3.15 一些精油化合物的哺乳动物毒性

化合物	测试动物	服用方式	LD_{50}/(mg/kg)
2-萘乙酮	小鼠	口服	599
洋芹醚	狗	静脉注射	500
茴香醛	大鼠	口服	1510
cis-茴香脑	大鼠	口服	2090
(+)香芹酮	大鼠	口服	1640
1,8-桉树脑	大鼠	口服	2480
肉桂酰胺	几内亚猪	口服	1160
	大鼠	口服	2220
柠檬醛	大鼠	口服	4960
油脑	大鼠	口服	1000～1500
丁子香酚	大鼠	口服	2680
3-异侧柏酮	小鼠	皮下注射	442.2
d-柠檬油精	大鼠	口服	4600
里哪醇	大鼠	口服	＞1000
麦芽酚	大鼠	口服	2330
薄荷醇	大鼠	口服	3180
2-甲氧基酚	大鼠	口服	725
甲基胡椒酚	大鼠	口服	1820
甲基丁子香酚	大鼠	口服	1179
月桂烯	大鼠	口服	5000
胡薄荷酮	小鼠	腹膜内的	150
γ-萜品烯	大鼠	口服	1680
萜品烯-4-醇	大鼠	口服	4300
侧柏酮	小鼠	皮下注射	87.5
麝香草酚	小鼠	口服	1800

由于其挥发性，精油在田间条件下的持久性有限。因此，虽然天敌易受直接接触，捕食者和寄生虫在一天或多天后可再侵犯治疗后的作物，与常规杀虫剂类似，残留物的接触不太可能会导致中毒。事实上，在野外条件下，其对天敌的影响还有待评估。

有几种精油如玫瑰(大马士革蔷薇)、广藿香、檀香、薰衣草、天竺葵等是众所周知的香水和香料工业原料。其他精油，如柠檬草、蓝桉、迷迭香、香根草、丁香和百里香等具有众所周知的害虫控制特性。薄荷可驱除蚂蚁、苍蝇、虱子和飞蛾，薄荷油则对跳蚤、蚂蚁、虱子、蚊子、蜱和飞蛾等有效。留兰香(薄荷留兰香)和罗勒也可有效地抵御苍蝇。

同样，重要的含油植物如湖蒿、天竺葵粉红孢、薰衣草、薄荷、刺柏和铅柏等也有抵御各种昆虫和真菌病原体的功能。对薄荷物种挥发油成分的影响也进行了研究，对拟谷盗等常见的储粮害虫具有很高的效果。从桉树和香茅衍生的香精油也被发现是有效的动物驱蚊剂、杀虫剂、杀螨剂和抗菌产品。因此，精油可作为消毒剂、抑菌剂、微生物农药、杀菌剂等，对保护家居用品有一定的影响。

从莳萝植物获得的莳萝油作为莳萝行业的副产品也是香芹酮的主要来源。草茴香也是众所周知的协同杀虫剂。它在留兰香(薄荷留兰香)油中占 40%～60%，在天竺葵籽油中超过 51%。姜黄未利用部分的叶片，通过水蒸气蒸馏产生富含 α-水芹烯(70%)的精油，对尺蠖会产生生长抑制和幼虫死亡率增加。叶油也可杀死虫卵。姜黄烯和生姜油在 0.2%浓度时可导致真菌水稻纹枯菌丝 86%的生长抑制率。因此，对作为绿色农药的精油功效的集体评估表明，一些精油比其他的明显更有效。然而，对活性成分更多的经验评价表明，广泛的害虫种类有助于更精细化的选择。

3.4.2　精油组成和它们的功效

如上所述，精油是天然有机物的复杂混合物，主要由萜烯(碳氢化合物)组成，如蒎烯、萜烯、柠檬烯、α-水芹烯和 β-水芹烯等，萜类含氧化合物，如非环状单萜醇(香叶醇、芳樟醇)、单环芳烃醇(薄荷脑、松油醇、冰片等)、脂肪族醛(柠檬醛、香茅醛、紫苏醛等)、芳香酚(香芹酚、百里酚、黄樟醚、丁香酚)、双环醇、单环芳烃酮(薄荷酮、香芹酮)、侧柏酮、肉桂酸和芳樟乙酸酯等。一些精油也可能为含氧化合物(1,8-桉叶素)、含硫成分、甲基硝基苯酯、香豆素等。金合欢醇等都是从精油中分离出来的倍半萜(C_{15})的例子。二萜通常不存在于精油中，但有时会被当作副产品。在无花果中给出了一些挥发油成分的化学结构，其中许多是拥有强有力的生物活性物质，通常带有苦味和有毒的性质。

3.4.3　害虫与生长抑制剂

精油的重要成分主要是亲油性的化合物，充当毒素，对各种各样的害虫构成生长和产卵的威慑。有报道表明，几种精油对家蝇、红面粉甲虫和南方玉米根虫的杀虫特性。虽然许多精油具有杀虫性质，但不同化合物对一个物种的毒性程度相差甚大。在各种柑橘叶片和果皮的精油中存在的柠檬烯都有显著的昆虫控制特性。薄荷酮、反茴和肉桂醛是众所周知的抗虫化合物。莳萝植物的梢部部分中分离出的香芹酮对果蝇蝶蛉和伊蚊是杀虫剂，它还可抑制幼虫和成虫的存活。通过自然发生的 34 种单萜类化合物对 3 种昆虫的急性毒性评估，发现香茅醇酸和百里酚对苍蝇是最有毒的，而香茅醇和侧柏酮对西部玉米根蠕虫则是最有效的。发现香叶醇、香茅醇、柠檬醛、香芹酚和异丙苯醛等单萜类化合物对异尖线虫单纯形幼虫的作用，在 12.5mg/mL 时处于活跃状态。

从柠檬草中提取的香茅醛，及从寻常胸腺中提取的百里酚和香芹酚对昆虫是最有效的成分。丁香酚显示的可变 LD_{50} 值是物种的特异性导致的。胡薄荷酮显示出对家蝇和夜蛾等的毒性，其 LD_{50} 值在 38～753.9mg/昆虫。对于南方夜蛾，含有 0.1%胡薄荷酮的摄入会迟缓发育和抑制生殖。

取代酚类、甲基丁香酚、异丁香酚、黄樟素等都优于单萜，如柠檬烯、桉叶素等。从甜旗根得到的精油和菖蒲也是众所周知的杀虫剂。柑橘果皮提取出的柠檬油精会导致台湾地下白蚁和家蚁分别有 96%和 68%的死亡率，

采用杀螨效果对各种精油的功效进行了评估，发现对蜂蜜螨、瓦螨、北禽螨、谷物螨、赤痂螨、痒螨有效果。在纯的组分中，香茅醛、丁香酚、薄荷脑、胡薄荷酮和百里酚对各种各样的螨是适度有效的。富含 1,8-桉叶素的精油也能有效抵御尘螨。这些研究表明，如果有适当的系统开发，这样化合物可以作为新产品冲击现有的商业产品。

当在饲料中加入二萜 3-表儿茶酸后可抑制欧洲玉米螟幼虫的生长，导致蛹畸形和增加化蛹时间。薄荷醇可降低夜蛾的生长，抑制其化蛹。从青蒿中分离出来的 1,8-桉叶素也是一种潜在的杀虫剂物质，可以降低一些收获后的害虫的生长速度、食物消耗量和食物利用率。姜黄植物油在虫害控制方面也很有用。

3.4.4 熏蒸剂

单萜是挥发性的更有用的昆虫熏蒸剂。过去也曾进行过研究，探讨了精油及其成分作为昆虫熏蒸剂的潜能。发现胡薄荷酮、芳樟醇和柠檬烯是众所周知的对抗水稻象甲有效的熏蒸剂。虽然薄荷油含有芳樟醇和芳樟乙酸是对抗水稻象甲有效的熏蒸剂，香芹酮则表现出明显的毒性，香芹酮的毒性比其他组分高 24 倍。成虫比幼虫更容易接触和感受到熏蒸剂的毒性。用家蝇测定了一系列化合物熏蒸剂的毒性，如香芹酚、香叶醇、芳樟醇、薄荷、松油醇、百里酚、薄荷酮、胡薄荷酮、侧柏酮、肉桂醛、柠檬醛和肉桂酸等。研究结果表明，酮是更有效的熏蒸剂。反茴、百里酚、1,8-桉叶素、香芹酚、松油醇和芳樟醇已被评估为对谷蛀虫是有效的熏蒸剂。

3.4.5 拒食素

拒食化学物质可以被定义为不直接接触昆虫而实现对其驱赶的方法，一旦与昆虫接触就对其产生抑制进食。百里酚、香茅醛和 α-松油醇等重要精油成分对烟草夜蛾有抑制进食的效果。对夜蛾，精油单萜或添加剂的联合作用效应已有报道。桉树赤桉精油也被证明对夜蛾幼虫有效。各种已知的单萜类化合物已被用作二元

混合物，并测试了其在毒性和抑制进食方面的协同作用。数据表明，百里酚和反茴协同影响芳樟醇的性能，但百里酚与 1,8-桉叶素只展现出了添加剂效果，所以结果是松油醇和芳樟醇组合的效果。在两种不同植物的分离化合物，即芳樟醇与 1,8-桉叶素混合的情况下，也观察到一定的协同作用。

对谷蛀虫而言，1,8-桉叶素的拒食活性也已被证明。从姜黄和生姜中分离出来的产品也被发现可作为昆虫拒食和昆虫生长调节因子的有效物质。

3.4.6 驱虫剂

由蚊子引起的传染性疾病已经成为全球性的健康问题。尽管数以千计的植物被测试为驱虫剂的潜在来源，但迄今仅有少量植物基的避蚊胺化学药剂被证明了具有广泛的功效和持续时间的驱蚊效果。最近，对植物化学物质的杀蚊药的潜力审查已经出版，显示了从含有活性植物化学物质的植物中识别新的有效杀蚊药的可能性。研究了驱蚊植物物种、萃取过程、生长和繁殖抑制植物化学物质、植物杀卵剂、添加剂和拮抗联合作用的混合物、残余容量、对非靶向有机体的影响、抵抗、筛选方法等方面的知识，并讨论了植物化工研究中载体控制的进展。

同样，进行了实验室生物鉴定，对肩突硬蜱虫、印鼠客蚤和伊蚊成虫来说，确定了从阿拉斯加黄杉、柏榉树的心材中提炼出的挥发油组分的 15 种天然产物的活性。从精油中提取的 4 种化合物被确定为单萜，5 种为倍半萜，5 种为倍半萜衍生物。香芹酚在 24h 后可毒杀生物蜱、蚤和蚊子，其 LC_{50} 值分别为 0.0068%、0.0059%、0.0051%(*w*/*v*)。从阿拉斯加黄色雪松提取的圆柚酮是最有效的倍半萜，其 LC_{50} 值为 0.0029%。这些天然产物在相对较低浓度下杀灭节肢动物的能力也代表了使用合成杀虫剂控制疾病传染的能力。在实验室和田间，还记录了憎水性柠檬、桉树、天竺葵和薰衣草油对硬蜱的杀灭效果。

据报告，含有驱蚊活性精油的植物包括香茅、雪松、马鞭草、天竺葵、薰衣草、松树、肉桂、迷迭香、罗勒、百里香和薄荷。这些精油大多提供快速但短的保护，通常持续少于 2h。许多香精油和它们的单萜成分是众所周知的驱蚊活性剂。有 3 种重要的精油组分即丁香酚、1,8-桉叶素和香茅醛，是对抗蚊子最有效的药物。柠檬草油软膏含 15%(*v*/*w*)的柠檬醛，并展现出 50%的排斥性，并可持续 2～3h。据报道，猫薄荷植物的精油的组分比避蚊胺可更有效 10 倍地排斥蚊子。万寿菊是一个潜在的植物，从其花卉中得到的精油可一直有效驱抗蚊虫。

肉桂醛、丁香酚、肉桂乙酸和不同樟树精油是有效的蚊子幼虫杀虫剂。对几种单萜类成分进行了其驱蚊活性的评价，表明芳樟醇和橙花醇在单萜和香芹酮、胡薄荷醇、胡薄荷酮和异蒲勒醇中单环芳烃是最有效的驱蚊剂；两个单萜即薄荷和柠檬醛已被报告对气管螨有毒。因此，这些重要的油类化合物可能在控制蚊虫驱蚊和疟疾暴发方面发挥关键作用。近年来，一些单萜被认为是常规的杀虫剂，可作为一种自然害虫控制手段的潜在替代品。由于含氧精油成分更活跃，其化学修饰和结构-活性存在密切的关系。姜黄油的主要成分对储粮害虫具有较强的驱避性。据报道，姜黄油已用于提供保护小麦谷物对抗红面粉甲虫。

3.4.7 产卵抑制剂和杀卵剂

与未经处理的样本相比，用浓度为 1.0%的 1,8-桉叶素和牛至可降低 30%～50%的害虫产卵率。在埃及，菖蒲油在浓度为 0.1%时就可防止产卵。大蒜油也是一种产卵的抑制剂，已发现对根皮鬃的卵具有剧毒性。香芹酮也完全抑制虫卵的孵化。香芹酚、香芹醇、香叶醇、芳樟醇、薄荷、松油醇、百里酚、马鞭草醇、香芹酮、葑酮、薄荷酮、胡薄荷酮、侧柏酮、肉桂醛、柠檬醛、马鞭草酮、肉桂酸等对家蝇卵有抑制作用，对孵化的抑制率在 33%～100%不等。这些研究表明，单萜酮比结构相似的醇更有效(如薄荷酮与薄荷脑)。

3.4.8 引诱剂

作为诱饵，香叶醇和丁香酚是有效的引诱剂，可把日本甲虫引诱到陷阱里。甲基丁香酚也已被用来诱捕东方果蝇和寡鬃的背蝇。肉桂醇、4-甲氧基肉桂醛、肉桂醛、香叶基丙酮和 α-松油醇也有吸引成年玉米根虫、甲虫的能力。在极性增加的溶剂中迷迭香的精油和一些萃取物可被提取出来，并且它们的有效组分被用作害虫控制。乙醇和丙酮萃取物可吸引葡萄浆果蛾。然而除了 1,8-桉叶素外，没有一个提取物对西方花蓟马有效。

柠檬精油是从柑橘的果皮中提炼出来的。它有淡黄色和特色的柠檬香气。柠檬精油含有几种萜烯和香叶醇，这些都被证明可以吸引蓟马、真菌虱子、粉蚧、鳞片和日本甲虫。把这精油添加到蓟马/斑潜蝇蓝陷阱中，黄色蚜虫/粉虱会被吸引到陷阱中并被毒杀。

研究发现顺茉莉酮的成分可有效吸引鳞翅目成虫。顺茉莉酮可以单独使用或与日本金银花的一种或多种其他挥发物一起使用，特别是芳樟醇和(或)苯乙醛。作为诱饵吸引成年鳞翅目害虫，引诱剂是有效地监测和控制这些农业害虫的方法。同样，天然精油也显示了对温室粉虱、温室白粉虱等的吸引力。温室粉虱对檀香油、罗勒油和葡萄柚油的反应尤为强烈。在黄色黏滞陷阱中应用芳香物质后，捕捉昆虫数量可显著增加，从 333.09%增至 487.64%。

3.4.9 抗真菌试剂

人们对某些精油或其组分的抗真菌活性也进行了评估，发现可有效地抑制灰霉病菌、水稻纹枯、镰刀菌串珠和核菌、黑曲霉、指状青霉、腐霉和炭疽病、米病菌

和花生真菌等。可以看出不同的真菌种类显示出一致的结果。百里酚和香芹酚是活跃的大多数真菌物种的抑制剂。这些化合物对真菌的作用机制是未知的，但可能与它们的一般溶解能力有关，或可以其他方式破坏细胞壁和细胞膜的完整性。

为确定植物精油作为土壤熏蒸剂的效果，进行了温室试验，以管理番茄中的青枯病。充斥着青枯的土壤在温室试验中用 400mg/L 和 700mg/L 的精油处理。对青枯种群在 7 天治疗前后的密度进行了测定。在两种浓度的百里酚、玫瑰草油和香茅油治疗中，除了茶树油没有效果外均表现出了效果。用 700mg/L 的百里酚、700mg/L 的玫瑰草油和 700mg/L 的香茅油，在土壤中移植的番茄幼苗没有细菌枯萎病，百里酚治疗中 100%的株植物没有发生青枯病。

3.4.10 抗病毒剂

植物挥发油和纯净的分离物还可作为干扰或抑制病毒传染的物质。千层植物的精油浓度为 100ppm、250ppm、500ppm 时已被发现可有效降低病变烟草花叶病毒(TMV)对寄主植物烟草的影响。同样，胜红蓟、肺炎双球菌、葛缕黄连等精油已被评估可有效抑制豇豆马赛克病毒(CPMV)、绿豆马赛克病毒(MBMV)和南方豆花叶病毒(SBMV)的活动。其他精油也显示了抑制病毒的活性，如可 62%抑制烟草马赛克病毒。水蒸馏得到的胡萝卜叶片可产生 0.07%的精油，薄层色谱分析、红外、核磁共振和质谱被用来鉴别组分，发现了 29 种化合物，主要成分为桧烯(10.93%)、芳樟醇(14.90%)、芳樟乙酸(8.35%)和香芹酮(8.77%)。

万寿菊精油已被发现对香石竹环形斑点(CaRSV)和康乃馨静脉斑驳病毒(CaVMV)的活性。在油中存在的成分即二羟基万寿菊酮和罗勒烯，以纯组分单独测试，发现均有增强抵抗两种康乃馨病毒的活性。油类和生物活性成分可作为天然和抗病毒产品的商业化应用。

番茄斑枯萎病毒是影响番茄的最具破坏性的因素之一。进行了两年的田间试验，以确定挥发性植物精油和高岭土基粒子膜对番茄斑枯病发病率和西花蓟蓟马种群动态的影响。研究了精油化合物组成、香叶醇、香茅油和茶树油的功效，并与标准的杀虫剂和未经治疗的参考样进行了比较。当与高岭土结合时，这三种精油减少了番茄斑点枯萎病毒发病率的 32%～51%。当应用于高岭土时，三种精油产生的产量类似于杀虫剂标准。因此，自然发生的产品，如精油和高岭土，可以成功地用于控制病毒和减少杀虫剂在番茄中的使用。

3.4.11 商业产品和使用

尽管在世界各地的许多实验室进行了大量的研究工作，并有关于精油及其成分杀虫的性质的报道，但基于植物精油的害虫控制产品仍是出人意料地出现在市场上，虽然精油对病虫害的功效并不像目前所见产品那样明显。在美国，由于对加工食品和饮料中常用的某些油的豁免登记，为以植物精油为基础的杀虫剂的商业发展提供了很大的便利。这一机会促进了农业、工业应用和消费市场，特别是基本精油基杀虫剂、杀菌剂和除草剂的开发，如使用迷迭香油、丁香油和百里香油作为有效成分。对这些产品的兴趣是相当高的，特别是用于控制温室病虫害及控制家用和兽医害虫。尽管如此，一些美国公司近年来也推出了精油基的杀虫剂。Mycotech 公司生产的杀蚜剂/杀螨剂/杀菌剂用于温室和园艺用途，并采用了肉桂油与肉桂醛(30%)作为有效成分。EcoSMART 公司引进了含有丁香酚和 2-苯乙丙酸的杀虫剂，其目的是控制害虫的爬行和飞行。最近介绍了一种含有迷迭香油作为活性成分的杀虫剂/杀螨剂，用于园艺作物的名称为 EcoTrolTM。另一种基于迷迭香油的产品是以 SporanTM 的品牌销售的杀菌剂，而丁香油的配方(主要成分：丁香酚)，作为 MatranTM 商品出售，用于除草。所有这些产品都被批准用于有机食品生产。EcoSMART 产品中的主要活性成分可免美国 EPA 注册，并被食品药品监督管理局批准为直接可食品的添加剂。

在美国和英国的几家较小的公司已经开发了以大蒜油为基础的虫害控制产品，在美国还有家用和园艺使用的杀虫剂，其中含有薄荷油作为活性成分。薄荷醇已获准用于北美控制蜂箱的气管螨，并在意大利生产的产品中含有百里酚和少量的桉叶素，薄荷和樟脑用于控制蜜蜂的瓦螨。孟福尔大学的研究人员称，万寿菊可能是有机、可再生和经济高效的害虫控制的关键。孔雀草、法国万寿菊物种在园林中最常见，有能力摧毁在土壤下的攻击者，这是研究人员认为可以利用的资源，以帮助保护作物。

以色列本古里安大学借鉴石油封装知识，开发了一个缓慢释放精油的技术，以制造相对环境友好的农药。他们已开发了一项专利技术，以逐步释放必要的酯化油和天然成分。其拥有在胶囊中封装精油的专利，以达到延迟释放效果。酯化油可以从大约 3000 种植物中产生。

在绿色农药技术上，利用水包油微乳液作为纳米农药的输送系统取代传统的乳化的浓缩油，以减少有机溶剂的使用，增加雾滴的分散性、润湿性和穿透性能。利用农药水包油微乳液提高生物药效，减少农药用量，是绿色农药技术的一项有益策略。

基于植物精油或其成分的农药对一系列储藏的产品害虫、家畜害虫、嗜血害虫和某些软体农业害虫，以及对收获前后病害的一些植物致病真菌具有药效。它们可作为熏蒸剂、粒状制剂或直接喷射，具有致命毒性。这些特征表明，基于植物精油的杀虫剂可以用多种方法来控制大量害虫。

在具体的限制条件下，这些材料的功效与合成杀虫剂相比，虽然有特定的虫害情况，但与常规产品的对照品是等同的。精油还需要稍大的应用率(高为 1%的活性成分)，可能需要频繁使用，特别是在户外使用时。

商业化应用植物精油基农药的其他挑战包括：要有足够数量的植物材料、农药产品的提炼和标准化、技术(专利)的保护和管理批准等。虽然许多精油可能是充足的和可利用的，由于它们在香水、食品和饮料工业的用途，必要的精油基农药的大规模商业应用可能需要某些精油更大的生产量。此外，植物物种的化学特征会因地域、遗传、气候、年或季节性因素而自然变化，因此农药生产商必须采取额外措施，确保其产品能始终如一地被生产。所有这一切都需要大量成本，较小的公司可能不愿意投资所需的资金，除非有很高的概率收回成本，如通过某种形式的市场独占性(如专利保护)。最后，一旦解决了所有这些问题，就需要进行监管审批。虽然一些植物精油在美国是豁免注册的，但更多的精油不是，并且很少国家目前有这样的豁免名单。因此，监管部门的审批仍然是商业化的障碍，在调整监管制度以更好地容纳这些产品之前，可能继续成为一个障碍。

事实上，从植物精油中获得的杀虫剂确实有几个重要的益处。由于其挥发性，对环境的风险程度比目前的合成农药要低得多。对捕食者、寄生蜂和传粉者昆虫种群的影响较小，因为其残留活性极小，使得必需的精油基杀虫剂与害虫综合治理方案相容。同样显而易见的是，由于其是多种成分的复杂混合物，抗性油基腻子杀虫剂的发展速度会较慢。归根结底，在发展中国家，源植物是地方性的，这些杀虫剂可能最终会对害虫综合治理战略产生最大的影响。预计这些杀虫剂将在城市虫害控制、公共卫生、兽医保健、对人类健康和保护储存商品的控制方面可以找到最大的商业价值。在农业方面，这些杀虫剂对受保护的作物(如温室作物)、高附加值作物和有机食品生产系统中最有用。

参 考 文 献

[1] Stoytcheva M. Pesticides in the modern world-trends in pesticide analysis. New York: Intech Press, 2011: 1.

[2] Buchel K H. Chemistry of pesticides. New York: John Wiley & Sons, Inc., 1983: 10.

[3] Mallhot H, Peters R. Empirical relationships between 1-octanol/water partition coefficient and nine physiochemical properties. Environ. Sci. Technol., 1988, 22(12): 1479-1488.

[4] O'Brien K P, Franjevic S, Jones J. Green chemistry and sustainable agriculture: the role of biopesticides. London: Advancing Green Chemistry, 2009: 1.

[5] Tiu B D B, Advincula R C. Polymeric corrosion inhibitors for the oil and gas industry: design principles and mechanism. React. Funct. Polym., 2015, 95(1): 25-45.

[6] Koul O, Walia S, Dhaliwal G S. Essential oils as green pesticides: potential and constraints. Biopestic. Int, 2008, 4(1): 63-84.

第 4 章

绿色食品添加剂

食品添加剂是当代食品体系的重要组成部分，在人们的生活方式中占据一定的地位。食品添加剂在历史上一直被使用，也被调查、管理和控制。虽然很多报告、书籍、专著、文章等都涉及了这个话题，但只有少数人关注的是其中的有机化学，这里概述了不同类型的食品添加剂及它们的特性和结构[1]。内容大致被细分为：①食品添加剂的介绍；②化学、技术的简短历史背景；③添加剂的批准过程；④关于食品添加剂分类的讨论等，包括酸、酸度调节剂、防结块剂、消泡剂、乳化剂、口味调味剂等类别；⑤有机与合成食品和食品安全问题的比较。

4.1 食品添加剂简介

虽然不同的权威机构有不同的食品添加剂的定义方法，但是为了提供一个正规的学术定义，更科学的说法是“食品添加剂是添加到食物中的物质来保持和提升味道和外观”。欧盟食品安全监管委员会的食品添加剂被定义为任何“通常不被当作食品本身”的物质，这些物质被添加到食品中，以执行特定的技术目的，比如保存等。食品添加剂大致分为：①安全及预防食品退化问题，如细菌感染、化学反应、氧化反应；②口味、外观或最终成品的口感改进。美国食品及药物管理局把下列事项列为食品添加剂可以合法地添加到食品中：防结块的试剂、颜色添加剂、面团助力剂，包括乳化剂、酶制剂、脂肪替代品、风味增强剂、香料、保湿剂(水分保存)、发酵剂、营养强化剂、pH 控制试剂(包括缓冲试剂)、酸化剂、防腐剂、稳定剂和增稠剂、甜味剂、营养酵母和气体等。食品添加剂直接或间接地成为成品的一部分，虽然有时在加工、储存或包装的某些阶段是有意或无意的。直接食品添加剂通常指那些被故意添加的一些特殊功能的食品加工试剂，而间接食品添加剂通常是那些可以在食品中微量存在的，可能是在如种植、加工、食品生产过程中或包装阶段引入的。有趣的是，成分和添加剂之间存在着差异，尽管并不明显。例如，盐是一种配料，醋也是酸，如果单独使用，就必须被列为添加剂。直接食品添加剂在食物中扮演着重要的角色。它可提供营养，通常是为了保持成品的质量和新鲜度，有时帮助处理、加工和制备食物，使食物更有吸引力等[2]。

人们普遍认为，古人对食物进行分析的唯一方法是通过感官进行的，即味觉、嗅觉、视觉、触觉和听觉。现代营养之父 Lavoisier 第一个展示在新陈代谢过程的，添加剂对食物的消化非常重要。对食品的分析导致了现代有机化学的发展，以及食品化学、农业化学和联合科学的发展所需要的相关技术。在 19 世纪早期，德国化学家 Frederick Accum 首先应用科学方法来发现食物掺假，而他的一些有趣的发现已经在表 4.1 中列出。把食物添加到食物中并不是现代的发明，而且很有可能这个习俗始于人类第一次发现并使用火也可以烹饪食物，而加盐可能会延长食物的保存时间。众所周知，埃及人使用食物颜色、调味料、香精、香料等，所有这些物品都被认为是非常宝贵的，因此可以作为交易的物品，有时甚至是发动战争的理由。即使是今天，香料也是一项重要的食品添加剂，这刺激了许多人的艰苦探索，包括开始为了寻找印度香料的哥伦布，但最终却发现了美洲大陆。顺便说下，食品添加剂并不是大多数人在 18 世纪晚期所过的简朴生活方式的重要组成部分：这是现代消费者日益高涨的需求的结果，食品添加剂在人们的食物供应中已经找到了它们现在不可被替代的地位，从而使人们的餐盘花样繁多[3]。

表 4.1 Frederick Accum 检测出的食品掺杂物

食品	掺杂物
红奶酪	红铅和硫化银颜料
番椒	红铅颜料
腌菜	铜盐颜料
醋	含有硫酸、锡和铅
甜食	硫化汞、铜盐、砷
橄榄油	压榨时引入的铅

目前，美国食品和药物管理局已经批准了超过 3000 种的食品添加剂，并且该局所维护的 EAFUS 11 数据库中可能发现美国使用的各种食品添加剂的清单。从食品化学家的角度来看，食物中的每一种添加剂都是由化学物质组成的。这让人们不得不面对天然与合成化学品的争论。化学实验室合成的很多化学物质也存在于食物中。化学物质包括所有的化学品，而“天然”和“合成”化学物质之间的区别在某种程度上是主观的。例如，蔗糖在化学成分和功能上与日常添加的普通糖相比并没有什么不同。类似地，橘子的主要有机酸是维生素 C(抗坏血酸)，它也是被人工添加到罐装饮料中的维生素 C。同样，通过酶的作用在实验室进行商业化生产的柠檬酸也是一种天然产生的酸，它给柠檬带来了天然的酸味。故说一种化学物质可能比另一种更安全，从它的起源上看可能没有科学意义。

对于科学界来说，对每一种食品添加剂都指定了唯一的身份标签，这是必需的。因此，每种食品添加剂都有一个独特的 E 编号。这个编号系统现在已经被食品法典委员会接受，同时也被联合国粮食及农业组织(粮农组织)和世界卫生组织(世卫组织)认可，其已成为目前国际食品标准的代名词，可为食品的质量和安全守则提供帮助。食品法典委员会已经确定了所有的添加剂，不管它们是否被有关监管当局批准使用。编号数字前面都是“E”，但是非欧盟国家通常只使用数字(没有 E)，无论在欧盟是否批准了这种添加剂。例如，对于在欧洲销售的产品，乙酸被指定为化学 E260，但在许多其他非欧盟国家中被简单地称为添加剂 260。自 1987 年以来，澳大利亚已经在包装食品中添加了一种官方的添加剂标签。在 1961 年的美国，食品和药物管理局将食品添加剂列为“一般公认的安全”。

4.2 添加剂审批流程

在美国，公司或申请人必须提交一份食品添加剂的申请书(FAP)，而后需要通过以下初级步骤，在美国食品和药物管理局(FDA)审核后，批准为一个预定的食品添加剂：①添加剂的申请人提交动物实验结果和 FDA 认定的食品是否安全？②发布的公告是 FDA 关于新食品添加剂允许范围的。③有时，如果 FDA 并不相信，可能需要进一步的测试。④当 FDA 认为安全时，可按规定发行使用。该条规规定了食品中允许的物质含量、允许使用的食品种类、使用情况及可能需要的任何其他特殊标签。FDA 在确定食品添加剂使用标准上的一个普遍规定是著名的“最低限度的哲学”。首先，该机构决定了所期望效果的最低浓度限制，然后是它不产生有害影响的最大浓度限制(类似于任何药物的“治疗窗口”)。因此，该添加剂的允许使用水平不得超过“不影响”安全等级的 1/100 以上。因此，一般来说，添加剂的安全系数至少是按照保守标准的 100 倍，这也是相当合理的。最近编制了一份关于食品添加剂安全性和评估的国家(美国)和国际监管程序[4]。

4.3 各种类别的食品添加剂[5-8]

4.3.1 酸

如表 4.2 所示，大多数食品酸是与水果相关的，如葡萄、柠檬、橘子、浆果、李子等。而人类代谢系统容易适应大多数天然的食品酸，而有些酸，人体系统不能接受，会导致不健康的过敏和炎症。

表 4.2 食品酸

酸	来源
柠檬酸	柠檬、橘子
丙二酸	苹果
酒石酸	葡萄、菠萝
乙酸	醋
草酸	茶、辣椒
鞣酸	茶
咖啡鞣酸	咖啡
苯甲酸	小红莓、李子
丁酸	黄油分解物
乳酸	黄油消化物

(1) 柠檬酸

柠檬酸也叫 2-羟基丙基-1, 2, 3-三羧酸，它是一种有机弱酸，化学式为 $C_6H_8O_7$。它在食品工业中常被用作天然的防腐剂，另外给食品和饮料提供了一种独特的酸性或酸味。当温度超过 175℃时，它就会经历脱羧，即失去二氧化碳。柠檬酸的酸强度比典型的羧酸要高一些，其主要用途包括：①柠檬酸是饮料工业中选择的酸性物质，它在碳酸饮料中广泛应用，源于它的调味和缓冲(pH 维持)特性，而它的溶解性特性使它成为糖浆浓缩的最适合添加剂。②它还能提高抗微生物(细菌、真菌等)防腐剂的功效。柠檬酸(有时柠檬酸盐)也被用于非碳酸饮料，如果汁、饮料等。③它被用于干粉饮料中。柠檬酸有助于增加口感，通常是由蔗糖造成的。在最近的研究中发现，柠檬酸的加入可使在煮熟的食物中所含的致癌物质丙烯酰胺的含量有所降低(图 4.1)。

图 4.1 柠檬酸的典型化学结构

(2) 酒石酸

酒石酸的 IUPAC 化学名为 2,3-二羟基丁酸，是一种白色的结晶二羧酸，化学式为 $C_4H_6O_6$。它在许多植物中自然存在，如葡萄、香蕉和罗望子。当加入小苏打时，它可起到发酵的作用，也常被作为主要的酸性物质添加到葡萄酒中，被用作抗氧化剂，使它成为一种更健康的替代酸。偶尔，酒石酸也会被它的盐所取代，即酒石酸盐。在化学上，它是琥珀酸的二羟基衍生物，它本身被用作食品中的缓冲剂(图 4.2)。

图 4.2　酒石酸的化学结构

(3) 苹果酸

苹果酸也叫丙二酸，IUPAC 命名为 2-羟基丁酸，是一种有机物，化学结构式为 $HOOCCH_2CHOHCOOH$ ($C_4H_6O_5$)，它存在两个立体异构体(*L*-苹果酸和 *D*-苹果酸对映体)，尽管在自然界中只有 *L*-苹果酸异构体。苹果酸及其盐的主要应用包括：①低卡路里饮料，它最大的优点是，与柠檬酸相比，达到同样的酸程度需要添加的苹果酸的含量要低得多。苹果酸具有较长的酸味，因此会产生更均衡的口感。②硬的糖果，它比其他的食物更容易融化，因此可以很容易地吸收到熔融硬糖中而不需要添加额外的水，从而增加了储藏寿命。③口香糖，嚼口香糖是很重要的，它会导致唾液分泌，并达到它的目的，其中经常使用糖精和食物酸。苹果酸和其他具有不同混溶性的食物酸混合在一起，使得酸在咀嚼过程中产生持续的风味和感觉。④甜点，它在冰中增强了水果的风味。在凝胶状的甜点中，添加了控制量的苹果酸，可以增强水果的风味和 pH 控制(图 4.3)。

图 4.3　苹果酸化学结构式及 *L*-苹果酸和 *D*-苹果酸

(4) 反丁烯二酸

反丁烯二酸，(*E*)-丁烯酸，也叫富马酸，化学结构式为 HOOCCH═CHCOOH。在讨论过的所有食物酸中，这是唯一一种在结构中有双键的酸，因此它被归类为不饱和酸。这种白色的结晶酸是两种不饱和的二羧酸之一，另一种是马来酸(即顺式异构体)。富马酸有一种天然的水果味，它的盐和酯类被称为富马酸盐或酯。另外，二甲基富马酸可以减少多发性硬化症导致的残疾(图 4.4)。作为一种食品添加剂，这种酸主要用作酸性调节剂。富马酸是自 1946 年以来一直使用的一种食品酸性物质。它通常是酒石酸和柠檬酸的一种很好的替代品。当被用作柠檬酸的替代品时，1.36g 柠檬酸添加到 0.91g 的富马酸中。

图 4.4 富马酸的化学结构

（5）乳酸

乳酸，IUPAC 命名为 2-羟基丙酸，是在牛奶中发现的，因此也称为牛奶酸，是一种重要的化合物，在各种生化过程中起着至关重要的作用。乳酸是一种羟基羧酸，它的化学式为 $C_3H_6O_3$。它存在两个对映体：*L*(+)-乳酸和 *D*(–)-乳酸，前者主要参与人类新陈代谢。在 20 世纪 60 年代早期，发现婴儿配方奶中如果存在 *D*(–)-乳酸，会导致婴儿出现酸乳症。乳酸的主要应用包括：广泛流行的各种天然乳制品（如奶酪、酸奶）、酱油、肉制品等均会产生乳酸，因此其广泛应用在食品领域，如糖果、烘焙产品、肉制品、饮料、乳制品、沙拉、调料等。乳酸作为食品添加剂使用时主要作为 pH 调节剂或防腐剂。有时，它也被用作调味剂。在它的许多用途中包括：①肉类、家禽和鱼，主要形式为乳酸钠或钾盐，它被用来延长食品的货架寿命，控制致病细菌的生长，从而提高食品的安全性和营养价值，以及提高（保护）肉类风味、提高水绑定和保留能力。②腌菜：在橄榄、小黄瓜、珍珠洋葱（珍珠洋葱比普通洋葱更甜）及腌渍的其他蔬菜中，使用乳酸作为天然的防腐剂。③沙拉和敷料：添加乳酸对食品产品的口味相对温和，同时保持了自然的微生物稳定性和安全性。④烘焙食品：酸面团是一种由长时间发酵面团和乳酸发酵制成的面包，后者直接用于生产过程中的酸化。⑤风味：乳酸不仅能增强通常的风味，而且还能增强各种风味（也称鲜味风味），如图 4.5 所示。

图 4.5 乳酸的化学结构

4.3.2 酸度调节剂

酸度调节剂需要保持在一种极端的酸性味道和一种极端的碱性味道之间的平衡。例如，柑橘类水果、果汁或酸奶是一些常见的酸性食品，而蛋清和苏打水则是碱性食品。酸度调节剂可以是有机酸(如乙酸)或矿物酸(如盐酸)、碱(有机或无机)、中和剂或缓冲剂(pH 调节剂)。最广泛使用的酸度调节剂是柠檬酸、乙酸和乳酸。在欧洲，酸性物质监管机构是由严格的欧盟法律规定的，规定了所有酸度调节剂的授权、使用和标签。

4.3.3 防结块剂

防结块剂可以抑制食品中结块的形成，从而确保食品产品的运输与存储。抗结块剂的例子有淀粉、碳酸镁($MgCO_3$)和二氧化硅。这些细颗粒固体被添加到食品中，如食盐、面粉、咖啡和糖。防结块剂可能是水溶性(亲水性)的，也可溶于醇(疏水性)等有机溶剂中，因此它们可以通过吸附过量的水分(亲水性)，或在颗粒上涂一层涂料，使其具有防水能力(疏水性)。硅酸钙是一种常用的抗结块剂，它被广泛地添加到食盐中，倾向于同时吸收水和油，表明其两亲性倾向。一些常见的防结块剂有：铝硅酸盐[$Al_2(SiO_3)_3$]、膨润土(一种类似蒙脱石的黏土)、铝硅酸盐钙(主要是 $CaAl_2Si_2O_8$)、亚铁氰化钙[$Ca_2Fe(CN)_6$]、硬脂酸等。防结块剂也被用来防止维生素 C 的吸潮(图 4.6)。

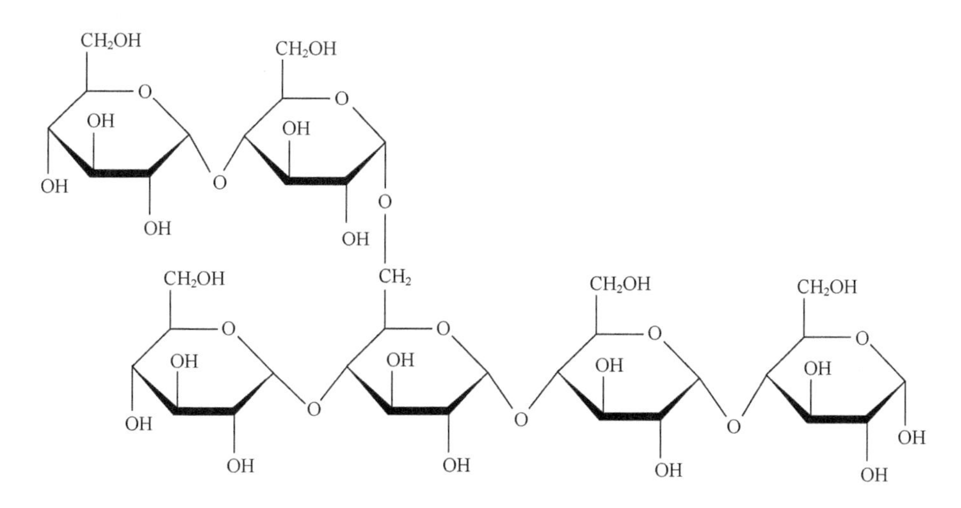

图 4.6 防结块剂淀粉的典型结构

4.3.4 消泡剂

作为一种非常普遍的功能定义，消泡剂(也称为脱泡剂)，顾名思义，是一种化学添加剂，可以减少或抑制工业过程液体中泡沫的形成。各种各样的化学物质可以防止泡沫的形成，这些化学物质可以分为油基、粉末基、水基、硅基等。当用作食品添加剂时，消泡剂会减少冒泡和外溢。这些化合物以聚二甲基硅氧烷(一

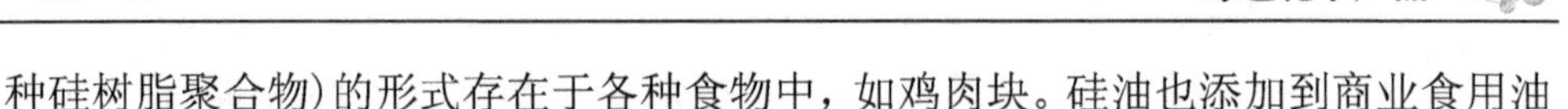

种硅树脂聚合物)的形式存在于各种食物中，如鸡肉块。硅油也添加到商业食用油中，以抑制油炸食品的过度泡沫形成。

4.3.5 抗氧化剂

抗氧化剂是一种能抑制或阻止其他分子氧化的化合物。传统上，抗氧化剂是一种被认为能促进健康的化合物，通过去除活性化学物质，在新陈代谢的时候会避免产生有害的影响。氧化是一种化学反应，它会产生氧，或除去氢，或从物质中除去电子。从营养学的角度来看，氧化会导致自由基的形成，而自由基是一种化学物质，没有成对的电子使它们非常不稳定，因此具有高度的活性。一个常见的自由基是臭名昭著的活性氧自由基(ROS)，可以在生物细胞中引发不受控制的连锁反应，最终导致细胞的损伤或死亡。抗氧化剂的作用是通过去除危险的自由基中间产物来终止这些有害的连锁反应，从而抑制进一步的氧化。除了它们的营养价值外，抗氧化剂还有各种各样的工业用途。例如，它们可作为食品和化妆品的防腐剂，以及阻止橡胶和汽油的降解等。抗氧化剂根据其在水中的溶解度(亲水性)或其在脂类中的溶解度(亲油性)而被细分。现在，众所周知，在冷冻食品中，氧化反应不会停止，因此食物的降解也会持续。这种降解是令人惊讶的，因为细菌或真菌的分解通常会在零摄氏度以下停止。因此，添加抗氧化剂在日常食品中是提高保质期的需要。一些膳食添加剂如维生素 C、多酚类(维生素 E)、类胡萝卜素、多酚类等，都能消除自由基的危害。这种基于高抗氧化效果的食品产品包括：全食品和饮料(如绿茶，现在很流行)，或者市场上作为膳食补充剂使用的一些化学分离物质，如维生素 C、番茄素、硒等。一些合成的化合物也被用作抗氧化剂，如叔丁基氢醌(TBHQ)、丙酸酯(PG)、丁基羟基甲苯(BHT)和丁基羟基茴香醚(BHA)等。脂肪(人造黄油或黄油等)不应该用铝箔包裹或储存在金属容器里的一个原因是，氧化通常是由金属催化的。抗氧化剂也包括在脂类的化妆品中，如口红(有时会进入食物中)、保湿霜等，以防止它们的腐烂。

4.3.6 膨胀剂

膨化剂会增加食物的体积，而不会改变其口感或其可用的能量。例如，淀粉是一种很受欢迎的膨胀剂。淀粉是碳水化合物家族的成员(一种由 C、H 和 O 组成的化合物，只有一种经验式的 CH_2O)，由许多葡萄糖单位组成。由于它含有大量的葡萄糖单位，所以它被归类为多糖，有趣的是，它被所有的绿色植物合成为能量储存源。今天人类食用的主要食物包括大米、小麦、土豆、玉米等，所有这些都含有淀粉。纯淀粉不溶于冷水或酒精，是一种白色、无味和无臭的粉末。当在温水中溶解时，它会形成糊状物，可以用来增稠、变硬或黏合。淀粉的工业加工在商业上很重要，因为它能增加加工食品中所含的多糖。世界上大部分的淀粉类食物包括谷物或稻物，其中最突出的是小麦、玉米、稻谷(大米)、大麦和高粱。许多淀粉类食物都是在特定的气候条件下生长的，包括橡子、芋头、香蕉、小米、燕麦、红薯等。

4.3.7 食用色素[9]

任何一种可能以染料、颜料或一种化合物为形式的添加剂，对食物进行着色的均可被称为食用色素。通常，添加颜色会使食物看起来更有吸引力，也会影响味觉。例如，2000 年亨氏推出的绿色番茄酱。给食物添加颜色的原因可能是多种多样的。例如，因暴露于光、空气、极端温度下等而造成的颜色损失，美国食品和药物管理局授权可使用通过认证或免除认证的食用色素。经过认证的食用色素多是人造的，并且广泛使用，因为它们的多功能性和廉价性。食用色素在以下三种类型中分类很广：①纯色，即不被其他化学物质混合或修饰的纯色。②衍生色，例如，胭脂红是通过混合或直接与其他物质的颜色反应形成的。③混合色，混合物通常由两种不同的颜色添加剂混合而成。来自蔬菜、矿物质或动物等天然来源的色素通常不受认证限制，但可能比经过认证的颜色更昂贵。下面是一些可以免除认证颜色的例子。根据公共利益科学中心的说法，由于在食品中添加了一些营养价值低的食物，如糖果、汽水、明胶等，建议人们不要食用所有人工色素。据报道，对一些敏感的儿童，色素会导致过度活跃(多动症)。作为一种常见的说法，从自然来源获得的红、蓝、黄色最常见的色素属于多酚类和类胡萝卜素家族。一些天然食用色素的例子包括：

1)焦糖色素：由焦糖制成，在高温下加热固体或溶解糖得到。

2)安那托：一种红橙色的色素，从其种子植物的种子中获得。

3)叶绿素：叶绿素是一种水溶性钠盐的混合物，一种由绿藻制成的绿色染料。

4)胭脂虫(指状球菌)：由胭脂虫所产生的红色或胭脂红。

5)甜菜根：一种从甜菜中提取的糖基红色染料，一般用于短寿命食品。

6)姜黄：其中的活性成分是姜黄素，一种酚类化合物，常被用来替代藏红花。

7)藏红花(番红花)：是最昂贵的天然香料之一，有丰富的金黄色的色调。

8)红辣椒：是由辣椒家族的成员所获得的。

9)番茄红素：来自番茄的红色染料，是一种类胡萝卜素。

10)木莓果汁：来自接骨木莓植物，它的颜色范围从桃色到草莓色到洋红色。

11)潘丹的叶子：可带来绿色与食物搭配。

12)蝴蝶豌豆：它的蓝色花朵被用作食物的蓝色染料。例如，在马来菜中，花被加入到糯米中，给人一种蓝色的视觉感。

在美国食品和药物管理局的网站上，可以找到所有允许食用色素的目录。食用色素被提纯，然后添加为固体或液体形式的配方。这些溶液中存在的溶剂可以是正己烷、丙酮、乙醚、乙酸乙酯等，可以促进食用色素的提取。这些溶剂等残留物可以在成品食物中找到，但幸运的是，它们不需要被声明成一组被称为“残留成分”的化学物质。食用色素有时可能是有害的，如红木(植物来源，为食物提供橙色或明亮的黄色)、胭脂虫(昆虫来源，对食物提供深红色)、卡胺(类似于红色素，给予自然的红色)，等等。

4.3.8 乳化剂

食品乳化剂必须具有表面活性，具有制造泡沫的能力，当然，也可以食用。有时，“HLB”(亲水/亲油平衡)被用来定量一种乳化剂。乳化剂是一种通过增加其动力学稳定性(而不是热力学)来稳定乳剂的物质。食品乳化剂的例子有：①卵磷脂，蛋黄卵磷脂的主要形式；②蛋白质，特别是含有亲水和疏水基团的，如牛奶蛋白质、豆类蛋白质等；③芥末黄，种子的化学成分主要是负责其乳化作用；④硬脂酸钠，它是一种拥有较长的疏水链结构的酯；⑤双乙酰酒石酸单甘酯和双甘酯(DATEM)，主要用于烘焙。乳化剂在化学结构式上，通常有两个末端：一个是疏水端，另一个是亲水端。油分散在水中的乳化剂在食物中很常见，例如，①浓咖啡上面的乳液，是不稳定的；②蛋黄酱和荷兰辣酱油也是水包油乳剂；③均质牛奶添加物是原料奶和纤维素通过均匀的机械搅拌得到的，蛋白质和脂肪分解给出光滑的感觉。

4.3.9 口味调节剂

味道主要是对味蕾和嗅觉器官的刺激产生的感官反应，当食物冲击它们时，可能会改变食物的味道，从而影响感觉。有趣的是，食物、饮料或其他饮食对象主要是通过嗅觉和视觉而不是味觉来确定的。因此，食物味道的主要成分是它的气味。人们普遍认为味道的主要特征首先是甜的、酸的、苦的、咸的，其次是最近被认可的第五种“鲜味”，再次是辛辣或刺激性，最后是金属味，共七种基本味道。天然风味的提取物并不是很丰富，从它们中提取香料需要大量的花费，因此大多数商业用途的调味料都是经过化学合成的，并且被贴上了自然的标签，也就是说，它们可以被认为与原始的天然香料具有化学上的可比性。食品中有三种主要的口味调节剂：①天然的，即通过物理、微生物或酶的方式从植物或动物中获取的；②与天然类似的，如前面所提到的，这些可能是由化学合成或由化学方法提取得到的；③人工合成的，在任何天然产品中都没有发现的香料，是通过化学操作，如原油和煤焦油转化得到的。从天然来源提取的香料可能是通过溶剂提取、蒸馏、使用强力或压力挤压出来的。经过进一步的净化，这些提取物被添加到所需的食物中。许多口味调节剂是由酯组成的，具有一种特有的“水果味”气味。表 4.3 列出了一些重要的化学物质和它们的特性。下面讨论的两个负责口味的最重要因素：①味道：涉及味道、鲜或“好吃的”或“愉快”等感觉，现在相当普遍的口味调节剂主要是基于氨基酸和核苷酸的。从纯技术的角度来看，糖和盐也构成了味觉的调味剂，但在烹饪中，正是这些添加剂使得鲜味或其他的次要味道被认为是调味料的味道，人工甜味剂在技术上被认为是可口的。②颜色：正如之前看到的，食物的天然颜色和颜色添加剂会影响它的整体风味。有趣的是，摆在你面前的食物的颜色会让你产生一种对味道的期待：绿色蔬菜中的绿色给人一种新鲜的感觉、红色果实的红色给人一种成熟的感觉、紫色的肉有时会给人一种完美烹饪的印象。需要指出的是，烹饪对味道和颜色的影响多数是来自于美拉德(Maillard)反应，它发生在氨基酸和在烹饪食物中所含的还原糖之间。这种非酶的反应主要是在大约 140℃或以上的情况下煮熟的食物中。研究表明，Maillard 的反应产物可能对食物中的微生物生长产生抑制作用，如表 4.4 所示。

表 4.3 一些化学品和它们典型的气味

化学品	气味
双乙酰	类黄油
乙酸异戊酯	香蕉
苯甲醛	苦杏仁
肉桂醛	肉桂
丙酸乙酯	果味
氨基苯甲酸甲酯	葡萄
柠檬油精	橙子
葵二烯酸酯	梨子
己酸烯丙基酯	菠萝
乙基麦芽酚	糖、棉花糖
乙基香兰素	香兰
水杨酸甲酯	绿色蔬菜

表 4.4 欧盟认可的影响香味调料

酸	描述
乙酸	提供醋的酸味和特殊的气味
抗坏血酸	在橘子和青辣椒中发现，提供爽快、轻微的酸味
柠檬酸	在柠檬果中发现，并提供酸味
富马酸	水果中不含，但可以替代柠檬酸和酒石酸
乳酸	在牛奶和其发酵产物中发现，可提供丰富的酸味
丙二酸	在苹果中发现，并提供丰富的味道和酸味
磷酸	在所有的可乐饮料中作为酸味剂
酒石酸	在葡萄和葡萄酒中，提供丰富的味道

4.3.10 面粉处理剂

面粉处理剂也称为面包改良剂，是与面粉混合的食品添加剂，以开发其烘焙功能。因此，这些通常用于增加面团的烘焙速度，提高面团的强度和可加工性。有以下四个主要分类：氧化和还原制剂、酶、漂白剂和乳化剂。通常，加入少量的面粉处理剂就足以达到预期效果，因此它们被出售时与大豆面粉进行混合。因为刚磨过的面粉是淡黄色的，面粉漂白剂和面粉混合在一起使它看起来更白。氧化剂是一种添加到面粉中的加工剂，用于帮助面粉的发酵，使面粉具有弹性和咀嚼性。常见的氧化剂(图 4.7)包括：①偶氮二甲酰胺(双尿素，也被称为改进剂)、②尿素(NH_2CONH_2)、③溴酸钾($KBrO_3$)。溴酸钾是一种很有名的氧化剂，在面包烘焙过程中经常被使用。但是，如果没有采取适当的预防措施来控制溴酸钾的浓度，那么即使消耗了大部分，未使用的剩余量可能是有害的。

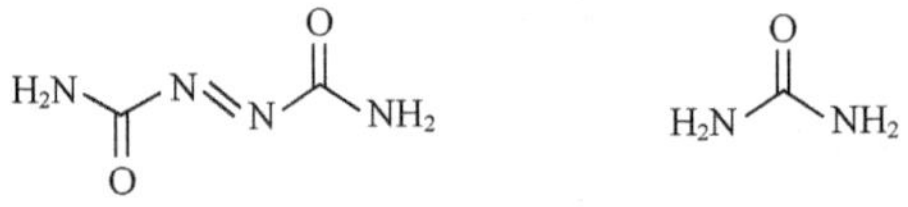

(a) 偶氮二甲酰胺　　(b) 尿素

图 4.7　偶氮二甲酰胺和尿素的化学结构

4.3.11 上光剂

上光剂通常作为涂层材料，其功能是防止水分流失和提供其他表面保护，食物中一些常见的上光剂包括蜂蜡、虫胶、矿物油等。

4.3.12 防腐剂

一般来说，防腐剂是一种天然或合成的物质，它被添加到食品、药物制剂、生物标本等产品中，以防止细菌的生长，或大气氧化，或化学变化。大多数防腐剂可归类为：①帮助防止细菌或真菌生长的，②防止氧化的，③防止食物、蔬菜等食品的自然成熟。大多数添加到食品中的防腐剂可分为类 I 型和 II 型防腐剂。前者是天然的化学物质，在厨房里常见的如盐、糖、酒、醋等，而 II 型防腐剂是人造化合物，通常是化学合成的，如苯甲酸、山梨酸酯、亚硫酸盐等。天然食品防腐剂和天然保存食品的方法，是数千年来使用的传统方法，包括在家里做泡菜、果酱和果汁等，还包括了腌制、冷冻、煮、熏等方法。例如，咖啡粉和汤料都是经过冷冻干燥脱水的，以保持它们的质量并提高储藏寿命。以下是一些常用的化学食品防腐剂的清单，其中包括了它们的抗氧化功能：BHT、BHA 和柠檬酸；微生物抑制功能：苯甲酸酯、硝酸钠和亚硝酸钠；抑制霉菌功能：丙酸钙和丙酸钾；防变色功能：二氧化硫等。

4.3.13 稳定剂

在化学中，稳定剂可以被认为是催化剂的对立面。在食品化学中指代一种添加剂，它可阻碍乳剂、悬浮液和泡沫的分离。食品稳定剂用于生产均匀质的食品，改善“口感”，特别是在冷冻的甜点、果冻等中，可能包括明胶、果胶、瓜尔胶、卡拉胶、黄原胶、乳清等。某些类型的稳定剂是：金属螯合剂、抗氧化剂、紫外线稳定剂，以及乳化剂和表面活性剂。

4.3.14 有机或合成食物：争论还在继续

令人惊讶的是，大多数人都认为有机食品比传统的食品味道更好。然而，并没有多少真实的证据来证实这一说法。“天然”这一术语广泛适用于未经加工或加工过的，没有颜色、人工甜味剂、合成防腐剂和其他添加剂的食品，甚至缺乏稳定剂、生长激素、乳化剂等。顺便说一下，从食品科学的角度来看，有机食品不仅包括食品本身，还包括食品的生产方式。在美国，被标记为有机食品的食品必须经过美国农业部的国家有机计划(NOP)认证。它们必须在严格的法律下种植和加工，使用公认的有机耕作方法，即回收利用的资源和促进生物多样性。后两种是环境可持续农业的重要组成部分。在很大程度上，人们可以通过如表4.5所示的标签找到它的价格查找代码(PLU)来了解该产品是有机的还是天然的，另外，合成食品有时也被称为人造食品，主要来源于化学合成的食品物质。合成食品产品通常模仿天然食品的外观、味道和气味。表4.6列出了有机食品和合成食品之间的一些基本区别。

表4.5 PLU示例

传统栽培	有机栽培
4-位代码	5-位代码，起始为9
如香蕉：4011	如香蕉：94011

表4.6 有机与合成食品的不同之处

有机食品	合成食品
没有使用杀虫剂	使用杀虫剂
天然肥料	使用了合成与化学肥料
天然控制除草	使用化学除草剂
天然方法控制虫害	使用害虫与病毒管理方法

4.3.15 化学食品和安全问题

最近，食品安全获得了一个广泛的概念：①食品质量(即食品的构成)；②可追溯性(即食物来源)和③食品安全(不含过敏原、病原体或其他污染物)。此外，作为影响公共卫生(表4.7)和国际贸易的全球问题，化学食品安全引起了全世界的关注。

表 4.7 化学品的危害

化学危害	化学危害的亚类
农业化学品	杀虫剂、杀菌剂、化肥、除草剂
环境与工业污染物	重金属(铅、镉、汞)、PCBs(多氯联苯)、二噁英、放射性核素、有机化学品(苯)
加工与存储过程中产生的毒素	受热导致的化学危险品(呋喃、脂降解产物)、非热化学危险品(苯、氨基甲酸乙酯)
包装导致的危险品	单体(氯乙烯、苯乙烯、丙烯腈)、颜料(铅)、塑化剂(邻苯二甲酸)
变应原	主要(牛奶、花生、蛋、大豆)

4.3.16 食品中化学危险品

这一问题正成为国际贸易纠纷的主要原因。食物的污染可能发生在空气、水和土壤(通常是有毒金属)的环境污染中，或者通过使用各种化学物质，如杀虫剂、其他农用化学品等。很可能下一次的食品安全危机是由尚未被发现的毒素引起的，或者是人类和动物食品无意或有意的化学污染而导致的。不仅是添加剂，而且包装食品材料的类型或方法也可能导致人为带来的污染。食品包装和食品安全问题是现代营养科学和技术的连体双胞胎。为了寻找更好的食品包装材料，科学家正在对纳米材料进行评估，这些材料的安全性还没有得到充分的研究。塑料和其他合成的聚合物是现代食品包装工业的选择材料。大多数包装材料的分子量都很大，因此相对不活泼。然而，一些低分子量组分可能无意中存在，如残余塑料单体或低聚物或其他添加剂如颜料、增塑剂，以及生产过程中添加的抗氧化剂、颜色等。这些组分容易转嫁到食品中，导致与人不必要的接触。因此，在过去 30 年左右的时间里，人们对食品包装造成的安全污染物产生了担忧、争议，并引起了公众的强烈抗议。因此，这些物质经常受到有关当局的控制和管理。安全方面的担忧主要是由于缺乏适当的科学信息来说明持续暴露于这些污染物中对人类的影响。例如双酚 A(BPA)，自 20 世纪 60 年代以来，它在食品包装材料中大量使用。它用作缓冲层预防食物与金属表面直接混合，并作为聚碳酸酯饮料瓶子的原料等。它最近吸引了很多不良的关注，因为这个化学合成的化合物涉嫌拥有内分泌扰乱的属性。因此 BPA 在婴儿配方奶粉包装材料、吸管杯和婴儿奶瓶中最近被 FDA 禁止使用。

4.4 未来前景

食品添加剂的业务正在蓬勃发展，全球行业分析师发布了全球 2015 年食品添加剂市场的报告，突显出世界食品添加剂市场超过 339 亿美元，并可能在几年内达到 450 亿美元。也许，推动食品添加剂增长的最重要的趋势是全球加工食品消费的普遍增长。从食品行业的角度看，亚洲和拉丁美洲的新兴市场对食品添加剂行业和供应商的吸引力越来越大，因为这些地区的食品需求正在飞速增长。市场已经将“食品添加剂-全球战略商业报告”的内容添加到产品中，并且如预期的那样，美国和欧洲再次继续主导世界食品添加剂市场[10]。目前人们越来越注重健康，并谨慎地计算卡路里，这样一来，低热量、低脂肪的食物将会迅速流行起来。越来越多技术驱动的研究正在进行中，这将允许以更先进和更复杂的方式生产添加剂。例如，在生物技术上使用简单生物生产与自然食品成分相同的添加剂时，人们对生物技术的压力越来越大。1990 年，美国食品和药物管理局批准了第一种生物工程酶——肾素，从小牛的胃中提取，用于制作奶酪工业。看起来，一些可能表现更好的行业包括天然来源、酶类食品、食品水胶体和一些功能性食品成分等。从以往的讨论中可以看出，在短期内，人们倾向于在自然资源和(或)无添加剂的食品和饮料上花费更多。这可能在很大程度上是由于消费者对人工成分安全性的担忧日益增加。食品包装在现代食品工业中所扮演的角色也是至关重要的，并且有巨大的经济影响。

参考文献

[1] Shukla P, Sharma A, Sharma A. Food additives from an organic chemistry perspective. MOJ Bioorg. Org. Chem., 2017, 1(3): 00015.

[2] Paul G H. Chemistry of food additives: direct and indirect effects. J. Chem. Ed., 1984, 61(4): 332-334.

[3] Armstrong D J. Food chemistry and US food regulations. J. Agric. Food Chem., 2009, 57(18): 8180-8186.

[4] Cheeseman M. Global regulation of food additives. Food Additives and Packaging, 2014,1162(7): 3-9.

[5] Low M Y, Koutsidis G, Parker J K, et al. Effect of citric acid and glycine addition on acrylamide and flavor in a potato model system. J. Agric. Food Chem., 2006, 54(16): 5976-5983.

[6] Angermayr S A, van der Woude A D, Correddu D, et al. Chirality matters: synthesis and consumption of the D-enantiomer of lactic acid by synechocystis sp. Strain PCC6803. Appl. Environ. Microbiol., 2016, 82(4): 1295-1304.

[7] Datta R, Henry M J. Lactic acid: recent advances in products, processes and technologies-a review. Chem. Technol. Biotechnol., 2006, 81(7): 1119-1129.

[8] Lipasek R A, Taylor L S, Mauer L J. Effects of anticaking agents and relative humidity on the physical and chemical stability of powdered vitamin C. J. Food Sci., 2011, 76(7): C1062-1074.

[9] Delgado V F, Paredes L O. Natural colorants for food and nutraceutical uses. Boca Raton, Florida: CRC Press, 2003: 9.

[10] Carocho M, Barreiro M F, Morales P, et al. Adding molecules to food, pros and cons: a review on synthetic and natural food additives. Compr. Rev. Food Sci. Food Saf., 2014, 13(4): 377-399.

第 5 章

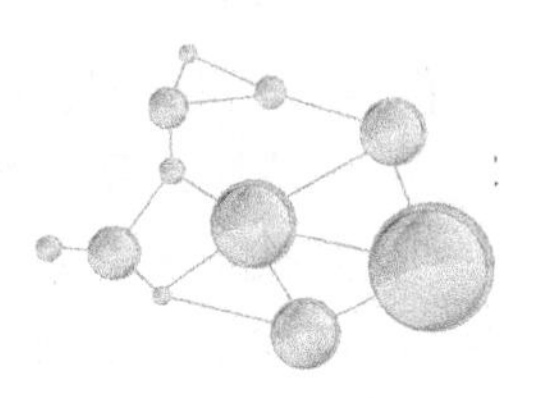

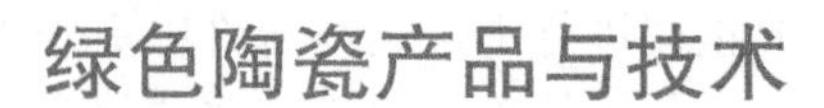

绿色陶瓷产品与技术

5.1 使用强化集成技术制造陶瓷组件

陶瓷零件的制造常常由于其固有的脆性和加工与成型的挑战而受到限制。作为另一种选择，先进的陶瓷组件可以通过接合和集成离散的单元来构建。相对于直接制造而言，接合(黏结)可能会在大的三维部件制造时降低生产成本。此外，许多陶瓷部件需要与其他材料，如其他陶瓷、金属和合金相接合。因此开发和(或)适应强大而高效的接合技术，在陶瓷零件的制造中具有相当重要的地位。大多数陶瓷都加入了扩散成键剂、熔焊剂、黏合剂、活性金属钎焊剂、氧化物、玻璃和氧化氮来焊接。反应性接合是利用碳质混合物形成碳化硅进行的。活性钎焊用金属钎料填充，其中的活性成分可以形成化学键。瞬态液相(TLP)接合使用了多层的层状结构，通过形成一个薄的暂态液相实现，在温度上比传统的方法要低得多。扩散键合被用于接合陶瓷，在镍、钼、钨和钛的夹层中。在这里，介绍一些对环境无害的陶瓷接合方法，包括活性金属钎焊、快速局部加热、扩散成键和反应成键。本章包括这些领域最近的研究进展，并介绍使用这些技术对陶瓷绿色制造的挑战和机遇。

5.1.1 活性金属钎焊[1]

活性金属钎焊是非常常用的接合不同陶瓷的方法，其能力可用于制造复杂的组件，并提供一种有效的和便宜的路线进行组装和集成。钎焊已广泛应用于大部分的陶瓷、陶瓷复合材料、泡沫、蜂窝结构和其他形式。陶瓷钎焊与金属填料使用预金属化的陶瓷表面或铜箔、片或线，通常包含一个被动的填充金属，如钛、锆、铬、铌或铱，以促进钎润湿性和流动诱导与陶瓷的化学反应。钛是最常用的活性金属之一，因为它可与金属和陶瓷形成紧密接合的化合物。类似于自钎陶瓷的方式，陶瓷与金属的钎焊变得可行，且使用活性填料或陶瓷表面金属化可提高接头的强度。预涂层陶瓷，即在陶瓷表面形成一个钛层，形成一个可湿润的表面，并在冷却和凝固的过程中紧密接合在一起。除了金属钎，非金属钎如玻璃(或混合物的玻璃与水晶材料)也被使用。使用玻璃作为填料是由形成非晶相来促进陶瓷在烧结过程中晶界的融合、良好的润湿和成键，以实现玻璃填料和晶界相之间的作用。

钎必须展现出对基质良好的润湿、黏合性和韧性，以及抗晶粒生长、蠕变和氧化的能力，并拥有密切匹配的热膨胀系数(CTE)、高导热系数，熔点要大于连接的工作温度，但低于加入材料的熔化温度。大量的金属铜合金被设计和开发，并用于陶瓷材料，已在商业上得到了应用。

在大规模生产中使用的许多商业钎焊技术，在钎焊过程中都使用了焊剂来保护和清洗接头。这种复合物通常含有有毒的挥发性化合物。常见的焊剂包括氟化氢、二氟化钾、氟化钾、五硼酸钾和其他化学品。在接合的过程中，氟离子释放出高毒性和腐蚀性的气体，如氟化氢和三氟化硼，对人类健康和环境造成损害。许多严重的健康问题都与暴露在焊剂中有关，包括对眼睛和呼吸系统的刺激、骨骼的钙消耗(硬化)、斑点的牙齿，以及其他疾病。此外，将原料和残余物排放到环境中，也会造成严重的危害。

在真空钎焊技术中，避免了使用氟化剂，这是一种更环保的技术。然而，尽管传统的无磁真空钎焊不需要使用熔化剂，但陶瓷、钢、钛和其他合金需要先被电镀，以促进润湿和接合。不幸的是，许多电镀过程使用的是需要排出有毒化学物质如氰化物和重金属的试剂。其他电镀方法，如无电电镀也涉及使用有毒物质(如甲醛，一种已知的致癌物)。

大量的研究表明，使用传统的真空钎焊技术在先进陶瓷和陶瓷复合材料的制造中是成功的。例如，氮化硅、碳化硅和碳泡沫等一些钎化材料，如图 5.1 和图 5.2 所示[2]。

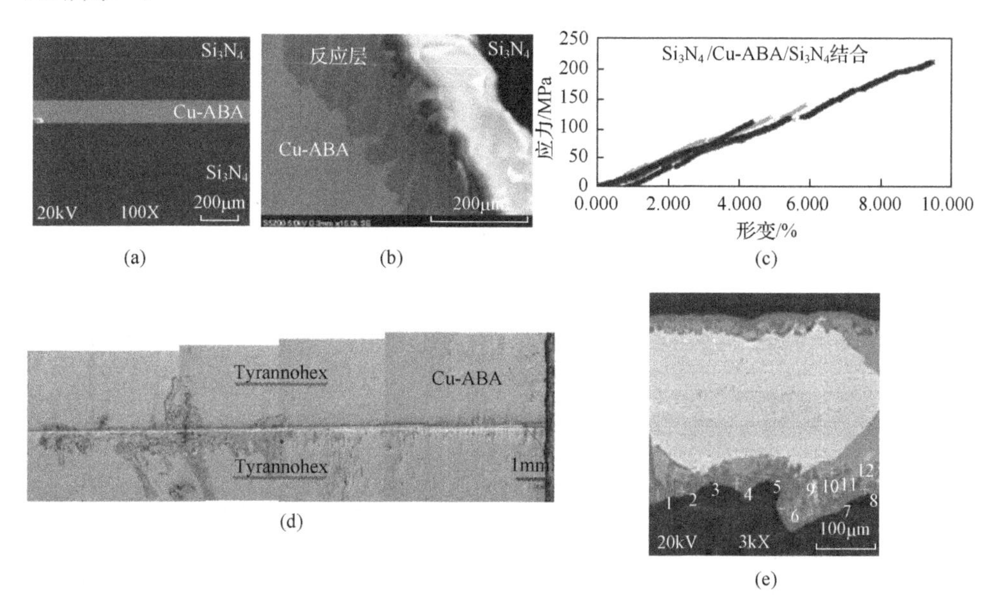

图 5.1 采用活性钎(Cu-ABA)得到的与氮化硅接合部的 SEM 图[(a)和(b)]，接合部的应力应变曲线(c)，采用 Cu-ABA 碳化硅陶瓷(SA-Tyrannohex)接合部的微结构[(d)和(e)]

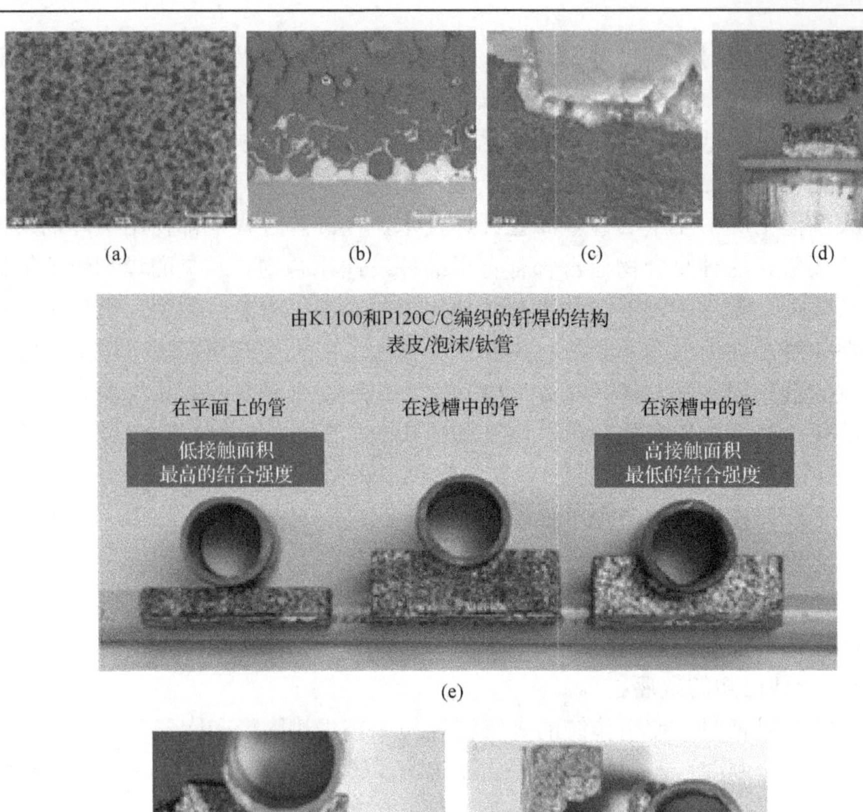

(a) (b) (c) (d)

(e)

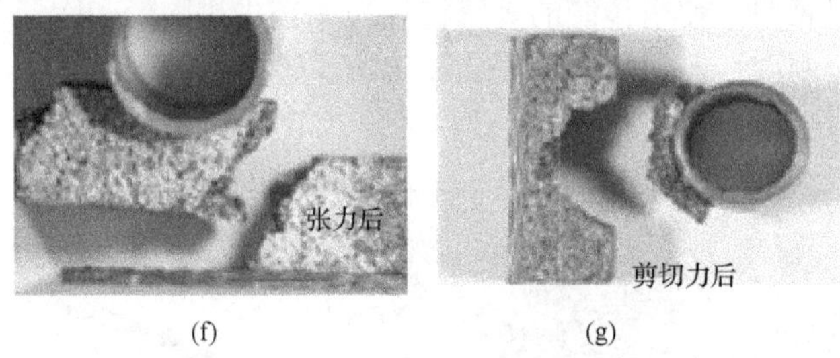

(f) (g)

图 5.2 低密度碳泡沫的 SEM 图(a)，键合了 Cu 镀 Mo 后的碳泡沫[(b)和(c)]，应力测试时在泡沫处断裂(d)，钛管和碳泡沫的接合结构(e)～(g)

在过去的几年里，还出现了许多其他的环境友好的接合技术，如超声波钎焊、纳米箔接合、快速局部加热等，非常干净、高强度且无氟。利用点火和燃烧波的快速局部加热是一种新兴的方法，用来接合不同的材料。这样就不需要将整个材料加热，就像在熔炉加热中一样，局部加热将高温限制在关节缝中，可以通过基板传导快速传热。

5.1.2 通过局部加热的高温键合

由于具有优良的耐热性、耐磨性、高硬度、质量轻等优点，氮化硅等陶瓷材料广泛应用于各种制造行业，以节能并提高产品质量。实例包括铝铸管和加热元件保护管、钢铁行业的转移辊，以及旋转窑内的柱体等。在许多情况下，这些组件的最大尺寸超过了 10m，巨大的陶瓷部件很难作为一个主体进行生产，因为需要巨大的生产设施，而现有的成型技术也是有限的。另一种方法是将几个陶瓷单元组合在一起，形成一个大的组件。然而，当采用接合技术时，必须通过局部加热接合区域以减少能源消耗和生产过程所需要的成本。在这里，重点介绍两种最近为氮化硅陶瓷单元而开发的局域加热技术：微波局部加热和采用电炉的局部加热[3]。

(1) 微波局部加热

微波加热是一种独特的技术，在这种技术中，材料本身被微波谱中的电磁辐射引发分子的偏振，从而导致直接加热。除了快速和均匀的加热外，这种加热技术只需要一个简单的腔室，由不锈钢板、磁控管和绝缘体组成。加热的微波吸收取决于材料的具体细节，表明局部加热可以通过适当的材料组合来实现。一个例子是氮化硅、氧化铝纤维板绝缘体和一个碳化硅敏感元件组成，如图 5.3 所示。两种氮化硅管(90～60mm)的外径和内径分别为 28mm 和 16mm，这两种材料分别用于铝铸造的商用热电偶保护管，被用作接合材料的母材。作为一种插入材料，玻璃是通过混合原料粉，如 Si_3N_4、Y_2O_3、Al_2O_3 来制备的，包含 30.1%的 Si_3N_4、43.4%的 Y_2O_3、11.8%的 Al_2O_3，以及 14.7%的 SiO_2。氧化铝纤维板有一个直径为 30mm 的圆柱形孔，其中有两个氮化硅管和插入物被用作绝缘体。碳化硅颗粒被采用为敏感元件，并被放置在接合部周围，厚度为 5mm，长度为 40mm。碳化硅很容易吸收微波，而氮化硅和氧化铝是很差的微波吸收剂，这种微波吸收能力的差异可以造成在敏感器的周围产生局部加热[4]。

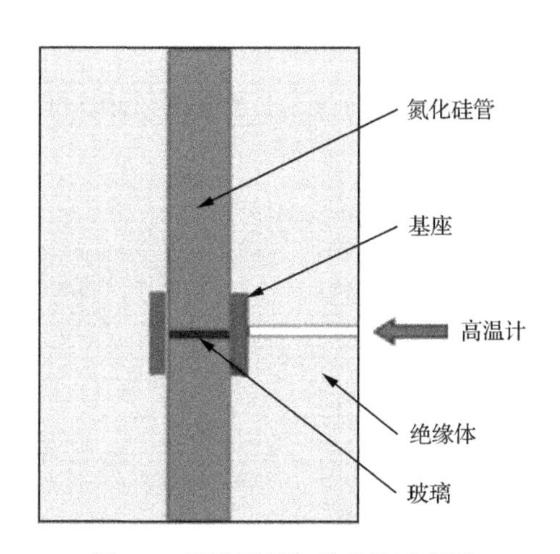

图 5.3　微波局部加热结构示意图

加热是在一个带有磁控管的微波加热炉内进行的(频率：2.45GHz；较大输出功率：6kW)，用 N_2 气体保护。图 5.4 显示了使用微波局部加热的典型加热特性，与使用电阻加热炉相比较，后者要求获得与微波加热相同的力学性能，能耗更大。至于微波局部加热，为了避免快速加热导致的热冲击破裂，辐射功率可相对缓慢增加，温度在 40min 内增加到 1500℃即可，而后在 1500℃保持 10min 后冷却。加热过程中所需要的最大功率是 3000W，尽管在加热到 1500℃的过程中，微波辐射功率逐渐增加，但温度的增加大大超过了 1300℃。众所周知，当温度超过晶界玻璃相的软化温度时，液相烧结硅氮化物的微波吸收能力会急剧增加，导致在 1300℃以上的温度迅速升高。图 5.5 显示了两个氮化硅管道成功地使用玻璃黏结，并带有一个横截面视图。柔和的玻璃填补了管道之间的空隙。这些样本(3mm×4mm×40mm)被从接合管中切割出来，用于弯曲强度测量，其外部和内部的跨度分别为 30mm 和 10mm。平均值和标准偏差分别为 446MPa 和 35MPa。大部分的硅氮化物融入了类似的玻璃成分。

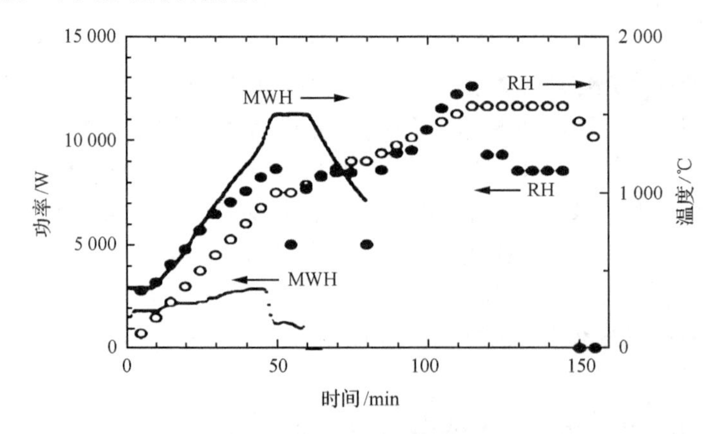

图 5.4　获得等价接合特性时典型的微波局部加热(MWH)和电阻加热(RH)曲线

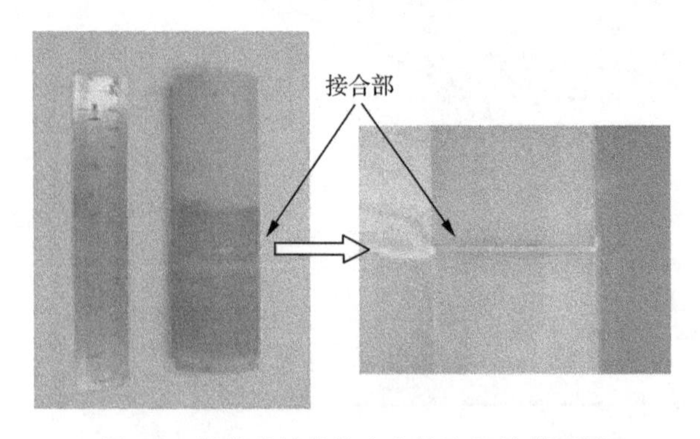

图 5.5　氮化硅管的接合和接合部的截面图

另外在采用传统加热方法时，为了获得等效的力学性能，电阻加热需要加热时间长达 110min，最大功率超过 10 000W(在达到 1500℃之前)。采用微波和电阻加热一个加热循环所需的电能消耗分别为 2100W 和 33 000W。因此，微波局部加热只需要不到 10%的电能，且不到一半的加热时间，说明它是加工氮化硅陶瓷的一种很有前途的节能技术。

(2) 采用电炉的局部加热

正如前面提到的，微波加热是一种独特的技术，可以实现局部、快速和节能的接合。然而，在实际应用中要克服一些困难，如微波辐射的定位、体积、插入和敏感材料的组合、温度控制、选择性加热、液相的蒸发等。电阻加热系统是工业炉中采用的相同的加热系统。虽然在局部加热和能源效率方面，它比不上微波加热，但使用电阻炉的局部加热似乎对许多行业都很有用。在这里，讨论了在加热炉中局部加入氮化硅管的特殊设备的发展情况，并对其进行了讨论，还描述了接合管道和它们的属性。

图 5.6 显示了设备的示意图。它包含一个加热炉，其石墨加热器在移动轨道的中心(300mm 长)。两个卡盘夹固定一个直径为 60mm 的氮化硅管。管子的一端被一个卡盘夹夹住，接合的管子的另一端被放在炉子里。因此，只有管道的接合部分在炉内，而接头部分在局部加热。在氮气氛围中，接合部位可被加热到 1700℃，同时可以施加几兆帕的力学压力于管道接合部[5]。当玻璃被用作插入材料时，以 5r/min 的速度旋转管道，避免软玻璃的流动。使用这种设备可以应用到氮化硅管子接合上。

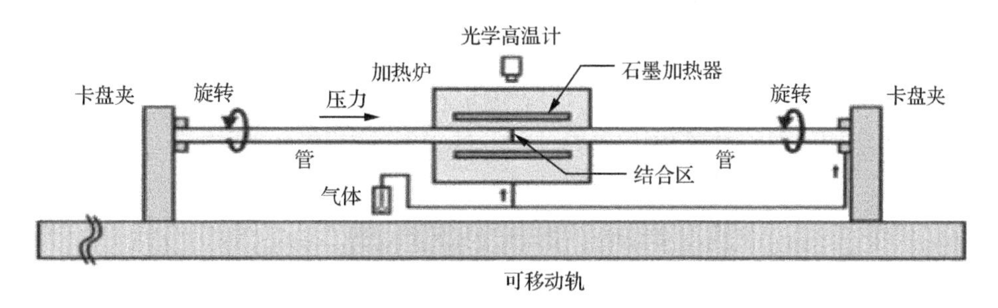

图 5.6 用于接合陶瓷管的局部加热设备示意图

图 5.7 显示了一个接合长度为 3m 的氮化硅接合管的示例。这根长管由长度为 1m，外径和内径分别为 28mm 和 18mm 的 3 根管子组成，接合发生在两个点上。对连接条件进行了简要的优化，可采用氮化硅管含有 5%的氧化氮和 5%的有机硅作为烧结添加剂。一种浆液含 30.1%的 Si_3N_4、43.4%的 Y_2O_3、11.8%的 Al_2O_3 和 14.7%的 SiO_2。对 1～5MPa 的机械压力进行了考察，发现更大压力倾

图 5.7　含两个接合部的3m长氮化硅接合管的照片

向于得到一个坚固的接头。在较低的压力下，没有足够的玻璃插入物，削弱了材料的强度。

当浸泡时间固定在 1h，温度从 1500～1700℃时，合适的温度可得到坚固的接合部，发现最佳温度是 1600～1650℃。接合部周围的典型微结构如图 5.8 所示，扩散和晶粒生长同时发生。因此，在接合部中形成了棒状的氮化硅颗粒。在原始管和接头之间的界面上，有些颗粒被拉长了，孔隙的形成也是有限的。弯曲试验的强度分别是 677MPa 和 682MPa(分别对应 1600℃和 1650℃)。由于没有足够的扩散和颗粒生长，小于 1550℃的低温不能形成一个强有力的接合部，1500℃时的强度是 412MPa。另外 1700℃的高温也会降低它的强度，原因是在这种温度下，扩散和晶粒生长发生了很大的变化，在接合部和原来的管道中都发现了一些空洞。温度过高，在晶界的玻璃化阶段出现了蒸发，导致空洞的形成。空洞的存在使其强度减少到了 529MPa。

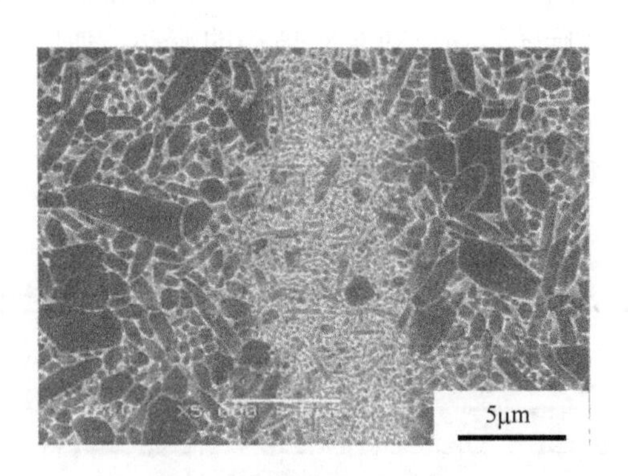

图 5.8　接合部的微观结构

同时对浸泡时间的影响也进行了研究。在 1600℃时，4h 后有空洞形成，接合部强度从 677MPa(1h)减少到 644MPa(4h)，因此不推荐更长的浸泡时间。由电阻炉加热的局部加热是加入氮化硅的一种有用的技术。该技术有望应用于由各种氧化物和非氧化物陶瓷制成的大型陶瓷元件。

5.1.3 扩散接合

碳化硅(SiC)材料是扩散接合的最常见的陶瓷材料之一。其具有优良的高温力学性能、抗氧化性、耐热性和热化学稳定性。这些材料是在航天和能源领域的恶劣环境中、高温环境下的各种热结构应用的主要候选。常见的硅碳基陶瓷材料包括化学气相沉积(CVD)、烧结碳化硅、热压碳化硅和碳化硅纤维黏合陶瓷。烧结、热压和 CVD 碳化硅陶瓷可用钛、镍、钼、钽、钨、镍、锆、镍合金等，在高温高压下金属层的扩散转换和高机械压力下的金属层、硅化、复杂三元组合高阶化合物的扩散，产生了强的接合部。一些硅化合物的难熔金属化合物比硅碳化合物更稳定。经过多年的研究，对扩散碳化硅陶瓷材料的结构和力学特性进行了详细的分析，如采用扫描电子显微镜(SEM)、X 射线衍射(XRD)分析、能量分散光谱(EDS)、透射电子显微镜(TEM)，以及各种力学测试方法，对扩散接合陶瓷进行了研究，以优化接合条件，使接合部的强度和其他性能得到最大程度的提高。图 5.9 显示了一个扩散碳化硅碳棒的例子，它有一个薄的透明层，它为美国国家航空航天局(NASA)的直接燃油喷射装置提供了良好的质量[6]。

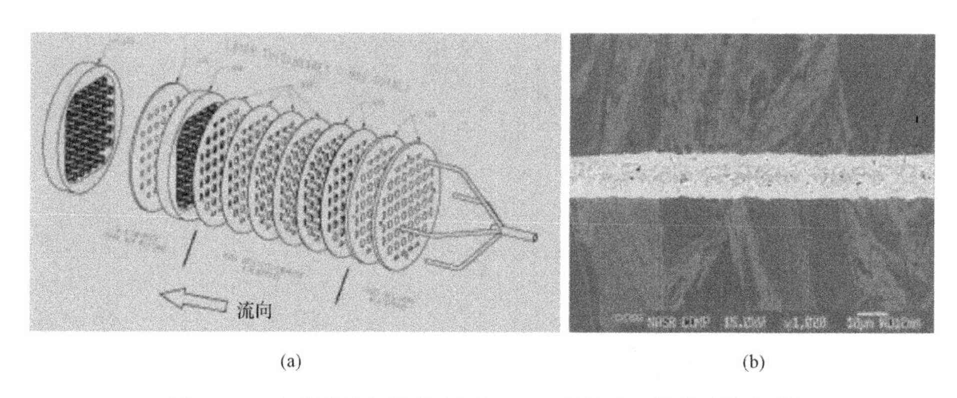

(a) (b)

图 5.9 一个直接注入设计(a)和 CVD 碳化硅扩散键合接合(b)

5.1.4 反应性键合

在 20 世纪 90 年代末，一种名为“ARCJoinT”的强大的碳化硅基陶瓷和复合物的接合技术被 NASA 开发出来，其基本的方法是将碳混合物应用于接合部的表面，然后在低温下进行固化。在胶带、浆料或浆料中的硅或硅合金被应用于接合区域，加热到 1250～1450℃使硅与碳反应，并在材料中与受控的硅和其他相接合，得到了具有良好高温强度的接头，可应用于各种各样的生产。在利用 ARCJoinT 技术化学蒸气渗透(CVI)得到的接合部，其剪切强度超过了在高温(1350℃)下所获得的 C/SiC。图 5.10 显示了具有代表性的碳化硅陶瓷材料的典型结构和联合强度数据。当一个 C/SiC 表面被机械加工而另一个处于非机械加工状态时，微结构的接合部就会形成。低质量的接合部包括空隙和微裂纹。采用碳质层或碳质黏接剂和液态硅进行浸渍的 C/C 接头也取得了类似的效果。在图 5.11 中显示了一些使用反应性键合技术进行组装的组件，有广泛的应用空间[7]。

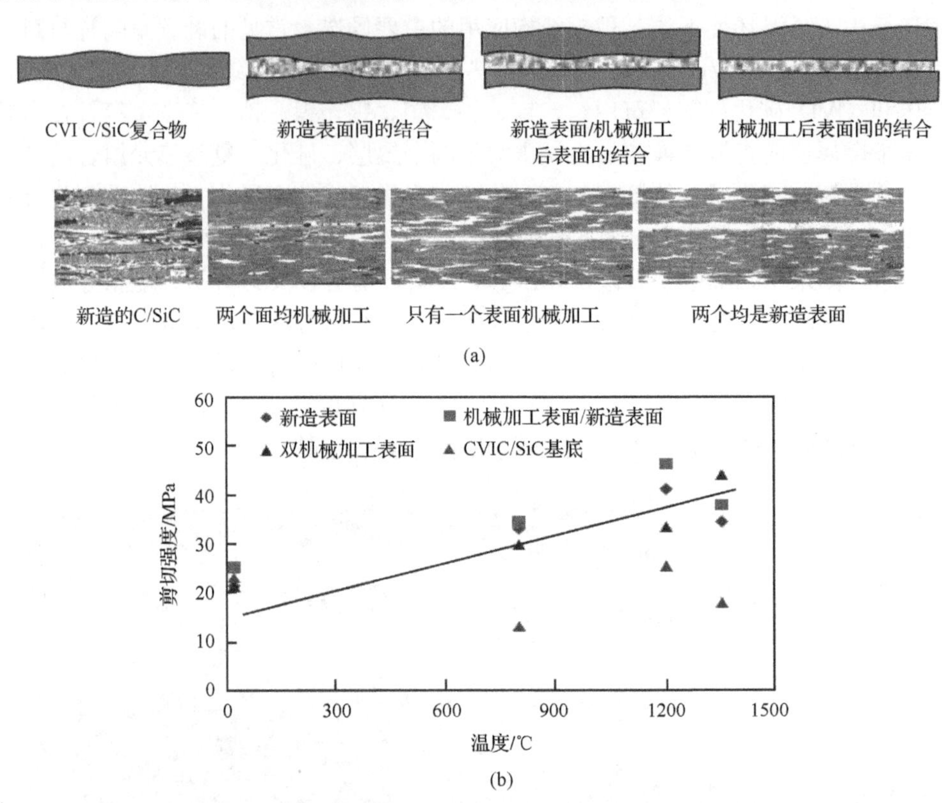

图 5.10　键合 C/SiC 复合物的结构(a)，在不同的温度下得到 CVI 复合材料的压缩双重剪切强度(b)

图 5.11　加入 C/SiC 复合材料的碳碳复合材料

用于赛车发动机传感器

该技术还被用于航天飞机的强化 C/C(RCC)复合热保护系统。美国宇航局格伦研究中心开发了一种新型的材料，用于在太空飞船 RCC 前沿材料的小裂缝中进行多用途空间修补。该材料是用于黏合和外部修复的材料。新材料具有良好和可控制的特性，如黏度、润湿行为、工作寿命等，以及在许多实验室尺度模拟中所揭示的优良等离子性能。这种材料不需要经过后处理，在重新进入大气层时可转换为高温陶瓷。其初始性能评估测试是令人鼓舞的。

通过应用可靠的陶瓷接合和集成技术，可以实现复杂和网形零件的生产。这些集成技术对于在广泛的航空和地面应用领域的陶瓷组件的成功开发和制造是至关重要的。然而，仍需要开发联合设计的方法，了解尺寸效应，并改进集成系统在服务环境中的温度。此外，必须开发集成组件的生命预测模型，以确保这些组件的成功实现。此外，还需要全球标准化集成陶瓷测试和制定标准测试方法的努力。

5.2 可持续陶瓷技术

目前，实现可持续发展已被广泛认为是社会、经济和技术驱动的关键因素，也是评估未来发展的相对价值和质量的关键因素。消耗的材料量、需要处理的废物量和使用的能源量是可持续性的关键指标。然而，目前人口的大规模增长，再加上欠发达国家工业化的增加，以及国民的合理期望，给环境带来了巨大的压力，产生大量固体、液体和气体的污染物，后者中的许多都对全球变暖造成了影响[8]。

由于种种原因，废物可能是有害的。它们可能含有有害的元素和化合物，如重金属，持久性有机污染物，如二噁英、致病生物或放射性核素等。它们可能像二氧化碳一样，被大量地释放出来，使得生态系统很难纠正，或者它们很难被捕获，并且对人类健康有影响。非危险和惰性废物的替代应用是必需的。如果废物是有害的，特别是对健康有害时，必须找到方法使其无害，或者作为最后的手段，将其固定在一种适合长期处理的废物中。

5.2.1 当前的努力和选择

陶瓷技术正在为污染的治理和清理工作做出贡献，并在许多废物新的再利用和循环材料开发方面发挥着关键的作用。从最广泛的角度来看，陶瓷行业是为数不多的处理大量材料的行业之一。因此，它有能力和潜力可为解决与浪费有关的问题做出重大贡献。大多数惰性废料是氧化物，如表 5.1 所示，含有大量的氧化铝、石灰、镁氧化物、铁氧化物和硅酸盐。这些废料已经发现可在大批量的、相对低技术含量的领域得到了应用，如道路建设、屋顶瓷砖、水泥和混凝土、建筑用砖等。作为替换材料，它们仍然可以在节省能源消耗方面做出显著的贡献。其他的一些则被用于更高级的陶瓷，包括玻璃陶瓷、复合材料、磁性陶瓷、石制品和瓷器，在这些陶瓷中，它们还可以减少碱等自然矿物资源的使用[9]。

表 5.1　不同来源飞灰的典型化学组成

氧化物	波兰	美国伊利诺伊州	美国犹他州	土耳其	葡萄牙	中国	西班牙	埃及	印度
SiO_2	61.96	47.6	65.37	44.58	66.15	55.3	58.88	31.0	57.0
Al_2O_3	19.68	29.6	22.14	22.54	21.63	29.36	25.50	11.4	29.3
Fe_3O_4	8.52	15.8	3.61	9.85	7.20	5.84	6.58	43.5	6.5
CaO	2.55	4.2	4.66	6.76	0.36	4.58	5.64	4	3.9
MgO	2.32	0.6	1.53	8.98	0.85	0.33	1.12	1.3	1.1
Na_2O	0.65	0.5	0.62	0.22	0.4	0.46	0.28	—	0.2
TiO_2	1.01	—	0.96	—	0.97	1.22	1.24	2.3	0.13
K_2O	2.72	1.7	1.10	0.60	2.14	1.13	0.49	—	0.3
MnO_2	0.27	—	—	—	0.05	—	—	—	—
ZnO	0.06	—	—	—	—	—	—	—	—
P_2O_5	0.12	—	—	—	0.18	0.25	—	—	—
Cr_2O_3	—	—	—	—	—	—	—	0.9	—
PbO	0.05	—	—	—	—	—	—	—	—
SO_2	0.08	—	—	—	—	0.82	—	—	—
总	99.99	100	99.99	93.53	99.93	99.29	99.73	94.4	98.43

5.2.2　在大容量陶瓷中使用废料

5.2.2.1　水泥和混凝土

波特兰水泥(PC)是迄今为止产量最大的一种化学制品，涉及消耗大量能源的高温处理。这种能量越来越多地可由高热量的废料提供，如汽车轮胎、溶剂、纸张和塑料，甚至更多有问题的废物，如肉类和骨粉等。这些废料中不可燃的残余物在水泥窑中被高度稀释，并通过烧结过程加入到由水合硅酸钙和铝酸钙组成的最终产品水泥中。

在水泥生产中，各种类型的废弃物也被用作原材料，以取代天然的石矿、黏土和页岩矿物。这包括一些大批量的、有问题的废料，如煤粉(PFA)，是燃煤发电站的副产品。全球每年的 PFA 产量超过 5 亿 t，随着中国和印度的煤炭使用量的增加，这一产量很可能会继续增加。在整个 PFA 生成中，被重用的只占了一个相对较低的百分比。以工业废料为例，如废料炉渣、泥浆(如电解铝工业和表面涂层工业)和铸造废沙，以它们为原料可以合成二钙硅酸盐基复合物，如图 5.12 所示。

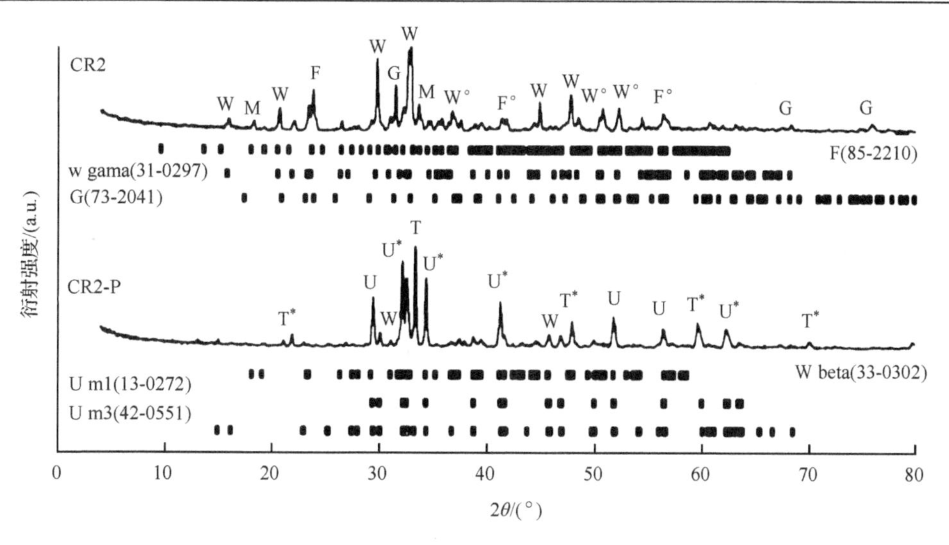

图 5.12 废煤渣(CR2)和由纯化学试剂在 1450℃烧接合成的材料(CR2-P)的 XRD 图谱
W(CR2-P 中的 γ-C_2S 或 β-C_2S)；W(W+G)；F(磺化铝酸钙)；F(W+F)，M(钙铝石，$C_{12}A_7$)；U(硅酸三钙石：C_3S)；U^*(U+W)；T(C_3A)；T^*(T+U)

此外，还在努力生产大量的飞灰混凝土，在这些混凝土中增加了高百分比(约 35%)的 PFA。这样做对环境益处是双重的：减少了每吨水泥产生的二氧化碳量，同时利用了 PFA 废物。来自各种废物的垃圾废料也被用作水泥替代材料。除了 PFA 外，还包括从钢铁工业、其他工业渣制品和硅烟中产生的磨碎的高炉矿渣(GGBFS)。一般来说，这些废料比 PC 更便宜，通常在大体积的混凝土生产中应用，水的温度较低，而且在最终的混凝土产品中也可能会提高性能，如耐用性。

此外，对于开发新的低能耗水泥，作为 PC 的替代品，人们也有很大的兴趣。这包括一系列的碱活性水泥材料，它们通常含有工业废料。最近，这一领域的机遇和挑战得到了审视。特别是，碱性活化似乎是一种可行的方法来处理和增加铝硅酸盐工业中废料的价值，形成具有高机械强度、高化学稳定性的产品，并使包括危险、废料在内的其他有害物质的封装成为可能[10]。

到目前为止，建筑行业中最大的浪费或次要材料是混凝土和沥青的应用。从自然资源中开采大量的材料，并将它们运送到需要的地方，这与对环境的重大不利影响相关联。因此，进一步使用二次材料有很大的潜力，如建筑和拆除废料、焚烧炉底灰、废玻璃、工业废渣和其他的粒状工业的废料。

5.2.2.2 耐火材料

耐火材料工业越来越关注其产品对环境的影响。美国和欧洲的立法迫使耐火材料生产商和用户负责处理使用过的耐火材料。事实上，它们甚至要为永久填埋的垃圾负责。每年全世界生产有2500万t的耐火材料，但目前只有100万t作为替代原材料被回收利用。回收的耐火材料通常比原来的材料性能要低，可回收的接触耐火材料可用于安全衬里。可回收的耐火材料还经常被用作研磨材料或建筑材料。通常，在原材料中加入回收的废料会带来额外的好处。例如，将10%的过火的黏土加入到一种铝硅酸盐耐火材料中，使其能减少10%的能源消耗。此外，加入过火的废料还可以减少干燥和烧裂，使燃烧收缩更容易预测。在铝-莫来石和堇青石耐火材料的生产中已被用作原材料[11]。

耐火材料工业的其他问题包括使用含铬的耐火材料，其中含有的 Cr^{3+}可能会氧化，而 Cr^{6+}是一种致癌的和可溶于水的物质，因此处理起来很困难。煤焦油/沥青和酚醛树脂，在氧化石墨耐火材料中用作黏合剂，在加热时释放出致癌的气体，需要寻找替代品。由于环境的发展，给制造业带来了更多的机会。例如，需要建造越来越多的垃圾焚烧炉，燃烧复杂的、不同的废物和小型的玻璃化系统，如采用等离子体技术，意味着需要改进衬套系统[12]。

5.2.2.3 玻璃

玻璃工业是回收和减少废物对环境影响的先锋之一。因其强的回收能力，加上材料的独特性能，在不影响其质量的情况下可被无限循环利用。尽管如此，玻璃占了普通家庭垃圾的7%，在垃圾填埋场里也有很多。使用回收的玻璃可以节省原材料和能源，因为熔化玻璃所需要的能量比熔化混合原材料的要少。

5.2.2.4 其他大宗陶瓷

基于黏土的陶瓷，如白色器皿和结构黏土制品，包含陶瓷黏合剂或基质系统，通常还包含大量的聚集体，如石英或氧化铝。这种陶瓷黏合剂的最大优点之一是它可以从大量的高容量废料中提取出来，也可以用来黏合一系列的废料聚集体材料。在过去的十年已经有许多研究考察了利用废料作为黏土基陶瓷骨料或键合系统(如PFA、煅烧城市污水污泥、采石场泥、拜耳法赤泥和含硼的硼砂矿业废物等)。在一些以黏土为基础的陶瓷材料中，石油污染的废物可能被加入到水中混合以增加流动性，并为燃烧提供内部燃料。这些废料中有许多可能含有害物质(重金属、二噁英)，这些物质可固定在一个玻璃体中。回收的玻璃可在一系列的黏土基陶瓷中作为碱长石矿物的部分替代品，包括墙壁和地砖、瓷器和陶瓷制品等，除了降低对昂贵原料的需要，还可以使用回用玻璃来降低烧结温度，另外废玻璃也可用作高级研磨剂。

可对废料进行简单的烧结和熔化，以及对废物回用产品特殊形态的研究。例如，通过快速烧结焚烧炉底灰和从水滤/清洗操作中自行膨胀的污泥混合物，以及火成岩的副产品，形成了在一系列建筑和岩土工程中潜在用途的轻质骨料。在这种情况下，通过改变组件的相对比例或通过改变组分的相对比例，来达到一个很好的折中方案，可以得到体积密度小于 0.8g/cm^3 和载荷大于 0.4kN 的球体。图 5.13 显示的是一个由废物产生的聚合体的微观结构。

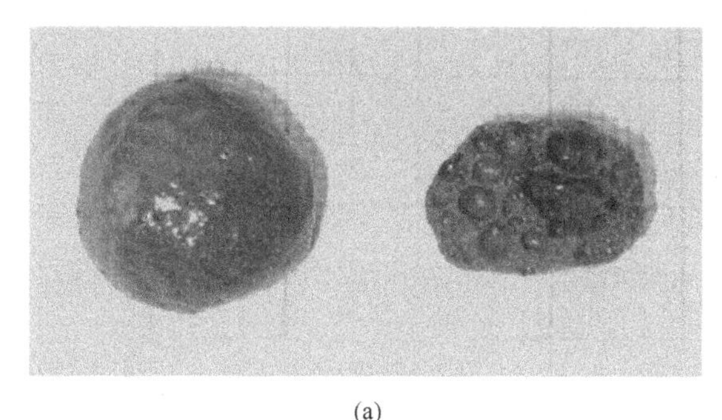

(a)

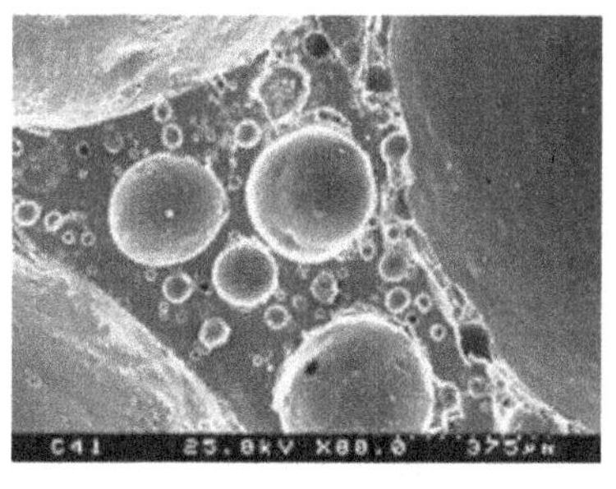

(b)

图 5.13 废物基聚集体的俯视和切面照片(a)，内部区域细节的 SEM 图(b)

在隔热和隔声板上使用的多孔泡沫材料也可由各种废料和泡沫材料的组合制成。如煤燃烧灰、钢生产废渣、粉煤灰、焚烧炉废渣、金属湿法冶金的各种污泥，以及玻璃基板或混合物等，使用可控的结晶热处理，也可被熔化成玻璃、玻璃基复合材料(GCMs)或玻璃陶瓷。在过去的 40 年里，大量的硅酸盐废料被用来进行玻璃陶瓷的生产，但是在过去的 5 年里，研究工作的成果显著增加。在将硅酸盐废料转化为有用的玻璃制品的过程中积累了相当多的专业知识。这些作为建筑材料很有吸引力，或者其他需要结合合适的温度力学性能的专业应用。在这类系统中形成的主要晶相是钙硅酸盐，如硅石和钙/镁硅酸盐。然而，许多废物的可变成分意味着需要增加控制，以确保正确的化学计量、相形成和性能。

此外，废料的组合也已经被用于制造理想的陶瓷和复合材料。例如，将棕色的玻璃和高炉矿渣(BFS)接合在一起，形成了一种基于建筑材料的玻璃材料，适合室内或室外使用的瓷砖。在其他情况下，玻璃状和晶状废料的接合导致了部分材料的形成。分散的水晶相有助于提高材料的力学性能和可靠性，从而扩大含废物产品的应用潜力。例如，陶瓷粒子强化增强了由适当的废料混合物所获得的硅酸盐产品的硬度和耐磨性，这些产品适用于建筑或装饰材料方面的应用，如地板、墙壁或屋顶瓦片等。这些复合材料的其他可能用途包括研磨抛光等。含铁的废料已被用于制造玻璃陶瓷，用于铁磁和铁电应用，如图 5.14 所示。目前有许多的例子试图将玻璃陶瓷和 GCM 废物商业化，并扩大工业开发的生产规模。

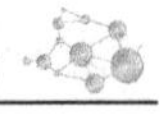

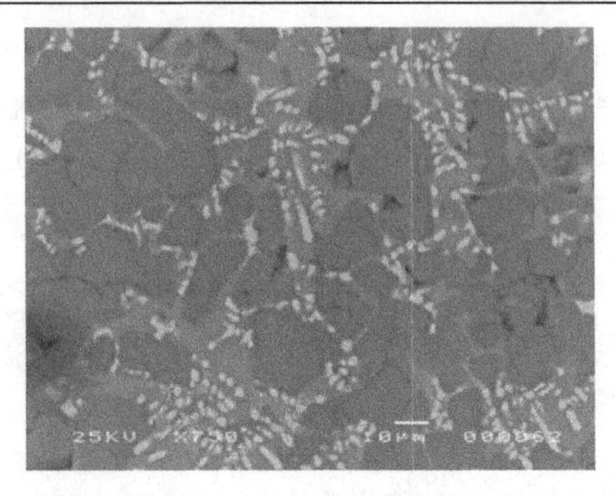

图 5.14 由含铁的煤灰和硼硅酸盐玻璃的混合物通过烧结方法合成出一种玻璃陶瓷的 SEM 图

5.2.2.5 陶瓷颜料

可使用工业废料制备陶瓷颜料，如阳极化或表面镀膜产生的富铝污泥。根据美国干燥颜色制造商协会(DCMA)分类，制备了陶瓷颜料。包括三种基本的色素组：褐色尖晶石(锌-铁/铁铬铁)、棕色(铁)和绿色(铬)、黑色尖晶石(镍铁/铁铬氧化物)。然后在标准的陶瓷釉中测试颜料。铬锡兰锡矿(SnO_2、CrO_2)、铬锡红孔雀石 Ca(Cr、Sn)SiO_5、维多利亚绿色石榴石酸钙 $Ca_3Cr_2Si_3O_{12}$、铬铁、绿刚玉(Cr_2O_3、Al_2O_3)的含铁性颜料也被合成。

5.2.2.6 重金属的替代品

人们认识到，生物圈中重金属的存在是不受欢迎的，因为它们对健康的影响常常是有害的，许多研究的目的是减少对它们的依赖。这包括对白陶瓷的无铅釉技术的开发。电陶瓷工业更依赖铅。例如，基于 Pb(Zr、Ti)O_3(PZT)和基于铁的电流压电体，包含了超过 60%的铅。铅的毒性是制造过程中的一个问题，因为 PbO 易蒸发。此外，以汞为基础的牙科混合材料正在被更温和、更美观的玻璃离聚物陶瓷和复合材料所取代。

5.2.2.7 陶瓷工业的节能措施

陶瓷工业也可以通过节俭能源和转化其他燃料来保护环境。在 20 世纪 80 年代的后半期，开发出了仅用几个小时就可烧制砖瓦或其他玻璃陶瓷结构性黏土产品的过程，即所谓的“快速烧结”。第一次工业试验是 1989 年在德国完成的。快速燃结带来的好处包括节省能源和提高工艺的灵活性和周转时间。快速烧结使用的时间(3～5h)较短，但循环温度较高(50～100℃)。然而，这确实会影响到砖的结构和性能，通常还会带来益处，如在快速燃烧的砖中提高了抗冻性能。

5.2.3 减少排放

由于担心有机蒸气对呼吸系统的影响，在陶瓷加工过程中使用液体黏合剂而非有机溶剂的越来越多，尽管干燥时间可能会因此而增加。玻璃制造的发展是为了提高产量和减少有毒气体的排放，但这可能会导致耐火材料衬里的问题。氧燃料烧结使用的是富氧燃烧，它能产生更大的燃料效率和更少的污染，但会增加炉温，并增加碱和水在大气中的富集。硅冠不能容忍这些条件，因此，它们必须用铝-锆-硅(AZS)代替。3R 工艺的设计目的是通过注入燃料来控制氮氧化物的排放。天然气、柴油或液体石油气体进入废气中，与氧化亚氮发生反应，将其转化为无害的蒸气。然而，这使气体流减少，使其在氧化还原和还原条件之间循环。只要不含高的铁成分，对耐火材料的影响就不太大。

5.2.4 陶瓷纳米技术对环境问题的影响

利用纳米技术在废物分离领域的应用，包括纳米粒子、纳米膜过滤器和纳米涂层在多孔膜上的应用。这一领域是巨大的，包括液体和气体的废水，选择性的和非选择性的分离技术，以及分离的废物的固定。分离技术的发展包括使用自然系统(如黏土和岩石来净化饮用水)，目前使用的是自上而下的合成系统和自下而上的制造系统。

由石油公司开发的中孔型沸石过滤器(10～100nm 孔径，MCM-41)作为烃类裂解催化剂，目前已在核领域中应用。介孔载体上自组装沸石的单分子(SAMMS)是美国太平洋西北国家实验室开发的，最初是用来将重金属从废料中分离出来。介孔材料(2～20nm)提供的更大的孔隙允许单层膜的吸附，以及进入毛孔内的接合位点，而高比表面积(1000m^2/g)允许有极高密度的接合位点。材料有多种形式，包括粉末、珠子、薄膜和膜盒。

对汞和镉等重金属有很高的亲和力的硫醇是发展最快的，而阴离子-SAMMS 和 HOPO(1,2-羟基吡啶酮)-SAMMS 的发展较慢。基于 SAMMS 的系统有可能选择性地从碱性废水中去除超过 99%的铯和锶。

未来陶瓷将在可持续发展的成就中发挥重要的作用。在玻璃、水泥和许多玻璃陶瓷等大容量陶瓷中，废料和再生材料被广泛应用。在约束和非约束的土木工程应用中，废弃物的使用将越来越多。新陶瓷产品将从烧结或熔化的废料中产生并进入市场。在许多国家未来将看到一个新兴的产业，对废弃物进行分类并分离，寻找应用和潜在的市场。由于垃圾填埋的成本不断增加，越来越多的垃圾焚烧设备在全球范围内建立起来，尽管有大量的研究可以应用于这些垃圾的焚烧，但在此基础上，需要进行更多的商业研究。

在接下来的 5～10 年里，期待看到与大气中的二氧化碳反应形成的水泥的发展：碳-水泥系统。人们将会越来越多地了解室温玻璃的潜力，像玻璃聚合物和室温陶瓷，如磷酸盐水泥。具有成本效益的玻璃化技术将会发展，可把特别有问题的危险废物变得惰性，并可根据等离子或冷坩埚的熔化技术进行重用。公众舆论和市场营销已经出现了明显的转变，因此从二手材料制造的产品被认为是可取的，这种趋势将持续下去。许多国家的主要土木工程项目将根据建筑中使用的二手材料的数量来评估它们的可持续性。

尽管从废物回收中获得明显的环境效益，但一些定义良好的、高吨位的应用需要成为鼓励工业生产和确保商业成功的动力。此外，特别是在焚烧炉灰渣和空气污染控制残留物等有毒残留物的情况下，更多的立法压力将导致要求它们进行热处理和固定化。这样就会自动将兴趣转移到玻璃陶瓷等有用产品的生产上。事实上，如果要对这些产品进行广泛的应用和商业开发，就必须对工业废物产生的有毒产品的潜在危害进行充分的处理和澄清，以确保它们的社会可接受性。耐火材料的使用者和制造商将发现可再生材料的使用越来越多。需要对耐久性进行测试，以确保在生物圈中使用的任何含废物的产品都能获得成功。人们将越来越少地依赖于含有重金属的陶瓷，取而代之的是将会越来越多地使用可回收的系统。这一点在电陶瓷工业中尤为明显，在这个行业中，基于有机溶剂的黏合剂系统将越来越多地被水基黏合剂取代。

从长远来看，如果陶瓷工业的目标是为更可持续的发展做出贡献，那么减少与陶瓷制品相关的二氧化碳排放必须是一个关键的目标。最初，这是一项技术，可以通过快速燃烧或微波技术降低烧结温度和降低能源需求。此外，还需要用在室温下形成的化学接合材料取代高温烧结或熔化的产品，并具有较低的能量。这些不能以波特兰水泥为基础，因为它的制造产生了大量的二氧化碳。室温陶瓷系统的发展是至关重要的，它在制造过程中不会产生二氧化碳，而是通过二氧化碳的反应来硬化和凝固。越来越多的研究将利用陶瓷来进行二氧化碳封存和氢气储存。

参 考 文 献

[1] Singh M, Kondo N, Asthana R. Manufacturing of ceramic components using robust integration technologies//green and sustainable manufacturing of advanced materials. New York: Elsevier, 2016: 295.

[2] Singh M, Ohji T, Asthana R, et al. Ceramic integration and joining technologies, hoboken. New Jersey:John Wiley & Sons, 2011: 816.

[3] Kita H, Hyuga H, Kondo N, et al. Exergy consumption through the life cycle of ceramic parts. Int. J. Appl. Ceram. Technol., 2008,5 (4) : 373-381.

[4] Jones M I, Valecillos M C, Hirao K. Role of specimen insulation on densification and transformation during microwave sintering of silicon nitride. J. Ceram. Soc. Japan, 2001,109 (9) : 761-765.

[5] Hotta M, Kondo N, Kita H, et al. Joining of silicon nitride by local heating for fabrication of long ceramic pipes. Int. J. Appl. Ceram. Technol., 2014, 11 (1): 164-171.

[6] Tsuda H, Mori S, Halbig M C, et al. TEM observation of the Ti interlayer between SiC substrates during diffusion bonding. Cer. Eng. Sci. Proc., 2012, 33 (8): 81-89.

[7] Singh M, Lara-Curzio E. Design, fabrication and testing of ceramic joints for high temperature SiC/SiC composites. J. Eng. Gas Turbines Power, 2000, 123 (2), 288-292.

[8] Boccaccini A, Labrincha J A, Leonelli C, et al. Green engineering-ceramic technology and sustainable development. Am. Ceramic Soc. Bulletin, 2007, 86 (2): 18-25.

[9] Rawlings R D, Wu J P, Boccaccini A R. Glass-ceramics: their production from waste. A Review. J. Mater. Sci., 2006, 41 (3): 733-761.

[10] Roy D M. Alkali-activated cements: opportunities and challenges. Cem. Concr. Res.,1999, 29 (2): 249-254.

[11] Coleman N J, Lee W E, Slipper I J. Interactions of aqueous Cu^{2+}, Zn^{2+} and Pb^{2+} ions with crushed concrete fines. J. Hazard. Mater., 2005, 121 (1-3): 203-213.

[12] Leonelli M C, Boccaccini D N, Rivasi M R, et al. Refractories containing inertised asbestos as raw material. Ceramurgia Ceramica Acta, 2005, 35 (2): 159-168.

第 6 章

绿色纳米复合材料

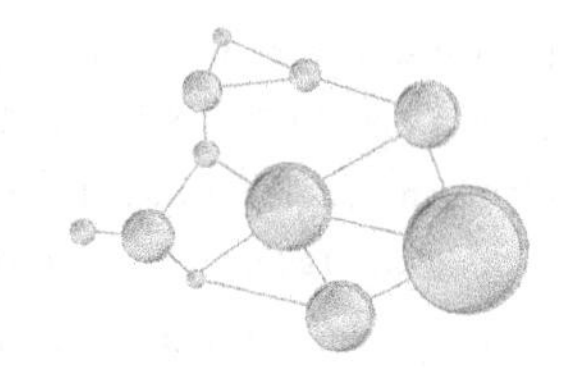

6.1 用于再生医学的蛋白质聚合物纳米复合材料

尽管近年来在组织工程方面取得了许多进展，但科学家仍面临着修复或替代软组织，如肌腱、韧带、皮肤、肝脏、神经、软骨及骨骼和关节软骨等软组织的重大挑战。设计组织支架有一些必要条件的要求。首先，支架必须要具有高孔隙度和适合细胞生长的孔隙大小。例如，成骨细胞(骨细胞)需要有一个特定大小的气孔。这些气孔也为细胞的增殖和新组织的沉积提供了空间。许多细胞类型都是依赖于生存位点的：只有当合适的底物被嵌入到三维的高表面区域时，它们才能存活、生长和发挥作用。生物可降解性通常是必需的，而降解速率也要与新组织的形成相结合。如果这个支架迅速降解，它可能会在新组织形成之前瓦解，并不能作为新的三维组织生长的引导。如果支架的降解速率缓慢，在新组织形成并稳定下来后，降解会持续很长时间，这可能会引起与身体反应有关的并发症。此外，为了成为 3D 细胞生长的向导，这些支架必须具有一定的机械强度。在组织工程中使用支架是否成功取决于其表面对细胞的附着和生长。材料表面的化学性质可以决定细胞对材料的反应，从而影响附着、迁移和细胞功能。细胞与材料表面的相互作用对医疗计划的有效性非常重要，并可能决定排异的程度。了解细胞材料的基本机制，以及对细胞生长过程的更好理解，有助于开发新的生物材料和新的生物医学产品。自 20 世纪 80 年代以来，组织工程的概念首次被应用，科学研究也较早地涉入。在生物材料领域，许多新的处理技术已经进一步得到发展，可提高多孔结构的规整性，包括各种各样的聚合物、陶瓷、定制的微纳米结构复合材料。形貌、化学，以及性能优化所需的组织工程策略等也得到发展。对各种有可能成为“支架”(支持细胞生长)的材料进行了调查，包括新使用的天然材料、天然和合成材料的复合物、在所有相关尺度(宏观、微观和纳米)设计模拟细胞外基质的新结构，旨在提供更接近活细胞的环境。同时也强调了生物力学和机械力对细胞反应和随后的组织形成的影响。

以蛋白质为基础的聚合物具有模仿细胞外基质许多特征的优势，因此有可能在组织再生和伤口愈合过程中引导细胞的迁移、生长和组织，并使封装和移植的细胞稳定下来。

为了满足这些方法取得成功的所有必要条件，必须对聚合物的选择、结构与空间的设计、降解速率的控制、合适的机械强度、表面性能，以及影响细胞/组织材料相互作用的因素等都要进行研究。本章综述了聚合物基系统的潜在应用，特别是基于蛋白质的聚合物系统的研究。重点将在它们的分离、结构和性质、表面修饰、相容性和细胞相互作用，以及它们的纳米复合材料在再生医学方面的应用[1]。

6.1.1 蛋白质基聚合物纤维的分离

像人体这样的生物体是由许多相互作用的系统组成的。蛋白质构成了这些系统的大部分，精细化的利用需要分离蛋白质。分离后，蛋白质的纯化需要一系列的过程，目的是将单一类型的蛋白质从复杂的混合物中分离出来。蛋白质的纯化对于蛋白质的功能和结构的影响是至关重要的。

6.1.1.1 胶原蛋白[2]

分离和纯化胶原蛋白有两种截然不同的方法，一种是分子技术，另一种是使用原纤维技术。第一种方法是利用像胃蛋白酶这样的水解酶来分离出端肽，从而将可溶性胶原蛋白从胶原蛋白中分离出来。用中性盐沉淀后，可以通过进一步的沉淀来净化可溶性胶原蛋白。然而，肽酶溶解的胶原蛋白重构为纤维的效率不高。

另一种获得胶原纤维的方法是去除胶原组织的非胶原质材料。盐提取可以去除未纤维化的新合成的胶原蛋白分子。酸提取可脱除酸性蛋白和胶原纤维，原因是削弱了它们之间的相互作用而导致酸性蛋白和糖胺聚糖的去除。碱提取削弱了基本蛋白质和胶原纤维之间的相互作用，从而促进了基本蛋白质的去除。此外，除胶原酶之外的各种酶也可用于帮助清除组织中少量的糖蛋白、蛋白聚糖和弹性蛋白。通过对胶原蛋白的连续提取和酶的提取，可以从胶原纤维的组织中提取纯化的胶原纤维。

6.1.1.2 明胶[3]

明胶是一种可生物降解的蛋白质，由酸或碱催化水解胶原蛋白而制成。它是由甘氨酸、脯氨酸和羟基脯氨酸组成的单链或多链多肽的异构混合物。胶原蛋白是一种动物和鱼类皮肤和骨骼中富含的蛋白。从胶原蛋白中提取明胶需要几个步骤，包括对胶原蛋白水解的碱和(或)酸预处理，再在45℃以上的水中进行萃取。预处理和提取方法对提取的明胶的物理化学性质有很大的影响。处理中获得了两种类型的明胶：酸预处理产生A型明胶，而碱预处理则产生B型明胶。工业和商业明胶主要产自哺乳动物，如牛皮、猪皮和骨头。动物的来源、年龄和胶原蛋白的类型影响了明胶的物理化学性质。

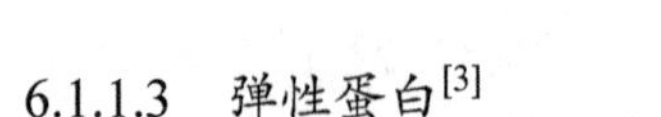

6.1.1.3 弹性蛋白[3]

弹性蛋白能对被反复拉伸的组织产生缓冲，如血管和肺。它是由哺乳动物的单个基因编码的，并被分泌为60～70kDa①的分子，称为弹性蛋白原。蛋白质的功能形式是一种大型的、高度交联的聚合物，在细胞外基质中以薄片或纤维状存在。

成熟的、交叉连接的弹性蛋白的纯化是有问题的，因为它的不溶性使其不能使用标准的湿化学技术。取而代之的是，采用相对粗糙的试验方法来去除非弹性的“污染物”，以产生一种不溶性的产品，这种产品含有弹性蛋白的氨基酸成分。这种蛋白质的极度黏性和对蛋白酶解的敏感性需要在纯化过程中仔细观察。

6.1.1.4 纤维蛋白[4]

凝血蛋白原和凝血系统的其他组成部分通常是由血浆分离得到的。由于纤维蛋白原是一种不溶的血浆蛋白，所以纯化方法一般都是基于它在各种溶剂中的低溶解度，有几种沉淀的方法是在较低温度下进行的。

低温沉淀法是一种常用的制备单源自体纤维蛋白的方法，它利用纤维蛋白原在低温下低的溶解度。首先血浆在–80℃被冷冻至少12h，其次在41℃解冻几个小时，再次离心，超级钠离子就会被脱去，留下一种黄色的纤维蛋白沉淀，最后再在少量的钠离子中重组。从低温沉淀中获得的纤维蛋白原的浓度从20～40mg/mL不等，因为低温沉淀法不需要任何的化学操作，这种方法在血库中广泛应用，可提供一种凝血因子，用于治疗缺乏血液的病人。

化学沉淀法比低温沉淀法有许多优点。首先，整个准备过程只需要90min，这就消除了术前患者需要在手术前1～2天献血的需求。化学沉淀法的纤维蛋白原产量大于低温沉淀法，因此减少了所需的血浆量。这些因素使得使用患者自体血液来制备纤维蛋白原成为可能。自体血液的使用消除了血源性病毒传播的风险。由化学沉淀法所制备的纤维蛋白原的浓度从30～50mg/mL不等。

然而，这些药剂的化学沉淀也有一些缺点。例如，乙醇沉淀使纤维蛋白原中的乙醇含量升高，从而导致纤维蛋白原的过早凝血。血液从病人身上采集，可以采用一种含有抗凝血剂和离心功能的注射器。使用一套无菌注射器和用管子连接的袋子，用乙醇和离心法对血浆悬浮液进行处理。在溶解了血浆中的沉淀后，蛋白质浓缩物就可以使用了。因子XIII是稳定凝块的必要条件，乙醇存在时它的活性减小了，导致凝块的拉伸强度降低。硫酸铵盐沉淀了55%的纤维蛋白原和大量的

① Da，原子质量单位，1Da=1.66054×10^{-27}kg。

白蛋白，可以干扰凝血。聚乙二醇(PEG)沉淀需要在加入栓剂之前，先将凝血酶与 $BaSO_4$ 和 $MgSO_4$ 一起吸收，从而沉淀纤维蛋白原。此外，固定蛋白可能会改变纤维蛋白原，使其无法脱凝结。

一种不同的方法是基于纤维蛋白单体在稀酸中的溶解度。在血浆中加入凝血酶的凝块可以溶解在稀释的乙酸中，调回到中性的 pH 时，纤维蛋白单体重新组合成典型的纤维蛋白而凝结。

6.1.2 结构和特性[5, 6]

在分离和纯化后，基于蛋白的聚合物为特定的应用提供了特定的化学结构和特性。天然起源的聚合系统为组织再生提供了新材料的替代方法。此外，这些系统可以根据成功的生物医学应用的要求来调整它们的属性。

6.1.2.1 胶原蛋白

胶原蛋白被许多人视为组织工程的理想支架或基质，因为它是细胞外基质的主要蛋白质成分，为皮肤、肌腱、骨骼、软骨、血管和韧带等结缔组织提供支撑。以其原生形态，胶原蛋白与结缔组织中的细胞相互作用，并为调节细胞的锚固、迁移、增殖、分化和生存提供必要的信号。已经鉴定出超过 25 种不同类型的胶原蛋白，其中 I 型和III型是原生组织中最丰富的胶原蛋白。所有的胶原蛋白都是由 3 个 α-多肽链组成的，它们被螺旋状的左旋结构所缠绕。在细胞外基质分泌后，C-前肽和 *N*-前肽被裂解，然后分子自组装成纤维。

这种结构形式和复杂性的多样性提供了更多配方和产品开发的选项。作为人体的主要结构蛋白，胶原蛋白是最自然的组织设计和基质组织。用于医学应用的主要胶原蛋白是一种丰富的、间隙型的胶原蛋白，通常来自于异种(牛或猪)源和人类结缔组织。II 型胶原蛋白是在软骨中发现的。I 型胶原蛋白含量较少，III型胶原蛋白在体内组织修复和再生过程中占据主导地位，主要是因为 I 型胶原蛋白是一种天然的基质，由于血小板的黏附、聚集和脱粒作用而形成凝块。每一个组合为三螺旋结构，一旦被整合到类似于棒状的纤维，也可以与其他胶原蛋白和非胶原蛋白结合。

当一种物质与血液接触时，它抵抗血栓形成的能力是非常重要的。特别是长期植入式心血管设备等，包括血管移植、静脉导管和人工心脏瓣膜。在透析、心肺分流、输血或进行分析或体外试验时，以及在治疗中与血液物质接触时也经常出现。人工表面可激活凝血，导致血栓形成。这是一种严重的不良反应，可以通过抗血小板和(或)抗凝治疗来进行预防。

已经采取了许多策略来减少物质表面血栓的形成，如白蛋白的涂层、抗血小板药物的固定、内皮化和肝素化等。除了表面化学，表面形态对生物材料的生物学反应也很重要。众所周知，细胞取向和细胞运动的方向受基质形态的影响。控制细胞取向和成键的能力对组织工程应用尤其重要。

高纯胶原蛋白的医学植入可以产生最小的免疫敏化反应，更重要的是，这些反应通常不会导致临床副作用。由于这些特点，胶原蛋白在治疗烧伤的人造皮肤中有药物再生功能，同样可用于口腔黏膜、角膜结构、尿道狭窄修复、血管移植、间叶细胞的种子床等。

在伤口愈合和组织修复中，自体胶原蛋白的自然特性对这些胶原止血剂有重要作用，在植入体修复过程中，这些胶原蛋白是导致组织沉积的重要因素。现在，有商业胶原蛋白的血液静电剂，这类药物的作用首先由纤维蛋白/凝血酶复合物填充，它为凝血组织提供了一个现成的凝血源，并增强了现有技术在控制出血方面的作用。研究表明，胶原蛋白和胶原蛋白的纳米复合材料可以作为药物、细胞和基因在不同组织工程应用中得到应用，如软骨、骨骼、皮肤和血管等。

聚合材料可以使用几种技术来生成，这取决于要重新生成的组织。例如，聚合物溶液的溶剂铸造可以获得膜，而水凝胶则可以通过传统的合成方法得到，包括交联反应、共聚反应和电纺。因此，设计和制造的方法在孔隙度、力学性能、降解性能和表面性能等方面都可变化。早期使用胶原蛋白作为替代结构用于组织修复、软组织增加和伤口的修饰，在组织工程的时代发展成为很容易被修饰的递送体系，以保证细胞和组织的生物相容性。例如，基于胶原蛋白的注射水凝胶组织修复，重点放在与细胞结合的系统上，以促进软骨的修复或再生。

6.1.2.2 明胶

明胶是一种天然的聚合物，由酸和碱处理胶原蛋白衍生而来。它是由单链或多链多肽组成的异构混合物，主要由甘氨酸、脯氨酸和羟基脯氨酸组成。因为它在生理环境中具有生物可降解性和生物相容性，通常用于制药和医学领域。

根据加工方式的不同，可以生产两种不同类型的明胶，这取决于胶原蛋白的预处理方法。不同的预处理也会影响胶原蛋白的电学性质，导致不同的等电点。碱性过程的目标是肽键和谷氨酰胺的酰胺基团，以及有更高密度的羧基。相比之下，酸性预处理对目前的酰胺基团几乎没有影响。其结果是，用碱性预处理的明胶与酸性预处理的明胶是不同的。

在碱性预处理的明胶中存在较高的羧基，使其呈负电性，并降低它的等电点。相反，酸性预处理的胶原蛋白很难被修改，因为胶原蛋白基团的可及性较低。因此，从酸过程中得到的明胶的等电点与胶原蛋白的相似。现在，制造商可提供各种各样的等电点的明胶，最常用的是碱性的明胶，等电点为 9.0，酸性的明胶，等电点为

0.5。一种正或负的电解质与另一种相反的带电分子的相互作用，可形成一种聚离子复合物。

明胶的不同处理方法可保持其灵活性，允许明胶的聚离子复合物即可带正电荷也可带负电荷。对不同的明胶配方进行了研究，以评价药物的负载能力和释放率。就像其他水凝胶一样，通过改变网络交联密度，可以很容易地调整药物释放曲线。研究了几种不同的交联明胶水凝胶的方法，包括戊醛、脱水热处理、紫外或电子束辐照等。这种灵活性使明胶成为一种合适的基质，可用于控制释放生长因子，如阴离子基本纤维细胞生长因子。

6.1.2.3 弹性蛋白

弹性蛋白是一种不溶性的、弹性的细胞外基质蛋白，它能给组织提供弹性和变形能力。弹性蛋白纤维由两种不同的成分组成：弹性蛋白(一种不溶性聚合物，70kDa 弹性蛋白原单体)和微纤维(10nm 无分支纤维原纤维)。在脊椎动物中，主要由纤维母细胞和平滑肌细胞产生，并由细胞外环境分泌。最后，由细胞外酶基氧化酶催化的化学反应，将弹性蛋白原分子聚合成一个不溶的交叉连接网络。弹性纤维的数量和大小与组织的弹性模量有关，即组织在拉伸后放松时恢复原有形状的能力。研究证明，弹性蛋白中憎水性和亲水性蛋白是趋化性的。大量的细胞类型已经被证明有弹性蛋白和弹性蛋白肽的受体。弹性蛋白纤维和弹性蛋白多肽也被用于细胞增殖和炎症控制。

弹性纤维和薄片在组织和器官的构成中起着重要的作用，同时也对组织和器官的稳定性起着重要的作用。例如，在动脉中发现了多层的弹性层，这些层状结构长期以来一直被认为有助于动脉壁的结构稳定性和机械强度。由于动脉血压引起的广泛的机械应力，动脉受到了很大的压力。如果没有弹性椎板的支撑，血管细胞可能在动脉血压下过度扩张。弹性层膜也有助于软组织的弹性，如结缔组织和动脉。

6.1.2.4 纤维蛋白原和纤维蛋白

纤维蛋白原是分子量为 340kDa(含 3000 个氨基酸单元)的一种糖蛋白，由 29 个二硫键连接在一起，3 对多肽链，组织损伤后通常出现在人的血液血浆中。纤维蛋白原可以从血浆中通过氯化钠的半饱和沉淀得到。纤维蛋白原溶液具有高度的黏性，表现出强烈的流动双折射特性。在电子显微图中，分子以 47.5nm 长度和 1.5nm 直径的棒状出现。此外，可以看到两个端子和一个中央结节，其分子量为 34 万。

凝血过程是由凝血酶引发的，它催化了纤维蛋白原的一些肽键的断裂，结果，两种分子量分别为 1900 和 2400 的小纤维蛋白被释放出来。剩下的纤维蛋白原分子，作为一种单体，在 pH 小于 6 时是可溶和稳定的。在中性溶液(pH 7)中，单体被转化成更大的分子——不溶性纤维蛋白，这也是新肽键形成的结果。新形成的肽键导致了分子间的交联，从而形成了一个大的凝块，所有的分子都相互连接。只有在钙离子存在的情况下才会发生凝血，可以通过草酸钙或柠檬酸盐等化合物的加入来预防，这些化合物对钙离子具有很高的亲和力。

纤维蛋白促进细胞黏附、迁移和生物化学相互作用。当细胞在纤维蛋白支架上侵入和繁殖时，它们分泌蛋白酶，破坏纤维蛋白。这些细胞还分泌出特定的细胞外基质分子，如胶原蛋白，以重组受伤的组织。

开发一种可以广泛使用的纤维蛋白黏合剂的主要局限性是血源性感染的风险，以及与收集浓缩蛋白溶液相关的成本。尽管存在这些局限性，但纤维蛋白黏合剂在几乎所有的外科手术领域都得到了成功的应用，包括神经和眼科领域。

6.1.3 蛋白基聚合物纤维的表面修饰[7-9]

在过去，生物材料支架主要用作组织坏死或手术后的临时设备。然而，患者对这些基质有很大的排斥。生物聚合物纳米复合材料的表面改性对于控制蛋白质的吸附及在血液和组织接触设备上最初的细胞黏附是很重要的。目前，在组织工程中应用蛋白质的聚合纤维有三种方法：

1) 使用分离的细胞或细胞替代品来取代失去的必要功能，在输注之前有或没有对细胞进行基因操作。

2) 在特定的位置促进组织生长和分化的物质。

3) 细胞在阵列或设备(支架)上的三维生长，作为细胞生长的载体，可以在体外或体内培养。

当缺陷很小的时候，就会考虑前两个应用。对组织工程来说的第三个应用中，实用的方法正在变得越来越活跃。

许多细胞类型都具有锚点依赖性，只有当合适的底物被嵌入到三维聚合物的表面时，它们才能生存、生长和工作。这些聚合物具有明显的生物可降解性和生物相容性。该结构中亲水和疏水段的组合产生了多种生物材料，具有不同的力学性能和降解性能。如果这个支架迅速降解，它可能会在新组织形成之前坍塌，而不能作为新的三维组织的支架。如果支架的降解速率慢，在新组织形成和稳定后，它会持续很长时间。它能处理新的组织替代物，但可能引起与身体反应有关的并发症。另外支架还必须具有机械强度，才能作为 3D 细胞生长的向导。

在组织工程中能否成功使用支架，一定程度上取决于其表面对细胞的黏附和生长的影响。材料表面的化学性质可以定义细胞材料，从而影响附着、增殖、迁移和细胞功能。细胞与材料表面的相互作用对医疗计划的有效性非常重要。了解细胞材料相互作用的基本机制，以及在细胞水平上更好的理解，可能有助于开发新的生物材料和新的生物医学产品。

细胞产生的细胞外基质(ECM)蛋白与基质表面进行交互作用。这些 ECM 蛋白充当细胞外信号的转导器，即物理和化学的信号。通过细胞间的交流，在细胞间共享的相互作用对于细胞外信号的整合和放大是至关重要的。基质表面性质的改变，即化学成分、表面能量、表面粗糙度或表面形貌，可以显著地影响细胞的界面特征，并可能影响细胞的行为和功能。

分离的蛋白纤维可制造纳米粒子、水凝胶和纳米纤维支架，可以通过物理和化学方法进行修饰，提供不同的表面化学和表面形态，从而产生一种生物材料，在细胞或血液接触中较少受到排斥。

6.1.3.1 材料的方法

组织工程的重点是开发三维生物材料支架，以一种有组织的方式培养细胞，以取代动物和人体组织。从天然的基于聚合物的系统中产生的新材料为模拟组织的微环境提供了新的机会。然而，多细胞组织存在于两种细胞排列：上皮细胞或间叶细胞。因此，除了在物理和化学方法修饰的类似于细胞的多孔支架的发展之外，在控制细胞组织的分子中，深入了解其对成功的组织植入物的控制是必要的。

(1)表面的化学修饰

为了减少物质的血栓性，已经采取了许多策略，如用类磷脂分子、水凝胶或 PEG。除了表面化学，表面形貌在决定生物材料的生物反应方面也是很重要的。众所周知，细胞取向和细胞运动的方向受基质形态的影响。

表面改性是为了提高聚合物的表面性能。化学表面改性是基于一般溶液化学的知识进行的。多年来，为了改变与生物环境接触的生物材料表面，不同生物材料表面修饰的策略被采用。表面改性方法已被用于各种各样的应用中，用于防止或改善蛋白质的吸附，以及细胞黏附在生物材料表面。通常是表面氧化改变了蛋白质的吸附，进而影响细胞的行为。

1)表面亲水性，或表面/蛋白质的物理作用改变。一般来说，含氧基团的引入与表面亲水性的增加有关。

2)表面电荷的改变。带负电荷的基团对细胞黏附和生长有更好的效果。这些基团的极性允许与蛋白质形成额外的氢键，这将使它们固定在表面上。

3)创造活性的位点。在这些地方，蛋白质和表面功能基团之间可以发生化学结合。然而，这一过程并不总是有利的，因为蛋白质的变性也可能发生。

(2)表面的物理修饰

生物材料表面改性是一种提高生物医学设备多功能性的方法，其特征是生物相容性和低成本，以及开发新材料所需要的长时间。等离子体表面改性是一种高效、经济的表面处理技术，对许多材料和生物医学工程发展的作用日益增强。

另外，采用紫外线照射、γ 辐照或等离子体表面改性等方法也可对聚合物表面进行改性。这些修饰将决定聚合物与生物活性因子或生长因子之间可能的相互作用，以及允许它们在硬/软组织再生方面的临床应用的可能性。根据所选择的方法和使用的条件，表面可被修改为亲水性或疏水性、功能化或被进一步的反应活化。

6.1.3.2　生物方法

在生物医学应用中，需要改善纤维素与宿主组织的整合。生物活性分子的化学表面修饰是组织工程修复的理想材料，可调整蛋白质吸附和随后的细胞行为。

通过物理吸附、层层组装技术或目标细胞信号的肽固定等，蛋白质可以在物质的表面上固定。细胞信号可以被定义为在细胞和细胞外环境之间交换信息或信号。这个对话的结果是出现各种各样的细胞特异性信号传导通路，被称为信号传导，最终控制了许多复杂的生物过程，如细胞分化、增殖、迁移、其他基因的表达或细胞凋亡。

组织工程学的生物活性分子的设计意图是模仿在组织中发现的天然ECM分子的功能，试图将细胞聚集在一起形成组织，并控制其结构。事实上，将可溶性生物活性分子，如生长因子和细胞结合肽结合到生物材料载体中，是一种重要的策略，可用来实现细胞对材料的生物分子识别，并允许特定的细胞反应。

RGD 序列(精氨酸-甘氨酸-天冬氨酸)是迄今为止最有效和最常使用的肽序列，在合成物的表面用于刺激细胞黏附，由于其广泛的分布和在整个有机体中的使用，它能释放多个细胞黏附受体，并对细胞锚定、行为和存活造成生物影响。

现在，使用一种与生物活性肽结合的含糖分子(CBM)的重组蛋白是一种简单的方法，可以在聚合物表面上对肽进行特定的吸附。CBM 被定义为一种连续的氨基酸序列，它是一种含糖的活性酶，可发生含糖活性的离散折叠。

6.1.4 纳米复合材料的制备与标定[10,11]

在组织工程中材料的设计有不同的策略，如微粒子、纳米粒子、水凝胶、纳米纤维和膜。隔离的蛋白质纤维及其后续处理产生的纳米颗粒、水凝胶、纳米纤维和支架具有不同的表面化学和形貌，可以通过物理和化学方法改性获得生物材料以减少细胞接触和血液接触。每一种生物材料的选择取决于它在体内再生的软或硬组织中的应用。通常，硬组织是由羟基磷灰石(HAp)和胶原蛋白组成，它们是硬组织、骨骼和脊椎动物牙齿的主要无机和有机组成部分。因此，在医学和牙科领域，利用了其高的骨传导和直接的骨结合性能，广泛应用了钙磷陶瓷作为骨填充材料和涂层材料。因此，现在这一课题的研究主要集中在硬组织工程上，软组织再生涉及对细胞和药物输送系统的物理和化学表面的修饰。

6.1.4.1 胶原蛋白纳米复合材料

胶原蛋白和胶原蛋白纳米复合材料可以被塑造成多种形状，如胶原海绵、胶原蛋白凝胶、混合支架和胶原蛋白纤维垫等，用于特定的组织工程应用中。例如，用于牙齿治疗、脂肪应用、椎间盘、心血管等。

胶原海绵支架用于各种组织和器官的组织工程，如在 I 型胶原海绵中，研究人员发明了一种由兔子间质干细胞组成的自体组织工程肌腱结构，并把其效果与其他细胞载体如胶原凝胶、琼脂、海藻酸盐和纤维蛋白凝胶进行了比较，发现胶原蛋白海绵和琼脂为 ECM 的形成提供了优越的微环境。

研究人员也对使用胶原蛋白海绵作为泌尿细胞移植进行了初步探索，这是泌尿细胞自体移植的初步步骤。研究表明，胶原蛋白海绵体可支撑泌尿细胞的生长和分层，是开发泌尿细胞自体移植的合适基质。在模拟体液(SBF)中，对胶原蛋白进行化学磷酸化，以及类似骨样的磷灰石的生物模拟，制备了一种类似于骨胶的骨胶蛋白/胶原蛋白纳米复合材料。化学修饰可以在胶原分子上引入磷酸基，为磷灰石的生物矿化提供成核点，而在 SBF 中，磷化胶原蛋白的孵化则导致类骨磷灰石在胶原蛋白上的形成。

在骨组织工程(图 6.1)中，用一种直接的聚合物熔融沉积(DPMD)方法和成骨的纳米复合涂层的方法，获得了一个三维微结构的支架。采用一种层层组装的多层组合方法，将羟基磷灰石和胶原蛋白涂在支架表面。与裸露的支架相比，羟基磷灰石/胶原纳米复合材料支架显示出了增强的骨原性活性，为骨再生提供了巨大的潜力。

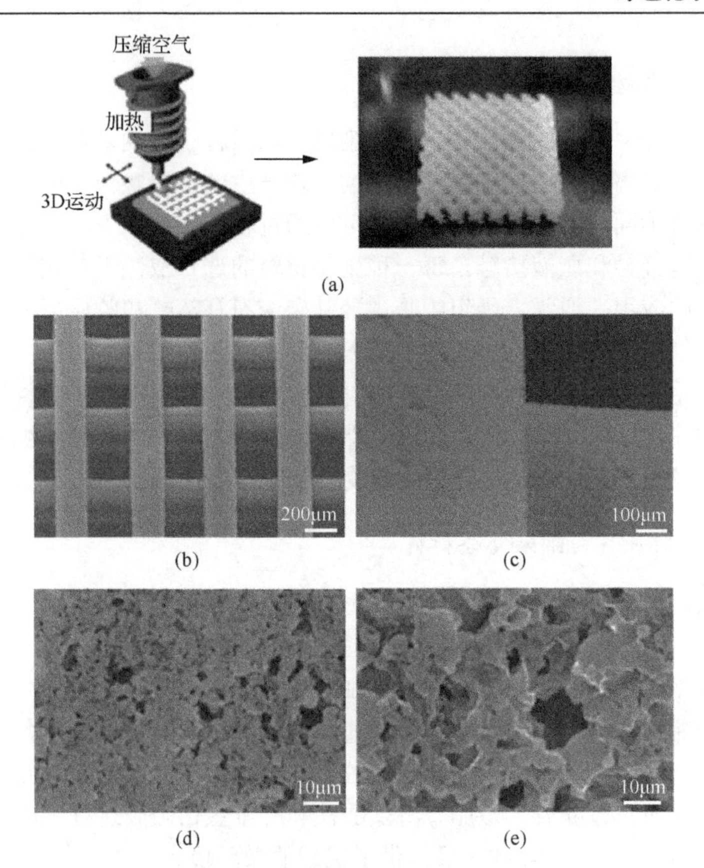

(a)

(b) (c)

(d) (e)

图 6.1 采用 DPMD 方法制造三维类柴堆结构的微纤维支架(a)，采用 HAp 纳米粒子和胶原蛋白形成的纳米复合材料多次涂布支架的 SEM 图[(b)～(e)]

水凝胶是由一种或多种单体之间的简单反应形成的，也可能是通过结合氢键、范德华相互作用等，胶原蛋白水凝胶的形成可以通过调节溶液的 pH 到其等电点而形成。在组织工程中使用胶原水凝胶时，有一个重要因素需要考虑，即在细胞播种后凝胶会显著收缩。已经开发了几种方法来抑制胶原水凝胶的收缩，如增加与戊二醛的交联。与戊二醛的交联或使用化学活性 PEG 的修饰可以允许使用固体或液体注射基质来进行细胞的输送，并且可以改变天然胶原蛋白的性质，实现止血或凝血。此外，人类皮肤成纤细胞和其他细胞的生长受到 PEG 的影响。PEG/胶原蛋白的比例为 10∶1、1∶1 和 1∶10 时，在第 7 天的细胞增殖过程中发现，纤维母细胞的增殖发生在基质中最高浓度的 PEG 时。

在烧伤患者或慢性伤口的治疗中，研究人员使用了一种由胶原蛋白填充的水凝胶。皮肤的替代品是由一种由纤维母细胞在胶原蛋白凝胶中组成的真皮细胞培养而成的。胶原凝胶也被用于心脏瓣膜和韧带的组织工程。复合支架，如胶原/

褐藻或胶原/透明质酸，也已经被制造出来，用于组织工程和 DNA 的传递应用。

一些研究人员已经研究了胶原蛋白、糖胺聚糖(GAG)和胶原/胶质/合成聚合物的混合支架。在组织工程中，胶原/GAG 被广泛应用，它们被制造成不同的孔隙结构和大的降解速率，并且可以通过加热或化学过程进行消毒，把 GAG 结合到胶原蛋白支架中，可以改善组织的生长和再生。

在聚合物或共聚物的水溶液中，采用冷冻干燥和电纺方法，可制备多孔的接枝聚合物或共聚物的胶原蛋白/GAG 支架。这些支架用于骨原性、软骨性和肺组织的发育。为了增加胶原蛋白和 GAG 复合物的机械强度，胶原蛋白可以与机械强度更高的材料结合在一起，形成混合结构。其中一种主要的组合是胶原蛋白和可生物降解合成聚合物的混合支架，如聚己内酯。聚乳酸-羟基乙酸共聚物(PLGA)/胶原蛋白杂化垫的制备可以采用在开放的 PLGA 垫上形成胶原蛋白微海绵得到。得到的 PLGA/胶原蛋白混合网格可用于牛关节软骨细胞的三维培养。牛关节软骨细胞被植入到 PLGA/胶原蛋白混合网格中，在 37℃下于 5%的二氧化碳环境中培养。软骨细胞附着在混合网格上，填充空隙。

胶原纳米纤维在维持各种组织和器官的生物和结构完整性方面起着主导作用，包括骨骼、皮肤、肌腱、血管和软骨。例如，混合的胶原蛋白和聚己内酯(PCL)的混合纳米纤维可支撑纤维母细胞的生长、增殖和迁移。利用浸渍涂层法和核壳纳米纤维制备技术，对 PCL 纳米纤维基质的表面改性进行了研究。核壳纳米纤维有一个胶原壳和 PCL 作为包裹的核心。与 PCL 纳米纤维相比，胶原蛋白涂层上纤维细胞密度呈线性增加。在神经再生应用中，胶原蛋白作为神经再生的物理框架，是再生轴突的各种营养因子的来源。

排列的纳米纤维 PCL/明胶和 PCL/胶原支架促进了新生的小鼠小脑干细胞(C17.2)、人类胶质细胞瘤、上皮样细胞株(U373)的增殖和分化。U373 细胞和人类神经元细胞(hNPAcs)在 PCL 和 PCL/胶原蛋白排列的纳米纤维上有类似的星形细胞排列和扩展，但前者表现出更强的增殖和改善的胶原蛋白黏附和转移性能，明显超过后者。

6.1.4.2 明胶纳米复合材料

明胶纳米复合材料可以被制成多种形状用于组织工程，如明胶海绵、明胶水凝胶、混合支架，以及用于特殊组织工程的胶原纳米纤维垫。在组织工程应用中也有一些商业化的以明胶为基础的药物载体，用于药物的运送。最常用的是凝胶泡沫，现在在美国的辉瑞公司已经商业化了，这是一种可吸收的明胶海绵，通过研磨海绵状海绵，也可以用粉末形式。凝胶泡沫是一种无菌的、可行的手术海绵，它是由一种经过特殊处理和纯化的凝胶溶液制成的，被用作止血装置。明胶海绵已经被用于软骨和骨骼的再生。

由于其易加工性和凝胶性质，明胶已被制成各种形状，包括海绵和可注射的水凝胶，但最常用的载体是明胶微球，通常被植入到第二个支架上，如水凝胶。一种凝胶注射剂可用于体内顺铂的输运，由可生物降解的水凝胶提供顺铂和阿霉素的跨组织输送，从而提高抗肿瘤效果。

对不同的明胶配方进行了研究以评价药物的负载能力和释放率。就像其他水凝胶一样，通过改变网络交联密度，可以很容易地调整药物释放曲线。因为在 30℃左右凝胶有一个溶胶-凝胶转变，明胶应该在化学上进行交联以避免在体温下溶解。

已经开发了多种方法来交联明胶，包括双异氰酸酯、碳酰亚胺和 1,1-碳酸二咪唑。明胶纳米颗粒被用来提供甲氨蝶呤、DNA、双链寡核和基因。颗粒的 PEG 化显著提高了其在血液循环中的循环时间，增加了细胞内的吸收。抗体修饰的凝胶纳米颗粒被用于淋巴细胞的目标吸收。

研究人员通过溶胶-凝胶的方法获得了羟基磷灰石/明胶纳米复合凝胶，并使用一种类似于戊二醛的交联剂原位形成 HAp 型盐用于整形手术。例如，用一种亚氨基的零长度交联剂，如 *N*-(3-二甲基胺丙基)-N^0-乙基碳酰亚胺或 *N*-羟琥珀酸，获得了一种 HAp/明胶纳米复合材料。采用纤维素微纤维与交联明胶相结合，制成了生物相容性的多孔微支架，用于在三维结构中持续生长脑细胞和人体间质干细胞(hMSCs)。

纤维素纤维/明胶支架可支持 hMSCs 的生长和细胞外基质的形成。hMSC 的骨原性和脂肪性分析表明，纤维素纤维/明胶复合材料中培养的 hMSCs 保留了多血统分化的潜力。研究结果表明，三维纤维素纤维/明胶复合材料对各种组织工程的应用前景十分广阔，特别是对细胞的排列和寿命很重要。

通过溶胶-凝胶法获得了明胶/弹性蛋白纳米复合物凝胶。随后，该凝胶与戊二醛进行了交联，可用于血管移植。明胶和 90/10、80/20、70/30 的明胶/弹性蛋白纳米复合物凝胶的生物学特性研究表明，它们都适用于老鼠平滑肌细胞(SMCs)的附着和扩散。荧光显微技术显示，老鼠 SMCs 细胞能够穿透凝胶支架的组织结构，这意味着在不同的阶段，它们最适合在凝胶支架上被播种。这是在血管移植组织工程中使用新颖的明胶/弹性蛋白纳米复合物凝胶的非常令人鼓舞的结果。

明胶水凝胶也显示出更好的血管生成特性。一种含有基本纤维细胞生长的因子(bFGF)的明胶水凝胶被植入老鼠体内，并显示出比植入 bFGF 的部位更多的血管生成特性。在使用明胶水凝胶的同时，也观察到一种类似的增强和延长的血管生成效应。将包含 bFGF 的明胶微球注射进老鼠心脏的梗塞部位，以诱发血管生成。当注射到心肌梗塞时，与只注射相同剂量的 bFGF 溶液相比，含有 bFGF 的明胶微球增加了缺血性肌肉的附属血管的数量(图 6.2)。

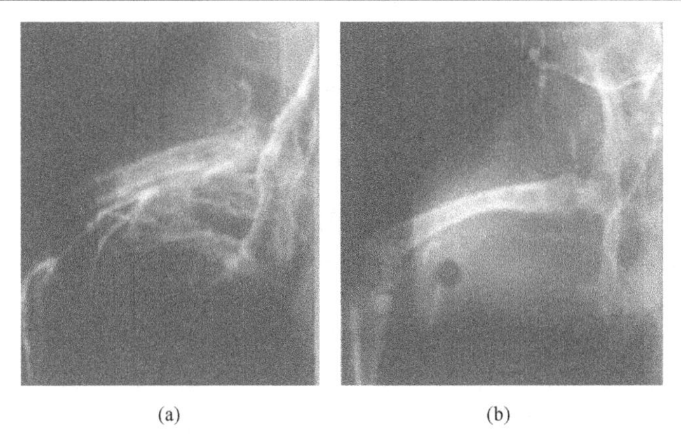

(a)　　(b)

图 6.2　含有基本纤维细胞生长因子(bFGF)的明胶水凝胶被植入老鼠体内，并显示出比植入 bFGF 的部位更多的血管生成特性

(a)水凝胶；(b)自由 bFGF

可采用电纺制备明胶/PCL 和胶原/弹性蛋白/PCL 支架(图 6.3)。与胶原/弹性蛋白/PCL 结构相比，电纺明胶/PCL 的拉伸强度更高。为了确定孔隙大小对细胞附着和迁移的影响，将两个混合支架都植入了脂肪衍生的干细胞。扫描电子显微镜和细胞核染色试验均证明细胞在两个混合支架上都显示了完整的附着。采用明胶/PCL 纤维膜作为骨髓基质细胞培养是一种有希望的支架。扫描电子显微镜(SEM)和激光共焦显微镜观察显示，这些细胞不仅能在支架表面生长良好(图 6.4)，而且还能在支架内进行迁移。这种支架的独特性能，可能会在组织工程中广泛应用。

(a)　(b)　(c)　(d)

(e)　(f)　(g)　(h)

图 6.3　电纺纤维的 SEM 图

(a)胶原蛋白/弹性蛋白(5%/2.5%)；(b)胶原蛋白/弹性蛋白(10%/5%)；(c)胶原蛋白/弹性蛋白(10%/5%)，在戊二醛中交联 2h；(d)胶原蛋白/弹性蛋白/PCL(10%/5%/10%)；(e)明胶(5%)；(f)明胶(10%)；(g)明胶(10%)，在戊二醛蒸气中交联 2h；(h)明胶/PCL(10%/10%)

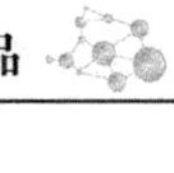

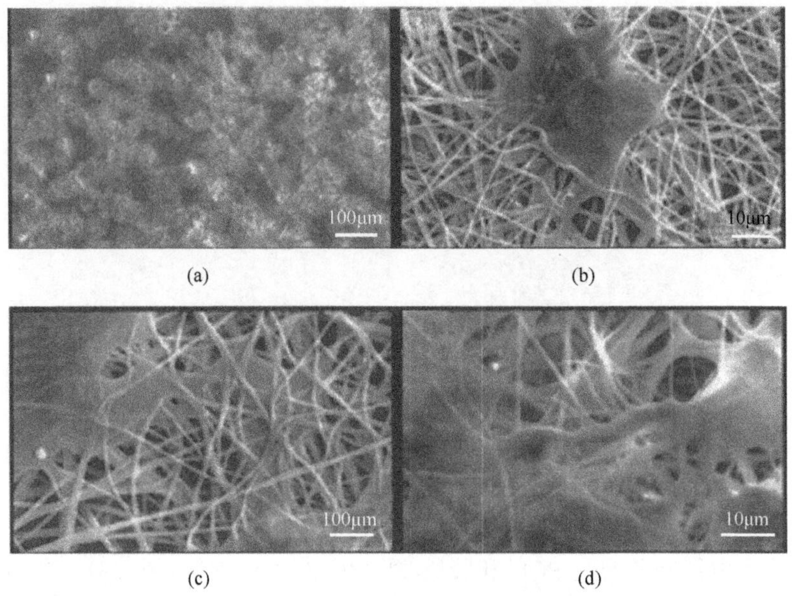

图 6.4 骨髓基质细胞与明胶/PCL 复合材料纤维支架培养 7 天后的作用

(a) 低放大倍数下细胞在支架上的黏附；(b) 1000 倍放大后；(c) 细胞在生长；(d) 层状细胞形成

6.1.4.3 弹性蛋白纳米复合材料

考虑到弹性蛋白在调节原生血管的力学特性及其在血管平滑肌细胞活性中的作用，可加工的弹性蛋白生物材料的发展促进了血管组织工程的设计，或在骨再生中实现血管化。这样弹性蛋白基生物材料最初可能不需要像原生精确结构的组织弹性蛋白，但可以作为模板进行细胞重组。

弹性蛋白纤维由两种截然不同的成分组成：弹性蛋白和微纤维。弹性蛋白聚合物具有优异的生物相容性，因为天然的弹性蛋白及其降解产物是原生氨基酸。为了增强细胞的相互作用，包括 RGD (300) 和 bFGF (310) 等生长因子的肽序列已经与弹性蛋白结合在一起。由于所有这些原因，为了不同的目的，研究人员合成了几种类弹性蛋白的肽。例如，在药物和 DNA 传递中已经测试了丝类和类弹性蛋白肽的共聚物。把合成丝和弹性蛋白聚合物结合，可形成具有不同特性的水凝胶，其特性取决于聚合物的组成。研究发现，弹性蛋白多肽对纤维细胞、主动脉内皮细胞和单核细胞的细胞运动产生了影响。

类弹性蛋白多肽和弹性蛋白衍生多肽已经被用于与药物形成复合材料，以阻止化学物质的降解和细胞效应。弹性蛋白纳米纤维和胶原/弹性蛋白纳米纤维在血管移植中有许多应用。在原生血管中，两种最丰富的蛋白质是胶原蛋白和弹性蛋白。其与平滑肌细胞(SMCs)一起，赋予了血管壁强度、弹性和保持其形状的能力。特别是，SMCs 确保了血管张力的维护，因为它们有收缩和放松的能力。

一种由弹性蛋白和胶原蛋白组成的商业真皮替代品(基质)已经出现，其在手腕区域的皮肤基质中可以直接用于皮肤移植。手部和腕部的缺陷对再造外科医生来说是一个巨大的挑战。当暴露于肌腱或骨头等深层结构时，通常需要皮瓣覆盖，全厚度的皮肤缺损可以通过皮肤移植来治疗。对于需要桡骨前臂自由皮瓣的患者，由于其头部和颈部的肿瘤切除，皮瓣在一个扩张的皮肤岛上被提起。在皮瓣成熟后，前臂上的直切口是闭合的。暴露在外的屈肌肌腱被周围的组织包裹着，为基质和皮肤移植提供了一个完美的伤口床。在止血后，以及用 0.9%的盐水溶液浸泡后，基质被应用到伤口床上(图 6.5)。从前外侧大腿取出一种网状的皮肤进行移植，随后被放置在基质中。研究证明，在手腕和手区，作为外科手术的手段治疗皮肤缺损是一种很好的选择。

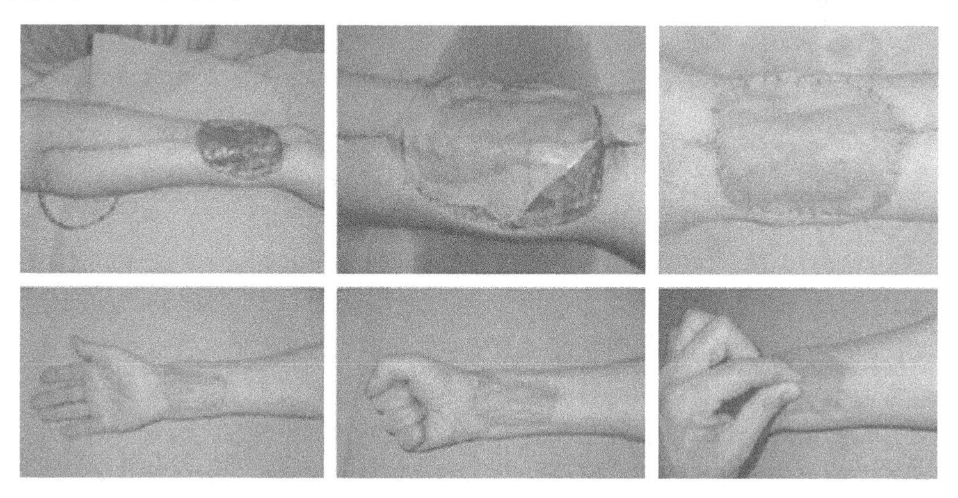

图 6.5 手部和腕部的缺陷再造术

6.1.4.4 纤维蛋白纳米复合材料

纤维蛋白和纤维蛋白原在组织工程的研究中得到了良好的应用，因为它们能够改善细胞的相互作用。此外，由于其生化特性，主要是细胞作用，基于纤维蛋白的材料也在药物递送领域得到了应用，特别关注细胞的递送。纤维蛋白主要的商业生物医学应用是在手术过程中使用超生理浓度的纤维蛋白原和凝血酶，以达到止血的目的。此外，已经开发出了纤维蛋白和纤维蛋白纳米复合材料水凝胶和可注射的系统，用于细胞输送生物活性分子。

研究了与纤维蛋白黏合剂相关的鼻软骨细胞(NCs)的潜在用途，用于治疗关节软骨缺损。将纤维蛋白黏合剂和 NCs 在体内形成软骨组织，并将其注射到裸鼠体内。这些软骨细胞能够形成软骨组织。纤维蛋白胶(图 6.6)是另一种水凝胶系统，在组织工程中有广泛应用。纤维蛋白胶是通过凝血酶激活纤维蛋白原的最后一步，从而导致纤维蛋白凝块的黏合性。改变纤维蛋白原和凝血酶的浓度，可以增强纤维蛋白和软骨细胞悬浮物的可注射性。

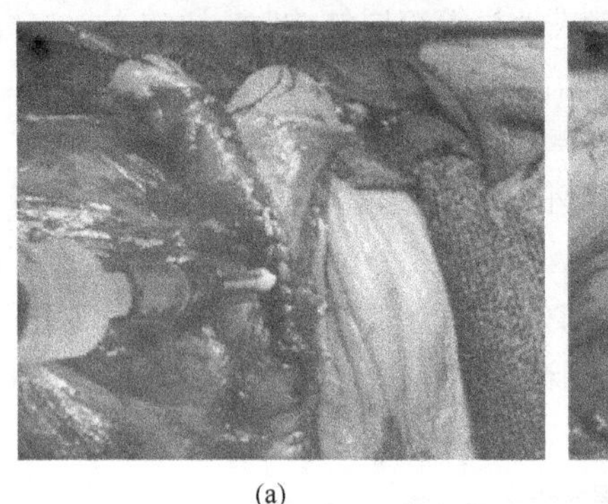
(a)

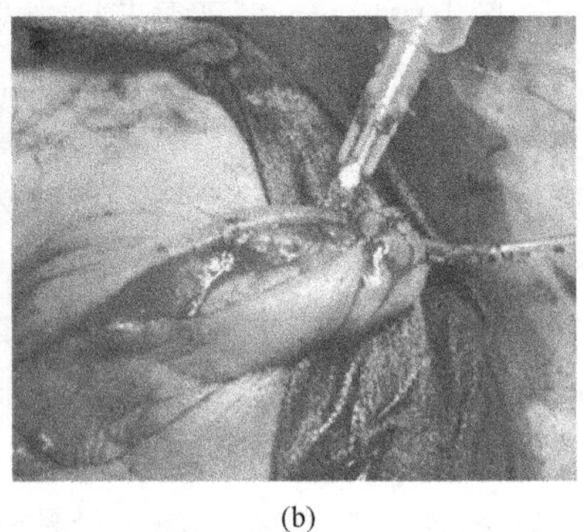
(b)

图 6.6 纤维蛋白胶用于尿道缝合线的近端吻合(a)和尿管的覆盖肉膜中(b)

通过对表面涂布合成寡肽的牛骨的矿化能力研究，发现其可以提高兔骨缺损骨的再生能力。发现在早期治疗阶段，一种由纤维蛋白结合而成的纤维蛋白合成寡聚物，可以增强兔子的新骨形成。

天然水凝胶的临床应用，如纤维蛋白凝胶的临床应用可能有局限性，其中包括缺乏力学完整性。由纤维蛋白/聚(乙醇酸)制成的复合支架已经被开发出来，以增加纤维蛋白凝胶的力学性能，可用于关节软骨组织工程。

人们对天然起源聚合物在药物和细胞递送中的应用有相当大的兴趣，主要是因为它们的自然属性和细胞外基质的构造。它们的可降解性、生物相容性、低成本和内在的细胞相互作用使它们成为生物医学应用的极具吸引力的候选者。

6.2 壳聚糖基纳米复合材料

6.2.1 壳聚糖的结构与特性[12]

甲壳素，聚(1,4-乙酰葡萄糖胺)，是一种很重要的天然多糖，在 1684 年被首次发现。这种生物聚合物可由大量的生物体合成，如节节动物、真菌和酵母，以及其他生物来源。世界上每年生产的甲壳素是仅次于纤维素的天然聚合物。甲壳素最重要的衍生物是壳聚糖。与甲壳素相反，壳聚糖在自然界中并不普遍，它在一些蘑菇(合子真菌)和白蚁蚁后腹壁中有发现，壳聚糖是甲壳素在碱性条件(浓 NaOH)下部分脱乙酰化，或在甲壳素脱乙酰酶的作用下酶水解得到的。它的化学结构如图 6.7 所示，是由 *N*-乙酰氨基葡萄糖(乙酰化单位)和葡萄糖胺(脱乙酰化单元)随机线性链组成的，由 β-1,4 连接组成。传统上，甲壳素和壳聚糖的区别在于乙酰化程度(DA)，甲壳素的值超过了 50%，壳聚糖的比例更低。在此基础上，壳聚糖没有独特的聚合物结构，它的材料性能取决于它的 DA，以及它的分子量。通常，工业壳聚糖的分子量(摩尔质量)从 5～1000kg/mol 不等。在固态的情况下，壳聚糖是一种半晶聚合物，它可以根据其 DA、碳水化合物链上的乙酰基团的分布和壳聚糖的制备过程而存在不同的状态。甲壳素和壳聚糖是生物相容性、可生物降解和无毒的聚合物。

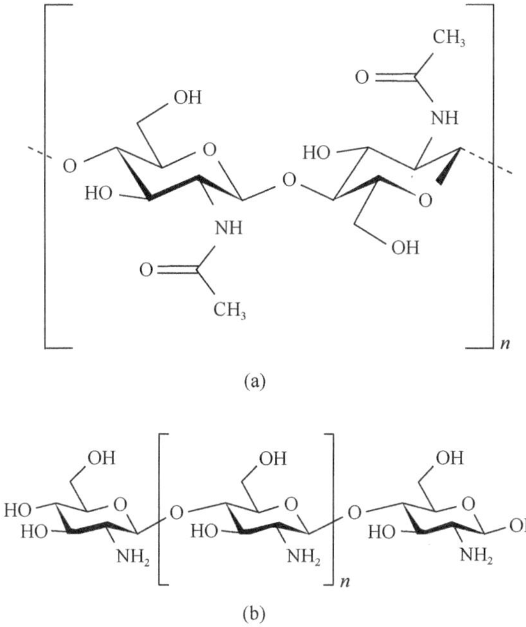

(a)

(b)

图 6.7 甲壳素(a)和壳聚糖(b)的化学结构

6.2.1.1 壳聚糖基材料[13]

近年来，以纳米壳聚糖复合其他材料可形成新型的壳聚糖复合材料。性能取决于纳米纤维的性质和表面功能，纳米复合材料可以表现出可变化的属性，如改进的力学屏障性能、更高的透明度等。这样的属性增强依靠它们的纳米级分散，即使在很低水平的纳米纤维含量[5wt%(质量分数，下同)]时，可导致高纵横比和高表面积。纳米复合材料的强化效率可与传统复合材料具有 40%～50%的填料相比，以壳聚糖为基质和纳米级增强材料的纳米复合材料，更加稳定和结实。在这些情况下，强化相的比例通常较低(5wt%～10wt%)，壳聚糖的比例相对较高。这就导致了在生物相容性和生物活性方面与基质相似的产品。

6.2.1.2 壳聚糖基纳米复合材料的重要性

在壳聚糖基质中加入纳米增强剂，已被证明是克服生物聚合物常规缺点的一种强有力的策略。壳聚糖的纳米复合材料在医药、化妆品、生物技术、食品工业、农业、环保、造纸、纺织等领域具有广泛的应用潜力。

壳聚糖可以与蒙脱石(MMT)黏土形成纳米复合材料，已有关于壳聚糖/MMT纳米复合薄膜、支架和水凝胶及药物释放行为的报道。最近的研究表明，壳聚糖/MMT 复合材料代表了一种创新的、有前途的吸附材料。在包装工业中使用基于壳聚糖的纳米复合涂料和薄膜已经成为一个非常有趣的话题，因为它们有可能增加许多食品的货架寿命。可添加纳米羟基磷灰石、生物活性玻璃陶瓷，使其广泛应用于组织工程中，提高了壳聚糖复合支架的力学性能。最近，一些研究报告使用了壳聚糖纳米复合支架，以及含有银和金纳米颗粒的膜，使用它们的抗菌性能来治疗严重烧伤、伤口等的患者。在过去的几十年里，随着纳米材料在传感层的引入，以及碳纳米管(CNTs)、纳米线、纳米粒子的引入，使壳聚糖材料的生物传感器性能得到了显著的提高。除了壳聚糖对材料的电极和传感能力的增强外，据报道，CNTs 还改善了材料的物理和力学性能，以及制备的壳聚糖/CNT 纳米复合材料的导电性能。在壳聚糖生物聚合物中，研究人员详细研究了石墨烯独特的增强性能。最近的研究表明，1wt%的石墨烯氧化物的结合提高了石墨烯/壳聚糖纳米复合材料的拉伸强度和杨氏模量，分别达到了 122%和 64%，同时也显著增强了其在湿润情况下的稳定性与强度[14]。目前，壳聚糖和金属氧化物纳米粒子复合材料的研究主要集中在 TiO_2 和 ZnO 上，因为它们具有良好的光催化性能，在酸性和碱性溶剂中稳定。壳聚糖和磁性纳米粒子，如 Fe_3O_4 和 $CoFe_2O_4$，在生物应用中被使用，如蛋白质、多肽和酶的固定、生物亲和力吸附、药物传递、生物传感器等。总的来说，纳米技术的出现正在为基于壳聚糖的材料研究开辟新的视野，在这些材料中，纳米颗粒被用作稳定剂，以提高它们的生物相容性、膜形成能力、非毒性和高机械强度。与它们的大体积相比，纳米级的颗粒提供了不同的物理化学、磁性和光学性质。

6.2.1.3 壳聚糖基纳米复合材料的类型

正如上面所提到的，壳聚糖基纳米复合材料的性质取决于所使用的纳米填充剂的类型，而壳聚糖的形状、大小、表面特性及壳聚糖的分散程度等都有很大的影响。为了实现纳米填充的定义，至少有一种粒子的尺寸必须在纳米尺度(＜100nm)。不同的纳米填充剂可以根据它们的纵横比和几何形状进行分类，如①血小板或分层粒子(如黏土、石墨烯)，②球形(如二氧化硅或金属纳米颗粒)或③针状或纤维状细胞(如胡须、碳纳米管)。长宽比(粒子长度与厚度之比)是决定纳米填充材料提高复合性能的关键因素。对于各种纳米填充剂，长径比增加的顺序如下：粒子、血小板和纤维，如图6.8所示。例如，纳米黏土血小板的厚度在1nm的范围内，与球形纳米颗粒相比，有相对较高的长径比。纳米粒子对材料力学性能的影响可能不强，但是，它们可能提供表面柔软、表面光泽等性能。纳米填充剂通常具有较高的表面能，而表面修饰通常可以减少表面能，防止聚集。此外，填料的表面改性提高了聚合物基体的相容性，从而达到了填料的良好分散性。表6.1列出了在壳聚糖基质中使用的不同纳米填充剂。

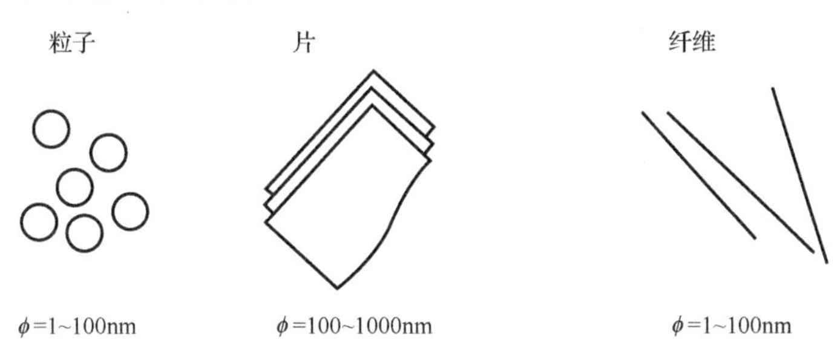

图6.8 不同的纳米填充剂形貌和典型的长径比

表6.1 在壳聚糖基纳米复合材料中使用的各种纳米填充剂类型、制备方法和应用

纳米填充剂类型	使用的纳米材料	纳米复合材料类型	壳聚糖基纳米复合材料制备方法	应用
粒子	金属氧化物：ZrO_2、Fe_3O_4、SiO_2、Cu_2O、TiO_2、ZnO、Al_2O_3	薄膜、水凝胶、粉末	电化学沉积、超声、溶液混合、冷冻干燥、电泳沉积	核酸生物传感、药物输运、酶固定化、光催化、水纯化、组织工程、紫外保护、水处理
	金属：Ag、Au、Pt、Pd、Co、Ni	薄膜、水凝胶	溶液混合、旋涂、沾涂、共沉淀、电化学沉积	细胞模拟、抗菌涂层、生物传感、催化
	其他：生物活性玻璃、CdS、量子点	水凝胶、粉末	溶液混合、冷冻干燥	热响应可注射骨架、组织工程、潜在指纹印迹探测
纤维	SWNTs、MWCNTs、Fe纳米线、ZnO纳米线、Au纳米线与纳米棒、纤维素纤维	复合物纤维、粉、膜	冷冻干燥、溶液混合、超声	pH和电传感器、骨组织工程、生物探针、电化学生物传感器、纸涂层
片	层状硅酸盐	膜、支架、粉、	溶液混合、冷冻干燥、微乳液过程	燃料电池、气体分离、药物输运、水处理、催化
	石墨烯 石墨烯氧化物	膜、粉	溶液混合与铸造	生物传感、电化学传感

目前，最密集的研究集中在层状硅酸盐上，因为它们的可用性、多功能性及对环境和健康的友好性。由于其结构的独特性(膨胀和吸收特性)，在不同的黏质矿物中，如高岭石、海泡石、伊利石、绿泥石，研究最广泛的是海泡石。海泡石中最知名的物种是MMT黏土，因为它的表面积大、交换能力强、资源丰富、成本效益高。因此，这里讨论基于MMT纳米黏土的壳聚糖基纳米复合材料的研究进展。

6.2.2 蒙脱土的结构和特性[15]

MMT 黏土是层状的硅酸盐。MMT 是法国蒙特莫里隆附近发现的层状硅酸盐，1696 年，它首次被 Knight 发现。尽管 MMT 是在世界各地的大量沉积物中发现的，但它总是含有一些杂质，如砾石、页岩、石灰石、石英和长石等。这种材料的混合物被称为膨润土，而 MMT 则主要通过水分离过程与原始矿石分离。它由一个内部的八面体层组成，位于两个硅酸盐四面体层之间，如图 6.9 所示。八面体层被认为可能是一种氧化铝薄片，其中一些铝原子已经被镁取代。铝和镁不同，在片层的平面内产生了负电荷，这些电荷是由正相反的离子，通常是碱或碱土，位于片层之间。这种层状硅酸盐的特征还表现为阳离子交换能力（CEC）的温和表面电荷。这个电荷不是局部不变的，而是从一层到一层的变化，并且必须被看作是整个晶体的平均值。

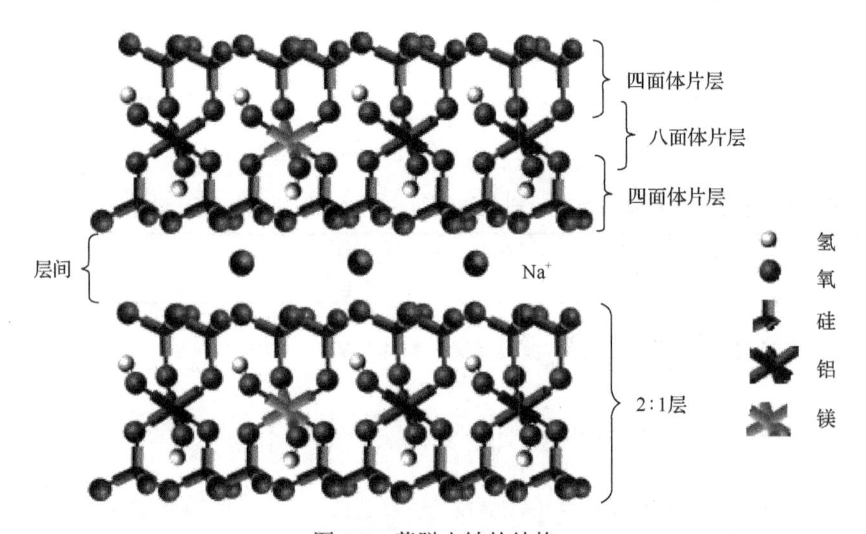

图 6.9 蒙脱土钠的结构

MMT 的化学式是 $M_x(Al_{4-x}Mg_x)Si_8O_{20}(OH)_4$。MMT 的 CEC 和粒子长度（100～150nm）取决于其来源。MMT 的表面积等于 750～800m^2/g。在它的自然状态下，这种黏土就像一堆薄片一样存在。Na^+的水合作用使通道扩张、黏土膨胀。事实上，这些片层可以完全分散在水中。水化 MMT 的层厚度为 1.45nm，平均密度为 2.385g/mL。在 150℃干燥的 MMT 中，将通道高度降低到 0.28nm，这相当于一层水单层，因此层间间隔减小到 0.94nm，平均密度增加到了 3.138g/mL。

原始的 MMT 通常包含有水的 Na^+或 K^+。很明显，在这种原始状态下，MMT 粒子只与亲水性聚合物共混，如聚环氧乙烷（PEO）和聚乙烯醇（PVA）等。MMT 粒子与壳聚糖聚合物共混，必须转换通常的硅酸亲水表面为亲有机物质的。为了达到与聚合物极性相匹配的目的，要对黏土表面进行化学改性。阳离子交换是最常用的技术，但也使用了其他的技术，如有机硅烷接枝、共聚或共聚物吸附。一般来说，阳离子交换是由有机碳取代无机阳离子。这些通常是伯、仲、叔或季铵，或烷基磷铵阳离子。烷基铵或烷基磷铵阳离子(被称为“表面活性剂”)在有机硅酸盐中降低了无机宿主的表面能，提高了聚合物基质的润湿特性，从而产生了更大的层间间距。此外，表面活性剂可以提供能与聚合物基质反应的功能基团，或在某些情况下启动单体聚合，以改善无机盐与聚合物基体之间的附着力。不同类型的有机物改进的 MMTs，在性质上有所不同，有些在商业上是可得到的。表 6.2 列出了一些商业上可获得的有机改进的 MMTs 的特征。

表 6.2 商业可利用的 MMT 黏土及其特性

商品填充剂/黏土	名称	修饰剂	修饰剂浓度/(mmol/100g)	点燃后质量损失/%	d-空间距离/Å
Cloisite Na	CNa	无		7	11.7
Cloisite 15A	C15A	NMe_2(牛脂)$_2$	125	43	31.5
Cloisite 20A	C20A	NMe_2(牛脂)$_2$	95	38	24.2
Cloisite 25A	C25A	NMe_2(C_8)(牛脂)	95	34	16.6
Cloisite 93A	C93A	NHMe(牛脂)$_2$	90	37.5	23.6
Cloisite 30B	C30B	NMe(EtOH)(牛脂)$_2$	90	30	16.5
Nanofil 804	N804	NMe(EtOH)(牛脂)	105	21	16
Dellite LVF	LVF	无	—	4～6	9.8
Dellite 43B	D43B	NMe_2(CH_2Ph)(牛脂)	95	32～35	16.6

6.2.3 纳米复合材料：制备、结构和表征[16]

聚合物与层状硅酸盐的相互作用已被证明是合成纳米复合材料的一种成功方法。原则上，纳米复合材料可由三种主要方法得到：原位聚合、溶剂相互作用和熔解过程。溶剂夹层是在一种聚合物溶剂中膨胀的层状硅酸盐，以促进在黏土层间间隔内的大分子的扩散。在聚合前，原位内接法使层状硅酸盐在单体或单体溶液中膨胀。熔解过程是基于熔融状态的聚合物处理，如挤压。显然，在可持续和环保的发展理念下，最后一种方法是非常受欢迎的，因为它避免了有机溶剂的使用。

在大多数情况下，对黏土实现完全剥离，并在聚合物基质中单独分散，是形成复合材料的理想目标。然而，这种理想的形态经常是不能实现的，而且更常见的是存在不同的分散度。通常有三种主要的形态类型：不混溶(常规或微复合)、插层和剥离。对于微复合材料，聚合物链没有渗透到层间，而黏土粒子则聚集在一起。在插层的结构中，聚合物链在片层之间扩散，从而导致间隔空间的增加。在剥离的状态下，黏土层分别进行分层和均匀地分散到聚合物基体中。经常观察到中间分散状态，如间隔层的剥离结构。这种分类没有考虑到分散的多尺度结构，如渗透现象、黏土层的优先取向等。

利用 XRD 和 TEM 对聚合物纳米复合材料的层状硅酸盐的层间化和剥落进行了研究。对微复合材料来说，聚合物复合材料的广角 X 射线扫描与有机泥粉的效果基本相同。X 射线测得的间距没有变化。层状硅酸盐有一定的层间距，对应于从 XRD 峰位置计算出的层间距的增加。对于完全剥离的有机黏土，由于没有固定的片层间距，所以没有任何角度的 X 射线衍射峰，在任何情况下，片层之间的距离都比广角 X 射线散射所能检测到的要大。TEM 是 XRD 的一种补充技术，在这种技术中，可以对一个聚合物复合材料中硅酸盐的分散的图像进行量化和分析。在图 6.10 中演示了这些图，以及示例 TEM 图和预期的 XRD 图谱。

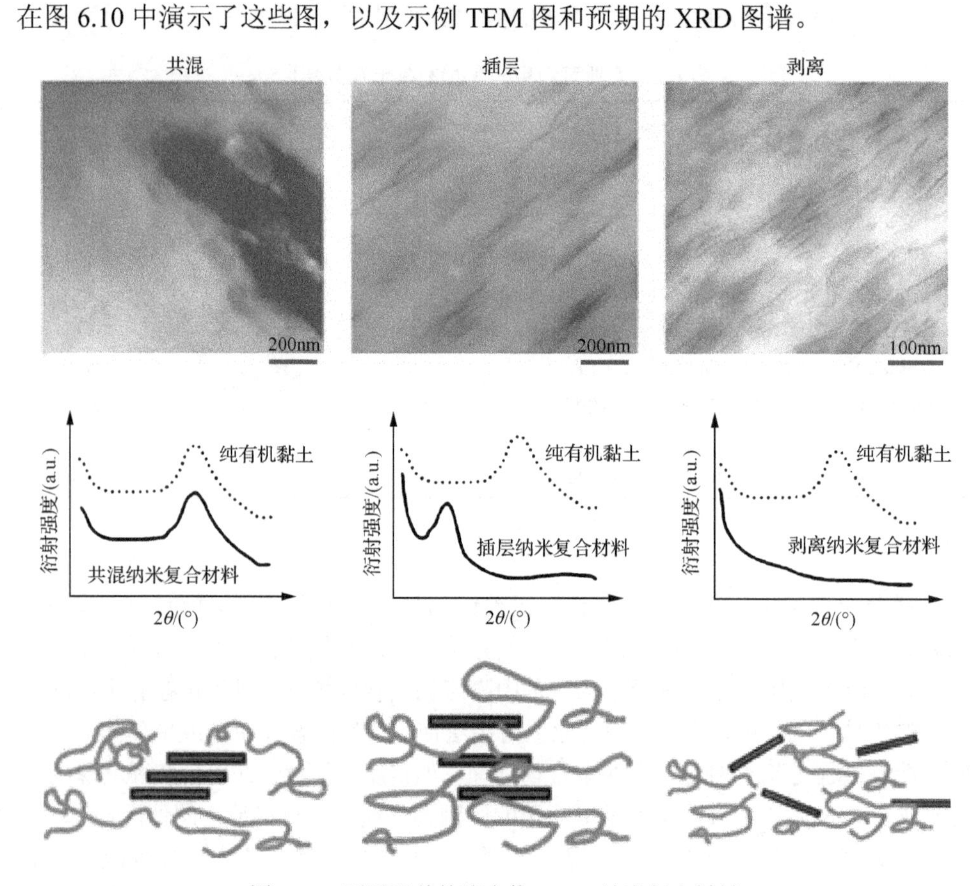

图 6.10　不同形貌的聚合物/MMT 纳米复合材料

6.2.4　壳聚糖/MMT 纳米复合材料[17]

甲壳素的脱乙酰化程度为 75%或以上时通常被称为壳聚糖，它可以被认为是一种由氨基葡萄糖和 *N*-乙酰氨基葡萄糖组成的共聚物。它很容易溶解在稀释的有机酸中，形成了一种清晰的、均匀的、黏性的溶液。因此，壳聚糖结构中的化学活性基团是游离氨基团，位于多糖链中葡萄糖残基的 C-2 位置，羟基基团也易进行修饰。作为一种主要的脂族聚氨，壳聚糖参与了氨基的所有反应。壳聚糖的大部分应用都是基于大分子的聚电解质性质和螯合能力，而这些性质主要是由—NH_3^+基团的酸度来控制的。在基于壳聚糖的化学和生物传感应用的基础上，以纯壳聚糖的弱碱性阴离子交换能力为依据。

然而，由于壳聚糖的特性随时间的变化而缺乏长期稳定性，因此这些材料性能较差。最近的研究表明，将原始或有机改性的 MMT 结合起来，对基于壳聚糖的聚合物纳米复合材料的力学性能和稳定性的改善很有帮助。由于壳聚糖在酸性介质中的多阳离子性质，这种生物聚合物作为一种阳离子材料，在硅酸盐层中是一种极好的候选物。

6.2.4.1 制备方法和表征

在天然高分子材料中，选择合适的制备纳米复合材料的方法受到天然材料的加工可能性的限制。由于自然界本身产生了可能的基质聚合物，只有在熔融或溶液中，才会以合适的无机粒子的形式出现，这是一种易操作的制造方法。最近，提出了一种新的纳米复合材料的替代方法，该方法涉及室温球磨的固态混合。

传统的制备壳聚糖和 MMT 纳米复合材料的过程如下，先将壳聚糖溶液的 pH 调为 4.9，而后添加 2wt%的黏土悬浮体并搅拌 2 天。最后的混合物经过过滤、清洗和空气干燥，加热达到 50℃，获得复合粉。有不同的壳聚糖/CNa 比(0.25∶1、0.5∶1、1∶1、2∶1、5∶1 和 10∶1)的纳米复合材料。以 1∶1 的壳聚糖/MMT 比值为基础的 XRD 图谱显示了基底间距的增加，这表明壳聚糖与硅酸盐层间有相互作用。壳聚糖含量较低的复合材料的扫描透射电镜(STEM)图(图 6.11)显示了 MMT 的特征性片层的特征，而以 5∶1 为主要成分的复合材料具有良好的插层相。

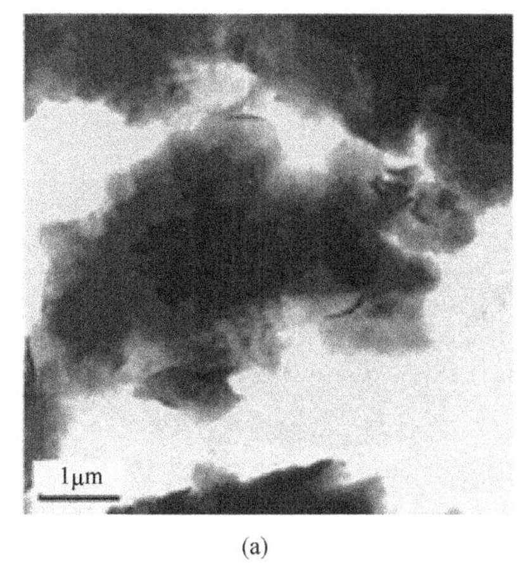

(a)

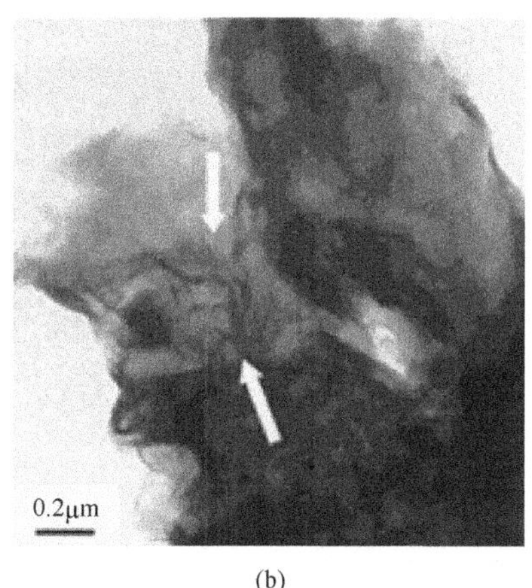

(b)

图 6.11 壳聚糖/CNa 不同组成比[(a)1∶1，(b)5∶1]的纳米复合材料的 STEM 图

新的纳米复合材料的制备方法采用了聚丙烯酸丁酯、壳聚糖、甲基三十二烷

基溴化铵修饰的 MMT 混合物在乙酸水溶液中进行 γ 射线辐照聚合。XRD 结果表明，在纳米复合材料中，MMT 的层是被插入的、有序分散的。后来还发展了一种用溶剂铸造法制备壳聚糖/MMT 纳米复合薄膜的新技术。MMT 通过阳离子交换首先与硫酸钾(KPS)结合，然后与壳聚糖的酸化溶液混合，复合材料被铸造成膜。在复合膜的 XRD 图谱中，存在典型的 MMT 峰值的变化表明，MMT 已经几乎完全剥离，TEM 实验也支持这一结果。在 MMT 中加入 KPS 的数量越多，MMT 的剥离就越多。在壳聚糖的酸化溶液中，KPS 与壳聚糖进行了分离，结果与壳聚糖反应迅速，引起了聚合物链的裂解，从而引发了 MMT 的脱落。XRD 图谱和 TEM 图清楚地表明，MMT 在较低的 MMT 含量(2.5wt%)时保持了插层和剥落的结构，而在增加 MMT 的含量时，MMT 层则是由于硅酸盐层的亲水性相互作用而聚集成层状和絮状结构。

在最近的另一项研究中，研究人员制备了一种壳聚糖、聚己酯(80∶20)和 C30B 的混合溶液。结果表明，C30B 与组分的相互作用与其剥落有关，随着黏土浓度从 1wt%～5wt%的增加，相互作用的程度也会增加。在混合过程中 C30B 受到动态的外部片层高剪切力作用，最终导致堆层的分层构建 C30B 粒子，然后一个洋葱式的分层过程继续分散层状的硅酸盐。

通过溶解壳聚糖和层状硅酸盐，在溶液中进行了加热和膜铸件的溶解，并将其分散到溶液中。在样品的 XRD 图谱中，2θ 值的降低和 d-间距的增加，证实了在黏土层间生物聚合物的相互作用。这个结果得到了 TEM 和 EDX 分析的支持。

一种新型的壳聚糖/聚丙烯酸/MMT 的超吸水性纳米复合材料也被合成出来，在壳聚糖、丙烯酸和 MMT 的水溶液中，采用 N, N'-二甲基双丙烯酸酯作为交联剂和硫酸铵作为引发剂。XRD、红外和透射电镜分析表明，原位接枝聚合导致了 MMT 的剥离，壳聚糖链可以进入到 MMT 层中，形成纳米复合材料。从图 6.12 所示的 SEM 图中可以看到，纳米复合材料表面的多孔性似乎比没有黏土填充材料的纳米复合材料的多孔性更强，这是水渗透的理想选择。

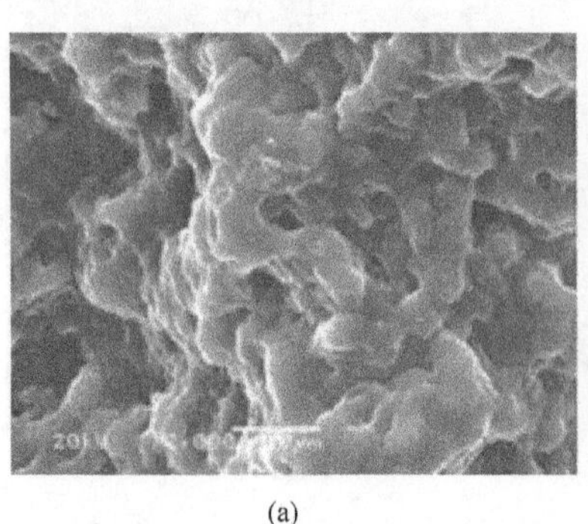
(a)

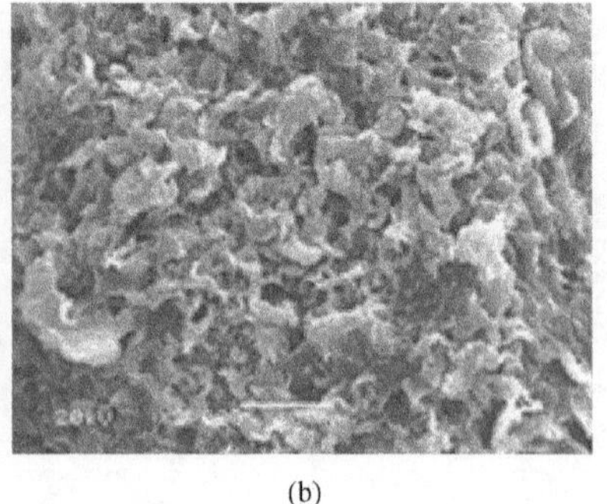
(b)

图 6.12 壳聚糖接枝聚丙烯酸(a)和壳聚糖接枝聚丙烯酸/MMT 纳米复合材料(b)的 SEM 图

通过一种简单的溶液蒸发法，开发出了壳聚糖/MMT-Na/多壁碳纳米管(MWCNT)纳米复合薄膜。在一个典型的过程中，在蒸馏水和超声下，加入大量的 MMT 和 MWCNTs。然后将壳聚糖的乙酸溶液加入到混合物中，机械搅拌 20min。最后用溶剂铸造法合成了均匀的纳米复合薄膜。XRD 分析结果表明，在聚合物基体中，MMT 层剥落。MWCNTs 的引入增加了纳米复合材料的力学性能，但不影响壳聚糖和 MMT 层的界面相互作用。在图 6.13 中，采用了一种新颖的方法来制造珠母贝/MMT 生物纳米复合薄膜，这种方法是由壳聚糖/MMT 混合材料组成的。制造过程简单、快速、省时，并且可以很容易地扩大规模。在此方法中，首先制备了乳白胶壳聚糖/MMT 混合材料，并将其与脱壳纳米板的水悬浮液和壳聚糖的水溶液进行混合，以保证壳聚糖在 MMT 纳米板上的完全吸附。然后，由真空过滤或水蒸发引起的自行组装，将壳聚糖/MMT 混合构建成了与珠母贝类似的结构。

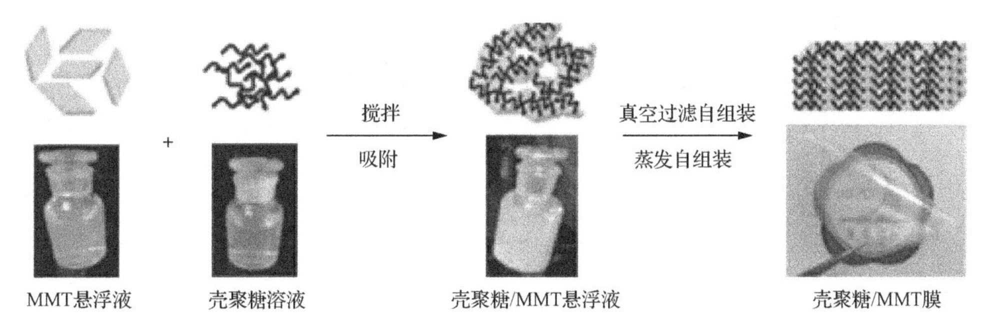

图 6.13　类珍珠壳聚糖/MMT 生物纳米复合薄膜的制备过程

最近，Shameli 等使用了一种绿色的紫外线辐射法。在一个典型的过程中，在不断搅拌的情况下，在乙酸乙酯溶液中加入了 500mL 的硝酸银(0.02mol/L)。然后将这个溶液加入到黏土悬浮体中，并在室温下搅拌。在波长为 365nm 的光照射下形成复合物，结果表明，在壳聚糖/MMT 基质中成功地加入了 Ag 纳米颗粒。紫外线照射时间的增加导致颗粒尺寸和粒度分布的减小。XRD 证实了在 MMT 结构中，一种面心结构的晶体和壳聚糖的相互作用。

在传统的加工工艺中，如挤压、压缩和注塑成型，特殊的机械能、剪切冲击、压力、塑化剂、时间和温度是决定黏土分散和化学交联的重要参数，这些参数最终决定了复合材料的性能。黏土与壳聚糖的相互作用程度主要取决于表面改性黏土和官能团的聚合物，以及成膜条件如干燥温度、干燥速率、含水率、溶剂类型、塑化剂浓度和 pH。

有机修饰剂在生产纳米复合材料中起着重要的作用。它既可以增强黏土与聚合物之间的相互作用，也可以使其更合适地混合，也可以通过控制片层间距来促进聚合物链的相互作用。大部分研究制备的壳聚糖/MMT 复合材料表明，不管是

 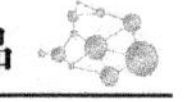

否对有机黏土改性，MMT 黏土浓度较低(主要是 1wt%～5wt%)有助于脱落或夹层结构的形成，而黏土含量高的黏土层相互作用则形成絮凝的结构。

采用传统的制备方法，在壳聚糖基质中，由于具有较强的横向尺寸和较强的黏土片层聚集力，实现完全剥离仍是非常困难的。然而，在使用挤压机、混合机、超声波机、球磨机等加工设备时，在一定程度上可以提高剥离的程度。

6.2.4.2 特性

与壳聚糖相比，壳聚糖和 MMT(有机改性或非有机改性)在机械和其他各种性能上都有较好的提高。改进通常包括一个较高的模量，包括固体和熔体状态，同时增加强度和热稳定性、降低气体渗透性，以及更好的生物降解能力。在纳米复合材料中，这些改进性能的主要原因是基质和层状硅酸盐之间的界面相互作用更强。

(1)机械特性

为聚合物添加填料的一个普遍原因是通过复合材料理论所描述的强化机制来增加模量或刚度。正确分散和排列的黏土纳米片被证明对提高聚合物基质的硬度是非常有效的。在决定纳米复合材料的力学性能方面，黏土纳米片与聚合物基体的黏附程度同样重要。动态力学分析(DMA)是一种常用的表征方法，通过控制应力或应变，可以测量材料的黏弹性特性。在应力的作用下，大多数聚合物材料表现出弹性和黏滞性行为的组合，即它们在一定程度上同时具有弹性和流动性，并被称为“黏弹性”。因此，应力和应变曲线将会失去相位。DMA 测量了应力和应变的振幅及它们之间的相角。这是用来将模量分解成一个内相分量的，即存储模量(G^0或E^0)，以及一个外相分量，即损失模量(G^{00}或E^{00})。损失与存储模量(G^{00}/G^0)的比值是 $\tan\delta$，通常被称为阻尼因子。它是一种测量材料能量损耗的方法，在测量玻璃化转变温度(T_g)中很有用。另一种理解聚合物纳米复合材料力学性能的方法是拉伸试验。它预测了材料在不同类型的力作用下的行为。拉伸试验产生应力-应变图，用于确定拉伸模量。通过拉伸试验直接测量的性能是极限拉伸强度和最大延伸率(断裂伸长率)。通过这些测量，可以确定杨氏模量和屈服强度等特性。纳米压痕是测试小体积材料力学性能的另一种方法，在这种方法中，小载荷和小尺寸被用来测量载荷位移特性，并提取像杨氏模量这样的参数。

壳聚糖和 C30B 及 CNa 复合膜的拉伸性能被系统地进行了测试，结果在表 6.3 中。随着 1wt%～3wt%CNa 的加入，复合膜的拉伸强度增加了 35%，达到了 62%，这是由壳聚糖基质中的脱模态和 MMT 的均匀分散引起的。高表面能的 MMT 纳米粒子的聚合导致了高黏土含量材料的拉伸强度降低。当将 C30B 加入到壳聚糖基质中时，拉伸强度并没有显著提高，虽然它最初提高了复合材料的承载能力。

表 6.3　壳聚糖/纳米黏土复合材料的力学性能

材料	拉伸强度/MPa	断裂伸长率/%
壳聚糖	40.62 (0.84)	13.14 (3.85)
1% CNa	54.98 (4.83)	8.72 (0.97)
3% CNa	65.67 (2.20)	10.81 (0.52)
5% CNa	44.51 (3.91)	8.98 (1.21)
1% C30B	45.01 (0.16)	14.40 (1.47)
3% C30B	47.97 (4.91)	5.71 (1.72)
5% C30B	47.29 (3.10)	4.42 (0.19)

注：括号内数值代表标准偏差。

研究人员研究了壳聚糖/KPS-MMT 的各种阳离子交换(CEC)复合材料的拉伸性能，结果表明，当采用 0.5 CEC KPS 与 MMT 结合时，所得到的纳米复合材料具有较高的拉伸强度，但较原始的壳聚糖更低。随着 KPS 在 MMT 中加入的数量增加，伴随着壳聚糖的降解，更多的 MMT 会被剥离，从而使杨氏模量增加，但拉伸强度降低。尽管如此，这两种方法仍然比只含有壳聚糖的 KPS 要大得多。

MWCNTs 和 Na-MMT 对壳聚糖的力学性能有协同作用，MMT 和 MWCNTs 可同时被引入壳聚糖膜并极大地提高膜的力学性能(图 6.14)。壳聚糖薄膜的杨

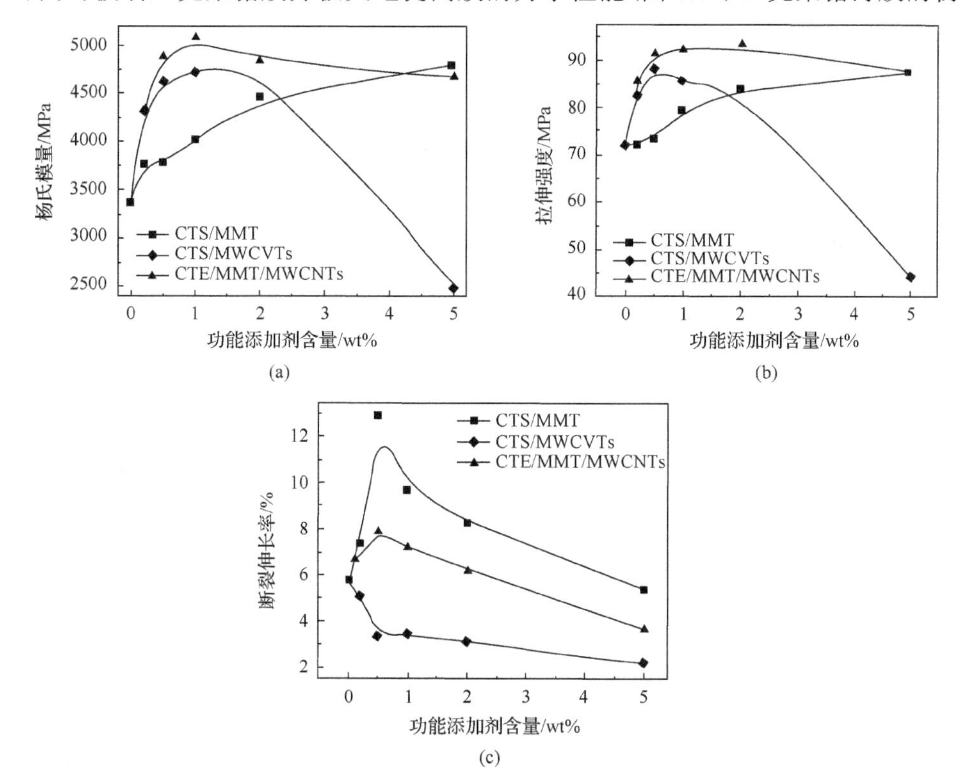

图 6.14　壳聚糖/MMT、壳聚糖/MWCNTs 和壳聚糖/MMT/MWCNTS 纳米复合膜不同添加剂含量时的杨氏模量(a)、拉伸强度(b)和断裂伸长率(c)

氏模量在添加各 1wt%的 MMT 和 MWCNT 时增加了 50%左右。在加入 MWCNTs 后，拉伸强度也会增加。虽然断裂伸长率随着添加 MWCNT 含量的增加而逐渐减小，但 MMT 可以补偿 MWCNTs 的负效应。当 MMT 和 MWCNTs 的含量分别为 0.5wt%时，其断裂伸长率最高。壳聚糖链上的—NH_3^+基团吸附在碳纳米管表面，可以与带负电荷的 MMT 纳米片结合，得到性能优异的复合材料。

通过不同的技术，如常规的、蒸发的、真空过滤自组装，对壳聚糖和 MMT 混合纳米复合材料的拉伸性能进行了比较，并对其进行了分析。与传统简单的混合成分相比，这种排列整齐的人造贝壳类膜的力学性能更好。与传统的薄膜相比，这种排列整齐的人造薄膜的杨氏模量和极限拉伸强度分别提高 3～5 倍和 2～3 倍。壳聚糖的—OH 基和—NH_3^+基与 MMT 表面之间的静电吸引可以促进纳米复合材料力学性能的提高。

(2) 热特性

一般来说，有报道称聚合物/黏土纳米复合材料比纯的聚合物更稳定。黏土层的作用通常被认为是在高温条件下聚合物链分解过程中产生的高质量的绝缘层和一个巨大的传质障碍。当有机聚合物被降解为挥发性化合物时，黏土矿物是无机材料，在温度范围内基本稳定。成分分析通常是使用热失重重量分析仪（TGA），它可以分辨填充剂、聚合物树脂和其他添加剂。TGA 还可以显示热稳定性和添加剂的影响。TGA 测量样品质量变化的量和速率。示差扫描量热法（DSC）是另一种广泛应用的技术，用于检测聚合物的组成、熔点和聚合物降解。

采用 TGA 和 DSC 研究了掺杂不同 MMT 对壳聚糖复合材料的热稳定性影响，发现壳聚糖的降解模式和壳聚糖及其纳米复合材料的降解模式是不同的，这表明了两种不同的复合降解机制。在氮气的环境下，材料存在两种降解过程（图 6.15）。第一个范围（50～200℃）与水的损失（5wt%～8wt%）有关，而第二个范围（200～450℃）则与壳聚糖的降解和脱乙酰相对应，剩下的大约有 50wt%的固体残渣。在空气流中，存在着另一个降解步骤（450～700℃），最主要的分解温度约出现在 600℃时，这可能是前一步形成的碳质残留物的氧化降解过程。含有残留乙酸的壳聚糖/MMT 复合材料的热稳定性比不含乙酸的复合材料低。

在 50wt%质量损失时，CMT/MMT 纳米复合材料（2.5wt%～10wt% MMT）的分解温度比纯壳聚糖高 25～100℃。黏土在热分解后起到了热屏障的作用，也起到了辅助作用。在聚合物基质中，纳米分散的黏土层在分解过程中，在空间上更均匀、更厚。纳米分散的黏土在聚合物基体表面增强了碳的形成，因此降低了分解的速度。在另一项研究中，研究人员比较了两种不同的壳聚糖衍生物（*N*,*O*-羧甲基壳聚糖和 *N*,*N*,*N*-三甲基壳聚糖）和它们的纳米复合材料的热稳定性。对羧甲基壳聚糖/MMT 体系而言，其热稳定性比壳聚糖/MMT 体系的更高。然而，在三甲基壳聚糖/MMT 纳米复合材料的体系中，观察到纳米复合材料在早期热阶段的快速降解。

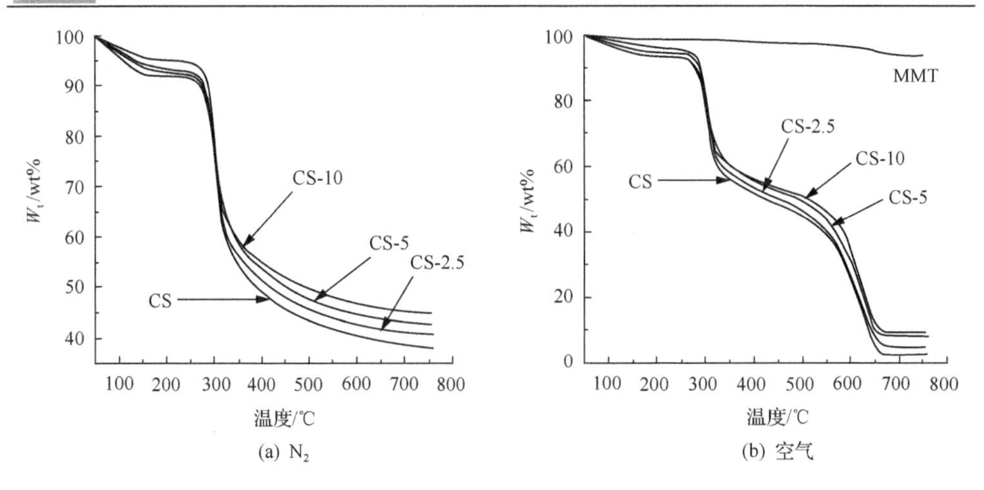

图 6.15 MTT、壳聚糖(CS)和不同 MMT 含量的纳米复合材料的 TGA 图

(a)CS、CS-2.5、CS-5 和 CS-10，氮气流；(b)MMT、CS、CS-2.5、CS-5 和 CS-10，空气流

采用 DSC 和 TGA 等方法对壳聚糖和 C30B 的热性能进行了分析，并分别对壳聚糖和相应的含碳纳米复合材料进行了分析。如图 6.16 所示，出现两个内热峰，一个是 102℃，归因于溶剂蒸发，另一个是在 168～196℃，表明壳聚糖的结晶不受纳米黏土的限制。纯净的壳聚糖薄膜具有 193.6℃的熔点(T_m)和 6.05J/g 的熔融焓(DH_m)。

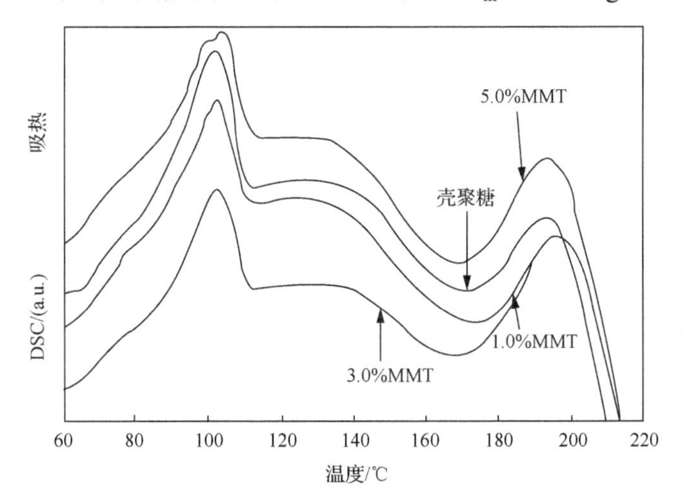

图 6.16 壳聚糖和其 MMT(CNa)纳米复合材料不同 MMT 含量时的 DSC 图

增加 1wt%和 3wt%的 CNa，可分别使 T_m 增加到了 196℃和 DH_m 增加到了 11J/g。然而，复合膜的 T_m 在 CNa 的含量增加到 5wt%时，减少到 194.5℃。另外，由于加入了 C30B，T_m 和 DH_m 都减少了，这表明壳聚糖的结晶度降低了，原因是分散的 C30B 作为阻碍晶体生长和完美排列的物理屏障。当用作纳米填充剂时，也观察到壳聚糖/MMT 薄膜的热稳定性的增加。这反映了由于纳米级复合材料的

形成，分别加入了 1wt%和 3wt%的 CNa，热降解的起始温度分别增加了 12℃和 71℃。由于无机材料具有良好的热稳定性，一般认为无机材料在有机材料中的引入可以提高其热稳定性。热稳定性的增加可以归因于黏土的高热稳定性和黏土粒子与壳聚糖之间的相互作用。

研究人员还采用溶剂铸造的方法制备了壳聚糖-乳酸膜，并研究了 Na-MMT 对热性能的影响。热分解分析结果表明，最大的分解温度是当纳米复合材料在黏土的加入量为 5wt%～10wt%时。随着黏土含量的进一步增加，热稳定性反而降低。通过对聚丁烯改性 MMT 的研究，发现聚丁烯（丙烯酸丁酯）和壳聚糖的热稳定性有了改进。由于其固有的高热阻和障壁特性，有机黏土可防止热传导迅速，并能限制纳米复合材料的连续分解。

（3）屏障性能

引入无机纳米片可以显著改善壳聚糖的屏障性能，特别是通过改变长径比，从而改变渗透分子的扩散途径。黏土层是天然不渗透的，通过建立一个迷宫或复杂的路径，可以通过聚合物基质阻止气体分子的扩散，从而增加了聚合物的屏障性能。在高分子膜的扩散过程中，黏土层在分子的扩散过程中所产生的弯曲度，取决于黏土的长径比及分子间的弯曲程度。许多研究都报道了壳聚糖/MMT 纳米复合材料的屏障特性，可防止气体和水蒸气的扩散。

一个典型的测试方法提供了气体传输速率（GTR）的确定、薄膜对气体的渗透系数（P）、薄膜的渗透系数，以及在给定温度和相对湿度（RH，%）水平的均匀材料的渗透性系数。研究了几种不同类型的纳米填充材料的水气渗透率（WVP），结果列在了表 6.4 中，壳聚糖膜的 WVP 值（1.31±0.07）$\times 10^{-12}$kg/（m · s · Pa）。根据使用的纳米颗粒，纳米复合薄膜的 WVP 显著减少了 25%～30%（$P<0.05$）。在试验的纳米复合薄膜中，壳聚糖/C30B 膜具有最低的 WVP 性能，显示了其性能的改善，这可能与壳聚糖和有机黏土纳米颗粒复合的结构有关。然而，这种特殊的纳米复合材料表现出最高的亲水性（最低接触角度），与预期相反（通常情况下，材料越亲水，其接触角的值越低，天然的有机黏土是疏水性的）。

表 6.4 壳聚糖纳米复合材料膜的水蒸气和水阻碍能力

膜类型	MC/wt%	WVP/[10^{-12} kg/(m · s · Pa)]	RH/%	CA/(°)	WS/%
纯壳聚糖	27.1(0.8)	1.31(0.07)	76.2(1.4)	45.6(0.2)	13.6(1.1)
Na-MMT	26.4(0.4)	0.98(0.15)	78.8(0.6)	47.4(0.2)	12.5(0.8)
C30B	24.3(0.2)	0.92(0.03)	78.2(0.2)	43.4(1.3)	13.2(1.0)
纳米银	24.5(0.0)	0.95(0.12)	78.1(0.2)	48.5(1.1)	14.1(0.8)
银离子	22.3(0.3)	0.96(0.05)	77.3(0.4)	50.4(1.0)	15.4(0.6)

注：MC，湿度含量；WVP，水蒸气渗透性；RH，相对湿度；CA，水接触角；WS，水溶性。
括号内数值代表标准偏差。

通过对纯壳聚糖和壳聚糖/C10A 纳米复合薄膜在恒温(23℃)和相对湿度(RH=0)条件下的水气和含氧量的研究，结果显示气体流动性为 5～10cm^3/min。壳聚糖纳米复合薄膜的 WVP 含量明显降低，即使是在含有 2wt%的壳聚糖薄膜中也能得到显著的降低。此外，随着聚合物基质中黏土含量的增加，WVP 也减少了。纯壳聚糖的 WVP 为 3.4(g·mm)/(m^2·d·mmHg)，而复合膜的值则下降到 2.4(g·mm)/(m^2·d·mmHg)，加入黏土后，减少了 20%～27%。

在所有的黏土中，纳米复合薄膜比单纯的壳聚糖薄膜具有更好的氧气屏障，在壳聚糖中加入 2wt%～10wt%的黏土，使氧的渗透性降低了 83%～92%。纳米复合薄膜的渗透性降低被认为是由于在聚合物基质中有大量高宽比的有序分散粒子层的存在。由于渗透率的降低，在聚合物基质中加入了黏土，可以改善壳聚糖在食品包装、保护涂料等应用中的屏障性能。

(4) 水膨胀特性

基于壳聚糖基纳米复合材料的吸水特性是非常重要的，这取决于它们的应用前景。对于包装应用，材料需要良好的耐水性，以保持其强度。另外，对于用于药物输送和废水处理的高吸水性材料，需要更高的水膨胀能力或 pH 响应性。因此，水膨胀特性成为壳聚糖/MMT 纳米复合材料的一个重要特性。在一个典型的过程中，首先，在室温下特定数量的壳聚糖/MMT 复合材料被浸在蒸馏水中，达到了膨胀的平衡。然后，通过过滤或使用吸墨纸，将溶胀的样本与未吸收的水分开。最后，对材料的吸湿性进行了计算。

例如，壳聚糖接枝聚丙烯酸丁酯的混合纳米复合材料，其中包括 TRIAB 修饰的 MMT。结果表明，随着有机黏土浓度的增加，吸水率呈下降趋势(表 6.5)。这可以归因于聚合物基质中有机黏土-MMT 所产生的大量交联点，阻止了水的吸收。然而，也有报告指出，与采用两步法制备的相似纳米复合材料的吸收性能相比，采用原位聚合反应制备的壳聚糖/聚丙烯酸/MMT 纳米复合材料具有更高的吸水能力。在原位聚合过程中，MMT 可以形成松散多孔的表面，并提高了壳聚糖/聚丙烯酸的吸水性。

表 6.5 壳聚糖接枝聚丙烯酸丁酯/MMT 纳米复合材料吸水特性与 MMT 含量的关系

MMT 含量/wt%	0	3	5	7
24h 时的吸水能力/%	133.2	82.2	80.5	75.6

(5) 其他特性

相比纯壳聚糖，壳聚糖/MMT 复合材料对刚果红染料表现出高吸附特性，染料吸附过程也发现依赖于 MMT 与壳聚糖的摩尔比、染料溶液的初始浓度、pH 和温度。通过对壳聚糖和 C30B 及 CNa 的抗菌性能研究，结果表明含 C30B 膜的抗菌活性明显高于 Na-MMT 的，尽管 MMT 的基本结构对两者都是相同的。这可能是由于 C30B 的硅酸盐层中季铵基团的抗菌活性。这类具有烷基取代基的基团在破坏细菌细胞膜和引起细胞裂解方面更有效。

还有人研究了壳聚糖/MMT 胶体分散物的流变特性。通过在壳聚糖分散体中加入 MMT，降低了体系的黏度、屈服值、表观黏度和塑性黏度等流变学参数，表明了黏土颗粒对聚合物的阻流性能的降低。带负电荷的黏土粒子通常附着在表面上，与带正电荷的聚合物相互作用，从而使水流更容易地进行。

6.2.5 壳聚糖/MMT 纳米复合材料的应用

壳聚糖是最丰富的天然大分子之一，以壳聚糖和 MMT 黏土为基础的新型复合材料，可在各种应用中产生低成本、高竞争、环保的材料。将 MMT 纳米黏土加入壳聚糖基质中，适合改善壳聚糖的物理、屏障和抗菌性能。纳米填料所带来的这些改善性能可能会带来广泛的可能应用，如包装、电化学装置、超强吸水剂或生物医学应用。

一种被广泛研究的壳聚糖/MMT 纳米复合材料的应用是可生物降解的活性包装材料。将纳米结构的 MMT(无论是原始的或有机的改性)加入到壳聚糖基质中，可改善其力学性能、水气和氧气屏障性能，以及产生的纳米复合材料的热稳定性，同时也不牺牲其生物降解能力。与传统的填充剂相比，这些特性的改进通常是在低微黏土含量下得到的(小于 5wt%)。由于这些原因，纳米复合材料的质量比传统的复合材料要轻得多，这使得它们与其他材料的包装相比更具竞争力。此外，通过添加多种功能，如抗菌和抗氧化性能，可以扩大这些材料的应用范围。在这种情况下，不同类型的纳米颗粒可以用作添加剂。

由于其低成本和高含量的氨基和羟基功能基团，壳聚糖/MMT 纳米复合材料作为有效的生物吸附物受到了广泛的关注，它在去除各种水污染物方面具有重要的吸附潜力。例如，在壳聚糖和黏土混合中，加入单宁酸对壳聚糖的吸附性能有所改善，并在冻干壳聚糖/MMT 复合材料中得到了类似的结果。壳聚糖/MMT 纳米复合材料和混合复合材料可有效地用于有机染料的吸附，如刚果红和亚甲基蓝水的净化。

另一个有趣的应用是电化学传感器。MMT/阳离子生物聚合物壳聚糖的相互作用提供了一种具有阴离子交换性质的纳米复合材料。这些材料已经被成功地应用于对几个阴离子的潜在测定方法的研究中，它们对单价阴离子有很高的选择性，如 NO_3^-、CH_3COO^-和 Cl^-。尽管产生的传感器被用于确定几个阴离子，但对于单价阴离子的显著选择性可能是在黏土夹层空间中生物聚合物的特殊结构造成的。壳聚糖与 MMT 基质之间的高亲和性是生物聚合物解吸或降解的基础，已开发的传感器具有长期的稳定性。

在控制药物的输送和组织工程应用中，新型复合材料的应用前景也得到了广泛的研究。在药物传递系统中，药物被储存在层状宿主的层间，通过控制宿主和药物之间的相互作用，从而释放出药物。在壳聚糖/MMT 纳米水凝胶中，带负电荷的纳米级 MMT 与带正电荷的壳聚糖相互作用，形成一种强交联结构，极大地影响了纳米水凝胶的宏观性质，并实现药物的扩散。

研究人员还制备了一种由壳聚糖和 MMT 组成的纳米水凝胶，用于在电刺激下控制维生素 B_{12} 的释放。在应用电压下，药物释放行为受到 MMT 浓度的强烈影响，主要是影响了纳米水凝胶的交联密度。纳米水凝胶的电反应能力得到了提高，同时其抗疲劳性能得到了显著的改善。与纯壳聚糖相比，具有 2wt% MMT 的纳米水凝胶机械稳定、具有实用的脉冲释放特性和优良的抗疲劳性能。

以壳聚糖为基础的新型高分子材料的发展，在对环境废弃物问题日益增强的关注下，提出了一种非常有趣和有前景的方法。根据目前有关壳聚糖/MMT 纳米复合材料的研究，可以预测这些材料的未来前景，并将拓宽应用的范围。尽管已报道的壳聚糖基复合材料的机械、热和屏障性能有所改善，但这些并不足以取代以石油为基础的塑料。开发最优的配方和处理方法，以获得所需的性能、满足各种应用的要求，以及降低生物质复合材料的成本，仍然需要认真的关注。壳聚糖改性的可能性，使其与 MMT 纳米结构有更好的亲和性，改变 MMT 的化学特性及使用其他无机纳米填料等均是需要深入研究的问题。

参考文献

[1] Cherian B M, Olyveira G M, Costa L M M, et al. Protein-based polymer nanocomposites for regenerative medicine//Maya J J, Thomas S. Natural polymers: nanocomposites. Volume 2. London: The Royal Society of Chemistry, 2012: 255.

[2] Miller E J, Rhodes R K. Preparation and characterization of the different types of collagen. Methods Enzymol., 1982, 82(1): 33-64.

[3] Montero P, Gomez-Guillen M C. Extracting conditions for megrim(Lepidorhombus boscii) skin collagen affect functional properties of the resulting gelatin. J. Food Sci., 2008, 65(3): 434-438.

[4] Venien A, Levieux D. Differentiation of bovine from porcine gelatines using polyclonal anti-peptide antibodies in indirect and competitive indirect ELISA. J. Pharm. Biomed., 2005, 39(3-4): 418-424.

[5] Foo C W P, Kaplan D L. Genetic engineering of fibrous proteins: spider dragline silk and collagen. Adv. Drug Deliv. Rev., 2002, 54(8): 1131-1143.

[6] Ottani V, Raspanti M, Ruggeri A. Collagen Structure and functional implications. Micron, 2001, 32: 251-260.

[7] Chan C M. Polymer surface modification and characterization. Cincinnati: Hanser/Gardner, 1994: 56.

[8] Lee M H, Ducheyne P, Lynch L. Effect of biomaterial surface properties on fibronectin-$\alpha_5\beta_1$ integrin interaction and cellular attachment. Biomaterials, 2006, 27(9): 1907-1916.

[9] Silva S S, Luna S M, Gomes M E. Plasma surface modification of chitosan membranes: characterization and preliminary cell response studies. Macromol. Biosci., 2008, 8(6): 568-576.

[10] Andrade F K, Moreira S M, Domingues L. In vitro degradation of a biodegradable polyurethane foam, based on 1,4-butanediisocyanate: a three-year study at physiological and elevated temperature. J. Biomed. Mater. Res. A, 2009, 90(3): 920-930.

[11] Gruber H E, Hoelscher G L, Leslie K. Three-dimensional culture of human disc cells within agarose or a collagen sponge: assessment of proteoglycan production. Biomaterials, 2006, 27(3): 371-376.

[12] Pillar S K, Ray S S. Chitosan-based nanocomposites//Maya J J, Thomas S. Natural polymers: Nanocomposites. Volume 2. London: The Royal Society of Chemistry, 2012: 33.

[13] Averous L, Boquillon N. Biocomposites based on plasticized starch: thermal and mechanical behaviours. Carbohydr. Polym., 2004, 56(2): 111-122.

[14] Han D L, Yan L F, Chen W F, et al. Preparation of chitosan/graphene oxide composite film with enhanced mechanical strength in the wet state. Carbohydr. Polym. 2011, 83(2): 653-658.

[15] Sinha Ray S, Yamada K, Okamoto M, et al. New polylactide/layered silicate nanocomposites. 3. high-performance biodegradable materials. Chem. Mater., 2003, 15(7): 1456-1465.

[16] Bordes P, Pollet E, Averous L. Nano-biocomposites: biodegradable polyester/nanoclay systems. Prog. Polym. Sci., 2009, 34(1): 125-155.

[17] Muzzarelli R A A, Chitosan-based Nanocomposites in proceedings of the first international conference on chitin/chitosan. Boston: MIT, 1978: 335.

第 7 章
绿色水修复材料

7.1 如何应对水的绿色修复挑战?

海洋、河流和湖泊的水对人类至关重要。它们是地球上生活的基础，也是诗人和艺术家创作的源泉。清洁水的供应是人类和所有其他生物的基本要求。高质量的水是直接消费者和许多行业所必需的。

目前，世界面临着严重的水质危机，许多因素导致水质的持续恶化，包括人口快速的增长、广泛的城市化、大规模工业化，以及扩大和加强的粮食生产。在世界范围内，在饮用水供应量减少的同时，对饮用水的需求量正在增加。在某些地方，水是非常稀缺的，但在许多其他地区，有大量的水是不能饮用的。这种情况往往起因于不受管制的或非法排放受污染的水。这对人类健康和福祉构成全球性威胁，既有直接后果，也有长期后果，对减轻贫困也产生了不利的影响，因为水供应和卫生是决定人类幸福感的重要因素。人类的千年发展目标报告显示，在全球范围内，11 亿人缺乏安全的饮用水，26 亿人缺乏足够的卫生设施，每年有约 180 万人死于腹泻病，其中 90%是五岁以下的儿童。

水修复可以描述为使水不受任何污染的过程。水修复适用于地下水，是城市和农业用水的主要来源，还需要防止污染物进入环境。水修复之所以重要，有以下几个原因。首先，被污染的水被认为是不适合人类食用的，必须彻底净化以满足完善卫生标准。其次，水的修复对于保持环境不受污染也是很重要的。废水中的杂质可能会破坏当地的地形，并对农业产生负面影响。

水循环是对经过处理的废水进行再用的过程，如农业和景观灌溉、工业过程、冲厕和补充地下水等。有时直接在现场对水进行回收和再利用，例如，一个工业设备回收的废水可以用于冷却过程。再生水的一个常见例子是从城市污水中回收的水。在水回收和水回用中术语“水循环”是常被提到的。如果经过适当的处理，并确保最终使用的水质合格，再生水可以满足大多数，但不是所有的用水需求。再生水最常用的目的是非饮用的，再生水的常见用途包括农业、风景、公园和高尔夫球场灌溉等。其他非饮用用途包括发电厂和炼油厂冷却水，像造纸和地毯染色、冲洗厕所、粉尘控制、施工活动、混凝土搅拌设备工业过程水和人工湖等。

为了生存和繁衍，植物、野生动物和鱼类需要足够的水流到它们的栖息地。

农业、城市和工业用途的引水，导致缺乏足够的水流。这样的改道会导致水质恶化和生态系统健康破坏。使用再生水可以大大减少生态系统对淡水转移的敏感性。人类非饮用水的需求可以通过使用循环水来补充，这种循环水可以向环境释放大量的水，并增加向重要生态系统的水流量。近年来，污水处理过程发生了许多变化。这些变化也可归功于政府的严格监管，一方面是污水基础设施需要大修的事实，另一方面这导致了废水管理系统的升级。不再只把废水当作废物，而是越来越多地被认为是原料，可用于最终的目的。

常见的水修复技术包括植物修复、生物强化、臭氧和氧气注入及化学沉淀。因为没有单一的水修复方法可以完全去除水中所有的污染物和杂质，在世界各地的大多数水处理中心，都采用各种方法的组合[1]。

7.1.1 绿色修复[2]

可持续性倡议既涉及更广泛的应用范围，也涉及绿色修复的选定内容。可持续性的概念源于认识到地球自然资源的有限性，人类活动正以惊人的速度在消耗这些资源，这一活动反过来又对环境产生重大影响。可持续发展的概念首先以可持续发展的形式出现，联合国的定义是发展既要满足当代人的需要，也要满足后代人的需要。气候变化和资源保护等问题日益引起人们对环境保护的关注。因此，可持续发展已演变成为环境管理的整体方法。可持续的做法是考虑节约、关注经济和自然资源、生态、人类健康、安全及生活质量。

随着先进的清洁技术发展和新的激励机制，绿色修复、绿色材料或清洁水技术为增加洁净清除效果提供了巨大潜力(图 7.1)。这种策略往往会降低项目成本，扩大长期使用或循环的范围，且不影响清理的目标。绿色修复也会减少有害后清理过程对环境的影响，也被称为“足迹”整治。它也避免了任何附带环境损害的可能性。绿色修复促进在每一个需要环境净化的地方应用可持续战略，无论是在国家或地方清理项目，还是在私人缔约方进行的项目。绿色修复需要清理过程和循环回用规划之间的密切协调。回用目标影响到补救过程、清理标准和清理计划的选择。反过来，这些决定影响对现场调查的方法，以及选择和设计一个定制的补救过程。它们还影响规划未来业务和建立内部补救程序，以确保环境保护。

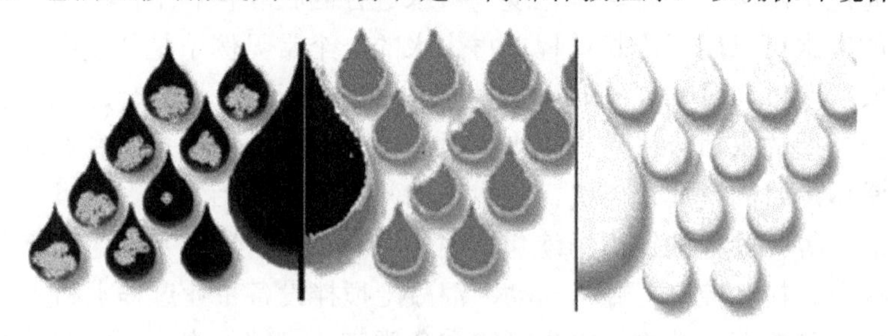

图 7.1 由污染的水到洁净的水：过程示意图

水和废水治理的绿色解决方案包括生物修复过程和化学过程。生物修复过程都是通过植物或微生物来完成的，如细菌、藻类、真菌和酵母。植物修复技术，包括植物提取、植物挥发和根际过滤等。化学过程包括化学沉淀、离子交换、液-液萃取、电渗析和用天然材料或可生物降解合成材料进行固相萃取等。

7.1.2 水修复和回用的政策导向

各国都有具体的水治理政策，由管理机构对水处理厂进行监督和控制。此外，全球环境保护机构和水管理机构也根据水补救措施修订全球标准。水的修复过程最初只强调饮用水。然而，多年来，由于环境问题，废水处理也变得同等重要。

在保护人类健康和环境的使命中，环境保护部门致力于制定和推广创新的清洁战略，以便将污染场地恢复到可供生产性使用，同时降低成本和促进环境质量。环保局争取实施清理计划，倾向于使用自然资源和能源效率，减少对环境的负面影响，在源头上避免污染和减少浪费，最大限度地达到公司的战略规划和环境管理要求。实践“绿色修复”策略，产生积极的影响，在所有的环境影响补救过程中，要最大限度地清除环境污染。绿色补救战略还包括可持续性方面的要求。

绿色修复的战略依赖于可持续发展，环境保护并不阻碍经济发展，从长远来看，这是生态上可行的。绿色经济可以被认为是一个具有低碳、资源效率和社会包容性的。换句话说，它代表了一种经济，以提高人类福祉和社会公平为目标，同时显著降低了环境和生态问题。

对绿色经济中水的探讨是建立在适当的水管理基础上的，目的是促进社会和经济发展，同时也保护淡水生态系统。在绿色经济中，水在维持生物多样性和生态系统服务方面的作用现在被广泛认为是至关重要的。

“可持续发展中废水管理的核心角色”不仅能标识威胁人类和生态健康的后果，在短期和长期内也提供了机会，在适当的政策和管理下可以带来新的就业，并提高公众和生态系统的健康，有助于更智能的水管理。

水循环通过提供额外的水源，产生了巨大的环境效益。水再循环有助于减少敏感生态系统中水的分流。好处还包括减少废水排放，从而减少和防止水资源的污染。湿地和河岸生态环境也可以通过循环水来创造或强化。循环水在农业和景观灌溉中的应用可以提供额外的营养来源，减少应用合成肥料的必要性。

世界上任何一个国家的政府机构都没有明确指定用于水处理的绿色材料或用于水修复的绿色技术。水循环已证明是有效和成功的，创造了一个新的和可靠的供水方法，还不损害公共健康。非饮用水再利用是一种广为接受的做法，将继续被推广。目前，在许多地方，回收水的用途正在扩大，以适应环境的需要和日益增长的供水需求。废水处理技术和间接饮用水再利用健康研究的进展使许多人预

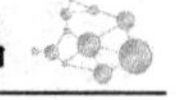

测，计划间接饮用水再利用将很快变得更加普遍。回收废水和灰水比用海水淡化系统处理盐水需要少得多的能量。

今天，为了完成这些任务，促进废水的绿色修复是很重要的。创新和新技术依赖于强大的科技基础，以消除地表水和地下水资源的污染，提高水质。科技与培训在水资源开发与管理中发挥着重要作用。为了有效和经济地管理水资源，需要在各个领域加强研究工作，推动知识的多方位发展。

7.2 沸石在废水处理中的应用

废水中含有不同类型悬浮的、溶解的、乳化的或胶体的无机和有机污染物。这些污染物对生态系统有毒害作用。不同的政府机构监测将废水排放到自然水资源中的情况。水修复需要成本效益和环境友好的技术。在世界范围内，科学家正在寻找新的更便宜的替代品来处理废水。吸附是近年来广受欢迎的一项技术。不同的天然材料已被用作低成本的环境友好的吸附剂。

沸石是近年来得到广泛关注的一种吸附剂，它的独特性质和在世界范围内的应用引起了人们对其在环境领域应用的研究兴趣[3]。沸石是天然存在的微孔结晶固体，具有非常明确的多种的腔结构、大的表面积和理化性质。这些铝的碱金属和碱土金属有无限的三维结构。它们的特点是可逆地失去或获得水，并交换某些组成原子，也没有原子结构的重大变化。沸石的框架由四个原子连接的网络(四面体)构成。一个硅原子或铝原子在中间，氧原子在拐角处。三个四面体结构可以通过角连接在一起。每个四面体的氧原子与相邻的四面体共享。框架结构可能包含连接的笼子、通道或空腔，这些小的空间允许小分子进入，孔径大致在2～10Å。这些结晶铝硅酸盐含有硅、铝和氧离子，在其孔隙中有水和(或)其他分子。铝离子足够小，占据四个氧原子的四面体的中心位置，可通过铝替代硅框架中定义的负电荷。净负电荷可由与水结合的一价或二价交换阳离子(钠、钾或钙)来平衡；它们在结构中少量存在以补偿电荷的不平衡。这些阳离子与溶液中的某些阳离子可交换。许多沸石以矿物的形式存在于自然界中，是由火山岩与湖泊或海水中的淡水相互作用而形成的。结构和与分子筛相似的吸附性能使它们可用作化学分子筛、水柔软剂和吸附剂。合成沸石也在研究实验室及商业上被生产。天然的和合成的沸石在不修饰时已发现可有效去除氨、放射性元素、重金属、有机和无机污染物等。大部分报告强调天然沸石对于一些有害离子具有良好的选择性。沸石因其离子交换容量高、比表面积大、最重要的是低成本而成为吸引人的吸附剂。

7.2.1 沸石的合成与性能[4]

火山岩和火山灰与碱性地下水(池塘、湖泊和海水)的相互作用形成沸石。世界范围内已经鉴定出许多沸石分子筛。碱金属钠、钾和碱土金属钙、镁作为沸石中的阳离子存在。在分子筛结构中硅铝酸盐结构、阳离子交换和沸石的水是三个相对独立的成分。沸石的化学通式为 $M_x/N[(AlO_2)_x(SiO_2)_y]\cdot zH_2O$，其中 M 为 Na、K、Li 和(或)Ca、Mg、Ba、Sr，N 为阳离子的电荷，x，y 和 z 的值取决于分子筛的类型。铝框架结构类型是最稳定、最保守的(图 7.2)。水分子可以存在于大空腔的空隙中，并在骨架离子之间结合和水桥交换离子。这些也可以作为交换性阳离子之间的桥梁。表 7.1 给出了一些重要的分子筛及其化学式。

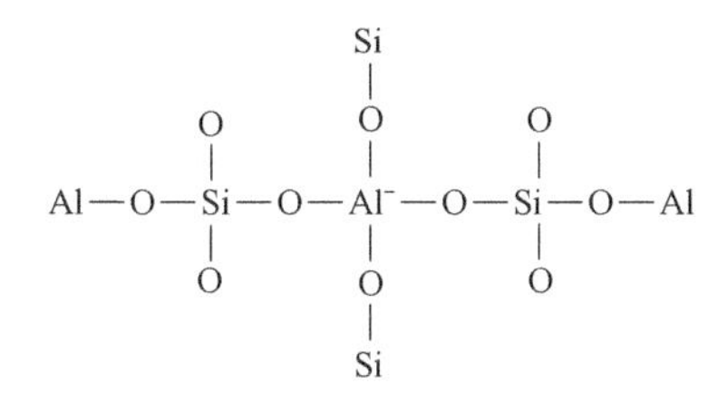

图 7.2 沸石基本结构

表 7.1 一些常见的重要沸石

沸石名字	化学结构式
方沸石	$(Na_{10})(Al_{16}Si_{32}O_{96})\cdot 16H_2O$
菱沸石	$(Na_2Ca)_6(Al_{12}Si_{24}O_{72})\cdot 40H_2O$
斜发沸石	$(Na_3K_3)(Al_6Si_{30}O_{72})\cdot 24H_2O$
毛沸石	$(NaCa_{0.5}K_9)(Al_9Si_{27}O_{72})\cdot 27H_2O$
八面沸石	$(Na_{58})(Al_{58}Si_{134}O_{384})\cdot 24H_2O$
镁碱沸石	$(Na_2Mg_2)(Al_6Si_{30}O_{72})\cdot 18H_2O$
片沸石	$(Ca_4)(Al_8Si_{28}O_{72})\cdot 24H_2O$
浊沸石	$(Ca_4)(Al_8Si_{16}O_{48})\cdot 16H_2O$
丝光沸石	$(Na_8)(Al_8Si_{40}O_{96})\cdot 24H_2O$
钙十字沸石	$(NaK)_5(Al_5Si_{11}O_{32})\cdot 20H_2O$
钙沸石	$Ca_2Al_2Si_3O_{10}\cdot 3H_2O$
辉沸石	$(Na_2Ca_4)(Al_{10}Si_{26}O_{72})\cdot 30H_2O$

表 7.1 中第一组圆括号内的原子被称为可交换离子，因为它们可以与水溶液中存在的其他阳离子进行交换，而不影响骨架。第二组圆括号内的原子或阳离子称为结构原子，因为氧原子构成了结构的刚性框架。这种现象称为离子交换，通常称为阳离子交换。交换过程包括用一个单电荷原子从溶液中置换沸石中的一个单电荷交换原子，或者用一个双电荷原子取代沸石中的两个单电荷交换原子。在一个给定的沸石中这种阳离子交换能力的大小称为阳离子交换容量(CEC)。CEC 是 1g 或 100g 沸石中可交换阳离子的量。通常，其铝含量越高，沸石的 CEC 越大。

部分珍稀天然沸石有钾沸石、方碱沸石、钠红沸石和针沸石。天然沸石在结构、晶体大小、形状、孔径、孔隙度、化学成分和纯度上各不相同，这取决于不同类型的矿床。水和(或)其他分子的吸附容量和选择性是由沸石孔隙率、孔径分布和比表面积决定的。这些属性影响吸附能力，CEC 值通常在 0.6～1.8。

天然沸石已广泛用于水的修复，近几十年来发表了一些研究文章。具有相对低 CEC 的斜发沸石可以高度选择性地吸附一些离子，包括放射性核素和铵离子。一些其他的天然沸石如丝光沸石、菱沸石等对 Nh 和过渡及放射性元素也表现出很高的选择性吸附能力。

7.2.2 天然沸石的改性

吸附量受沸石结构、硅铝比、阳离子类型、数目和位置的影响。几种化学处理已被用来改善这些性质，从而提高沸石的吸附效率。修饰主要由表面活性剂或酸/碱处理完成，得到表面活性剂改性的沸石(SMZs)。这些修饰改变了不同离子或有机物的亲水/疏水特性。为了改变表面性能，广泛采用的一种改性方法是使用有机表面活性剂。过去，人们采用阳离子表面活性剂对天然沸石的改性进行了大量的研究，并用它们去除水中的多种污染物。

7.2.2.1 表面活性剂改性

天然沸石由于其结构上存在负电荷，通常对阴离子几乎没有亲和力。这就导致了对水中有机物的低吸附。阳离子有机表面活性剂可用于改善天然沸石的表面性质，使其成为多种污染物的良好吸附剂。沸石表面活性剂的吸附程度是天然沸石改性的一个重要因素。在表面活性剂浓度低于临界胶束浓度(CMC)时，在固体-水接合处通过离子键表面活性剂形成单层或半胶束化表面(图 7.3)。当表面活性剂的浓度超过其 CMC 时，疏水性尾部的表面活性剂分子聚集在一起形成一个双层或吸附胶团。

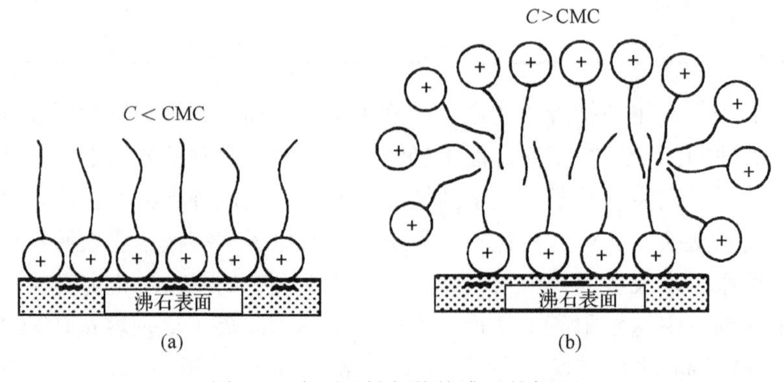

图 7.3 表面活性剂修饰沸石的机理

该修饰引入了沸石中复杂的官能团，它们是由表面活性剂的正基团形成的带正电的交换位点，朝向双层的周围溶液。在富含有机层的表面提供了一个非极性有机物的吸附介质层；正电荷层表面上的吸附位点提供了阴离子。自改性剂的表面活性剂有比较大的分子，它们停留在表面，没有进入沸石通道；这些通道保持负电荷，它们保持吸附无机阳离子的能力。

SMZs 结合未改性沸石的吸附阴离子的功能，表现出吸附阴离子的能力，如砷酸盐、铬酸盐、碘、硝酸盐、磷酸盐、高氯酸盐、锑酸盐和非极性疏水性有机物，如苯、甲苯、乙苯、二甲苯、酚类、农药、除草剂、染料。聚合物改性沸石也在沸石表面形成双层结构，表现出类似的阴离子吸附性能。聚六亚甲基双胍可用于修饰。SMZs 在水和化学溶液中是稳定的，是其他市售吸附剂的低成本替代品。

7.2.2.2 酸/碱处理改性

天然沸石经酸性洗涤可去除空隙中杂质的堵塞，进一步脱除阳离子可转变为 H 型和最后脱铝的结构。质子交换的分子筛制备的两种方法：①直接用稀酸溶液进行离子交换实现脱铝，结果会降低热稳定性；②铵离子交换结合煅烧，以保持其结构稳定。HCl 处理和不同温度下不同浓度的酸处理会影响其表面积和超微孔体积，这反过来又影响该结构的铝去除程度。用热 HCl 对天然沸石处理会导致其框架的变化，最终影响其热稳定性和吸附性能。

在另一项研究中，对来自亚美尼亚、格鲁吉亚和希腊的沸石，用稀 KOH 和随后用 HCl 处理。结果表明，它们比表面积略有增加，用稀 KOH 处理由于非晶材料的溶出，微孔增加。

7.2.3 合成沸石[5-8]

以硅和氧化铝为原料的碱处理制备合成沸石。这些原料可以是天然的、合成的，也可以是从废料中提取的。沸石的合成涉及阳离子硅铝酸盐溶液的水热结晶或凝胶化。这个过程是在封闭系统中在高温下进行的。结晶过程在几小时到几天内进行。反应物的性质、反应混合物的组成(硅铝比)和体系的 pH 都会影响沸石的类型和纯度。预反应、流体条件、压力和初始或后加热老化等预处理也起着重要作用。在表 7.2 中给出了一些重要的合成沸石。

表 7.2 一些重要的合成沸石

沸石	化学结构式
沸石 NaA	$Na_{12}(Al_{12}Si_{12}O_{48}) \cdot 27H_2O$
沸石 NaX	$Na_{86}(Al_{86}Si_{106}O_{384}) \cdot 264H_2O$

续表

沸石	化学结构式
沸石 NaY	$Na_{20}(Al_{20}Si_{48}O_{136})\cdot 89H_2O$
沸石 NaP	$Na_2(Al_2Si_{2\sim5}O_{8\sim14})\cdot 5H_2O$
沸石 NaP1	$Na_8(Al_8Si_8O_{32})\cdot 16H_2O$
ZSM-5	$Na_n(Al_nSi_{96-n}O_{192})16H_2O$
钙霞石	$Na_6Ca_2[Al_6Si_6O_{24}(CO_3)_2]\cdot 2H_2O$
方沸石	$Na_6(Al_6Si_6O_4)_6\cdot 8H_2O$

7.2.3.1 合成沸石分子筛的天然原料

沸石 NaA 是最重要的合成沸石，用于水软化、放射性废物处理和工业废水处理。这些材料有的硅、铝含量高，易溶解，碱性条件形成，沸石 NaX、沸石 NaP、沸石 NaP1、沸石 NaA 拥有高的 CEC，通常由低品位天然斜发沸石制备。沸石可以通过岩石的化学处理及随后的水热合成产生，其中的铝成分转换成碱性硅酸盐和铝酸盐。韩国蛇纹石，一种非晶硅源，已用于 ZSM-5 沸石分子筛的合成，具有高的比表面积。碱溶突尼斯砂，铝硅酸钠和铝酸钠溶液中产生的废料，以及这两种的混合物被用来合成沸石。天然原料合成分子筛的研究涉及高耗能过程如研磨、煅烧和融合，使过程不利。有时，原材料开采也破坏了自然景观。利用废料作为合成沸石的原料可以克服这些缺点。

7.2.3.2 从工业废弃物中合成沸石

城市垃圾焚烧、油页岩、稻壳、煤炭等废弃物产生的灰渣等已成功地用于沸石的合成。

(1) 垃圾焚烧灰

由于 Al_2O_3、SiO_2 的存在和其高的比表面积，垃圾焚烧已作为一个潜在的沸石分子筛合成的方法，通过水热碱处理的灰合成了钙沸石，还有少量的沸石 NaX。这些沸石的阳离子交换能力远远小于沸石 NaA，焚烧灰水热处理前融合成功合成了方钠石，但离子吸附能力仍有限。

(2) 油页岩

利用油页岩加工粉灰可合成沸石分子筛。纯化的灰碱熔后回流和水热处理工艺条件下生产的是 NaX 型沸石。

(3) 稻壳灰

富含 SiO_2 的稻壳灰已用于沸石的合成。在 500～700℃下稻壳经焙烧可产生不完全的碳化，含有高活性的非晶态 SiO_2 易溶于碱性介质中。这炭灰可用作碱性硅酸盐溶液的制备原料。该溶液与标准铝酸钠溶液混合，经水热处理后生成沸石。由此产生的重要分子筛是 NaA 型、ZSM-5 和 β 沸石。

(4) 由煤飞灰合成沸石

火电厂产生的粉煤灰中含有结晶和无定形硅铝酸盐，因此能够用于合成沸石分子筛的原料有上百万吨。对粉煤灰进行碱活化，对铝的溶解和含硅相沉淀得到沸石。不同类型的分子筛，如菱沸石、沸石 NaA、沸石 NaX、沸石 NaP1 等，可以在不同处理条件下合成得到。合成产生的沸石分子筛强烈依赖于使用的粉煤灰。其他废物如造纸污泥的化学组成也强烈影响沸石的类型。废瓷和炉渣排出液裂解晶体也被用于沸石的制备，通过妥善处理，不可回收的玻璃和薄壁铝废料（铝箔和罐）也可以作为铝和硅源。

7.2.4 废水的沸石处理[9-12]

7.2.4.1 水软化

沸石 NaA 作为商业软水剂被使用。大部分商业洗衣粉中含有沸石，而不是有害的磷酸盐，后者导致水的富营养化。一些沸石已被成功地应用于污染的治理，可通过磷酸钙沉淀消除磷酸盐。钠与硬钙离子在宽的 pH 范围内的交换特性有利于沸石作为水的软化剂。在较高的温度下交换率增加，水化壳的钙离子逐渐被移除。沸石 NaP 在室温显示出了相似的结果。与沸石 A 和沸石 P 相比，沸石 X 大的孔径（0.74nm）给了它一个更高的镁离子结合能力，可用于洗涤剂制造业。洗涤剂制造商也使用斜发沸石，但沸石 A 和沸石 X 在低温下的清洗能力比斜发沸石更有效，而所有这些沸石在高温时的能力类似。沸石 AX 是一个相对较新的、有效软化水的沸石，是一种沸石 X（80%）和沸石 A（20%）的混合物。由于原料纯度对合成沸石的洗涤剂制造是重要的，因此最好使用化学品或高档天然材料。通过适当的技术获得的一些废沸石可以与市售产品竞争。用粉煤灰获得的结晶度高的纯沸石 4A，性能与商品相似。

沸石还可以通过混凝吸附法去除洗涤液中的染料。低浓度钠离子的沸石可降低染料脱色等。使用磷酸盐已完全取代分子筛，这已在世界许多地方的工业水软化系统中使用，国内的“水龙头”过滤器也使用沸石。用浓钠溶液处理硬阳离子负载的沸石，可使阳离子沸石回用。

7.2.4.2 除氨

氨，包括电离NH_4^+物种，可能对动物和人类的健康造成危害，也对市政污水、农业废水造成有害的影响，化肥和工业废水是含氮铵离子污染的主要来源。氮有助于加速湖泊河流的富营养化和降低水中溶解的氧。水中的氨氮还会影响水暖配件的橡胶部件。世界卫生组织已经不推荐任何不适合饮用水的氨氮化合物，其浓度超过 30mg/L 会导致异味，除去这些氨态氮是必需的。NH_4^+的亲和力高，使用沸石分子筛吸附氨是有效和安全的，且低成本。

在过去的几十年中，沸石材料已经被广泛地研究，得出的结论认为，沸石对氨氮的吸附能力可以去除水中的氨源。最有效的是天然沸石分子筛，依其沸石组成而变化，同时显示合成沸石的吸附比较低。所用的一些重要的合成沸石的吸附容量范围通常在 20～50mg/g。

适当的预处理如酸洗涤、加热、研磨、过筛、强 Na 离子液的离子交换，可实现较高的氨交换容量，且依赖于对碱金属和碱土金属阳离子沸石的亲和力。实际的氨氮吸附能力和NH_4^+的去除效率取决于沸石的类型、初始氨氮浓度、接触时间、温度、催化剂用量、粒径和竞争离子的存在。

研究使用克罗地亚斜发沸石、天然和改性膨润土去除NH_4^+的结果表明，比相同条件下的黏土天然沸石具有更高的去除效率。沸石分子筛去除氨的效率与氨的初始浓度有关，初始浓度的增加导致氨氮去除效率迅速下降。平衡氨交换动力学研究发现澳大利亚的斜发沸石有最高的氨氮去除效率。

另一项研究表明，溶液中的其他成分的存在，如重金属离子和有机物，由于竞争吸附会影响氨交换。采用废料堆放场外泄的废水和纯氨溶液作为研究对象，对沸石的性能研究表明对废水中氨的吸附能力高于纯氨水溶液。天然和改性沸石在智利也被用于氨的吸附，发现最佳 pH 接近中性，类似于其他的研究。Langmuir 等温模型显示平衡吸附数据的相关性最好。

在碱性条件下，氨的吸收减少，可以通过溶液中存在大量的电中性的NH_3解释，氨氮的去除效率应在较低的 pH 时较小，在较高的 pH 时较大，作为阳离子交换机制只发生在铵离子形式存在时。

氨的挥发有助于在碱性 pH 下消除氨。研究表明在 pH 为 11.4 时大约 5%的氨可挥发损失。低吸收的氨也可能是在酸性条件下由沸石吸附。

天然土耳其沸石中，含有斜发沸石、片沸石和丝光沸石，分别在室温和 pH 8 情况下研究其从水溶液中除去NH_4^+的能力。吸附动力学研究结果表明，铵离子的去除效率随振荡时间而增加，一个批次处理的模式试验发现，在 15～30min 内达到 80%后，吸附变得很慢。这些结果清楚地表明，开始时的去除效率非常高，但一段时间后显著降低。这种现象可以通过存在更多空置的吸附位点来解释，但后来它下降了，导致慢吸附。

天然沸石材料含有46%的片沸石、24%的蒙脱石和30%的伊利石。氨吸附实验结果表明最佳pH为8，这表明吸附遵循类似的趋势，得到的结果类似于使用斜发沸石的试验研究。随着粒径的增大，吸附量增大。依据Freundlich模型拟合的吸附等温线数据，沸石大小的增加导致吸附率增加。

铵离子在斜发沸石和NaY沸石的平衡吸附行为研究表明，由于其低硅铝比，NaY分子筛比天然沸石铵离子交换容量高得多。这两种情况下的吸附等温线是相似的，发现与Freundlich模型一致。还对其他阳离子(K^+、Ca^{2+}、Mg^{2+})的影响进行了研究，这两种情况下的结果都表明氨的吸收量减少。这些结果表明，NaY分子筛具有比天然斜发沸石的阳离子选择性较低。这可以用沸石中较大的孔径来解释。

热力学研究表明，沸石在环境条件下的吸附是自发放热过程，这一点在其他一些研究中也得到了证实。以NaA沸石、天然埃洛石为原料，研究了水溶液中铵离子的吸附行为。不同的参数，如平衡时间、pH的影响，其他竞争阳离子的存在等都会影响结果。

铵离子的沸石吸附容量均在竞争性阳离子的存在时大大降低，这与报道的天然沸石的结果一致。这些结果表明，不同类型的沸石，甚至同一类型沸石的不同型号，会表现出不同的阳离子选择性。

采用几种合成沸石对垃圾处理厂产生的渗滤液和从养猪场产生的废水进行净化，结果表明沸石对养猪场废水中氮的去除行为总体是好的，其中包含几乎10倍浓度的氨态氮。结果还表明，粉煤灰衍生沸石的性能与同类商品沸石的性能相似。

在水溶液中铵离子的去除动力学和平衡的研究是利用稻壳灰合成NaY沸石和丝光沸石粉末和颗粒进行的。结果表明，NaY沸石具有超强的吸附能力，比丝光沸石高三倍。从Langmuir图得到最大单层吸附容量，包括丝光沸石粉末和丝光沸石颗粒。NaY沸石对氨的初始吸收不快，花了近30min，而粉状沸石达到平衡则需要2h，颗粒沸石表现出较慢的铵离子吸收。达到平衡后的一个伪二阶模型动力学研究表明，从稻壳灰合成的Y型分子筛可以成功地去除氨氮，其生产成本低、吸附速度快、吸附容量大。

由于自由离子交换位点的耗尽，沸石对氨去除效率在使用后很长时间内都会降低。这使得沸石分子筛再生研究具有极大的实际意义。可采用多种方法对负载沸石进行再生。改性沸石SBR是推荐一种新的脱氮工艺，具有一致的铵离子交换功能及沸石再生能力(图7.4)。

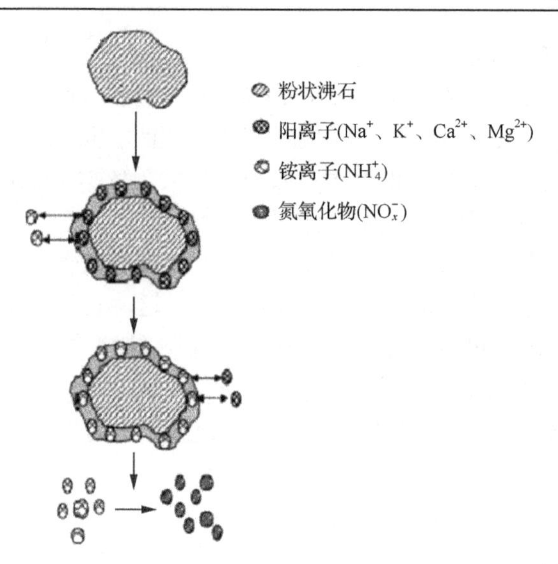

图 7.4 铵离子的吸附与沸石的再生

有不同方法可用于分子筛再生，包括加热(在空气流中 200～500℃)，导致氨蒸发；酸洗，导致 NH_4^+与 H^+发生离子交换；用钠盐处理得钠沸石；电化学再生(用 Ti/IrO_2-Pt 阳极和铜/锌阴极)在氯离子的存在下，将氨转化为氮气；通过硝化细菌将铵离子在富氧分子筛表面转化为硝酸根而再生。最有效、可行的对负载铵离子沸石再生方法是 NaCl 溶液处理半个小时到几个小时。再生的天然沸石和改性沸石可用于饮用水除氨。研究表明，经过三次循环后，改性沸石的吸附容量降低只有 4%。对上述研究进行小结，提出了一些突出的因素、条件和化学机制，总结如下。

沸石分子筛铵离子交换是一种自发放热过程，故高温不利于这种吸附。该过程是扩散控制的，速率受沸石/溶液界面上非均相扩散的限制。粒度越小，搅拌越严格，吸附容量越大。氨的完全去除是一个耗时的过程，而在较高的沸石用量和较低的铵离子浓度下，可在 2～3h 内达到平衡。沸石在较高铵离子浓度下的吸附能力较强，去除效率较低，但随着沸石投加量的增加，去除效率增大。pH 接近中性值(5～8)，pH 升高导致离子转化为中性氨的铵离子吸附减少。pH 低于最佳范围时，吸附能力下降，主要是由于氢离子的竞争吸附作用。在酸性条件下，沸石的部分溶解也是可能的。虽然竞争性的碱金属和碱土金属离子的存在对氨的去除有影响，但主要取决于不同类型沸石的选择性。天然斜发沸石和合成沸石对铵离子具有较高的选择性，但对钾离子的亲和力较高，所以钾离子对氨的吸收有较强的负效应。

天然沸石和合成沸石的钠形态最适合脱氨。沸石能有效地再生，可以回收利用。合成沸石，即 A 型、X 型和 Y 型，尽管对铵离子的选择性很低，但比天然沸石具有更高的氨交换容量。由废材料制备的合成沸石可成功地用于除氨，可作为天然沸石和其他商业吸附剂的良好替代品。

通过对现有研究的考察，并对其进行比对，以评价不同沸石对氨氮去除水的净化效果，了解不同组分的作用机理和结构差异。影响沸石分子筛过程效率和结构形成的主要参数值得关注，值得进一步研究。

沸石具有独特的离子交换和吸附性能、高孔隙率和优良的热稳定性，使其特别适用于水处理过程。许多不同的研究已经证明了它们在减少水中污染物(重金属、阴离子和有机物)中的有效性。天然沸石已证明其在水修复中的适用性，虽然它们在实际环境中使用时，监测 pH 的变化仍然是非常重要的。沸石可以与溶液中的氢或氢氧根离子相互作用，因此，某些物理化学现象如固体的水解、降解、溶解甚至相变都可能发生。所有这些现象再次取决于所用沸石的结构特征和化学组成。目前，改性天然沸石也越来越多地用于水的生物处理，特别是用于从水中生物制剂的表面结合。适当的预处理如酸洗涤、加热、研磨、过筛、与强钠离子进行预交换等都会改进天然沸石的氨氮吸附能力。应进一步研究表面改性工艺的优化，提高表面改性效率，提高再生能力。此外，还需要对天然沸石和改性沸石进行详细表征，以便更好地理解结构与性能的关系。为了开拓新的应用领域，应该研究沸石的可能用途，以及沸石在极端条件(包括低温)下的行为。沸石的有效性取决于沸石的制备原料和合成方法。

7.3　纳米材料用于水修复

当水受到有机污染物、细菌或微生物、含有重金属和各种阴离子的工业废水和(或)任何使其初始质量恶化的化合物的污染时，就被称为废水。它可分为城市污水和工业废水。城市污水主要由蛋白质、碳水化合物、脂肪和油，以及表面活性剂和新兴污染物；而工业废水可以被指定为任何工业活动，如农业、食品工业产生的废水，钢铁工业、矿山和采石场等处理过程中的废水，废水成分直接与产业相关。传统的修复和治理技术在减少污染物的水平方面效果有限。纳米技术有可能克服现有技术的不足，并有可能显著影响环境治理效果，通过开发新的“绿色”技术，降低生产不良副产品，以及对现有的废物和污染的水污染源治理。使用纳米材料可以从水中更好地去除污染物。

采用纳米材料把污染物从水中分离的研究正在进行[13]。此外，使用纳米材料修复和对废水进行消毒代表了一个新的环境修复技术，可以提供具有成本效益的解决方案，解决一些最具挑战性的环境治理问题。纳米材料的比表面积大、表面活性高的特性使得其在健康、能源和水等基本问题的应用方面是重要的。各种纳米材料，即纳米粒子、纳米薄膜和纳米材料，可用于检测化学和生物物质的去除，

包括金属如镉、铜、铅、汞、锌、氰化物、有机营养物质，包括抗生素、藻类(如蓝藻毒素)、病毒、细菌和寄生虫等。

7.3.1 水体污染与修复技术[14]

成千上万的污染物，如重金属、塑料、润滑剂、溶剂、燃料、制冷剂和杀虫剂，通过各种工业被释放到环境中，造成环境污染，对其他方面包括人们的食物、水、土壤、植物甚至人们的身体造成伤害。环境中存在的各种污染物可以被分类，如图 7.5 所示。

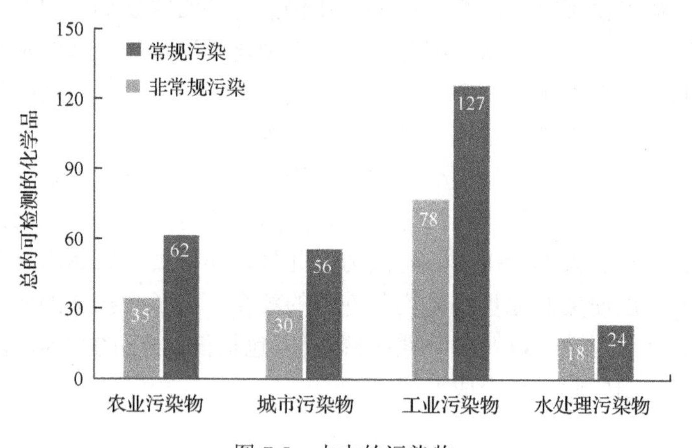

图 7.5 水中的污染物

一些有机污染物，如存在于水中的二噁英、多环芳烃(PAHs)、DDT 和多溴联苯醚(PBDEs)等是一组化学相关的化合物，在各种工业生产过程中产生，如焚烧垃圾、加热金属或纸张的漂白等。多环芳烃是一组超过 100 种不同的化学物质，来自于煤、石油和天然气的不完全燃烧、垃圾或其他有机物质如烟草或炭火烤的肉。它们由工业和废水处理厂的排放进入水中，但它们不易溶于水。它们通常附着在固体颗粒上，沉淀在湖泊或河流的底部。除了上述有机污染物外，水中还存在一些重金属离子，如汞和铬。广泛分布的物质，如砷、重金属、卤代芳烃、亚硝胺、硝酸盐、磷酸盐等，是已知的可对人类和环境造成危害。

常用的净水技术和工艺包括混凝和絮凝、沉降、气体浮选、过滤、水蒸气蒸馏、离子交换、脱盐、反渗透、消毒等。一般来说，常规水处理包括四个阶段，如图 7.6 所示。这些技术常用的材料包括沙过滤器、活性炭、水软化器、离子交换器、陶瓷、活性氧化铝、有机聚合物和复合材料。随着科学的进步，科学家现在能够创造更轻更强的对污染水修复的纳米材料，与传统的方法相比纳米材料已被广泛用于快速或有效清理废物。纳米材料的影响在科学和技术的各个领域都越来越明显，包括环境研究和处理领域。专家预计在传感检测、分类和环境治理的技术方面实现污染预防、处理和修复。在这三类中，处理和修复类别似乎是近年来增长最快的。

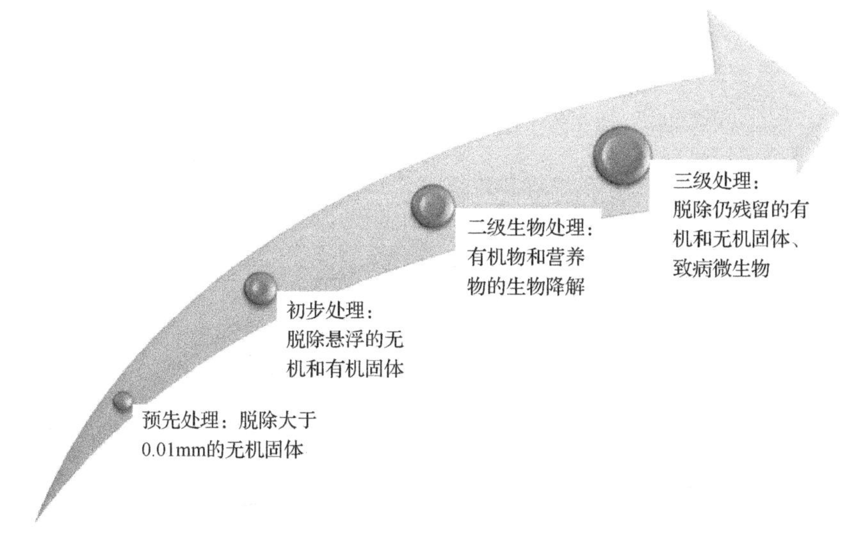

图 7.6　传统的污水处理过程

7.3.2　纳米技术在水体修复中的应用[15-20]

纳米技术在过去的十年里有极大的发展，科学家用各种潜在的方法合成了许多新型材料。相比其他吸收剂，纳米颗粒由于其较大的比表面积有更大的优势。纳米颗粒还具有独特的结构和电子性质，使它们成为潜在的吸附剂。已有多种纳米材料被选为水质净化功能材料，如含有金属的纳米颗粒、碳纳米颗粒、纳米分子筛、催化剂、磁性纳米颗粒和树枝状支化分子等，并总结在表 7.3 中。

表 7.3　水修复中使用到的纳米材料

纳米粒子/纳米材料	污染物
1. 碳基纳米材料 i. 单壁碳纳米管	重金属离子
ii. 多壁碳纳米管	重金属离子、三氯甲烷(THMs)、氯苯
iii. 活性炭纤维	苯、甲苯、二甲苯
iv. 石墨烯	染料、重金属离子
2. 纳米晶沸石	重金属离子

续表

纳米粒子/纳米材料	污染物
3. 零价铁纳米粒子（nZVIs）	无机离子、重金属离子、氯代有机物
4. 银纳米粒子	细菌
5. TiO_2 光催化剂 i. 纳米晶 TiO_2	重金属离子
ii. Fe(Ⅲ)-掺杂 TiO_2	酚
iii. TiO_2-基 p-n 结纳米管	甲苯
6.双金属纳米粒子 i. Pd/Fe 纳米粒子	溴代有机物、氯代甲烷
ii. Ni/Fe 纳米粒子	溴代有机物
iii. Pd/Au 纳米粒子	三氯乙烯
7. 单酶纳米粒子	—
8. 支化分子	金属离子、细菌

7.3.2.1 碳纳米管

碳纳米管(CNTs)非常薄，是由碳原子形成的空心圆柱体，直径在 1nm 范围。它们的厚度大约是人类头发的万分之一。碳纳米管是利用各种热过程从含碳材料中剥离出的碳原子，并由它们形成一个六边形的碳原子网状结构，然后卷成圆筒状。碳纳米管的强度是钢的 300 倍，比钢轻 6 倍，具有非常大的比表面积、拉伸强度高、散热性能优于其他任何已知材料，具有优良的导热性和导电性，并且具有化学和热稳定性。这些特性使得碳纳米管在一些领域非常有用。在水处理中，碳纳米管对多种有机物有非常强大的吸附能力。许多水污染物和污染物对碳纳米管有非常高的亲和力，可以通过用这种纳米过滤器从受污染的水中除去。例如，水溶性药物很难通过活性炭与水分离，但采用碳纳米管可以。碳纳米管大的比表面积，因此具有很高的污染物保留容量。碳纳米管独特的属性允许水分子通过其内部，而阻止化学品和微生物污染物这么做。可以通过施加一点压力把水通过管状的碳纳米管材料，目前碳纳米管膜技术很具优势。

随着这些性能，碳纳米管能吸附一些有毒的化学物质如二噁英、氟、铅和醇等。二噁英是非常普遍和持久的致癌副产品，许多工业过程都会产生，碳纳米管吸附在这一领域是一个很好的例子。碳纳米管与活性炭和其他多环芳香材料相比，可以吸引和捕获更多的二噁英。

单壁碳纳米管（SWCNTs）和多壁碳纳米管（MWCNTs）作为有效的吸附材料在文献中已被广泛报道。也有报道称多壁碳纳米管吸附铅水的能力高于活性炭。发现从废水中去除二氯苯时，碳纳米管可在较宽的 pH 范围内有良好的吸附性能。还表明，单壁碳纳米管可作为分子如 CCl_4 的分子海绵；碳纳米管与支撑体的表面也能吸附接触分子，虽然比纳米管弱。使用石墨纳米纤维从醇中纯化水的可能性也被研究，试验结果表明，碳纳米管可以从水中去除污染物，是有前途的吸附剂。

7.3.2.2　石墨烯

石墨烯是碳的同素异形体的一种结构，sp^2 杂化的碳原子在一个单一的平面上排列，密集地形成蜂窝晶格。结晶或片层石墨是由许多石墨烯片叠在一起构成的。石墨烯是许多不同应用领域的研究对象，其中之一就是水处理过程。石墨烯膜的孔径为 1～12nm，足够宽，可以选择性地让一些小分子通过。它比目前用于反渗透的材料更坚固。据悉，由蔗糖合成的石墨烯基复合材料，可有效从水中去除污染物，如染料罗丹明 6G 和毒死蜱（一种农药）。

石墨烯纳米片（GNFs），具有高的比表面积，可以作为电极进行电容型去离子。制备 GNFs 的电吸附性能优于商业活性炭，在电容去离子应用中潜力巨大。GNFs 对钠离子的电吸附容量高于先前报道的使用石墨和活性炭在相似试验条件下的数据。因此，化学合成的 GNFs 可以作为有效的电极材料在海水淡化过程中应用。还原氧化石墨烯（rGO）-金属/金属氧化物复合材料也可用于水的净化过程。石墨烯复合材料可通过氧化还原的金属前体反应合成复合材料。rGO-MnO_2 和 rGO-Ag 是去除水中汞离子高效吸附剂的候选材料。rGO 与河砂的复合材料，以壳聚糖为黏结剂，也是去除水中重金属离子的有效吸附材料。基于氧化石墨烯的新型复合材料，交联的铁（III）的氢氧化物，也被开发用于饮用水中砷污染的有效去除。GO 先用硫酸铁处理，然后用 GO 交联的铁（II）化合物被过氧化氢氧化成铁（III）化合物，然后用氢氧化铵处理。这些材料在 pH=4～9 较宽的范围内可吸附除砷，发现砷的去除效率随 pH 的增加而增加。

7.3.2.3　富勒烯

富勒烯是球状碳分子，比金刚石强得多。富勒烯被用来吸附有机物，它们对去除有机物的效率很高，因为它们对各种有机物均有吸附能力（如酚类、多环芳烃、胺类）。C_{60} 是一个强大的、广谱的抗菌剂，能够在不同的环境条件下保持其功能，可作为水处理的抗菌剂和生物控制材料。

富勒烯的吸附很大程度上取决于不溶于水的 C_{60} 的分散状态。然而，由于 C_{60} 团簇与水有间隙空间，其中化合物可以扩散，从而导致显著的吸附/解吸滞后。nC_{60} 具有有效抗菌剂的理想属性，使它成为一个潜在的有吸引力的低浓度污水和饮用

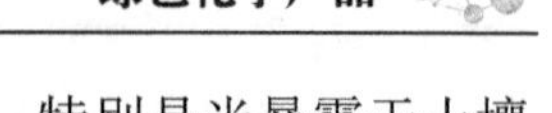

水处理活剂。nC_{60}通用性和效力表明其潜在的生物破坏性，特别是当暴露于土壤或水生态系统中时。nC_{60}有杀死不同种类的细菌好氧/缺氧能力。

7.3.2.4 纳米晶沸石

沸石这个术语代表了一组非常广泛的晶体结构，通常由硅、铝和氧组成。沸石骨架由四个相连的原子网络组成。该框架包含笼、腔或通道，允许小分子进入(图 7.7)。分子筛由于具有多孔结构、高阳离子交换能力及对重金属的亲和力等优点，在近 10 年来得到了广泛的研究。作为催化剂和吸附剂，它们可以去除大气中污染物，包括发动机废气。沸石还广泛应用于家用和商用净水离子交换床、水软化等。常规合成方法产生的分子筛的尺度为 1～10mm，纳米沸石分子筛，包括尺寸范围从 5～10nm 的已被成功合成出来。拥有较大的外部表面积、较小的扩散路径长度、少的积炭使纳米沸石优于传统的微米大小的沸石。研究显示纳米 NaY 分子筛比常规 NaY 分子筛能够吸收多 10%的甲苯；同样，一个粒子大小为 15nm 的 ZSM-5 分子筛可比常规尺度的分子筛多吸附 50%的甲苯。

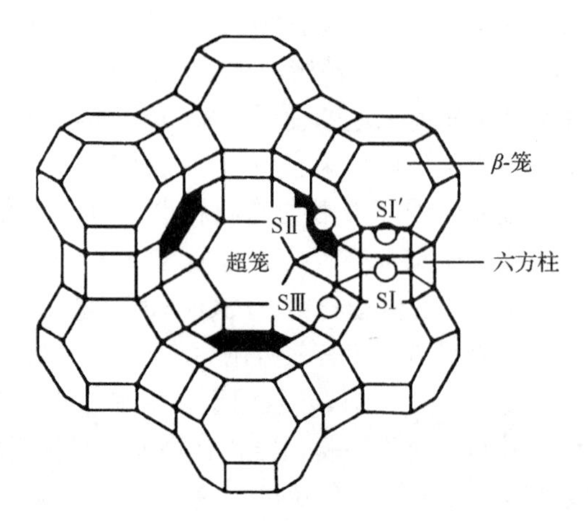

图 7.7 纳米沸石分子结构

7.3.2.5 磁性纳米粒子

磁性纳米粒子(MNPs)由于其含有的铁磁性金属成分如镍或钴而被命名的。在广泛的范围有应用潜力，包括数据存储、磁流体、催化、生物技术、生物医学、环境整治等。磁性纳米粒子还可以很容易地用磁场把其从水中分离出来，便于回收。磁性纳米粒子的这种特性使它们有别于非磁性纳米粒子，因为它们可以通过磁梯度或高磁梯度来进行分离。这一过程不仅允许颗粒从水中去除化合物，还可以回收和再生。

(1)磁性碳纳米管

磁性碳纳米管有足够的活性去除水中的污染物。这些纳米管是通过在石墨管壁中捕获铁基纳米粒子制成的(图 7.8)。这些杂化材料显示出优异的稳定性，增加了外部和内部表面积。磁性纳米铁颗粒增强的水溶性碳纳米管可以从水中除去芳香族化合物。

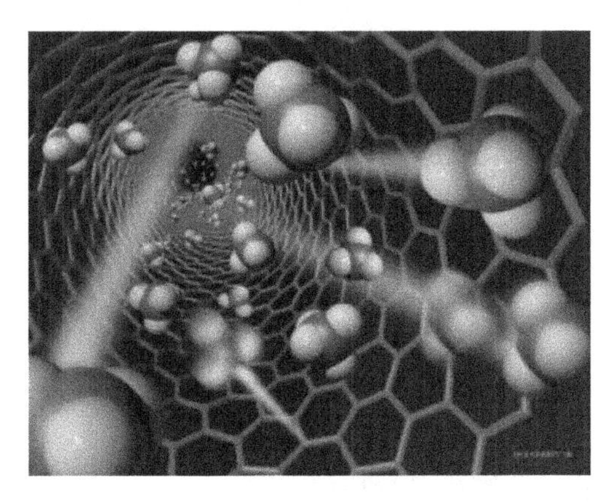

图 7.8 负载纳米铁的磁性碳纳米管

(2)纳米尺度零价铁

纳米尺度零价铁(ZVI)的比表面积大、表面活性高，是一种新开发的水净化技术，在原位应用方面提供了极大的灵活性。砷污染的饮用水是一个全球性的问题，现有的除砷方法需要安装能耗高压泵。ZVI 提供了一种从饮用水中清除砷的低成本技术，因铁氧化物与砷很容易结合。氧化铁的一个有效特性是它具有非常高的表面积，从而使砷具有更多的结合点，12nm 直径的 ZVI 可以捕获砷的量比目前使用的氧化铁过滤器高 100 倍。一旦砷被纳米铁捕获，这些纳米颗粒就可以很容易地从水中去除。通过铁的应用，它可以变换多种重金属和剧毒的砷为不溶性的形式。各种污染物如氯代烃(如四氯化碳、三氯乙烯、四氯乙烯、氯乙烯、氯仿、多氯联苯)和其他有机物质(如硝基苯、二噁英)可以通过使用 ZVI 高效地分解成更简单的无毒的相(图 7.9)。改性的纳米铁颗粒，如催化的和支撑的纳米颗粒，可以进一步提高对水修复的速度和效率。因此，这些污染物不能进一步迁移，从而导致其生态影响的显著减少。

还原铁纳米粒子的潜力是巨大的，可减少其他物质在水的溶解度，如硫酸盐、硝酸盐等。ZVI 中的铁氧化为亚铁和三价铁，pH 升高，放出氢，氧化的材料消耗，强还原条件下创造有利于脱氯的条件。最终，铁或亚铁可能沉淀为固体或留在溶液中，这取决于 pH 和氧化还原条件。例如，在环境中氧含量降低，从而降低氧化还原电位，减少监测的污染物。

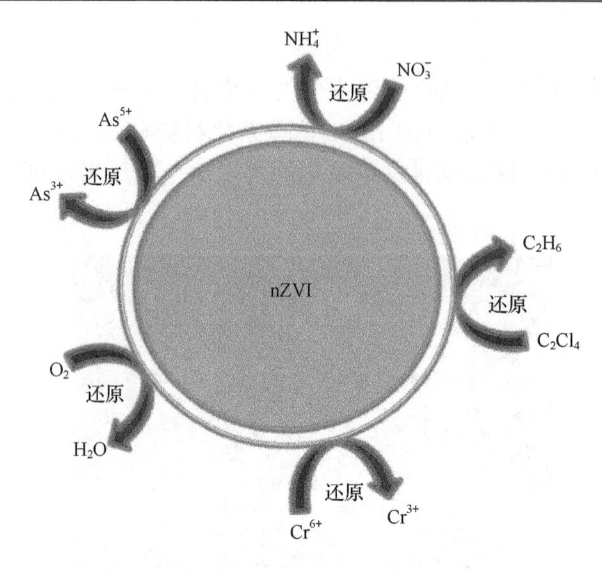

图 7.9 使用 ZVI 降解有机污染物的机理

ZVI 对一些污染物的降解机制概括如下：

1）硝酸盐的还原：纳米铁和硝酸盐反应产生氮气和最终的铵。硝酸还原机制包括自由电子之间的反应，是由腐蚀过程中元素铁直接或间接反应产生的：

$$4Fe^0 + NO_3^- + 10H^+ \longrightarrow 4Fe^{2+} + NH_4^+ + 3H_2O$$

2）铬的还原：六价铬还原为三价铬，不溶、低毒、低迁移性，还原六价铬的反应：

$$3Fe^0 + 2Cr^{6+} \longrightarrow 3Fe^{2+} + 2Cr^{3+}$$

3）砷的还原：在地下水环境中，零价铁氧化成氧化物和氢氧化物。这些氧化物和氢氧化物吸附和共沉淀 As。把水合氧化物砷还原：

$$Fe(OH)^0 + AsO_4^{3-} + 3H^+ \longrightarrow FeH_2AsO_4(s) + H_2O$$

$$Fe(OH)^0 + AsO_4^{3-} + 2H^+ \longrightarrow FeHAsO_4^-(s) + H_2O$$

4）氯化烃的还原：这是最广泛和最常见的地下水污染物。铁纳米粒子对氯代烃的反应，如四氯乙烯：

$$C_2Cl_4 + 5Fe^0 + 6H^+ \longrightarrow C_2H_6 + 5Fe^{2+} + 4Cl^-$$

7.3.2.6　银纳米粒子

由于其相对较低的制造成本和许多应用潜能，银纳米粒子是最常见的纳米粒子，包括医用、水净化、抗菌、涂料、食品包装等。这些银纳米粒子的尺寸主要在10～200nm，有高表面活性和较强的抗菌性能。因此，它们被用在许多产品中，包括杀菌剂。纳米银主要的生产包括胶体银、锭银、纳米银粉末和聚合物银颗粒。采用了各种研究来评价纳米银的抗菌效果，包括纳米银对大肠杆菌生长的影响，结果表明在引入纳米银时细菌的生长受到抑制。纳米银对有益微生物的潜在毒性是主要的挑战，研究人员面临的是如何在大规模水处理过程中如何使用纳米银的问题。

7.3.2.7　TiO_2纳米材料

TiO_2纳米材料的光催化性能在水处理领域得到了广泛的应用。TiO_2纳米材料已被广泛研究用于氧化还原转化有机和无机污染物，包括在空气和水中。TiO_2纳米粒子的高表面积提供了较大的催化表面，产生的羟基自由基是强氧化剂。当使用紫外光激活纳米颗粒时，芳香族有机物可以被有效去除。重金属的去除也可以通过使用TiO_2纳米材料来实现。使用TiO_2纳米材料进行水处理的其他优点还包括成本低、耐腐蚀和整体稳定性好。纳米TiO_2还作为固相萃取填料用于地表水的修复。纳米TiO_2作为一种包装材料可以有效地富集和提取河水和海水中的重金属。TiO_2纳米线膜也已成功地制备出来了，具有从水中同时过滤催化氧化有机污染物的能力。纳米膜的直径为20～100nm的纳米线，具有均匀的厚度和弹性能力。TiO_2/Al_2O_3复合光催化膜可有效去除染料，集膜分离和光催化于一体。同样，TiO_2/Al_2O_3内管复合膜也已被合成出来，希望能进行大量污染水的处理。

7.3.2.8　双金属纳米材料

双金属纳米材料已被证明能有效地去除废水中的有机污染物。这些双金属纳米颗粒通过共还原两种金属前驱体或对铁粒子的表面进行第二种金属的修饰。例如，以铁为主体的铁/银、铁/铂、镍/铁和钴/铁合金纳米粒子，在多种有机污染物的去除方面有价值，如氯代烷烃和烯烃、氯化苯、杀虫剂、有机染料、硝基芳烃、PCBs和无机阴离子，如硝酸盐等，副产品的毒性较小。据估计，三氯乙烯脱卤的反应使用双金属钯/铁纳米粒子的活性高于纳米零价铁颗粒本身。

钯/铁和镍/铁纳米粒子可用于氯代烷烃、氯代芳烃、多氯联苯的氢卤化，但镍比钯有更好的耐腐蚀性和较低的成本。镍/铁纳米粒子也发现对溴代甲烷进行还原卤化更有效。四氯乙烯也可以通过负载双金属镍/铁的纳米粒子从水中去除，钯涂层的金纳米粒子被发现可主动和选择性地去除水中有机污染物。金纳米粒子本身不起催化作用，不与有机物发生反应，但与钯结合时，钯的催化活性提高，双金属钯/金纳米粒子的水相氯乙烯氢氯化反应非常活跃，比单独钯催化活性高。还发现，当钯负载到金纳米粒子上后其催化活性提高了 700 倍。

7.3.2.9 单酶纳米粒子

在许多应用领域，酶已被证明比合成催化剂更有效。在废水处理中，酶可以用来开发比传统技术更环保的修复过程。即使在温和的反应条件下，它们的多功能性和效率也优于传统的物理化学处理方法。酶的生物来源减少了它们对环境的不利影响，从而使酶废水处理成为一种可持续发展的生态技术。特定的酶可用于不同的污染物，如过氧化物酶、多酚氧化酶(漆酶、酪氨酸酶)和有机磷水解酶。适用的酶大可广泛用于有机污染物的修复。污染物如酚类、多环芳烃、染料、含氯化合物、有机磷农药和炸药等可以成功地使用适当的酶来降解。最近开发了一种新的方法，化学稳定的单酶纳米粒(SENs)生产技术。SENs 的生产可以通过组合酶技术和纳米技术完成。SENs 具有耐极端条件性，如高/低 pH、高浓度、高盐度、高/低温度，并且控制 SENs 比微生物更容易。它们不需要任何营养物质的存在，也没有代谢副产物或传质的限制。为合成 SENs，胰凝乳蛋白酶被由硅酸盐组成的外壳连接在其表面并形成“笼”的结构。

7.3.2.10 支化分子

支化分子代表了一类新的三维的、高度支化的球形大分子，包括超支化聚合物、高支化聚合物和树枝状分子(图 7.10)。类似于线型聚合物，它们由大量的单体单元组成，它们是化学链连接在一起的。树枝状聚合物的大小范围在 2～20nm，常见的形状包括锥、球和盘状结构。

树状大分子具有广泛的应用前景，包括黏合剂和涂层、化学传感器、医疗诊断、药物输送系统、高性能聚合物、催化剂、超级分子的构建块、分离剂和水修复剂等。近日，聚酰胺-胺(PAMAM)树枝状大分子已经被开发出来，其分支层末端富含大量的功能氮和酰胺基团，它们可反复用在各种过渡金属离子如铜废水治理。在分支的内部，高浓度的氮配体使 PAMAM 树状大分子作为螯合剂对铜离子及其他金属有很强的螯合能力，可以从水中除去它们。科学家设计了一个树枝状聚合物强化超滤系统(DEUF)，可以高效从水溶液中回收铜。DEUF 是改进的聚合物强化超滤形式(PEUF)，这是用于从废水中去除重金属离子的一种很有前途的技术。DEUF 和 PEUF 有相同的工作原理，在金属离子结合到聚合物和树枝状分子后，可通过膜过滤去除污染物。整个过滤过程分为两个步骤进行：①线型聚合物或树状大分子与废水混合，在那里它们随后结合金属离子的溶液；然后通过超滤膜，以防止聚合物/树状大分子-金属离子络合物堵塞通道；②金属离子是由聚合物或树枝状大分子中分离出来，吸附剂可重复使用。

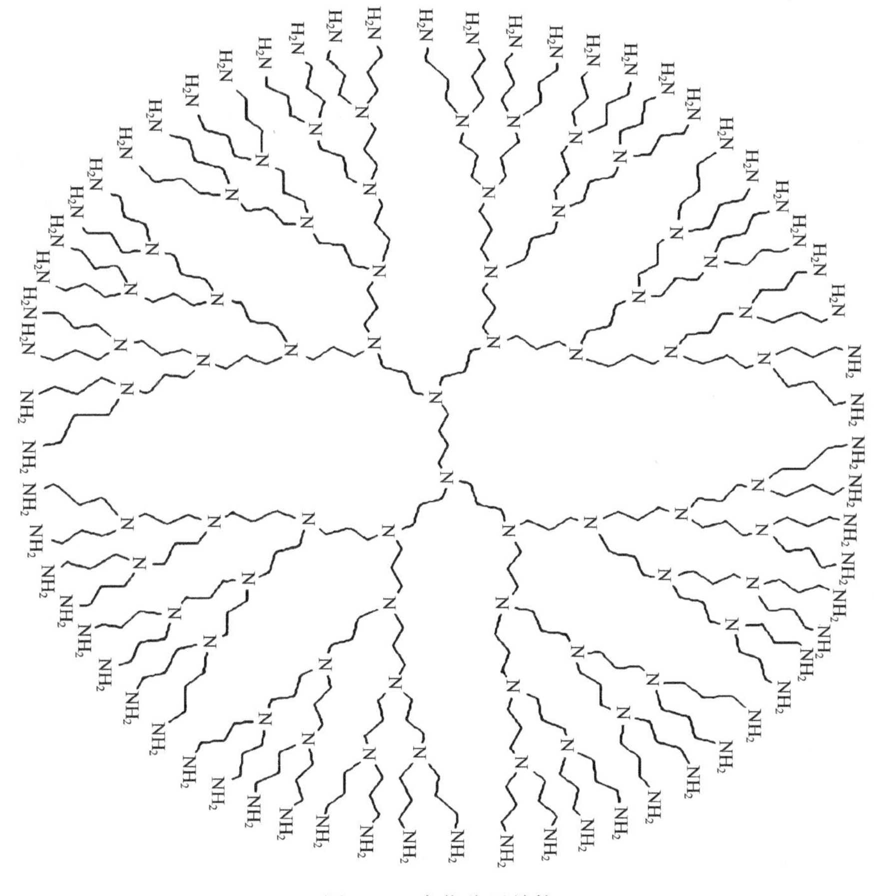

图7.10 支化分子结构

含有杀菌剂载体的状化分子可用于杀灭水体中的细菌。在这种方法中，纯化后的水树枝状物可以从水体中去除，并通过再次将抗菌剂固定在其上。为了提高净水材料的有效性，可以将两种不同的抗菌剂固定在状化分子上。因此，含有水净化材料的树枝状化合物可以有效地用于饮用果汁等饮料中，以去除有害的微生物。

7.3.2.11 纳米膜

纳米反应性材料已用于合成水处理用膜。由纳米反应性材料制备的纳米材料作为水过滤膜方面有以下优点：耐污染、耐用和低成本，以及在金属、有机和生物污染物去除方面巨大的潜力。膜的选择取决于复合材料的大小和渗透率。由于沉降、絮凝、混凝，活性炭仅能对水污染物中部分化合物有效，膜过滤在减少污染物排放和生产优质纯水方面取得了巨大成功。在过去二十年，聚合物和陶瓷膜发挥了显著的作用，已经对膜使用带来了积极的影响。纳米反应性膜能够分解污染物，如4-硝基苯酚和水中绑定的金属离子。纳米银浸渍聚砜超滤膜对菌株也是有效的，显示了明显的病毒去除能力。微孔陶瓷表面纳米化改性同样改善了其对病毒的高效过滤。在高度多孔元件内部表面涂上胶体纳米分散体的水合氧化钇，然后加热得到一个带正电的 Y_2O_3 涂层表面。改性纳米过滤器能去除水中的细菌。纳滤分离过程可去除浊度、微生物和无机离子，降低水的硬度，去除有机杂质得到饮用水。当对盐水施加压力时，它还可以作为半透膜制备软水。银浸渍膜更耐污染。多壁碳纳米管也被制备成一个中空的整体圆柱形膜，它提高了去除细菌或碳氢化合物的效率，也可很容易地再生。

在不久的将来，纳米技术将对水处理工具和技术的发展产生更大的影响。使用纳米颗粒的优势依赖于利用纳米技术带来的更多益处，以及在农村地区促进的经济生存能力。因此，需要快速、低能耗的清洁水技术，生产纳米结构、纳米复合材料和改性纳米结构并用于水修复的技术将不断增加。纳米技术应被视为确保不同地方社会团体可持续性的工具。这是可能的，比如通过使用先进的纳米材料，使海水淡化、污染水的回收和废水的再利用。不同的修复技术和方式可帮助人们从环境中去除污染物。其中一些使用化学转化机制，如氧化和还原，而另一些则用作催化剂。尽管有差异，但大多数的有效操作取决于活性物质的有效表面积。纳米颗粒的大表面积使它们比污染物的替代物更有效地去除污染物，因此更适合环境修复。新型纳米工程技术提供更灵敏可靠的水监测解决方案。

参 考 文 献

[1] Mishra A, Clark J. Greening the blue: how the world is addressing the challenge of green remediation of water//Mishra A, Clark J H. Green materials for sustainable water remediation and treatment. London: The Royal Society of Chemistry, 2013: 1.

[2] Wisconsin Initiative for Sustainable Remediation & Redevelopment. Green and sustainable remediation manual, Pub-RR-911. Madison: Wisconsin Department of Natural Resources, 2012: 15.

[3] Dubey A, Goyal D, Mishra A. Zeolites in wastewater treatment//Mishra A, Clark J H. Green materials for sustainable water remediation and treatment. London: The Royal Society of Chemistry, 2013: 82.

[4] Caputo D, Pepe F. Experiments and data processing of ion exchange equilibria involving Italian natural zeolites: a review. Microporous Mesoporous Mater., 2007, 105(3): 222-231.

[5] Kosanovic C, Jelic T A, Bronic J, et al. Chemically controlled particulate properties of zeolites: towards the face-less particles of zeolite A. Part 1. Influence of the batch molar ratio $[SiO_2/Al_2O_3]_b$ on the size and shape of zeolite A crystals. Microporous Mesoporous Mater., 2011, 137(1-3): 72-82.

[6] Yusof A M, Nizam N A, Rashid N A A. Rapid microwave assisted synthesis and characterization of nanosized silver-doped hydroxyapatite with antibacterial properties. J. Porous Mater., 2010, 17(1): 39-47.

[7] Mohamed M M, Zidan F I, Thabet M. Synthesis of ZSM-5 zeolite from rice husk ash: characterization and implications for photocatalytic degradation catalysts. Microporous Mesoporous Mater., 2008, 108(1-3): 193-203.

[8] Panpa W, Jinawath S. Synthesis of ZSM-5 zeolite and silicalite from rice husk ash. Appl. Catal. B, 2009, 90(3-4): 389-394.

[9] Kurama H, Karaguzel C, Mergan T, et al. Ammonium removal from aqueous solutions by dissolved air flotation in the presence of zeolite carrier. Desalination, 2010, 253(1-3): 147-152.

[10] Zhang M, Zhang H, Xu D, et al. Ammonium removal from aqueous solution by zeolites synthesized from low-calcium and high-calcium fly ashes. Desalination, 2011, 277(1-3): 46-53.

[11] Liu C H, Lo K V. Ammonia removal from compositing leachate using zeolite. I, characterization of the zeolite. J. Environ. Sci. Health, Part A, 2001, 36(9): 1671-1688.

[12] Huang H M, Xiao X, Yan B, et al. Ammonium removal from aqueous solutions by using natural Chinese(Chende) zeolite as adsorbent. J. Hazard. Mater., 2010, 175(2): 247-252.

[13] Goyal D, Durga G, Mishra A. Nanomaterials for water remediation//Mishra A, Clark J H. Green materials for sustainable water remediation and treatment. London: The Royal Society of Chemistry, 2013: 135.

[14] Shannon M A, Bohn P W, Elimelech M, et al. Science and technology for water purification in the coming decades. Nature, 2008, 452(7185): 301-310.

[15] Colvin V L. The potential environmental impact of engineered nanomaterials. Nat. Biotechnol., 2003, 10(10): 1166-1170.

[16] Sreeprasad T S, Maliyekkal S M, Lisha K P, et al. Reduced graphene oxide-metal/metal oxide composites: facile synthesis and application in water purification. J. Hazard. Mater., 2011, 186(1): 921-931.

[17] Kar S, Bindal R C, Tewari P K. Carbon nanotube membranes for desalination and water purification: challenges and opportunities. Nanotoday, 2012, 7(5): 385-389.

[18] Tan C W, Tan K H, Ong Y T, et al. Energy and environmental applications of carbon nanotubes. Environ. Chem. Lett., 2012, 10(1): 265-273.

[19] Li H, Zou L, Pan L, et al. Novel graphene-like electrodes for capacitive deionization. Environ. Sci. Technol., 2010, 44(22): 8692-8697.

[20] Chandra V, Park J, Chun Y, et al. Water-dispersible magnetite-reduced graphene oxide composites for arsenic removal. ACS Nano, 2010, 4(7): 3979-3986.

第 8 章 绿色多孔材料

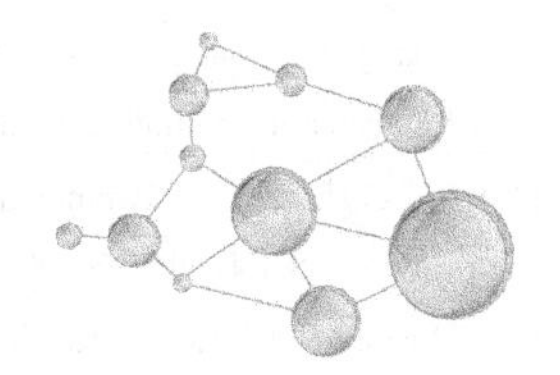

8.1 多孔材料简介

多孔材料被视为固态表面积和体积比小的改动会显著改变给定材料的理化性质的材料。基于经典的定义，多孔材料是固体基质组成的互联的网络(有时称为空隙)。IUPAC 以不同孔径大小分为三类：微孔、介孔和大孔(表 8.1)[1]。

表 8.1 IUPAC 分类孔大小

孔类型	大小范围
微孔	＜2nm
介孔	≥2m 且≤50nm
大孔	＞50nm

孔径大小的变化与吸附特性相关，导致多孔材料不同的应用，例如，在能源存储中是应用的关键。因部分的强范德华力相互作用，微孔已在经典的液相和气相吸附中得到应用。超越 2nm 孔隙的直径边界，到达介孔范围，降低了势能和逃逸表面，使材料特别适合应用，如非均相催化或色谱分离等。在这区域的孔隙大小便于活性位点的高负荷，同时为液相分析物或底物的有效扩散传质提供途径。进一步进入大孔区域，可显著增强系统的过滤性能和扩散特性。通常在合成材料中，会有三种类型的孔隙尺寸的共同贡献[2]，如图 8.1 所示。

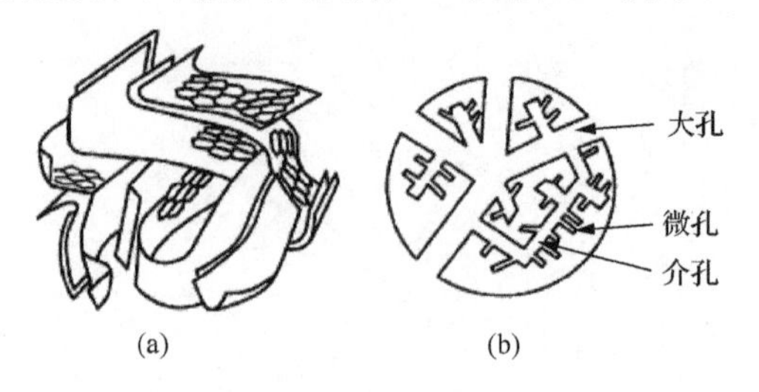

图 8.1 活性炭的三维结构(a)和二维结构(b)示意图

值得关注的是，任何未来的应用，如能量产生/储能、气体存储/捕获等，只有剪裁合适的材料化学与合理设计的孔隙度才可能有效。在多孔结构中，固体多孔材料具有非均匀的孔隙尺寸分布，通常价格低廉、相对容易制备。例如，经典的通过热化学活化产生转换的坚果壳，得到的主要是微孔活性炭，已经被用作水净化介质有几十年历史了。

作为新奇性的要求，提高材料的有效多孔性越来越重要，用以满足未来的能源和化工所提出的新挑战。提高选择性和应用效率已成为合成这些新材料的主要驱动力。调节材料的体相和表面化学也变得越来越重要。然而，如果一个材料是涉及从实验室到工业规模，则最终经济学和可持续性必须加以考虑。此外，给定应用的特定材料效率的关键特征是表面能，特别是在描述介孔材料时，这些材料的选择性不只基于孔隙大小，还受特定表面功能/极性的强烈影响。可调的表面功能将对其性能有显著影响，“表面能”这个概念导致高度尺度选择性的微孔材料。因此，为达到“绿色”可持续纳米技术的目标，控制材料的孔隙度和功能至关重要[3-5]。

8.1.1 活性炭

从可持续前体制备多孔炭以前更多关注的是合成活性炭。这类微孔材料可在市场上买到，主要应用在水处理、CO_2捕获、能源存储(如超级电容器)，以及通常使用的异构催化剂。几乎每年生产 100 万 t 的活性炭，主要的生产原料包括低成本可再生材料(如椰子、木材和果核等)。经典的活性炭制备过程是采用热化学活化步骤导致形成微孔材料的平均孔隙直径小于 2μm 活化过程，已被广泛用于获得通常价格低廉和高度微孔碳，尽管原料可来自于各种有机前体，生物质(如木质纤维素)是常规的选择前体。通常，活性炭可以分为两种不同的类型：①物理(或热)活性炭，使用 CO_2 或者蒸汽，在 800～900℃进行选择性气化；②化学活性炭，通过在有机的前驱物中浸渍合适的活化试剂(如氢氧化钠)，而后进行碳化，通常温度超过 650℃。

8.1.2 介孔碳

关于介孔碳材料的合成，有大量的通用的合成路线，包括：①多孔无机模板法，硬模板复制；②聚合物混合自组装和碳化(即由组成的可碳化的聚合物和可热解的聚合物制备)，软模板；③预制有机聚合物气凝胶前驱体的碳化；④传统的化学和物理活化的碳。

长久以来，采用硬模板化战略制备多孔碳微球方法仍然是工业化的最佳范例之一。在这一过程中，高度多孔的高效液相色谱硅胶在酚醛树脂中浸渍。硅胶孔隙系统内有机组成部分的聚合导致有机、无机混合物。然后这种材料在高于1000℃下进行碳化(N_2 或 Ar 保护)。最后二氧化硅使用强碱溶液进行脱除，并形成玻碳多孔材料(PGC)。PGC 具有优良的结构特性，适合作为色谱的高介孔和大孔隙体积($\leqslant 0.85cm^3/g$)占主导地位的固定相，以及很小的微孔贡献(在色谱和耐高温碳化产品中不希望的)。然而，PGC 有相当无序的孔隙结构、孔隙网络，进行化学功能化的潜力有限。

无机模板的制备与可控的孔结构(如表面活性剂模板化的 MCM48)：用单体或聚合物前驱体浸润牺牲模板，热碳化导致有机前体交联和压缩形成碳材料。最后一步温度通常大于 600℃，使碳产品具备酸碱化学抗性，酸碱常用于溶解除去无机基质。这种材料的电导率往往较低，这是由产生碳的非晶性质导致的。

采用硬模板方法制备介孔碳材料的兴趣是由其宽的介孔尺寸和形貌及潜在的价值引起的。它们的化学惰性、稳定性和经典的活性炭微孔结构的固有优势也是特色。

同时通过纳米涂层的方法合成有序介孔碳可以提供极具吸引力的材料，特别是在它们的规则性和对称性方面(图 8.2)，这样合成的材料通常不具有大孔。在内分层孔隙结构中引入孔直径大于 50nm 的孔，对引进为气体和液体提供快速运输途径是有利的。在这方面，常用到次生孔隙模板。利用聚苯乙烯球(乳胶)可以在 6nm 孔隙直径的介孔碳材料中引入 100nm 的有序宏观畴。

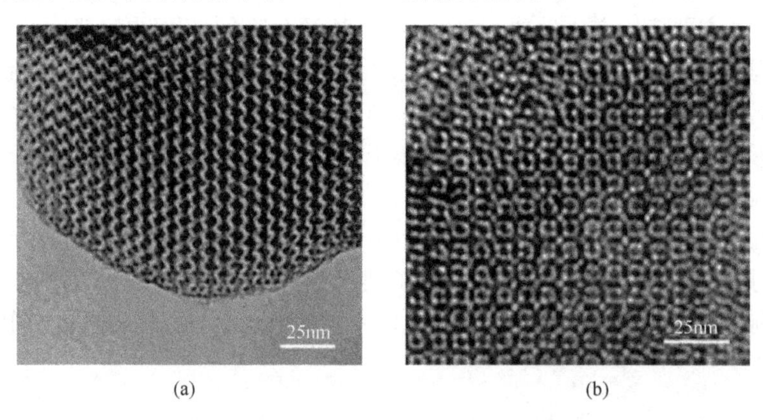

(a) (b)

图 8.2 由蔗糖或呋喃醇制备的 CMK-1 的(111)方向和 CMK-2(100)方向的 TEM 图

最近更多的创新，已经可以大大减少工艺步骤和资源使用的量，采用了基于有机-有机自组装结合可聚合的前体和嵌段共聚物模板的软模板技术，随后进行热碳化步骤生产有序介孔碳材料。一个主要的例子是采用稀水溶液路线直接合成了介孔聚合物(FDU-14)和碳(C-FDU-14)材料。

通常硬模板法涉及多步反应和高温，以及有害试剂(如采用强酸或碱除去硬模板)，成本也较高。同时合成的孔隙率与均匀度，不利于最高效的大规模转移扩散。因此，基于需要和绿色化学原则，发展新的合成路线，以尽可能的有效利用可再生资源的方式合成多孔碳材料，是值得关注的。

8.1.3 碳气凝胶和相关材料[6]

无需额外硬模板或软模板制备多孔碳材料的有趣方法是使用有机高分子凝胶

前体热碳化制备碳气凝胶及其相关的材料(如干凝胶)。气凝胶通常是轻质材料，与它们所产生的固相组成相互联系的三维结构的交联密度低。它们通常的表面积约 1000m²/g。虽然气凝胶可以由有机、无机或金属组分构成，在显微镜下，它们是由群集的纳米粒子构成的脆弱网络，产生独特的性质，包括非常高的强度质量比和表面积体积比。

在多孔材料中，气凝胶提供了所有类型的孔隙度(即微孔、介孔和大孔)和孔分层结构，通常依赖于合成和随后的处理过程。气凝胶在各种各样的复合物中及其他高端应用中，包括色谱、吸附、分离、储气、探测器、隔热、支撑及离子交换材料等。有机高分子凝胶碳化合成高表比面积碳气凝胶是其中最有趣的应用之一。作为合成有机气凝胶可能在无氧条件下通过控制热退火/碳化转化为碳气凝胶。由此产生的碳往往有着发达的微孔度和介孔度，以及大的比表面积。碳化的凝胶与其母凝胶一样，具有互联与贯通的网络结构。

最常见的前体凝胶相，是来自于间苯二酚与甲醛(RF)混合物的缩聚反应。RF 凝胶法制备的碳气凝胶中，微孔在初级粒子中发展，初级粒子的堆积产生介孔和大孔(图 8.3)。母体有机凝胶的多孔尺寸不会自动转化到碳气凝胶中，收缩、空洞的闭合和准石墨化在碳化过程中均可能发生。

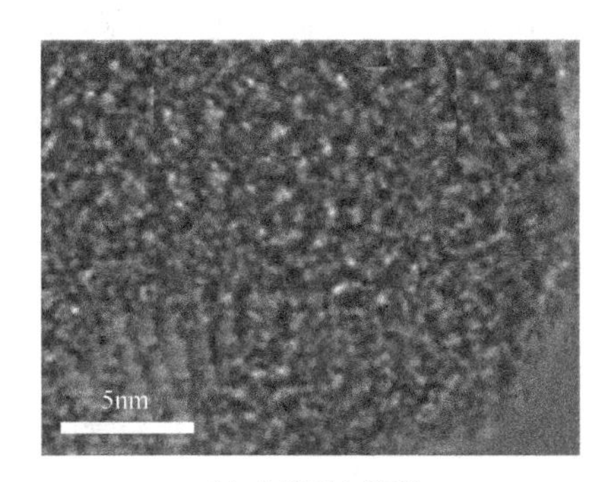

(a) CA25-$Mg(OH)_2$

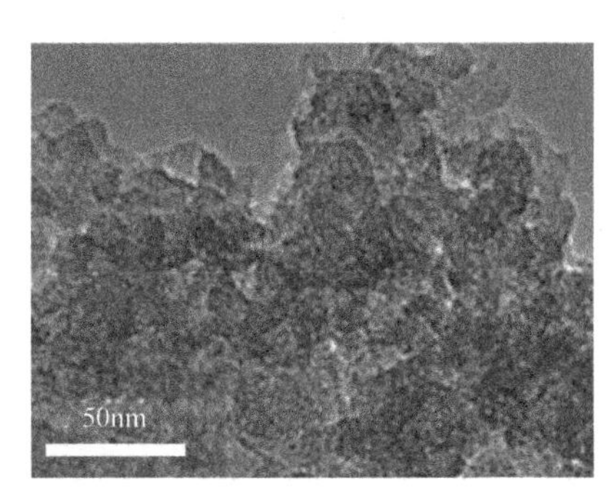

(b) CA30/50

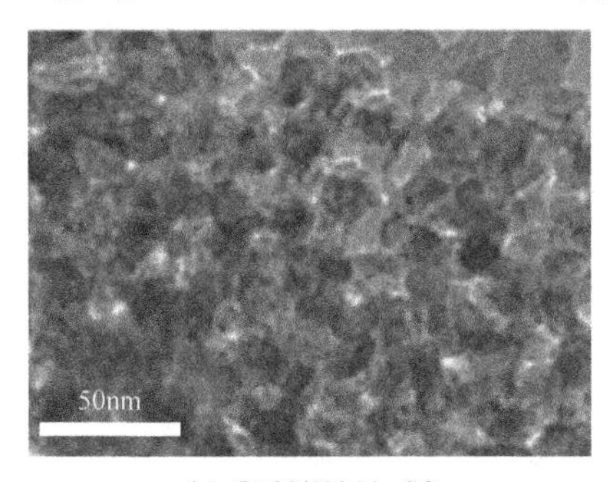

(c) CA30/500-Na_2CO_3

图 8.3　典型碳气凝胶的 TEM 图

为吸附/能源的应用，高度塌缩的碳气凝胶(如碳化温度＞1000℃)常具备良好的吸附特性、结构稳定性，并具有高的热稳定性和电导率，从而使其在电化学过程中得到广泛应用(如电池、超级电容器或导电催化剂载体)。对于这些应用，重要的是要额外控制微孔和介孔的发展，这仍是一个挑战。

8.1.4 石墨纳米碳：碳纳米管和石墨烯[7-10]

在碳纳米材料中，高度浓缩石墨纳米结构、含有碳纳米管(CNT)和石墨烯/石墨烯氧化物(GO)的材料是最热门的。传统上，它们都使用有机前体(通常来自石油化工用品)在适当的催化作用下合成。

碳纳米管可视为基于碳的纳米材料，经典的碳纳米管合成是采用化学气相沉积(CVD)过程，从碳前体(如甲烷、乙炔、二甲苯)和一种适当的催化剂(如金属或混合金属纳米粒子或表面)反应得到。研究仍然侧重于发展新的方法和优化催化剂的活性来尽可能转换碳前体，以获得产率和纯度高的碳纳米管(如单壁、双壁或多壁)。关于从可持续碳前体制备碳纳米管，已有大量的报告，绿色的规模化制备技术仍需要发展。

刨开碳纳米管可导致形成石墨烯，原则上是一个原子厚的平面片，碳原子以 sp^2 杂化方式按蜂窝状排列。这个碳的同素异形体的典型制备是剥离石墨，目前采用 CVD 方法已可大规模生产高质量的石墨烯，但这个方法高成本、需要单晶基板、超低高真空等条件，还需要把石墨烯层从衬底上分离的复杂方法。这些方法导致大面积的石墨烯薄膜，适用于高价值的应用(如电子产品)的生产。石墨烯还可以由氧化石墨烯制备，这也是规模化合成石墨烯最具吸引力的路线之一。以化学还原制备的石墨烯不一定是 100%的，因此残余氧化基团可以存在，进而极大地改变了合成石墨烯的属性(如电子电导率)。

对可持续的前体而言，较低 H 含量的碳基分子是生产高质量碳纳米管的首选，因高 H 含量更容易产生较大数量的无定形碳副产品。在这种情况下，来自生物质的可再生前体可能适合这项任务[如葡萄糖($C_6H_{12}O_6$)，C∶H=1∶2；棕榈油($C_{55}H_{100}O_6$)，C∶H=11∶20]。作为 CVD 的替代方法，喷雾热解法通常用于液体前体的加工，且沉积发生在高温的步骤中。在这方面，植物油即松节油($C_{10}H_{16}$)、桉树($C_{10}H_{18}O$)、椰子、楝树和棕榈油等都被用在使用喷雾热分解法制备碳纳米管中，采用 Fe/Co 沸石作为催化剂，可得到直径为 0.79～1.71nm 的单壁碳纳米管。这种方法还可以扩展到二茂铁催化合成多壁碳纳米管上。一个廉价的方法是利用鸡脂肪油(和二茂铁添加剂)作为碳前体、一个镜面抛光的 p 型(100)硅晶片作为衬底，可用于合成垂直定向纳米碳管，产物具有良好的结晶度(I_D/I_G 为 0.63)，纯度为 88.2%，以及最小的无定形碳含量(图 8.4)。来自樟树结晶的乳胶也可以作为原料规模化合成碳纳米管。樟树在 Ar 氛围中于 875℃下热分解，可以得到纳米管复合物，包含单壁、多壁和定向碳纳米管，使用的催化剂用量低，形成的无定形碳可以忽略不计。

图 8.4 鸡脂肪油的 TGA 和 DTGA 曲线(a)及由其合成的碳纳米管的 FE-SEM 图[(b)～(d)]和 HRTEM 图(e)

关于石墨烯生产，那些廉价的碳前体(如食物、饼干、巧克力废弃物)、昆虫(如蟑螂腿)和废物(如聚苯乙烯、草、狗粪便)等都可以用来合成高质量的单

层石墨烯(无须提纯)。在 H_2/Ar 流动气氛下，这些前体可于 1050℃下分解，并直接在铜箔的表面形成石墨烯。虽然这些废旧材料需要预处理，以除去水分，但可合成并产生高质量石墨烯，缺陷少和 97%的透明度。高品质石墨烯还可以由荷叶或荷花制备，在催化剂镍的存在下，于低于 1600℃下进行热解剥离，可以得到石墨烯。

正如前面提到的，还原 GO 制备石墨烯是一种潜在的低成本大规模的生产方法。然而，值得重视的是，许多化学物质(如还原剂、表面活性剂)被认为是有毒和有害的。在这方面，无毒害的还原剂至关重要，如生物大分子(如蛋白质)。糖(葡萄糖、果糖等)也被用作还原剂，在氨溶液中可采用葡萄糖还原氧化石墨烯纳米片，葡萄糖首先被 GO 氧化为醛酸，紧接着变成内酯、大量的羟基和羧基。其中多糖作为还原剂和表面功能化试剂，保持 rGO 的水溶性和生物相容性。类似制备石墨烯的生物相容性还原剂和稳定剂还包括银杏叶提取物和甘氨酸，一种便宜的氨基酸，也曾作为 GO 的还原剂，在回流的条件下，还原 GO 为石墨烯。

8.1.5 离子液体[11]

离子液体(ILs)通常被认为是有趣的、非易挥发性、潜在的可调溶剂特性的绿色溶剂。然而，它们作为前体合成碳材料一直是一个相对较新的研究领域。一些研究组一直在探索使用可碳化的、通常含氰基基团的离子液体作为无孔和多孔碳合成的可能性，包括合成氮掺杂和硫掺杂材料。在碳合成中，离子液体是非挥发性的，因此不需要高的压力，从而与其他合成方法相比合成的原理相对简单。在这方面，可用于高氮含量、优异电导率和氧化稳定性碳的合成。

在碳基材料的合成中，引入氮、磷、硫和硼可以得到新的碳材料。对于氮掺杂，有报道含量可以大于 10wt%，得到的材料的导电性甚至优于石墨，同时氧化阻力也得到了降低(如与碳纳米管相比)。对多孔材料而言，离子液体的优势首先是液体，并拥有可忽略的蒸气压，可用于复制、浸入和纳米铸造。离子液体与表面有强的作用，可用于形成新的结构。这些物理化学特性使离子液体可作为有趣材料的前体，进行相对简单的加工和低压下安全的成型。在材料制备方面，离子液体可以用在成熟的加工过程中，如沾涂、打印、电喷、电纺和模板/纳米铸造，并通过碳化过程最终转化为相应的碳材料。

由离子液体制备碳材料是基于其阳离子中含氮的结构(如吡啶、咪唑或吡咯烷)，对于合成氮杂石墨结构有利，而阴离子主要采用氰基，如图 8.5 所示。对于前面提到的富氮离子液体，如 *N,N*-乙基甲基-咪唑-二氰胺，碳化可能是通过反 Menschutkin 反应或烷基裂解反应进行的，以及二氰胺对含三嗪的芳环阳离子的亲核进攻和进一步的环加成反应。这些反应依次导致形成聚合的支化的碳前体，进一步加热可以转变为石墨化的氮掺杂碳。然而，要精准地理解其碳化机理还要深入研究。有趣的是，通过简单地改变阴离子，可能导致直接形成多孔材料。从发展多孔性的角度看，离子液体的直接碳化可导致产生纳米孔和微孔的碳。

图 8.5 3-甲基-*N*-丁基-吡啶-二氰胺(3MBP-dca)和 *N*,*N*-乙基甲基-咪唑-二氰胺(EMIM-dca)的分子结构(a)，不同的离子液体前体和它们在固体碳产生中的行为(b)

经典的硬模板或纳米涂布方法可用于制备规则的介孔碳，如 SBA-15 或硅溶胶纳米粒子。离子液体可以制备有序的高比表面积介孔碳，如 CMK 系列(图 8.6)。离子液体对无机碳材料表面的极好的浸润性可以使其很好地浸润硅基固体硬模板。随后在超过 800℃下的热处理可以产生离子液体衍生化的碳/无机复合物。这样制备的碳材料可以用于电催化、二氧化碳吸收剂等方面。

(a)

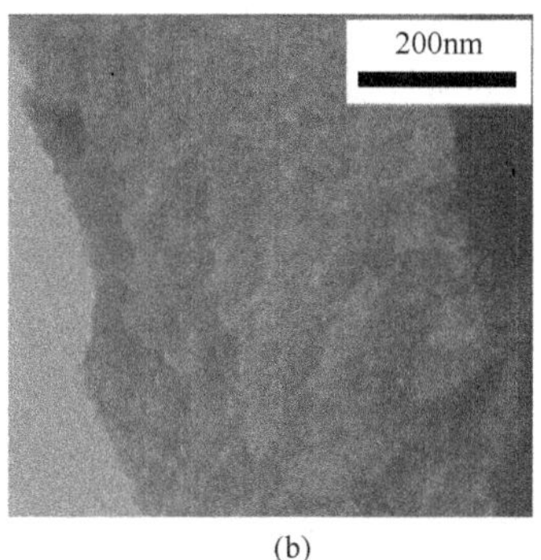

(b)

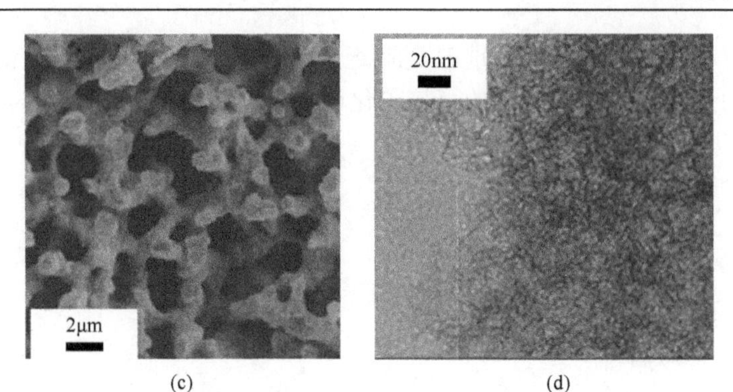

(c)　　(d)

图 8.6　多孔铝膜(a)、SBA-15(b)、多孔硅(c)和硅溶胶模板 *N*-掺杂碳(d)的 TEM/SEM 图

8.2　由可再生原料制备多孔碳

目前人们生活在“人类纪”的时代：人类一系列的活动导致全球环境的变化，如化石资源的燃烧与温室气体的排放(GHG，如 CO_2、CH_4 等)。人们必须限制这种变化并翻转这个趋势。因此，需要转变石油需求为替代能源与化学品。为了达到全球温度升温控制在 2℃以下的目标，德国认为到 2050 年前应该减少 95%的二氧化碳排放量，包括交通、能源和化学品生产。这面临着巨大的挑战，特别是目前资源消耗型的经济要向新的可持续的以可再生资源来合成材料、化学品和能源的碳-中性现代可持续社会目标发展。这就要求科学家发明新的可持续化学技术来生产它们。为提高合成与生产效率，要求新的纳米材料，如催化剂、分离介质等。在这方面，重要的一点是这些材料的生产要采用绿色的方法，以达到减少碳印迹的要求。因此，如果采用可再生材料合成新的纳米材料，丰富的元素和可持续合成方法将有助于材料与化学品合成中的全碳平衡。

针对目前能源和化学品的供应，化石基工业，如石油精炼和煤火力发电站等仍是主导的。许多国家目前开始考虑未来的能源与化学品的供应，大家一致认为来自可再生能源的消费会日益增大，如太阳能、水力能和风能等。这本身也产生了一个新的挑战，就是如何把这些能源高效地存储起来及运输。相比于液体能源燃料，化学工业的原料，特别是替代的化学品将会在未来更多地被关注。不考虑来源，由化石资源和可再生资源合成的化学品在它们生命周期中是一样的，均要求化学品的运输、转化和分离。在这里，使用工业化的纳米材料如催化剂是必需的，可以提高效率及降低能耗。

因此，全球人口的膨胀带来的能源需求及对化石基产品的消耗要求更绿色创新的方法来降低对环境的压力。满足这些需求的材料应该更低廉，易于规模化、工业化和经济地合成，特别是基于可再生和大量丰富来源的资源[12]。

起始于 20 世纪前 20 年的化石基燃料相关的化学工作，碳基材料通常由其前体合成得到，活性炭除外。在几乎同时，还有大量的基于木质纤维素生物质的燃料、化学品和材料研究与应用。例如，Bergius Friedrich 因其成功地采用化学高压方法由煤合成了合成燃料而获得诺贝尔奖。他也关注到由生物质合成煤的天然过程，也出现了纤维素的“水热碳化”的试验。然而，相比于热火朝天的石化工业的发展，这些研究基本上被人遗忘了。从材料化学的角度看，如果考虑到天然材料结构的多样性，如单糖、多糖、核酸、蛋白等，这为新结构材料的合成带来了新的机遇。有研究者指出，生物质基衍生的平台分子在未来的化学和能源工业中有足够的潜力。

生物发展出了高效的能源存储体系，如光合作用生成的碳水化合物。类似地，碳基材料在再生能源转化技术中也扮演着重要的角色，如能源存储器件中的电极、电催化、光催化、多相催化、生物燃料等，如图 8.7 所示。碳基材料在水纯化、气体分离(如二氧化碳捕获)/存储、土壤添加剂等方面有应用价值。

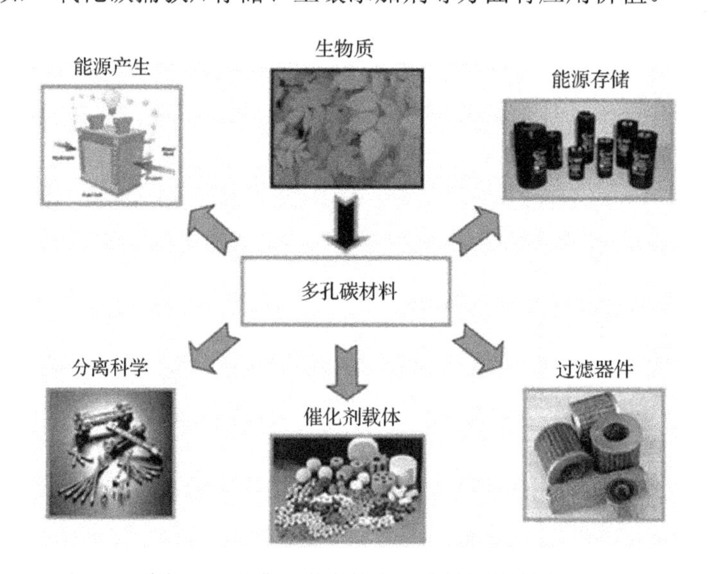

图 8.7　经典和潜在的多孔碳材料的应用

从新材料发展的角度看，目前应用于工业的纳米材料通常适用于小的憎水分子转化(如微孔沸石、钯/炭黑等)和某一部门(如医药)，它们多是基于贵重金属(如难以循环的均相催化)，同时化学反应通常在有害的易挥发性有机溶剂中进行。

因此，为提高效率，需要发展新功能的、可持续性的纳米材料，并用于解决以下的一些挑战[13]：

1) 基于可持续的、全球易得的原料；

2) 可以储存和转化相对稳定的 CO_2(如低温低压下的氢化)；

3) 可调性：可以最佳化结构、化学和活性，在更宽的条件下使用(如水相、酸性、有机和高温气相等)；

4) 可以进行醇/糖转化(如脱水)；

5) 易于取代贵重金属催化剂，包括替代方法(如非稀有金属、无金属、有机催化等)；

6) 通过由工业前景的、基于绿色化学原则的、高效的路线合成。

在这方面，基于富含碳元素(和衍生化合物)的生物质进行纳米材料的合成似乎是适当的，越来越多地被视为多孔的、功能可调的碳基纳米材料有希望的途径。植物绿色光合作用把大气中 CO_2 和水转换为糖类(如葡萄糖、直链淀粉、纤维素等)和多芳环化合物(如木质素)-木质纤维素生物质-天然 CO_2 沉积的模式。这些天然的前体可转换为其他更稳定的碳形式(如纳米材料)，模仿自然“煤化”过程，这实际上相当于封存 CO_2 在可能有用的固体材料中。如果可再生资源派生的纳米材料合成可实现尽可能低的碳印迹，耦合产生的生物源性纳米材料在一个给定的化学过程中如催化，可以提供以下的应用优点，如提高产量、转化频率数、催化剂寿命等，这些就是重要的可持续创新。此外，如果这种纳米材料用于减少温室气体排放，例如，作为催化剂耦合 H_2 和 CO_2 形成 CH_3OH，或替换稀少而昂贵的稀有金属，这将有可能实现捕获和利用碳的协同，以可持续材料的方法，最终提高给定进程的 CO_2 平衡。这提供给了化学与能源工业一个机会，特别是当化石资源变得越来越不可用时。如果在这种情况下，使用丰富的元素、可再生资源和可持续的合成途径，就可能实现 CO_2 的循环，同时利用碳材料作为一个更永久的隔离点，也可以改变温室气体的含量。

生物质是生物圈中最丰富的可再生资源。干燥陆地上生物质的增长估计为约1180 亿 t/a，其中 140 亿 t 来自农业生产，其中约 80%基本上被视为废物。因此，有数量巨大的可持续的生物质，且成本相对较低，可用于燃料、化学品和材料的生产。

或许材料化学家可以从各种自然过程，如煤化、光合作用和结构材料(如甲壳动物壳、植物组织等)中汲取灵感设计各种复杂的纳米结构材料，来解决未来可持续发展社会的能源和化工挑战。在这方面，本章旨在介绍多孔碳材料的绿色化学合成的最新进展，并介绍合成、表征和应用新型碳材料的最新趋势。特别重要的是要注意在现代石墨烯的研究和发展的全球网络中，是否可以带来创新的可持续和清洁的解决方案。

多糖也可以作为碳材料的前体，典型的多糖如甲壳素、纤维素、淀粉等是固有的手性材料，起源于其结构的立体中心。许多纳米晶生物材料也是众所周知的在表面含有手性形貌，如螺钉形的纤维素纳米晶(CNCs)。然而，很少的例子使用这些材料合成手性碳材料。目前已报道的包括富勒烯和手性碳纳米管。采用手性的多糖作为前体可以提供机会制造立体选择性吸附/分离、传感和立体选择性催化材料。由生物材料制备合成的材料通常会导致在碳化材料中保留其形貌特征，可以用于手性多孔材料的合成。值得注意的是，纤维素和甲壳素纳米纤维在水中可形成溶致液晶相，水蒸发后还可在膜中保留。采用这个方法也可以制备含有手性向列相的碳材料[14]。

采用该方法还可以在硅基质中形成纤维素溶致液晶相，并在碳化过程中被保留下来，如图 8.8 所示。纤维素纳米晶相与硅前体 $Si(OMe)_4$ 在水中混合，而后在表面皿中蒸发和干燥，得到一个 CNC-硅的复合膜。圆二色光谱、SEM 和紫外-可见光谱证实纤维素手性向列序列可以在复合物中保留下来。在 900℃碳化可以在硅基质中把多糖转化为碳(约有 30%产量)，得到的材料可折射手性向列相而表现出彩虹色。用氢氧化钠把无机化合物刻蚀移除后，得到一个自支撑的半导体、无定形碳膜，包含 sp^2-(石墨)和 sp^3-杂化碳。气体吸收测量表明碳是介孔的，孔径约为 3nm，比表面积约达 $1500m^2/g$。这种多孔碳膜可以通过改变纤维素与硅的比例来调控。碳材料的精细结构反映了起始膜中 CNC 的规整性。

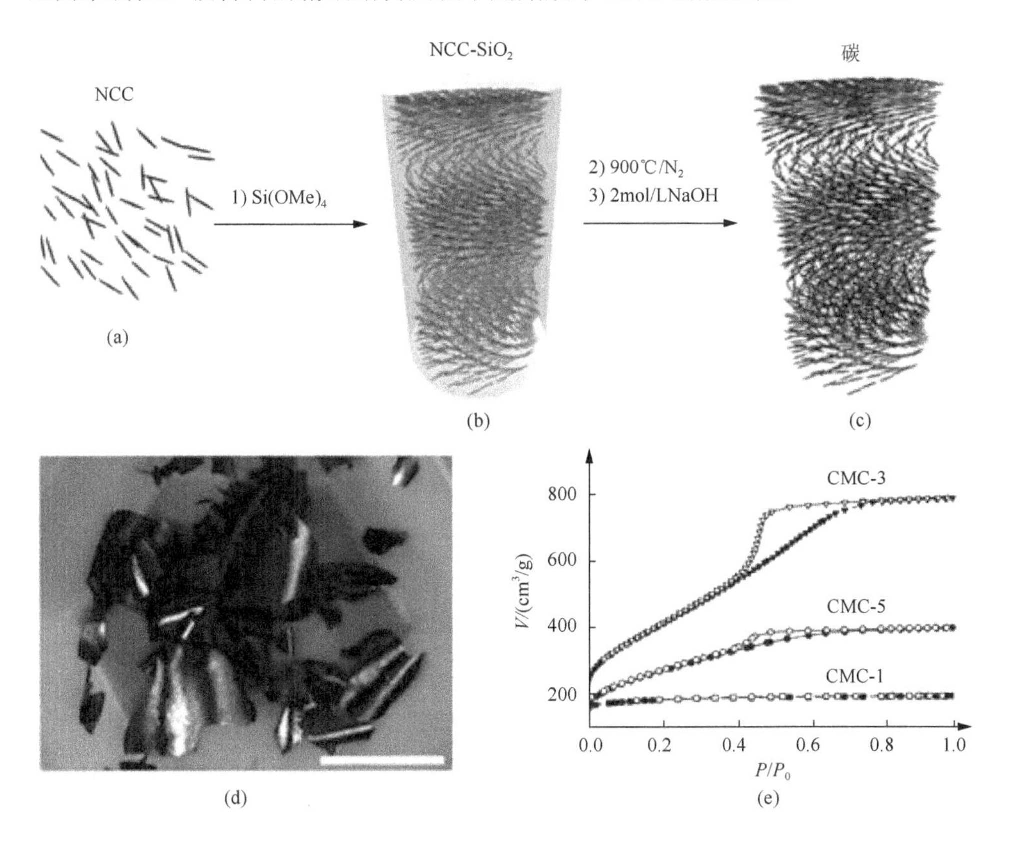

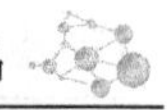

(f)

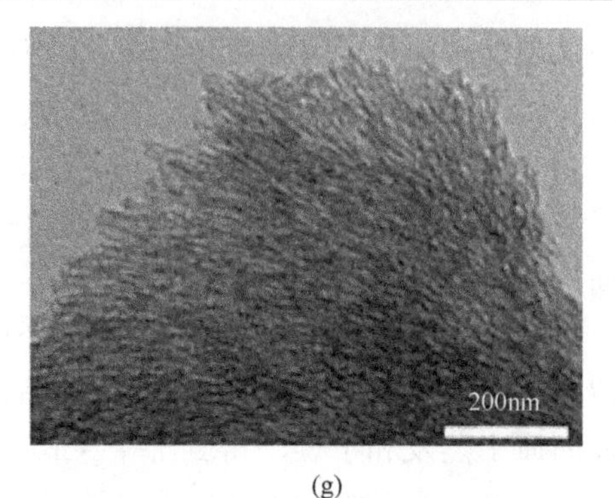

(g)

图 8.8 手性介孔碳的合成

(a)TMOS 与 NCC 形成的 NCC-硅复合物向列型薄膜水解得到的 CNC 材料；(b)CNC-硅复合物膜在惰性气体氛围中于 900℃下热解产生的材料；(c)采用 NaOH 除去硅后得到的手性介孔碳；(d)样品的照片；(e)三种碳材料的 N_2 吸附-脱附等温线；(f)CMC-1 的 TEM 图；(g)CMC-3 的 TEM 图

这种方法还被拓展到添加葡萄糖到复合物前体中制备手性向列介孔碳膜。为证明得到的碳产物的确是手性向列结构，采用圆二色光谱方法测量，发现其具有左手向列相特性。

通常采用牺牲模板的方法引入介孔性，这个过程通常要求高碳化温度以移除有机模板或保持碳结构材料的耐化学腐蚀性，特别是在移除无机模板时。另外，当提供出色的特性时，CNT 或石墨烯也被使用，往往是高成本和高温的方法，如 CVD，而且得到的往往产量较低。碳气凝胶是典型的基于浓缩芳香前体的，如 RF-凝胶系统，这限制了多孔结构的控制。另外，高温如大于 1000℃时通常引入过量的微孔，导致碳材料的憎水性，这在某些应用领域是不期望的，如色谱或水相化学。而且，作为前体，这些合成通常采用石油基化合物作为原料。而焦炭和活性炭则是“功能化的”或“碳质的”，它们通常是微孔的。

8.3 多糖基多孔材料

自然提供了种类繁多的生物合成糖基聚合物——多糖(图 8.9)。这些可再生资源是现成、低廉、功能丰富的，它们富含—OH，—C(O)OH 和—NH_2 等基团，是自然过程光合作用的产物，并具有广泛的生物学功能，包括作为膜和细胞壁成分、储存光子能量和在细胞环境中作为水、养分和金属的隔离剂等[15]。

从材料的角度来看，已知的多糖通过自关联或有序排列可以得到特定的结构、物理形式或在自然中的形状，如淀粉颗粒、植物细胞结构等。它们也可以形成水性“可膨胀”凝胶，如果需要可对它们进行处理得到多孔的固体材料。这些“可膨胀”的相为制备一系列新奇的孔材料提供了可能，包括冷冻凝胶、干凝胶和气凝胶等。在它们的天然形态中，多糖具有低表面积和小的发达的孔隙度。这些紧凑的聚合物结构(经常为半结晶态)“可膨胀”性至关重要，特别是对发展适用于大规模传质/扩散和表面相互作用(如液相催化)等关键功能的多孔材料。

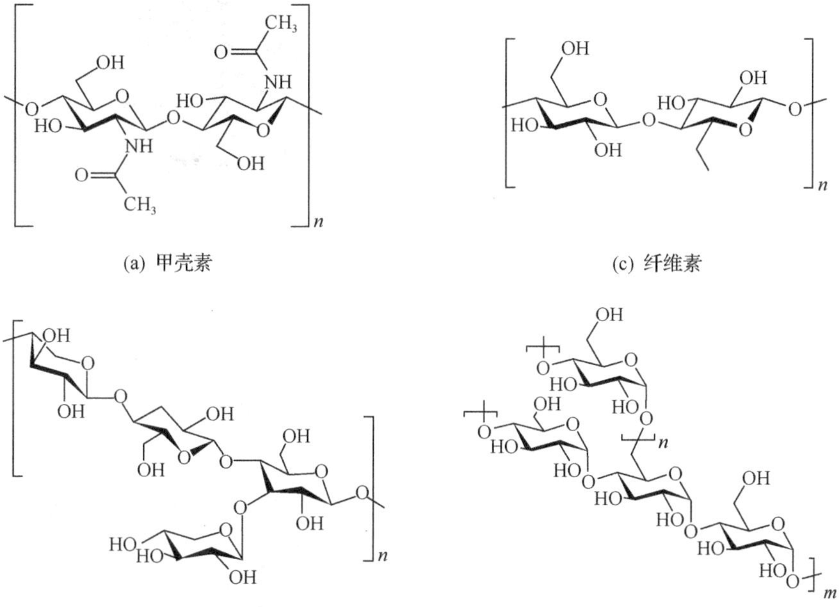

(a) 甲壳素　(c) 纤维素

(b) 半纤维素　(d) 淀粉

图 8.9　一些典型多糖的化学结构

(a)甲壳素，(b)半纤维素，(c)纤维素，(d)支链和支链淀粉的典型结构单元

在 20 世纪 90 年代，基于淀粉制备凝胶的早期工作表明，通过一个溶胶-凝胶和重结晶过程，随后小心替换其中孔隙捕获的水为低表面张力溶剂(如 CH_3CH_2OH)，并最终为空气(如通过超临界萃取)，可以得到淀粉基多孔材料。在重新评价这个工作的基础上，最近采用玉米淀粉(约 73%支链淀粉)制备了低密度、高比表面积(S_{BET} 约为 $120m^2/g$)的淀粉凝胶。由此产生的多孔淀粉可用作固定介质在正相色谱法分离中，也可用于制备固体酸催化剂(如淀粉磺酸材料)。后来，还采用微波法制备了更高比表面积的高介孔淀粉基材料。醇饱和多糖凝胶采用超临界 CO_2 处理就可以得到相应的气凝胶材料，透射电镜研究显示处理可大大增强多孔特性。使用 CdS 和 OsO_4 化合物为造影剂，观察到多孔淀粉分为若干个缝形的孔，产生于多糖纳米晶的协同(图 8.10)。在同一研究中，发现淀粉中形成孔的关键多糖是线型聚-α-(1, 4)吡喃葡萄糖直链淀粉，而不是其他支链的淀粉多糖。

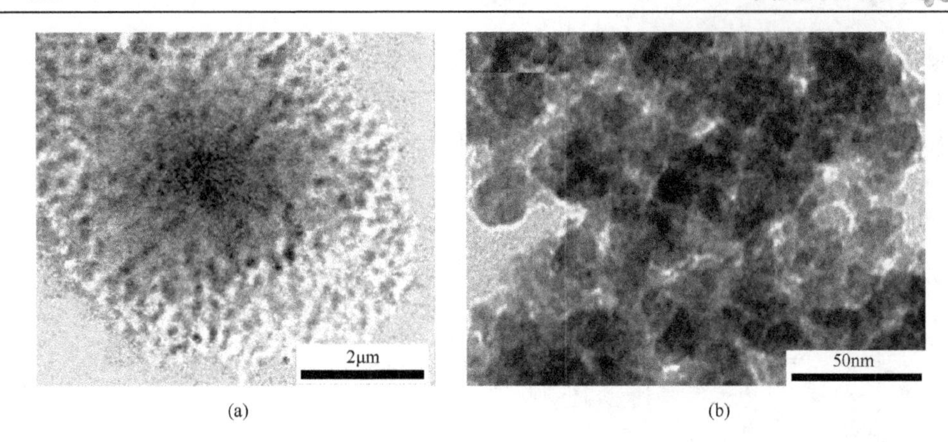

(a) (b)

图 8.10 OsO_4染色的介孔微球粒子(a)

(a)显示出了支链和支链淀粉的位置；(b)介孔多糖负载 CdS 量子材料

近年来发现采用淀粉和果胶可生产各种规格的气凝胶，并进而发展了基于此的各种多糖和多糖-金属复合物气凝胶(图 8.11)。这些研究表明可以通过控制干燥

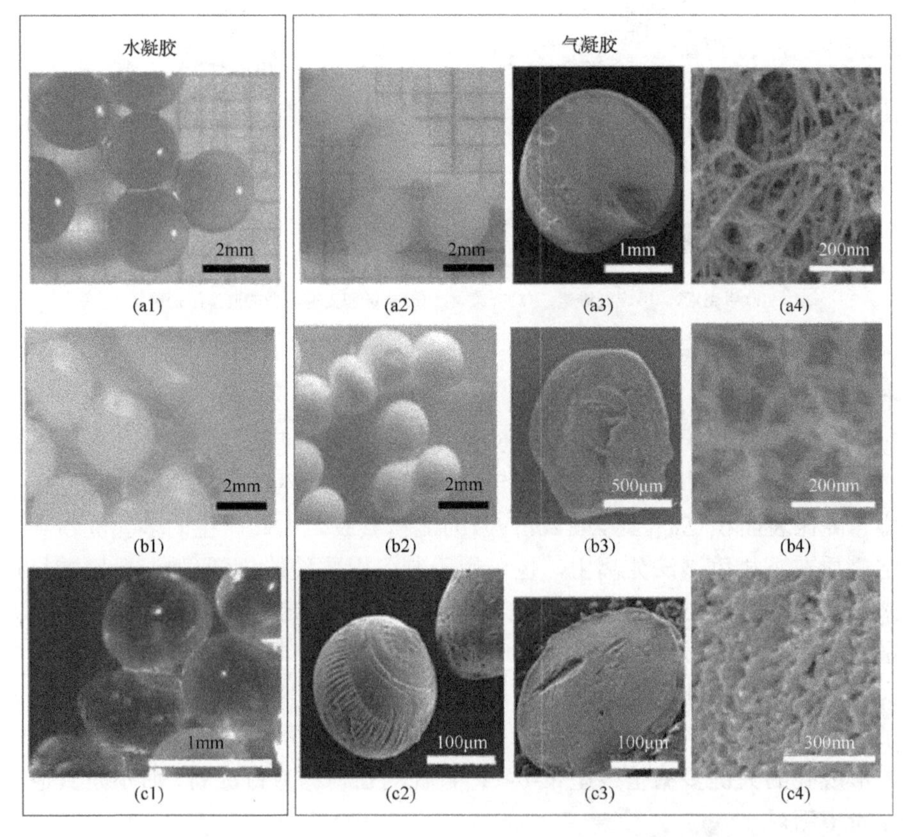

图 8.11 水凝胶和气凝胶的光学和扫描电镜图，以及气凝胶微球的横切面

(a1)～(a4)Cu-藻酸；(b1)～(b4)壳聚糖；(c1)～(c4)卡拉胶

条件来左右形成多糖凝胶的形态。例如，制备的多糖凝胶珠在药物释放和非均相催化(图 8.11)中均有重要价值。在再结晶过程中多糖链的再关联和重组产生多孔性的“水性”凝胶，在微型和纳米尺度上呈现出与常规聚合物基(如间苯二酚-甲醛)气凝胶材料类似的物质形态。

图 8.12 中所示的多孔凝胶的制备方法原则上适用于绝大多数多糖，而且这种多孔多糖衍生材料随后可用作软模板制备各种无机和杂化材料。虽然多孔水基凝胶相产生于凝胶化/再结晶过程，且是相对稳定的，相应的干燥产品如气凝胶，可能会因为其高比表面积、基于氢键的网络，而被称作“介稳的”。多孔的多糖本质上是软聚合物的“介稳”网络，由链之间关联的密集氢键(如螺旋)和局部的域短程有序控制。然而，如果从这些可持续凝胶前体生产了这些有前途的纹理和多孔特性，那么一个问题是如何稳定这种瞬态的表面积和孔隙度到最终产品中，特别是采用超越简单的化学交联过程的方式。

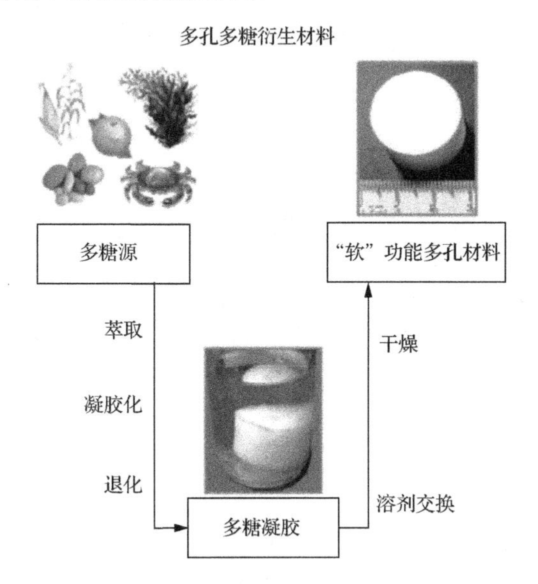

图 8.12 制备多孔多糖衍生材料的基本流程示意图

8.3.1 果胶制备多孔碳材料[16]

果胶，通常来自商业废物的柑橘果皮，被认为是有前途的前体，可用于制备种类繁多的平台化学品和材料。果胶是多功能的聚糖苷，一种 $\alpha(1\rightarrow4)$连接的聚半乳糖醛酸，半乳糖醛酸单体在 C-6 羧酸位置形成甲酯，其 pK_a 在 2.9～4.8，出奇的低，取决于多糖的酯化程度。众所周知，果胶的形成路线包括热溶和再生或通过降低系统的 pH。利用这些不同凝胶路线如多糖构型调整，也可以形成果胶凝胶。多孔果胶凝胶具有显著不同的孔隙结构和形态。

此外，根据采用的制备路线，可制得粉末或单片形式的多孔果胶(图 8.13)。考虑到果胶凝胶是由本质上酸性多糖构成的，据推测，这些多孔多糖可以被直接碳化形成，而不需要添加对甲苯磺酸脱水的催化剂。这种方法被证明可成功用于制备果胶衍生的碳质材料，原料来自于废弃物而不是食物。还发现，通过降低系统的 pH 形成凝胶时，可以设置成任何所需的形式，然后被转化为碳化材料，虽然观察到尺寸随 T_p 收缩(图 8.14)，但令人瞩目的是可得到高的比表面积(>$280m^2/g$)和非常有吸引力的介孔特征(V_{meso}=$1.2cm^3/g$；>20nm 的孔隙平均直径)。

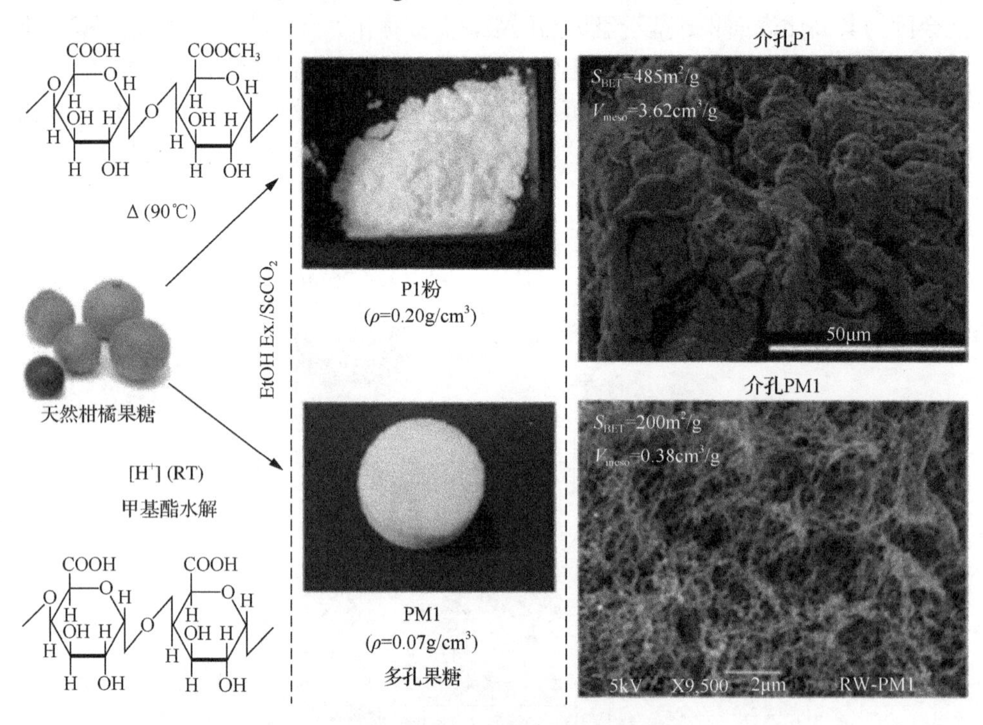

图 8.13 多孔果糖的制备路线

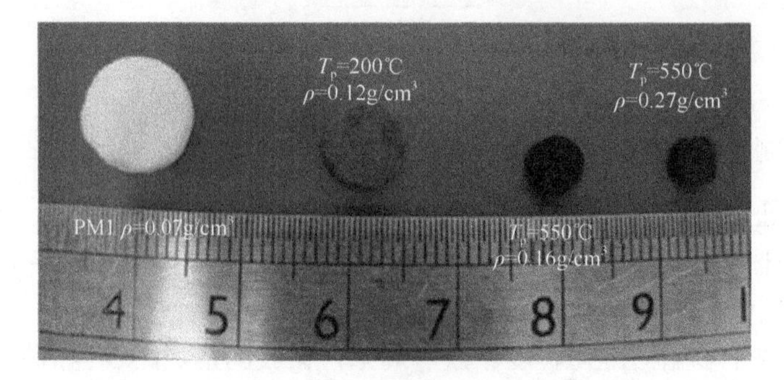

图 8.14 果胶衍生的气凝胶和相应的碳材料的照片

相比之下，通过热凝胶化制备的果胶碳材料，与由淀粉制备的多孔材料在纳米孔特性方面类似，而酸法制备的果胶碳材料则表现出很大不同的纳米形态，包括连续的、曲折、含碳纳米棒等(图 8.15)。在这里凝胶化步骤中用酸是最关键的，可导致羧基甲基化的减少，即酸水解增加了“自由的”—C(O)OH 基团的数量，这影响了多糖的总电荷、它的相分离行为，以及也许最重要的多糖的构型，如糖苷键周围不同的扭转角等，这些均会导致热凝胶化的果胶基材料形貌的变化。

(a) (b) (c) (d)

图 8.15 果胶基衍生物碳基气凝胶的 SEM 图[(a)、(b)]和 TEM 图[(c)、(d)]

(a) T_p=350℃；(b) T_p=700℃；(c) T_p=450℃；(d) T_p=700℃

多糖容易形成整体碳质结构的能力也是另一个显著的优势，特别是在催化方面和分离/修复应用中，进一步增加了此大规模商业废物多糖的价值。另外还值得注意的是，在自然中存在广泛的果胶会呈现不同程度的甲基化、分子量和支化程度的变化，这打开了广泛使用不同来源果胶制备不同凝胶和最终它们的含碳衍生品的可能。

8.3.2 壳聚糖基碳材料[17]

最近，已有生产碱性壳聚糖气凝胶的报道，得到的多孔碳材料的比表面积达 140m^2/g，$V_{孔}$为 1.0cm^3/g。壳聚糖凝胶作为前体可用于制备氮掺杂碳多孔材料。在这方面，壳聚糖凝胶的直接热转换被发现是非常敏感的，加热速率和最终结束的碳化温度对孔隙度和形态均有影响。在低碳化温度时，即 T_p<650℃时，合成碳质材料有高的氮含量(7.0wt%～11.0wt%)，不幸的是只保留了壳聚糖凝胶前体较低比例的特性。

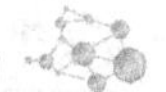

当碳化温度 T_p 提高到 750℃和 900℃时，导致部分介孔结构的坍塌和纹理特性的减少。XPS、TG、红外光谱和电镜观察发现，这些织构变化的发生伴随着表面氮状态的改变，即由吡咯转变为吡啶型，同时表面氮含量也相应减少，发生氮掺杂碳纤维的折叠/扭曲，扫描电镜和透射电镜研究结果展示了这个形态优雅的转变(图 8.16)。这些氮掺杂碳材料的纳米结构有高曲率和相互关联的孔隙度，这种特点被认为在异构的碱催化剂方面有前途。然而，值得注意的是，工作仍在继续，目的是最终优化合成，在保留其多孔性和织构特性的同时，还可以引入其他杂原子如硫和磷。

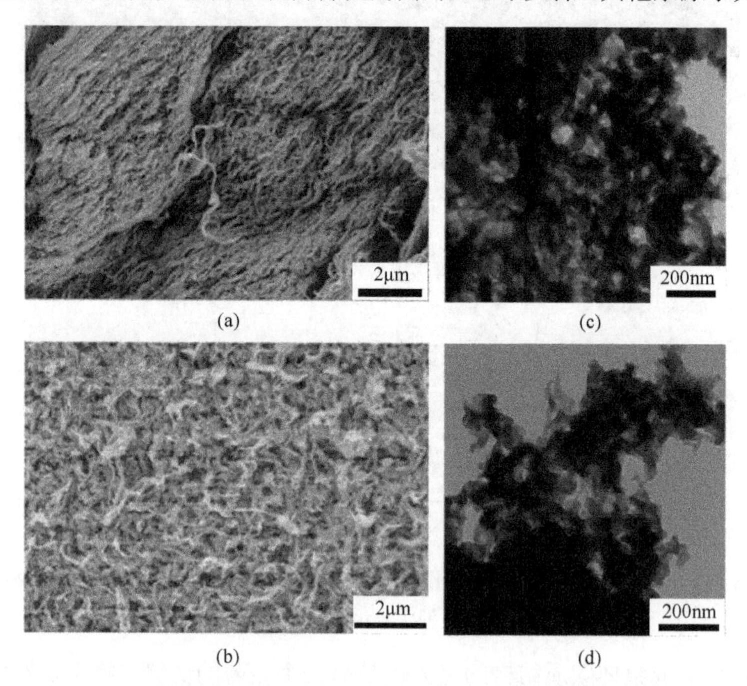

图 8.16 壳聚糖衍生气凝胶的 SEM 图[(a、b)]和 TEM 图[(c、d)]，以及不同温度下制备的壳聚糖衍生氮掺杂碳

(b) T_p=450℃，(c) T_p=750℃，(d) T_p=900℃

8.3.3 褐藻酸制备碳材料[18]

与果胶类似，褐藻酸是复杂藻类或海藻-源性酸性多糖，这些多糖是糖苷嵌段共聚物，保护线型(1→4)-链接的 β-D-甘露酸(M)和 α-L-糖醛酸(G)残留物，包括均聚的 M 或 G 单元或 M 与 G 序列的杂聚物。此外，褐藻酸也是众所周知的强酸(pK_a=3.0～3.8)。多孔形式的褐藻酸凝胶可以由热凝胶化过程结合再结晶和控制干燥制备。得到的多孔褐藻酸的比表面积为 250m^2/g、孔的体积超过 1cm^3/g、孔隙直径大于 20nm，同时还存在 B 酸位点。

因此，它被期望得到高度介孔性质、增加的孔隙大小和体积，以及不同的介孔/微孔比的多孔碳材料。甚至它被用于合成不同织构特性的碳材料。此外，褐藻酸多孔气凝胶的稳定性与多孔酸掺杂淀粉材料类似。与果胶凝胶类似，可将这些很多孔的褐藻酸转换为多孔碳材料，简单的加热步骤即可，可以得到高比表面积的介孔碳材料及大的孔尺寸(约 14nm)，呈现出典型的Ⅳ型可逆 N_2 吸附-脱附曲线，显示为典型的多糖派生的介孔材料[图 8.17(a)]。

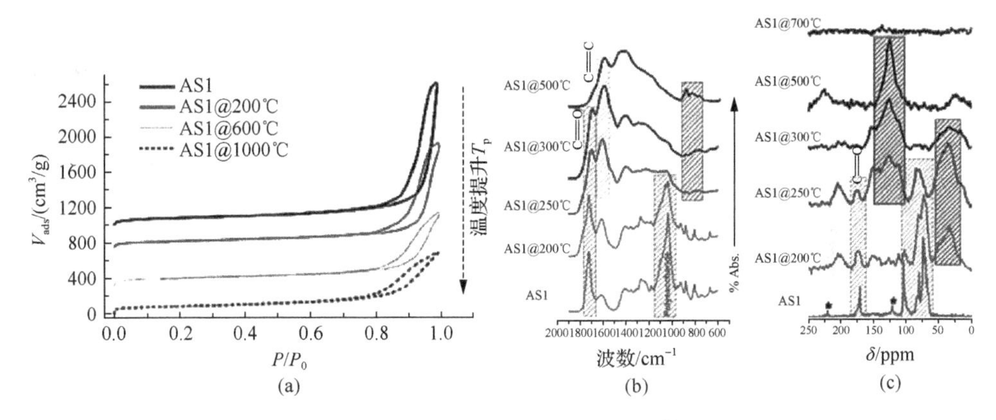

图 8.17 褐藻酸多孔碳材料的 N_2 吸附试验(a)、FT-IR(b)和 ^{13}C CP MAS NMR(c)测试图

多孔褐藻酸衍生的多孔碳材料的 FT-IR 分析表明，在加热到 250℃时，材料逐渐失去其多糖的特性，在 1160～960cm^{-1} 及 1727cm^{-1} 和 1615cm^{-1} 的特征振动消失，对应于区域中吸附水和结构中羧基的消失[图 8.17(b)]。T_p 到 300℃时，与羰基/烯对应的振动 1750～1550cm^{-1} 增加，出现了 1605cm^{-1} 对应的 C═C 基团。碳化温度超过 300℃时，与 C═O 基团关联的键从 1727cm^{-1} 变化到 1694cm^{-1}，并在 T_p=500℃时最终消失，对应于多糖骨干的分解和碳化。这类似于淀粉衍生的碳材料的合成。在 T_p 低至 250℃时，芳香特色出现，作为对红外光谱分析的补充，固态 ^{13}C CP MAS NMR 分析表明材料中类似官能团的分解，以及富含羟基的多糖前体转化成脂肪族/烯烃基团[图 8.17(c)]。

褐藻酸碳材料的 TEM 图(图 8.18)可以提供碳质材料所产生的介孔性质的明确证据。孔直径＞50nm 的组合也揭示了大孔道与畴的贡献，N_2 吸附试验也表明了这些碳材料中构建分层孔隙的贡献。TEM 图还揭示所有褐藻酸衍生的碳均有独立的典型的狭缝状孔隙，这种类型的孔隙结构也可由 N_2 吸附试验得到的Ⅳ型等温线证实[图 8.18(a)]。

TEM 观察还表明碳素材料具有非常典型的局部有序结构特征，可把多糖凝胶母体中的局部取向、链段特征转移到碳产品中。碳化过程是一个连续的材料分解过程。局部的畴可以认为是碳化过程中的交联反应，保留材料的纳米结构，以及一系列内部连接的狭缝孔纳米结构。

(a) (b)

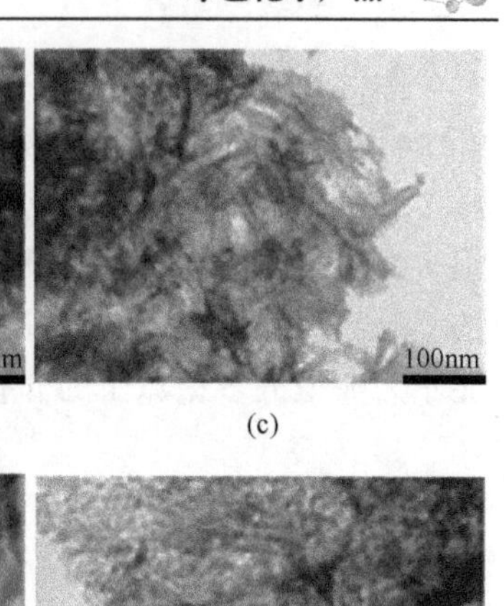

(c)

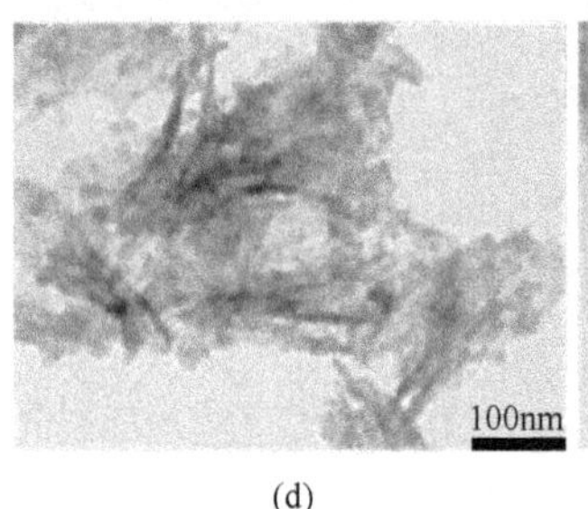

(d)

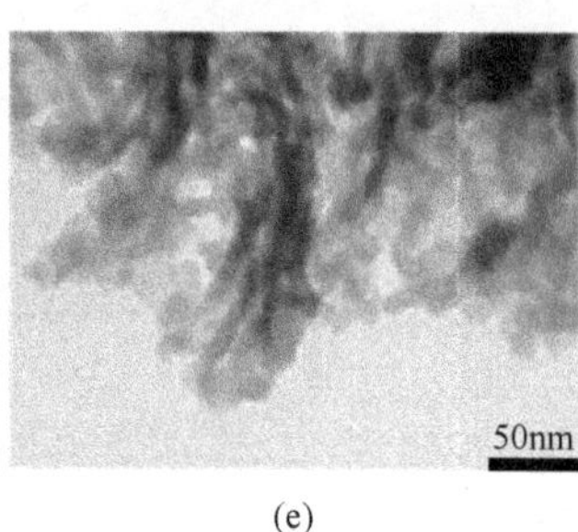

(e)

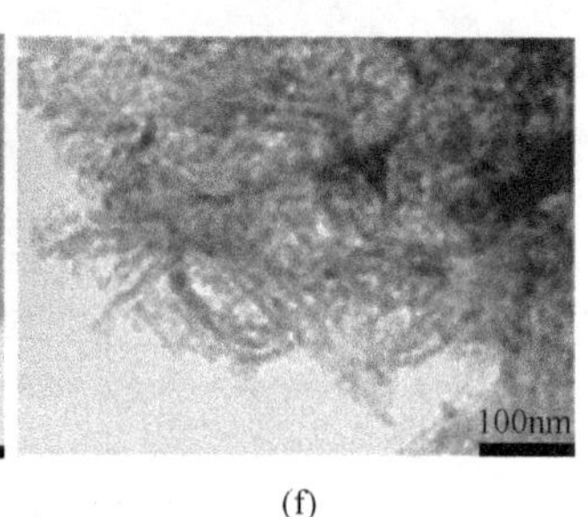

(f)

图 8.18 不同温度下由褐藻酸制备的多孔碳材料的 TEM 图

(a) 200℃；(b) 300℃；(c)、(d) 500℃；(e)、(f) 1000℃

由褐藻酸制备的高比表面积、高介孔结构的碳气凝胶可以用于 LC-MS 的固定相，分离单糖和二糖异构体。HRTEM 图证明 800℃下获得的褐藻酸衍生碳材料（A800）有更有序的纳米结构，只有很少的（002）石墨面（2～3 排列层）[图 8.19（a）～（d）]。

1000℃下制备的褐藻酸衍生材料，低放大倍数 HRTEM 图显示在材料微孔或孔隙结构从 800℃加热就基本上没有任何变化[图 8.19（e）]。增加放大倍数可以看到发展中的类富勒烯结构特征，石墨层厚度为 3～5 层，揭示褐藻酸衍生碳拥有更典型的非石墨化碳的特征[图 8.19（f）]。如果在凝胶母体中加入二价钙离子，得到的多孔碳拥有高度的平滑曲面和更开放的孔结构网络，除去无机成分后显示较厚的层堆积（4～5 层石墨烯）[图 8.19（g）～（j）]。研究中还发现，凝胶相中的多糖构型对产物中的多孔结构也有影响。海洋多糖也是制备多孔碳材料的可再生原料，如微藻或大藻多糖中通常含有硫和氮，这为引入并合成硫掺杂或氮掺杂多孔碳材料带来了机遇。

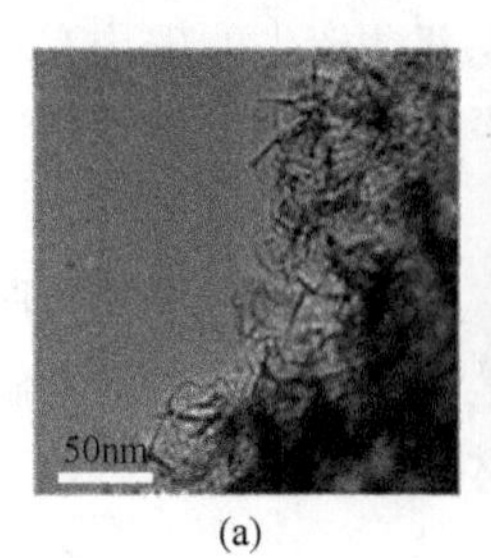

(a)

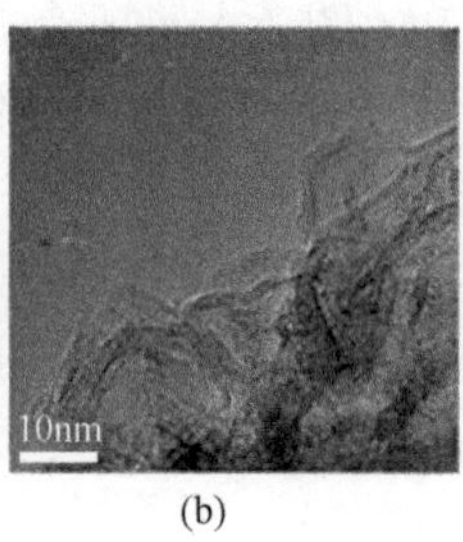

(b)

(c)

(d)

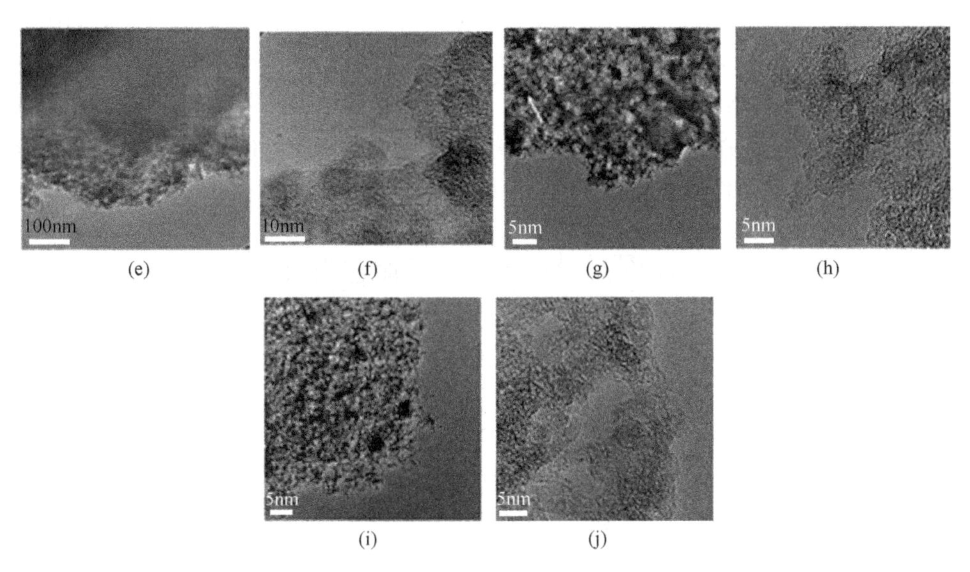

图 8.19 商品化 PGC 的 HRTEM 图

(a)低倍放大；(b)高倍放大；(c)、(d)褐藻酸在 800℃(A800)制备；(e)、(f)A1000；(g)、(h)AMCS-NW；(i)、(j)AMCS-W

8.3.4 合成多孔碳材料的力学性能[19]

酸掺杂的淀粉和褐藻酸衍生的多孔碳的分解化学过程可用漫反射红外光谱进行研究。该分析方法也适用于其他富糖生物质碳化制备的多孔碳材料(图 8.20)。研究发现，在 100～700℃升温过程中，羟基富集的多糖前体在酸催化的热分解过程中形成羰基或酯基，并进一步变成芳环富集的结构。

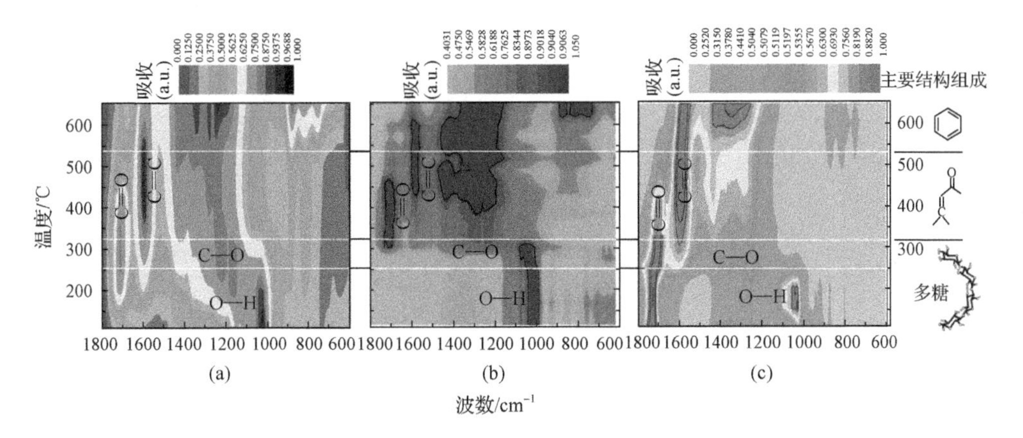

图 8.20 多孔碳材料的分解 DRIFT 图

(a)酸掺杂多孔淀粉碳；(b)无酸碳纳米孔；(c)褐藻酸碳

在低碳化温度(如 100～180℃)时，与 sp^3 杂化碳键合的羟基(如淀粉，1100～1000cm^{-1})在谱中占主导地位。详细的 FT-IR 分析显示有两个主要的碳化/分解转换。第一个主要分解/碳化发生在 180～300℃，通过分子间羟基的交联/脱水形成醚($\nu = 1209cm^{-1}$)和羰基化合物(如在 200℃碳 sp^2 杂化，$\nu = 1700cm^{-1}$)。此外，在这个温度范围内糖苷键的切断可产生左旋葡聚糖和缩短“脱水”多糖链。第二个主要碳化发生在 300～550℃。这导致进一步诱导形成 C═C(烯烃)双键的分子间脱水($\nu = 1670cm^{-1}$)与含羰基基团的共轭。这些官能团由糖(如葡萄糖、左旋葡聚糖)缩合反应产生，伴随着分解产物糠醛和羟甲基糠醛。随后在制备温度＞550℃时，由 1D 线性转换为 2D 共轭面，导致越来越多的缩聚、芳香结构[ν=950～700cm^{-1}(C—H $_{芳环}$)]。最后一步的转化是很重要的，因为它导致长程秩序的增加和更典型碳材料结构与功能的形成。值得注意的是，相同的功能基团过渡转变在酸掺杂淀粉和褐藻酸基碳材料制备过程中也可以观察到，表明一般多糖/生物质的碳化机理。基于此信息提出了一个多糖碳化的可能机制(图 8.21)。

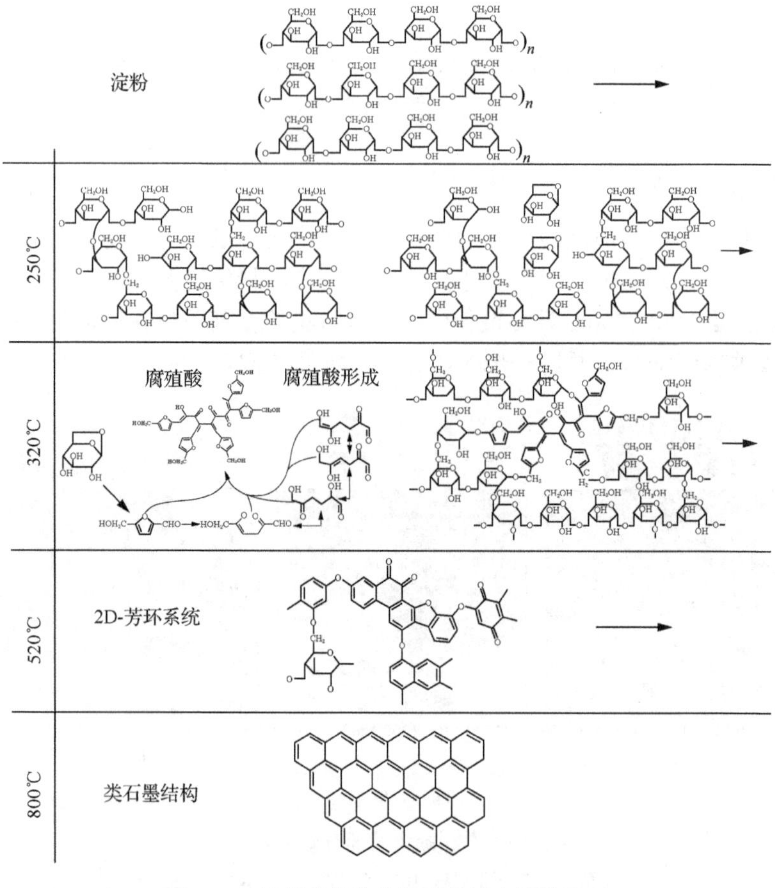

图 8.21　淀粉酸催化分解的关键步骤的机理

关键的分解步骤发生在 300℃和 550℃[图 8.22(a)中点Ⅰ和点Ⅱ]，导致这些材料中分子结构的显著重排，结果导致由柔性多糖纳米粒子过渡到平面的芳香共轭体系，并对应于表面能值的重大变化[图 8.22(b)]和织构特性。在这方面，因为淀粉衍生碳材料的虫洞状内孔连接，加热到 300℃可形成并可观察由塌陷分解产物和气化发展形成的微孔，标志着 sp^2 碳结构的形成。

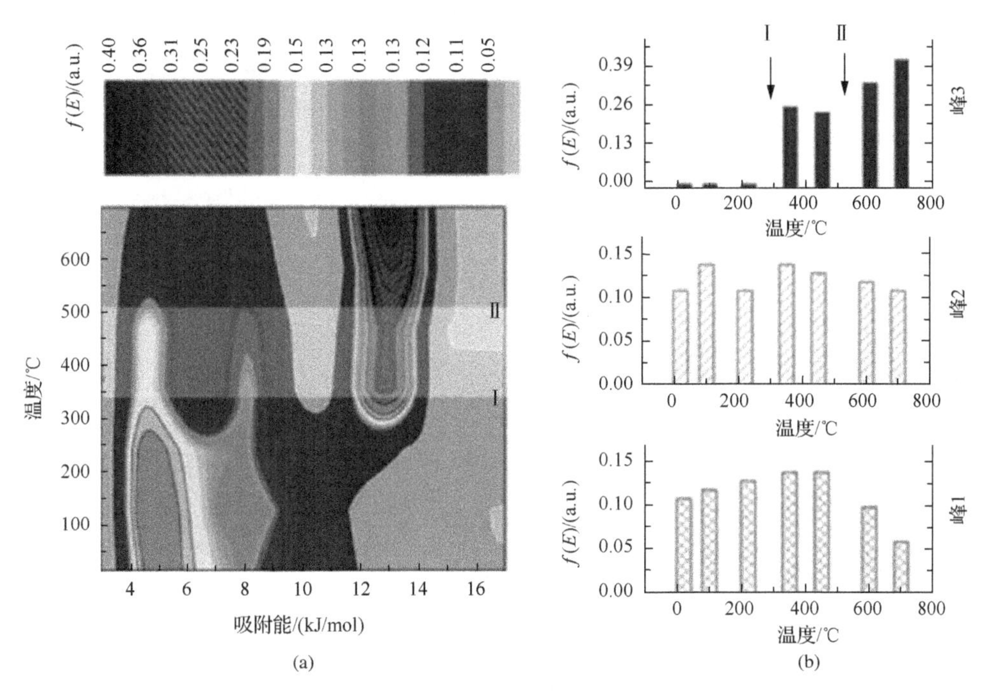

图 8.22 制备温度的 2D 等高线与 N_2 吸附能(a)，表面能影响/贡献与温度的关系(b)

在 300℃碳化时形成的淀粉碳材料含有微孔及互连网络构成的结构，而不是从原始的淀粉结构得到的大介孔畴。虽然酸性多糖(如褐藻酸)与中性多糖(如淀粉)的分解化学可能是通用的，碳材料的多孔性，如微-介孔性和孔直径等都很巧妙地受多糖前体的影响，大概是与有关的相分离行为有关，如表面电荷和多糖自我调节有关(如形成稳定的单或双螺旋域)(图 8.23)。

利用多糖制备多孔材料，特别是碳质材料代表了一个有趣的替代传统聚合和共缩合的制备技术。此外，多糖可能来源于废弃生物质，可利用其物美价廉的特点，制备新的功能材料，且制备得到碳材料的优势在于过程相对简单，且产物拥有很大的柔性和充分的化学活性。

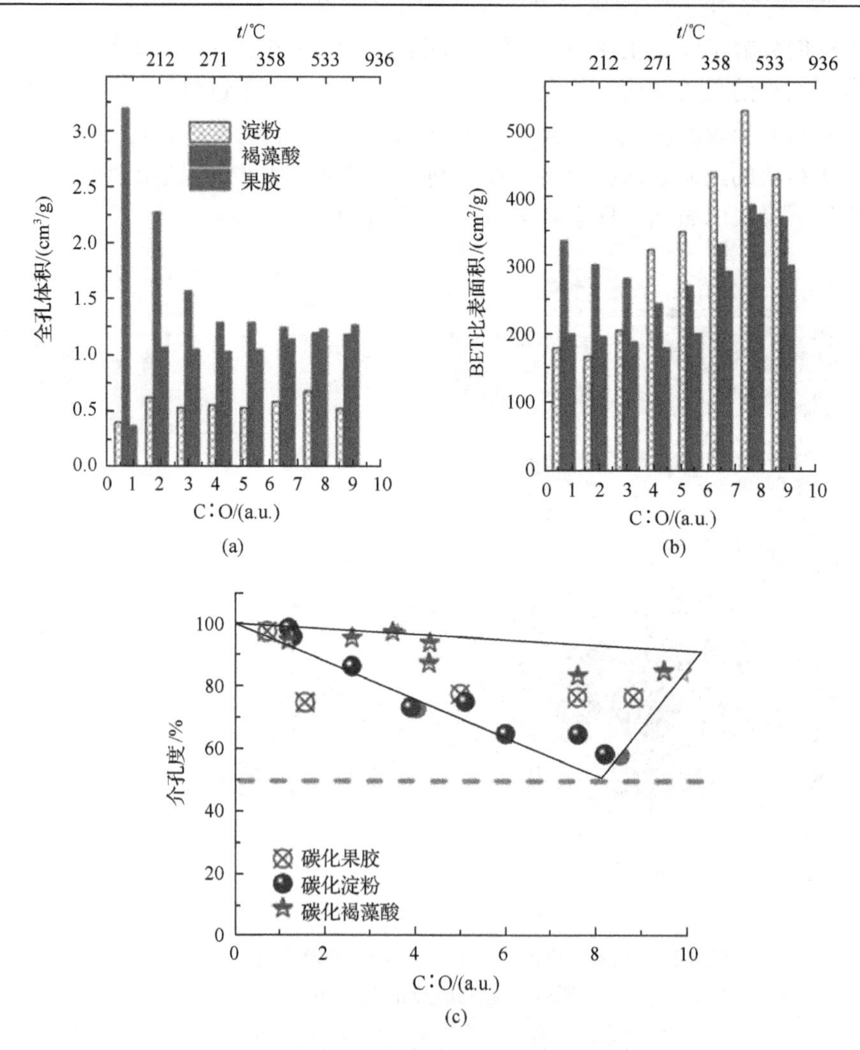

图 8.23 多孔淀粉、褐藻酸和果胶碳材料的织构特性受制备材料 C∶O 比和不同参数的关系

(a) 全孔体积；(b) BET 比表面积；(c) 介孔度

多糖碳材料表现出杰出的介孔织构特性，与通过经典的硬模板方法路线制备的碳材料拥有类似的孔隙体积和大小。多糖碳材料平台提供了灵活的碳化温度和调整表面化学的机会，同时使用多糖制备的多孔碳材料绕过了经典基于间苯二酚-甲醛气凝胶前体所依赖的有限的化学过程，从而为开放的功能材料和简单后处理得到新的表面功能提供了潜力。

参考文献

[1] Sing K S W, Everett D H, Haul R A W, et al. Reporting physisorption data for gas/solid systems with special reference to the determination of surface area and porosity. Pure Appl. Chem., 1985, 57(4): 603-619.

[2] Greg S J, Sing K S. Adsorption, surface area and porosity. London, New York, Tokyo: Academic press, 1982: 10.

[3] Corma A, Torre O D L, Renz M. Production of high quality diesel from cellulose and hemicellulose by the Sylvan process: catalysts and process variables. Energy Environ. Sci., 2012, 5(4): 6328-6344.

[4] Ruppert A M, Weinberg K, Palkovits R. Hydrogenolysis goes bio: from carbohydrates and sugar alcohols to platform chemicals. Angew. Chem, Int. Ed., 2012, 51(11): 2564-2601.

[5] Melero J A, Iglesias J, Garcia A. Biomass as renewable feedstock in standard refinery units. Feasibility, opportunities and challenges. Energy Environ. Sci., 2012, 5(6): 7393-7420.

[6] Moreno-Castilla C, Maldonado-Hodar F J. Carbon aerogels for catalysis applications: an overview. Carbon, 2005, 43(3): 455-465.

[7] Geim A K. Graphene: status and prospects. Science, 2009, 324(5934): 1530-1534.

[8] Park S, Ruoff R S. Chemical methods for the production of graphene. Nat. Nanotechnol., 2009, 4(2): 217-224.

[9] Dreyer D R, Park S, Bielawski C W, et al. The chemistry of graphene oxide. Chem. Soc. Rev., 2010, 39(1): 228-240.

[10] Chua C K, Pumera M. Chemical reduction of graphene oxide: a synthetic chemistry viewpoint. Chem. Soc. Rev., 2014, 43(1): 291-312.

[11] Kirchhecker S, Antonietti M, Esposito D. Hydrothermal decarboxylation of amino acid derived imidazolium zwitterions: a sustainable approach towards ionic liquids. Green Chem., 2014, 16(7): 3705-3709.

[12] White R J. The search for functional porous carbons from sustainable precursors//White R J. Porous carbon materials from sustainable precursors. London: The Royal Society of Chemistry, 2015: 3.

[13] Anastas P T, Warner J C. Green chemistry: theory and practice. Oxford: Oxford University Press, 1998: 15.

[14] Shopsowitz K E, Hamad W Y, MacLachlan M J. Chiral nematic mesoporous carbon derived from nanocrystalline cellulos. Angew. Chem. Int. Ed., 2011, 50(46): 10991-10995.

[15] Budarin V L, Shuttleworth P S, White R J, et al. From polysaccharides to starbons®//White R J. Porous carbon materials from sustainable precursors. London: The Royal Society of Chemistry, 2015: 53.

[16] Balu A M, Budarin V, Shuttleworth P S, et al. Valorisation of orange peel residues: waste to biochemicals and nanoporous materials. ChemSusChem, 2012, 5(9): 1694-1697.

[17] Zhao L, White R J, Titirici M M. Nitrogen-doped hydrothermal-nitrogen-doped hydrothermal carbons. Green, 2012, 2(1): 25-40.

[18] Moe S T, Skjak-Braek G, Elgsaeter A, et al. Swelling of covalently crosslinked alginate gels: influence of ionic solutes and nonpolar solvents. Macromolecules, 1993, 26(14): 3589-3597.

[19] Dodson J R, Budarin V L, Hunt A J, et al. Shaped mesoporous materials from fresh macroalga. J. Mater. Chem. A, 2013, 1(17): 5203-5207.

第9章 生物基功能材料

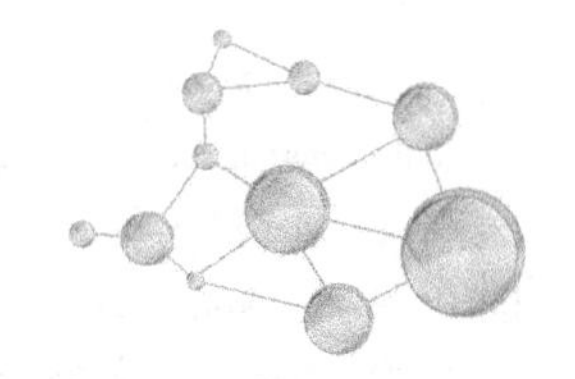

9.1 可降解生物基环氧树脂

环氧树脂是一类每摩尔化合物至少含有一摩尔环氧分子的化合物或者预聚物。环氧分子或者环氧化合物由于其高的环张力和极性键结构而具有很高的反应活性，可以参与很多化学反应。环氧分子可以通过阴离子或者阳离子均聚与其自身反应，或者与一些活性试剂反应，如“固化剂”或“交联剂”。常用的固化剂包括聚胺、酸酐或者酚。根据应用不同，可以通过选择不同的固化剂、添加剂和固化条件合成很多种环氧树脂产品。固化的环氧树脂表现出极好的热与机械稳定性及强度、杰出的化学惰性、高的黏合强度和低的收缩性。自从其在20世纪40年代面世以来，环氧树脂已经变成了很重要的原料，用来合成热固性聚合物，并广泛用于涂料、黏合剂和复合物的产品[1]。

环氧树脂可以分成三类：脂肪族、脂环族和芳香族。例如，双酚A的二甘油醚(DGEBA)结构，是由双酚 A 和环氧氯丙烷合成的，是一类很常用的商业化的环氧树脂。环氧树脂通常情况下是由丙烯经过多步反应得到的，如图 9.1 所示。目前一个替代的方法是采用生物基产品甘油为原料进行生产。甘油在生物柴油工业及制皂工业中是大量的副产品，可以用于合成环氧氯丙烷，而且这个过程最近已经商业化了。由于双酚A被认为会对内分泌系统造成危害，不少国家已经禁止其在婴儿奶瓶制造中的应用，一些研究者已尝试了采用一些生物基原料来代替双酚A，如木或木质素来源的化合物、松香、鞣质、糖、腰果酚、衣康酸等。然而，它们中的大部分还存在各种各样的问题，如产能低、纯度低、结构复杂及控制困难、亲水性、易碎、未知的毒性等，仍然存在挑战需要研究进一步的深入。

9.1.1 植物油的环氧化[2, 3]

除了可再生、有大量的来源和相对低的价格外，植物油如大豆油和亚麻油，拥有丰富的化学衍生结构和高的合成潜力，在合成生物基化学品方面备受关注。植物油的来源充足，2012年的总产量达1.59亿t，最近的产量更是有大的增长，但其中仅少量的被用于制造表面活性剂、润滑剂、涂料、油漆和生物柴油。植物

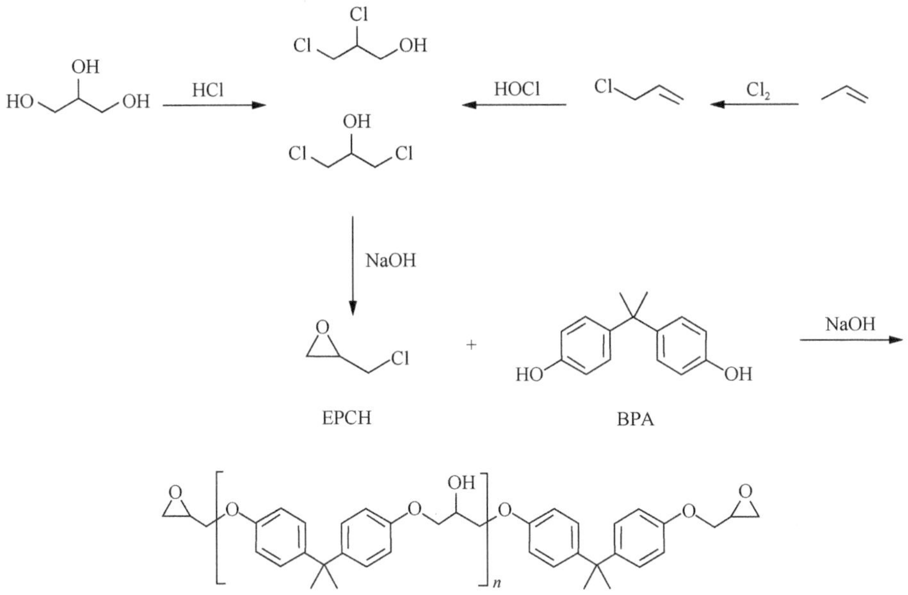

图 9.1 环氧氯丙烷及 DGEBA 环氧树脂的合成

油的工业开发主要是基于三甘油脂肪酸脂的羧基和碳碳双键的化学修饰。

植物油的分子中通常含有五种碳数目在 14～18 的含有 0～3 个双键的自由脂肪酸链。常见的不饱和脂肪酸包括油酸、亚麻酸和亚油酸，含有 18 个碳和 1～3 个双键。最常见的饱和脂肪酸有棕榈酸和硬脂酸。通常饱和脂肪酸除了靠近端基的羧基有反应活性外，其他可以认为是惰性的，而不包含脂肪酸因双键的存在其反应活性大大提高，特别被用于交联以提高材料的耐热性和机械强度。

环氧化的植物油近年来通常作为聚合物的前体被研究。斑鸠菊油酸是一种产自非洲的植物种子的一种天然环氧植物油。非洲植物斑鸠菊的种子含油量达 40%以上，典型的组成为 6%油酸、12%亚麻酸和 80%斑鸠菊油酸，环氧化的斑鸠菊油酸结构如图 9.2 所示。因其拥有低黏度特性，斑鸠菊油通常在环氧涂料或商业环氧固化混合物中被用作反应性稀释剂。

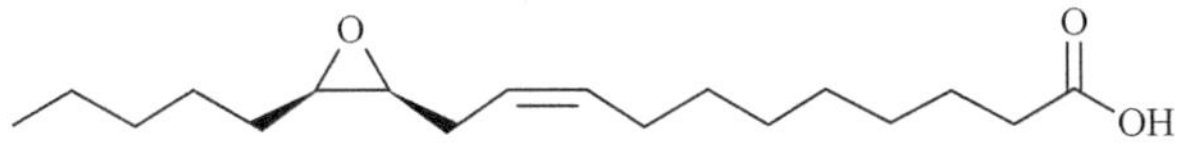

图 9.2 斑鸠菊油酸的化学结构

环氧化的大豆油(ESO)和亚麻油(ELO)为目前仅有的两种已经工业规模生产的生物基可再生环氧化合物，世界范围的总产量每年高于 20 万 t。环氧植物油可以由不饱和脂肪酸与过酸反应制取，这样的过程自 1940 年就开始使用。最常用的是过甲酸和过乙酸，由相应的酸与过氧化氢在强酸催化下合成(图 9.3)。然而，强

酸也会导致产物的催化开环反应，为了提高环氧化的选择性和减少副反应，酸性离子交换树脂、异相过渡金属催化和酶被用作过酸催化剂合成环氧植物油。该过程被证明是很高效的，副反应很少。植物油的环氧化取决于环氧化方法和植物油的来源，如环氧化程度和起始碘值。

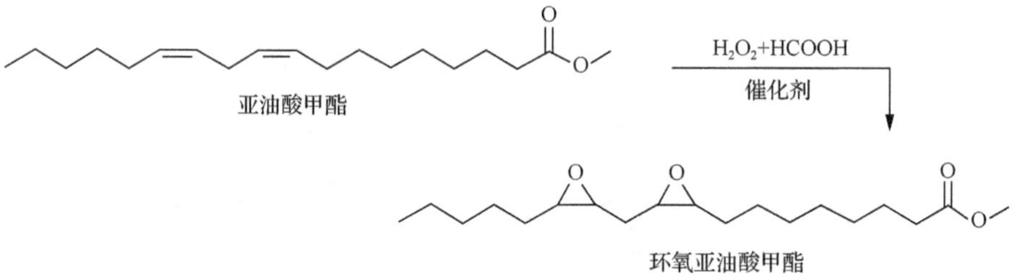

亚油酸甲酯

H_2O_2+HCOOH

催化剂

环氧亚油酸甲酯

图 9.3　脂肪酸的环氧化

环氧植物油在工业上用作聚氯乙烯塑料的第二塑化剂和聚氯乙烯热处理过程中产生的盐酸的清除剂。因其价格便宜，约 1500 美元/t，可再生的环氧植物油在许多领域被用来代替传统石油基的环氧化合物，其分子结构中的环氧基团易于作为反应性中间体可以提供很多的功能，用于聚合物合成，如聚亚氨酯的多羟基化合物等。

尽管很有前途和多样性，环氧植物油目前还不能与传统石油基环氧类似聚合物进行竞争，特别是在很多结构材料的应用中。直接使用环氧植物油的研究可以追溯到 20 世纪 50 年代，但到目前仅有少量的成功案例。环氧植物油缺乏硬度，而这些是传统环氧热固性材料的基本特性。与传统的聚胺或酸酐固化剂相比，它们本征的二级碳环氧结构的反应活性较低。

很长一段时间相关的研究停滞不前，但最近这个情况发生了新的变化。首先，聚合物工业开始强调“绿色化学”和“可持续化学”，使得更加关注替代与可持续技术。使用环氧植物油不仅可以实现天然物质的合成优势，而且可以减少对传统非可再生原料如石油的依赖，以提高环境指数。其次，更多的环氧植物油的应用被探索，通过使用新的固化剂与固化条件，各种各样的热固聚合物被合成出来，用于复合物、涂料和增韧剂的新配方被不断开发。最后，而且是最重要的，越来越多以植物油为原料的新的环氧单体被成功地合成出来，并表现出比传统环氧分子更好的特性。特别是聚合反应活性和热性能与机械强度。新单体是开发更多先进应用的第一步，如结构复合物，可以通过改进化学结构、反应性、与其他组分的相容性及进一步改进配方来实现。没有合适的特性就不可能有未来的商业机会。

9.1.2 植物油基环氧单体[4,5]

作为环氧植物油的主要环氧树脂，商业化的植物油环氧树脂由于其结构、柔韧性和低的反应活性等特征存在固有的问题，大部分的热固高分子的玻璃化转变温度较低，主要以橡胶态存在，这不可避免地限制了其应用。故如何通过提高聚合速率，特别是与较硬的聚合物骨架结合在一起，就成了一个有趣的研究问题。

功能化的油可以由亚麻油和 1, 3-丁二烯、环戊二烯或双环戊二烯通过 Diels-Alder 反应来合成，如图 9.4 所示。环氧降莰烷亚麻油是使用过氧化氢催化剂制备的。得到的脂环族结构被寄希望于提高聚合物的拉伸强度、硬度和玻璃化转变温度，特别是对阳离子聚合。然而，亚麻油的双键转化是受限的，只有 30%左右，只能获得高黏度的液体或低硬度的固体。通常采用反应性稀释剂来减少配方的黏度、加速阳离子聚合的速率和提高最终的转化率。

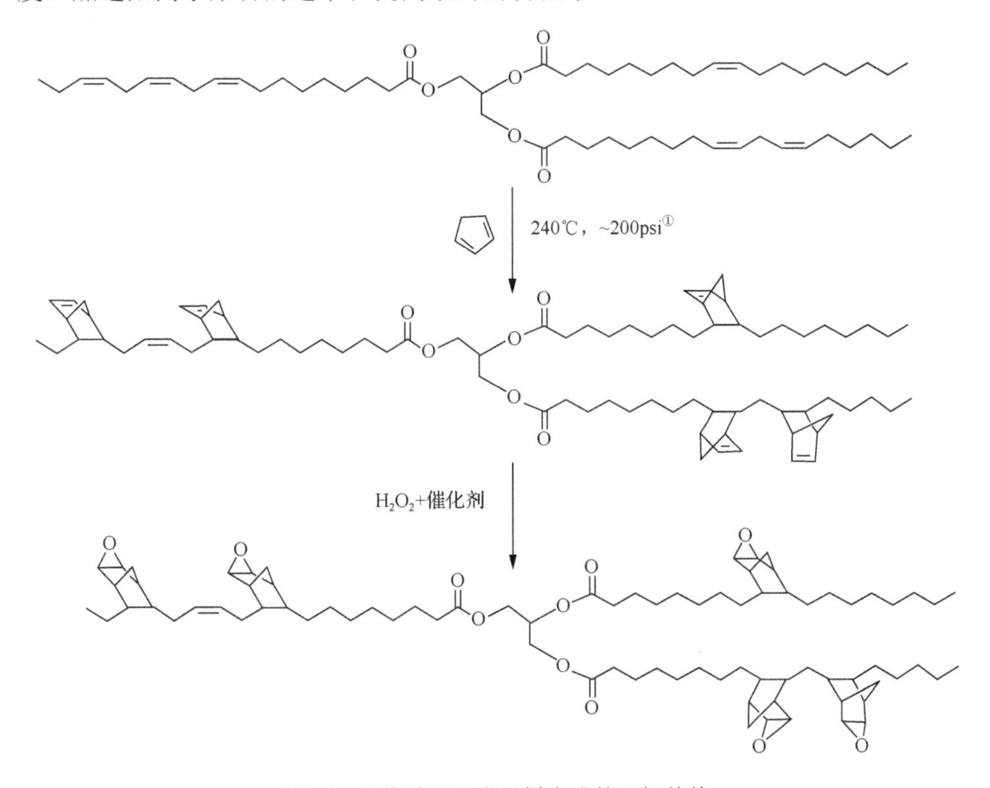

图 9.4 亚麻油和环戊二烯合成的环氧单体

① psi，压强单位，1psi=6.89476×10³Pa。

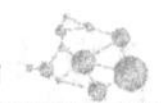

最近合成了一种高功能化的脂肪酸的环氧蔗糖酯环氧化合物(ESEFAs)，拥有明晰、规整的结构，如图 9.5 所示，采用酸酐固化的 ESEFAs 表现出优异的热和力学性能，固有的环氧基团适合阳离子固化的涂料应用。

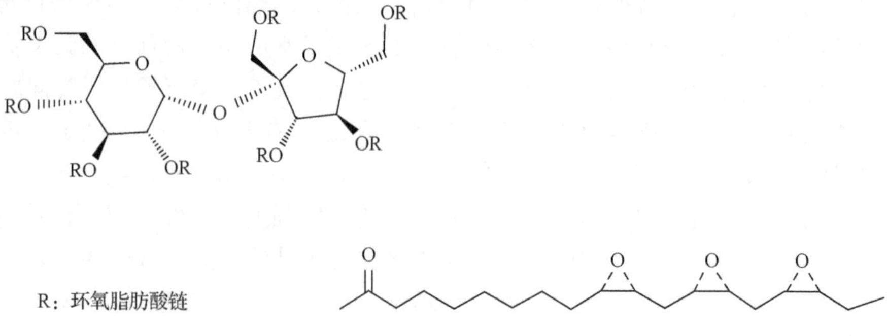

R：环氧脂肪酸链

图 9.5　ESEFA 的分子结构

大豆油脂肪酸的乙烯醚可以先聚合得到聚合物，而后再对其不饱和双键进行环氧化，可以制备得到聚环氧大分子(poly-VESFA)，该环氧分子可以表现出更快的固化动力学，并可大大提高玻璃化转变温度。

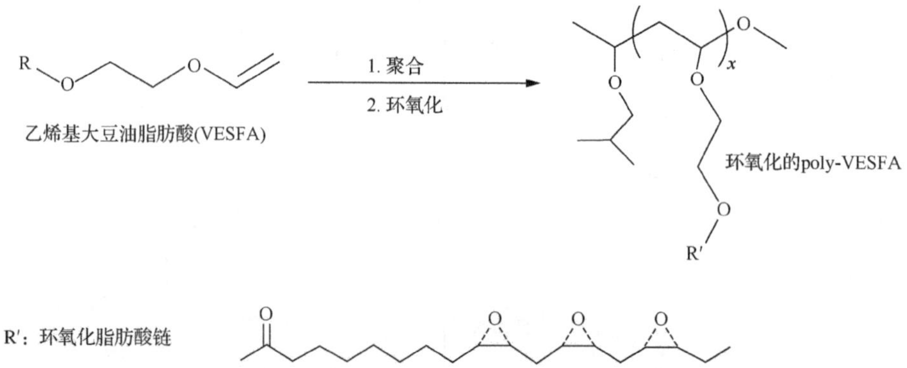

乙烯基大豆油脂肪酸(VESFA)

1. 聚合

2. 环氧化

环氧化的poly-VESFA

R′：环氧化脂肪酸链

图 9.6　聚大豆油脂肪酸环氧化的合成过程

与传统的环氧植物油单体不同，甘油衍生物的末端环氧化可以提高亲核固化反应的反应活性。例如，十一烯酸三甘油酯的末端环氧基团化合物被合成出来，在环氧-胺和环氧-酸酐固化中得到了成功的应用。得到的涂料化合物因其具有的脂肪族结构而表现出对紫外线的稳定性。十一烯酸是通过蓖麻油的带压热裂解制备合成的。这种非天然的脂肪酸与甘油经过酯交换反应得到三甘油脂肪酸酯(图 9.7)，可以提高交联密度。同时，环氧化的甘油酸酯已被商业化。最近，桐油也被用于制备类似结构的环氧分子，通过其与丙烯酸或者富马酸的 Diels-Alder 加成反应，而后再与环氧氯丙烷进行反应，得到了三个环氧官能团的新分子，如图 9.8 所示，这样的环氧分子表现出很高的反应活性及产品优异的性能。

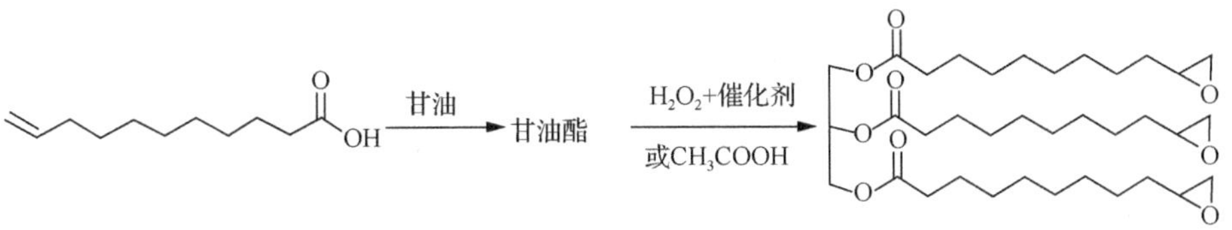

图 9.7　环氧化三甘油脂肪酸酯的合成

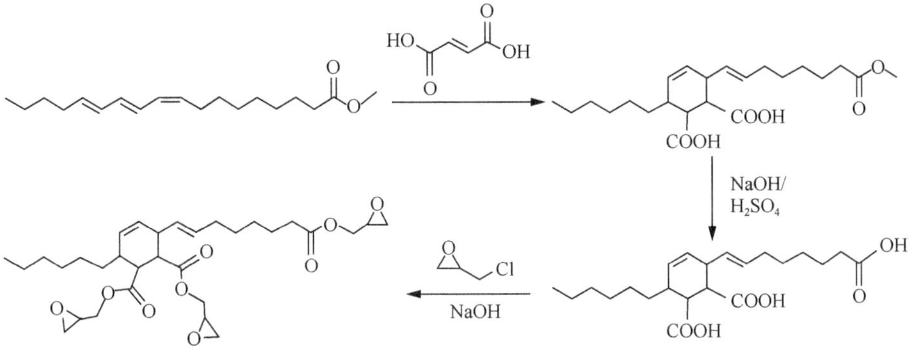

图 9.8　有富马酸和脂肪酸合成的三甘油酯环氧分子

使用可稳定供货的大豆油及其自由脂肪酸，可合成一种新的环氧分子，涉及酯交换和环氧化反应，如图 9.9 所示，可由多个路线进行，得到的分子上含有更多的环氧基团与低的黏度。详细的结构与特性关系研究测试了环氧基团组成与聚合物特性之间的关系，并发现在阳离子固化时，得到产物的玻璃化转变温度有所提高，可以高于 100℃，并且其力学性能有所提升。

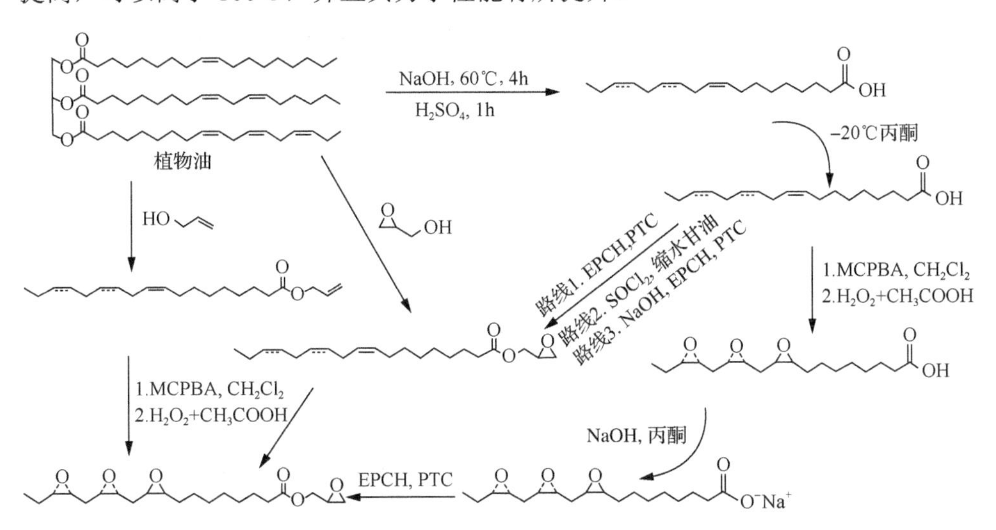

图 9.9　多环氧基团的脂肪酸(EGS 和 EGL)的合成

9.1.3 环氧植物油的固化反应[5-8]

通过使用固化剂得到的环氧植物油的聚合材料通常是三维网络结构，采用的固化剂通常有两类：催化型和共反应型。催化型固化剂引发环氧植物油的聚合，如均聚，而共反应型固化剂则与环氧植物油一起作为共同单体参与反应。固化过程是通过逐步增长或者链增长机制实现的，基于 C—O 键的极性，环氧结构中的缺电子碳原子构建了一个亲核反应的位点，而富电子的氧原子则提供了亲电的反应位点。固化反应的速率取决于温度、固化试剂、机理、环氧结构的类型和数目。尽管已有大量的文献报道环氧植物油的反应性，但不少是相互冲突的。通常被接受的观点认为，由于烷基取代基的立体位阻和电子受体特性，常规环氧植物油与亲核固化剂的反应速率低于末端环氧化的甘油基分子，而用亲电型固化剂时反应速率会有所提高。

9.1.3.1 与多胺的加成

多胺是非常常用的环氧树脂固化剂，胺与环氧分子的全反应速率取决于胺的结构与电子特性。胺的亲核反应通常遵守如下顺序：脂肪族>脂环族>芳香族。当环氧植物油分子含有长的、柔性的脂肪链结构时，脂环族或芳香族胺可以通过其较硬的结构补偿这个缺陷。环化的固化试剂特别适用于制造高热及力学性能的材料，但通常要求高的固化温度、长的反应时间。

多胺与环氧树脂的主要反应是通过逐步生长聚合机制进行的，不形成副产物(图 9.10)。伯胺的两个活性氢可以消耗两个环氧树脂基团，而仲胺只会消耗一个。叔胺基团没有活性氢，不是与环氧树脂黏合成型，而是作为催化剂，以加速环氧-胺反应。因此，多胺的固化是一个自催化过程。然而，因为较低的反应性多胺是

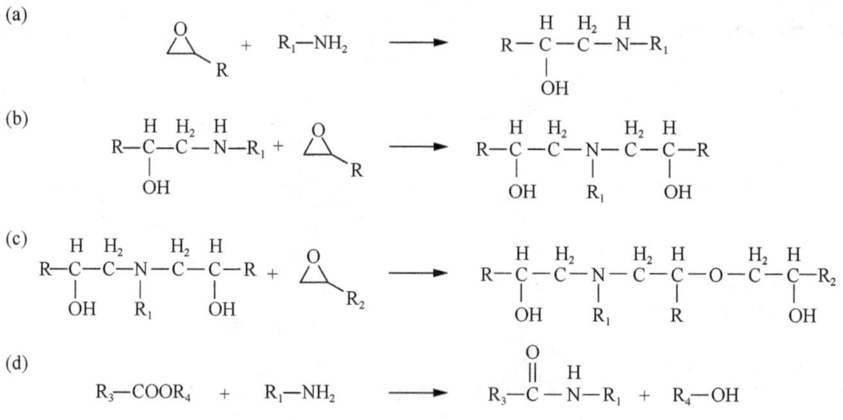

(a)

$$\text{(环氧, R)} + R_1\text{—}NH_2 \longrightarrow R\text{—}CH(OH)\text{—}CH_2\text{—}NH\text{—}R_1$$

(b)

$$R\text{—}CH(OH)\text{—}CH_2\text{—}NH\text{—}R_1 + \text{(环氧, R)} \longrightarrow R\text{—}CH(OH)\text{—}CH_2\text{—}N(R_1)\text{—}CH_2\text{—}CH(OH)\text{—}R$$

(c)

$$R\text{—}CH(OH)\text{—}CH_2\text{—}N(R_1)\text{—}CH_2\text{—}CH(OH)\text{—}R + \text{(环氧, }R_2\text{)} \longrightarrow R\text{—}CH(OH)\text{—}CH_2\text{—}N(R_1)\text{—}CH_2\text{—}CH(R)\text{—}O\text{—}CH_2\text{—}CH(OH)\text{—}R_2$$

(d)

$$R_3\text{—}COOR_4 + R_1\text{—}NH_2 \longrightarrow R_3\text{—}C(=O)\text{—}NH\text{—}R_1 + R_4\text{—}OH$$

图 9.10 环氧树脂伯胺固化的机理

(a) 通过伯胺；(b) 通过仲胺；(c)通过反应(a)和反应(b)产生的羟基；(d)通过酯胺基反应

低效固化剂，EVO 过程往往需要加速剂或高温，即使是亲核脂肪胺，在室温或低温下也可以固化 DGEBA。此外，酯类基团会与原胺和醇、酰胺形成反应，即通过酯胺基反应。环氧树脂单体也可能受到反应产物中羟基的攻击，特别是在高的温度下。

9.1.3.2　酸酐的加成

酸酐试剂是 EVOs 的主要固化剂，因为它们与内部的环氧树脂具有良好的反应活性。酸酐与环氧树脂基团的反应是复杂的，同时发生了几个相互竞争的反应。然而，没有加速剂反应是缓慢的和不完全的。如图 9.11 所示，酸酐起初与一个羟

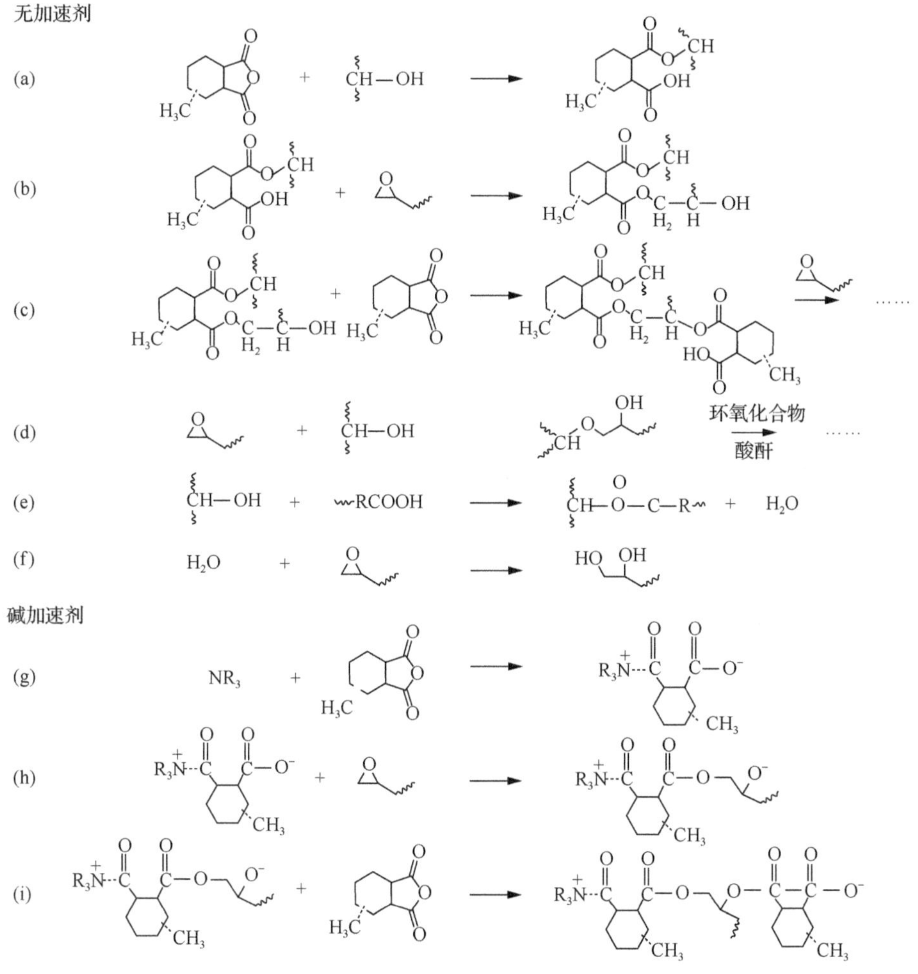

无加速剂

(a)　(b)　(c)　(d)　环氧化合物　酸酐　(e)　(f)

碱加速剂

(g)　(h)　(i)

图 9.11　酸酐与环氧反应的可能机理

基和新近形成的羧基基团反应，与环氧树脂基团形成羟基双酯。羟基双酯可以与酸酐反应生成另一个羧基，用于反应传播。羟基-环氧反应发生，特别是在高温时。

如果使用多元酸直接作为固化剂，引发步骤是不必要的，因为反应可以由质子化环氧基团启动，以逐步的方式进攻羧酸。在高温下，将发生羧酸和羟基的酯化反应，产生的水可以水解环氧基团。在碱性催化下，如与叔胺或咪唑存在时一样，反应开始时由脱质子产生的羧酸离子，将在环氧开环反应中作为亲核试剂。醚化和缩合反应需要未反应环氧化物或羧基的存在，前者反应更快，后者一般要求较高的温度。不同于环氧树脂酸固化，Lewis 基催化环氧-酸酐的反应速率快得多，通过连锁增长的方式，包括引发、传播、终止或连锁转移的步骤。三级胺或咪唑类的引发机制不太清楚，并显得复杂。建议的固化机理如下：碱加速剂通过产生羧基阴离子与酸酐催化固化反应的进行。羧酸盐离子在环氧化物的开环反应中充当亲核试剂，导致醇盐形成。醇盐阴离子反过来开环一个酸酐基团产生羧酸盐阴离子，这些交替步骤的延续导致聚酯的形成。环氧树脂和醇阴离子之间的醚化不太可能发生。

9.1.3.3 阳离子聚合

EVOs 的 Lewis 酸催化开环反应是众所周知的，与单独的多胺或酸酐相比提高了反应性。三卤化硼超强酸已被广泛用于 EVOs 的阳离子固化。由于它们的高活性和伴随的处理困难，这些催化剂通常被以复合物的形式添加，在正常情况下是惰性的，如室温，但在外部刺激时会释放活性物种，如加热或光照射。三氟化硼乙胺络合物被广泛应用于商用环氧树脂配方中。例如，开发了由三氟化硼二乙酯乙醚和氟偏锑酸超强酸催化的聚合，该方法制备的生物降解聚合物在进一步的化学修饰后可以在人护理/保健中得到应用。

由于各种优点，如缺乏氧抑制和“暗”反应后聚合(在光照射后发生停止)，光致阳离子固化环氧树脂是涂料、油墨和胶黏剂应用的一种快速发展的方法。光敏鎓盐，如ⅤA 族元素的芳基碘鎓盐或三芳基硫鎓盐，是有前途的 EVOs 的固化光引发剂。在紫外照射下鎓盐的光解产生混合的活泼阳离子物种。超强酸片段将激活环氧树脂作为鎓离子，被其他环氧单体进攻，并按链生长机制传播(图 9.12)。

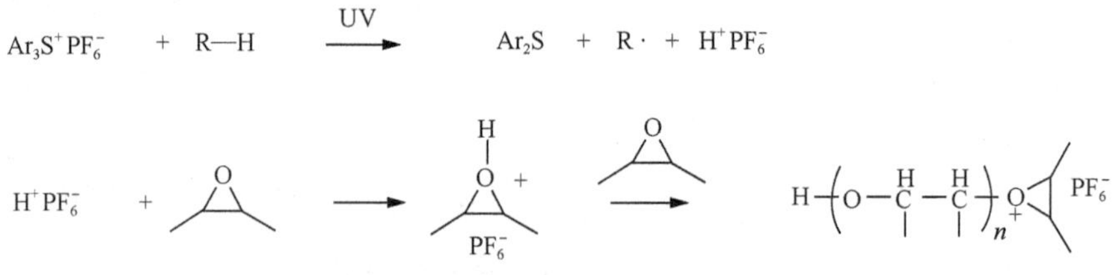

$$Ar_3S^+PF_6^- + R—H \xrightarrow{UV} Ar_2S + R\cdot + H^+PF_6^-$$

$$H^+PF_6^- + \text{环氧} \longrightarrow \text{质子化环氧}\ (O^+—H,\ PF_6^-) \xrightarrow{\text{环氧}} H\!\left(O—\overset{H}{C}—\overset{H}{C}\right)_n\!O^+\ PF_6^-$$

图 9.12 环氧分子光引发阳离子聚合的可能机理

因为羟基比环氧基团有更高的亲核性，通过增加羟基或存在水分，可以提高亲核性阳离子光聚合的速率，从而降低 E_a，并将固化转向活化单体机制(图 9.13)。乙醇或水促进了质子化鎓盐物种的快速转移，以加速整个繁殖过程。由于环氧和羟基的存在，在使用芳基碘鎓盐光引发时，环氧化蓖麻油(ECO)已被证明具有比 ELO 或 ESO 更好的反应性。然而，太多的羟基或水也可以充当链转移剂，从而延缓链条的生长过程，导致柔软的聚合物结构。

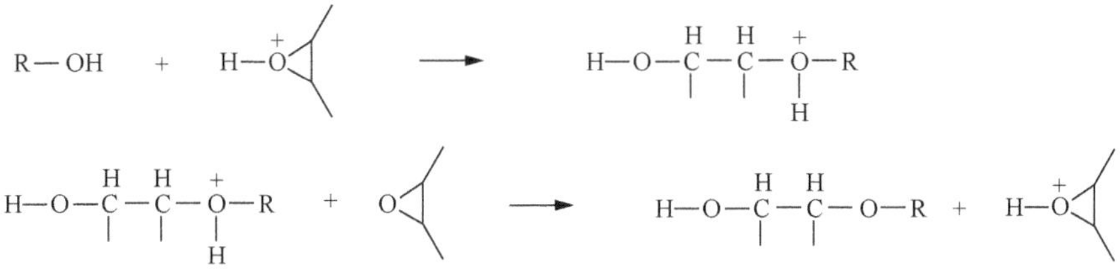

R—OH + H—O⁺(环氧) ⟶ H—O—C(H)—C(H)—O⁺(H)—R

H—O—C(H)—C(H)—O⁺(H)—R + O(环氧) ⟶ H—O—C(H)—C(H)—O—R + H—O⁺(环氧)

图 9.13 环氧分子阳离子聚合的可能羟基加速机理

9.1.3.4 各式各样的固化剂

环氧树脂也可以以阴离子方式聚合，以精确控制分子量，多分散性及链功能。三叔胺、咪唑类和铵盐类是环氧树脂均聚常用的阴离子催化剂，虽然其诱导的固化机制非常复杂，且不被普遍接受。使用配位催化剂聚合 EMO，观察到两个主要的聚合机制均存在，阳离子和离子配位机制，且前者是主要的。所产生的聚合物是循环和线型结构的混合物，不同的末端基团取决于所使用的引发剂，但比传统的阳离子催化剂可获得更高的分子量。酯交换反应的副反应导致形成在主链中含有酯类的分支结构。制备的聚合物可作为聚醚多元醇用于聚氨酯应用。

双氰胺(DICY)对 DGEBA 是最流行的固化剂之一。使用 DICY 时纯的 ESO 或 ESO-DGEBA 的混合物可以在 190℃或 160℃分别快速固化。羰二咪唑被用作引发剂，环氧单体与 DICY 的最佳化学计量摩尔比为 3∶1。前两个环氧分子单位与胺类 DICY 反应生成二级醇和二级胺。所生产的二级胺不进攻另一内含的环氧分子，余下的环氧分子与 DICY 的腈基团相连。

9.1.4 聚合物结构与特性[9, 10]

在设计各种应用的植物油基环氧热固性塑料时，很好地理解结构与特性关系是至关重要的。然而，由于单体和固化聚合物不均的含量，对植物油基环氧热固性塑料结构的阐明是相当困难的。例如，植物油的脂肪酸组成不仅在不同的植物中存在，而且在同一植株的油中也存在。未反应单体、悬挂链和内交联在植物油基热固性聚合物中是常见的。在描述热固性聚合物结构时，就交联密度而言，交联位置之间的结构和距离，是一个重要的特征。动态力学分析(DMA)已广泛应用

于基于橡胶网络弹性理论的交联密度计算。T_g，对每个环氧树脂体系而言是独一无二的，也反映交联密度，通常增加交联密度会增加 T_g。固化的植物油树脂的范围可从柔软的橡胶到硬的塑料，不仅主要取决于环氧单体的化学和结构，而且还取决于固化剂。其他的因素包括聚合条件、单体比率和催化剂等。

9.1.4.1 环氧树脂

对于植物油基环氧单体，环氧树脂结构类型和环氧乙烷的含量对热固性聚合物的热性能和物理性质有很大的影响。末端环氧分子和(或)高环氧乙烷含量可能导致快速胶凝化和高的交联密度。低环氧乙烷值 EVOs 要么是不反应的，要么带给聚合物体系强度较差的类蜡性质。研究 ESO 的环氧乙烷含量对酸酐固化聚合物力学性能的影响时，发现 ESO 热固性聚合物的拉伸模量、强度或韧性和撕裂强度受交联密度和链条柔性的控制。全环氧化的 ESO 单体的最高环氧乙烷含量导致固化聚合物具有最低的断裂伸长率，但更高的存储模量、热稳定性和 T_g 值。

通过合成一系列不同结构、环氧乙烷含量和饱和脂肪酸含量的环氧树脂，研究其结构与特性的关系，发现两种酸酐固化的 ELO 均能显示更广泛的 T_g 范围，这表明内部环氧乙烷的反应性较低和饱和脂肪酸的存在，导致链的分布更广、聚合物结构更加异化。MHHPA 或 BF_3 胺阳离子带电固化的热固性聚合物的 T_g 值均随环氧乙烷值呈线性递增(图 9.14)。亚麻籽油基环氧树脂，如 ELO 和 EGL，有更高的 T_g 值。去除饱和组分也可大大增加 T_g 值，在 MHHPA 固化的 EGS 和 EGL 中，相比不去除饱和脂肪酸的情况下的 EGS-S 和 EGL-S，可观测到 30℃和 21℃

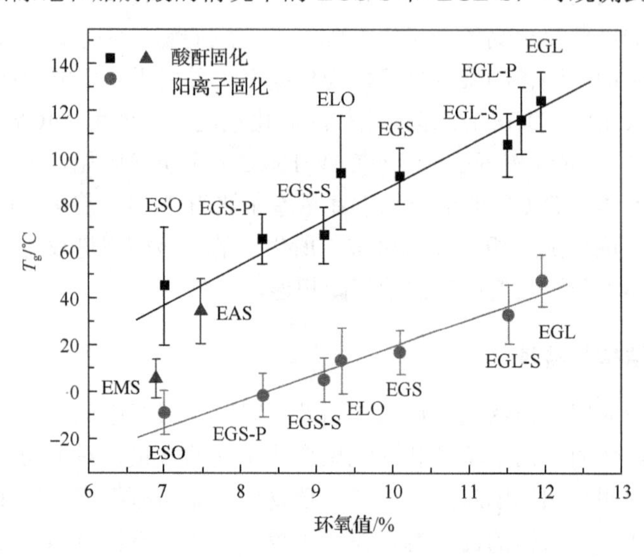

图 9.14 树脂 T_g 与环氧值之间的关系

的提升。在交联密度测量中也观察到这种趋势，在去除饱和组分时，交联密度显著增加。由于甘油作为交联部位的流失，并释放了饱和的脂肪酸酯，在酯端添加一个不活跃功能基团，如烯丙基(EAS)或甲基(EMS)，可产生更低的 T_g 值和聚合物交联密度，但环氧乙烷值与 ESO 的数值相似。

9.1.4.2 固化剂

固化剂对环氧热固性聚合物最终性能的影响至关重要。由于固化剂将成为交联网络结构的一部分，应特别注意其结构和化学计量。研究发现芳香多胺无法与 ESO 反应。用脂肪族 TETA 生产的聚合物是橡胶态的，其 T_g 为 15℃。脂环多胺，如 PACM，与相同的单体 ESO 反应可提高其 T_g 到 58℃，当 ESO/PACM 的摩尔比为 0.53 时，达到了最高的弯曲强度。

酸酐是 EVOs 最重要的固化剂之一。在三级胺加速剂存在下，ESO 与各种各样的酸酐反应的机械和热行为研究表明，当体系采用较刚性的邻苯二甲酯、苯二甲酸或马来酸酐替代较柔软的十二烷基琥珀酸酐或丁二酸酐固化时，热固性聚合物有高的 T_g、储存模量和交联密度。由于邻苯酐和内-3, 6-亚甲基-1, 2, 3, 6-四羟基邻苯二甲酸酐在甲基咪唑存在下双酯段的空间位阻和硬度影响，固化的 ELOs 的交联密度比顺-1, 2, 3, 6-四羟基邻苯二甲酸酐的低。

9.1.4.3 催化

由于亲核固化反应中 EVOs 的反应性低，催化剂的选择和用量是影响交联密度、网络形态/结构和最终性能的重要因素。Lewis 酸催化剂通常用于 EVO-胺固化的反应中，如 ELO 和 MDA 固化反应的催化剂辛酸亚锡。反应放热的发生和峰值温度显著降低，而聚合物 T_g 的增加则超过 20℃。叔胺、咪唑类和季铵盐是 EVOs 多酸或酸酐固化的常用催化剂。与叔胺相比，使用咪唑类化合物具有改进 T_g 值的优点，这可能是由咪唑与环氧树脂的反应所致。研究发现二酸固化的 ELO 薄膜的力学和热学性能受到选择的胺催化剂类型的影响。甲基咪唑和四甲基胺基吡啶(DMAP)可以显著提高薄膜的力学性能。对于 DMAP，醚化可能因良好的亲核性而发生。固化速度对催化剂用量高度敏感，最佳的 DMAP 催化剂用量为总 ELO 和交联剂的 1wt%。DMAP 浓度的进一步增加则降低其杨氏模量。

在 EMI 催化的 ESO-MHHPA 固化体系中，发现聚酯的速率、转化度、T_g、储存模量和交联密度在较高的 EMI 浓度下均得到了改善。然而，催化剂浓度的持续增加会导致快速胶凝化，但由于阻碍单体/低聚物扩散而降低了转化率。

9.1.5 环氧植物油聚合物共混物[11]

如上所述，一个 EVO 可以与多种固化剂聚合。然而，与 DGEBA 脂环环氧树

脂相比，由于其柔性结构和较低的反应性比固化热固性聚合物通常表现出较低的热/力学性能和交联密度。商用环氧树脂如DGEBA和脂环环氧树脂具有硬的结构，因此，EVOs 可以与一些石油基的环氧树脂单体混合，以相互改善其机械和热性能。EVOs 一般具有较低的黏度，所以 EVOs 或其衍生物可作为反应稀释剂用于 DGEBA 树脂，后者是相对高黏度的液体或固体，以降低整体成本，提高加工性能。由于较低的均相结构，ESO 在降低环氧树脂黏度的效率方面比许多石油基反应稀释剂低。

严格说来，EVOs 并非总是“反应活性”的。EVOs 和 DGEBA 在反应性上存在着特别大的差异，可能形成异质结构、如相反转等，不可避免地导致固化聚合物性能的显著下降。因此，很少有在 DGEBA 中存在高浓度(450 wt%)EVOs 的报道，因为低环氧乙烷含量和不活泼的饱和组分在 EVOs 会导致较低的交联密度，固化和饱和脂肪酸链会影响 EVOs 和 DGEBA 的相容性。低 EVO 稀释剂含量的化合物大多保存未稀释聚合物的热和力学性能，如规整的石油基环氧树脂聚合物。然而，混合物可以改善纯净的环氧树脂聚合物的冲击强度。

9.1.5.1 热与力学性能

虽然聚合物共混是一个简单的想法，EVOs 和石油基环氧树脂的优点的组合并不总是成功的。与早先的讨论一样，较低的反应性和环氧乙烷的含量一般会改变反应温度的起始和峰值。同时，观察到反应热的减少或活化能的增加。在高的 EVO 浓度时，聚合可能发生在两个阶段形成异构结构。EVO 组分不仅降低了交联密度，而且还表现为在机械劳损导致的非均匀材料结构时应力集中引发断裂的弱点或缺陷。在石油基环氧树脂中加入 EVOs 可减少机械强度、T_g、热稳定性和耐化学性。

聚合物共混物中 EVO 的浓度、成本和可接受的性能损失是环氧树脂配方中要考虑的重要因素。为了保持最佳性能，ESO 的浓度是受限的。40wt% ESO 加入到 DGEBA 中可得到储存模量和 T_g 值与规整的 DGEBA 可媲美的聚合物。但是，随着冲击强度的提高和透明度的增加，在高 ESO 浓度下，T_g 和弯曲强度/模数会突然下降。物理和热性能的退化似乎是由 ESO 的不相容性所引起的。也就是说，在 ESO 和 DGEBA 之间形成了不协同的异构结构。在甲酸酐固化的 ESO-DGEBA 系统中，观察到了环氧单体的性质和缺乏协同作用的非线性转变。

最佳的 EVO 浓度也与 EVO 的结构有关，特别是与环氧乙烷的含量有关。对于 ESO 或含量高达 20%的环氧化植物油而言，DGEBA 聚合物共混物的热畸变温度(HDT)和拉伸强度几乎相同，由于 ESO 的环氧乙烷含量高得多，在较高的 EVO 浓度下，环氧化植物油混合物的 HDT 和拉伸强度比 ESO 混合物的下降速度更快。

EPO 在饱和脂肪酸中更丰富，因而具有较低的环氧乙烷含量，比 ESO 具有更强的塑化效果。随 EPO 浓度的增加，EPO-DEGBA 混合物明显降低了 T_g。聚合物共混物也显示出较高的热膨胀系数。

在普通的 EVOs 中 ELO 显示了最高的环氧乙烷含量。发现双酚 F 的 MHHPA 固化二酚醚（DGEBF）体系的交联密度、T_g 和储存模量保持相对恒定，或在 70%ELO 时略有下降，然后进一步增加 ELO 含量则会再开始增加。这种反常现象归因于 ELO 的环氧乙烷含量较高，因此需要更多的固化剂来修正配方。此外，ELO 中亚麻酸含量高，便于密集的交联结构。因此，它被发现可能取代石油基环氧树脂，同时仍然保持高性能。

然而，胺固化的 ELO-DGEBF 体系则呈现出完全不同的趋势，随 ELO 浓度的增加交联密度、T_g 和储存模量会不断减小。储存模量的降低尤为显著，浓度大于 20wt%时，T_g 接近室温。这一趋势是由于 ELO 的反应性低得多，胺固化剂和未反应的 ELO 可以塑化 DGEBF 基质。在环氧菜籽油或 ESO 浓度增加的情况下，降低了 DGEBA 反应的放热、热稳定性和机械强度。

9.1.5.2 环氧植物油增韧剂

环氧热固性聚合物由于交联密度高的刚性结构，可能会表现出低韧性或脆性。采取了各种方法，包括添加一个刚性或软的第二相、用灵活的骨架进行化学修饰，或降低聚合物的交联密度，试图来提高环氧树脂的韧性。已证明加入橡胶化合物以形成相分离的夹杂物是一种最有效的增韧环氧树脂，可以避免热性能和力学性能的严重退化。其增韧机理普遍认为是在低应变率下的橡胶相变和高应变率下的空化过程中剪切屈服增大。

EVOs 可以与石油基环氧树脂形成异相结构，在环氧树脂或其他工程塑料中可以作为反应增韧剂。如前面所述，对于 EVO-DGEBA 聚合物共混物而言，EVO 增韧环氧树脂的力学和物理性能与网络结构密切相关，而网络密度又与 EVO 组成、相形态、交联密度和链柔性等有关。大多数聚合的 EVO 都是橡胶态的，但也依赖于固化系统。交联的 EVO 结构可以通过类似于普通橡胶化合物的分子网络的变形，有效地吸收、转化和消散断裂能。研究发现，EVO 聚合物比那些硬的、规整的环氧树脂具有更好的韧性，并将 EVO 纳入环氧树脂可以提高冲击强度。

研究表明，富含饱和成分的 EPO 有增塑作用，通过提高未反应 EPO 所占据的腔的柔韧性，可提高 DGEBA 的断裂韧性，从而增加抗形变、裂纹萌生和扩散。EPO-DGEBA 聚合物的交联密度和吸水能力随着 EPO 加载量的增加而减小，但其他的热力学性能却没有披露。在热潜催化作用下，60wt% ESO 混合材料的抗冲击强度比纯 DGEBA 的高 58%，但弯曲强度也降低了 40%以上。

当直接将 EVOs 混合到环氧树脂中产生单相结构时，韧性的改善不突出，通常与交联密度、T_g、弹性模量和屈服应力的下降有关。另外，将液体橡胶态的预聚物引入到环氧树脂中具有明显制备两相热固性聚合物的优势。通过适当选择固化剖面可以形成两相结构，DGEBA 的冲击强度可显著提高。

9.1.6 环氧植物油油漆和涂料[12]

由于其通用性强，对各种基体的附着力强、耐腐蚀和耐化学性，环氧树脂广泛应用于涂料中。EVOs 可以作为选择或补充用于石油基环氧树脂的改性，包括利用其低黏度、低成本和环氧功能团等。EVOs 在涂料中的应用不仅提供了可持续的化学成分，而且还提供了一种减少挥发性有机物的方法。正如前面讨论的那样，可提高环氧树脂涂层的柔韧性或韧性。然而，净聚合物涂层的挑战是如何提高它们平庸的机械和热性能，特别是储存模量和 T_g 值。与刚性结构的石油基单体的共聚，加上无机物的应用，形成的混合或纳米复合涂层，被常用于提高 EVO 涂层特性的策略中。由于其对阳离子聚合类似的反应性和较硬的结构，脂环环氧树脂如 3, 4-二环氧环己基甲基羧酸，在涂敷应用中常被作为共同单体使用。

由环氧化铁力木种子油和 DGEBA 制备的涂层，EVO 不仅降低了 DGEBA 的黏度，而且提高了聚合物的性能。利用有机修饰的纳米黏土的纳米复合材料的形成，进一步增强了 50wt%环氧菜籽油的性能。同时增加 2.5wt%～5wt%黏土则可提高制备涂层的耐碱性。

由于室温固化的方便性和快的固化速率，EVOs 的紫外阳离子聚合已成为研究的热点。制备的生物基涂层具有优异的附着力、耐冲击性、紫外稳定性、光泽保留和耐蚀性能。驱斑鸠油或 ESO 混合脂环环氧单体被用作环氧树脂。EVOs 的匹配水平是由其与其他涂层成分的相容性决定的。虽然这两种 EVOs 都与脂环环氧树脂在高浓度下相容，EVO 环氧树脂共混物只是部分相容，与多元醇或紫外引发剂形成模糊的配方。涂层薄膜的铅笔硬度和拉伸强度降低，但光泽度增加。在涂层中加入 10wt%的 EVO 可获得硬度、光泽度的最佳性能。

用鎓四(五氟苯基)没食子酸催化剂制备含有 ESO 和脂环环氧单体的透明涂层。没食子酸催化剂对非极性单体的溶解度和反应性优于普通的紫外引发催化剂，如二芳基碘鎓盐或三芳基硫鎓盐。高达 60wt% ESO 可以添加到配方中，而不损害固化涂层的力学性能。

EVO 发展的目标包括改进 T_g、硬度、弹性模量和强度。由 EVO、二氧化钛、硅基或联合前体可合成无机-有机杂化薄膜。这些杂化薄膜一般表现出改善的性能，如硬度、附着力、耐化学性、拉伸强度和 T_g，但强烈依赖于无机物的类型和浓度。过量的无机组分会导致断裂韧度下降和断裂伸长率降低。无机前体加入时材料从韧性到脆性材料均会发生急剧转变。

9.1.7 环氧植物油基复合材料[13-16]

由于其可持续性的特点，环氧植物油基复合材料的发展受到了相当大的重视，可大大提高材料的刚度、弹性模量和强度。复合方法可拓展植物油基高分子材料的潜在应用，其中一些已成功商业化，并表现良好，在运输和建筑应用中有希望替代石油基材料。最近的发展更趋向于高性能生物基材料和“绿色”复合材料，用于增值和结构应用。基于加固类型的 EVO 基复合材料可分为纤维增强聚合物(FRP)和纳米复合材料。纤维，无论是天然的还是人造的，均可以在宏观上连续或切碎(短链)。

9.1.7.1 纤维增强复合材料

FRP 的力学强度主要取决于连续相的加固，而基体相支持和结合加固可将应力分布在加固材料中。在设计结构应用的复合材料时，聚合物基体必须足够坚固，以有效地将应力转移到钢筋，而不引发裂纹，即足够高的交联密度和高于其预期工作环境温度的 T_g。由于最纯净的 EVO 聚合物通常显示低交联密度和 T_g，甚至在室温下，DGEBA 的聚合物混合物经常被用作纤维增强复合材料的聚合物基体。

一些研究表明，作为混合次要组分的 EVOs 的含量最好限制一个最高含量，如 30%，因为 EVO 组分无法提供所需的机械和热性能。纯净的 EVO 或高 EVO 含量制造的高性能复合材料非常罕见，更适合非结构材料中应用。由于其易得、成本低、模数高、与基体树脂附着力优异等优点，玻璃纤维是环氧树脂复合材料中应用最广泛的增强材料之一。采用 PACM 固化的商用环氧树脂混合材料作为基体，可得到人造玻璃纤维增强复合材料。30wt% EVO 混合复合材料的热力和力学性能比没有 EVO 的复合材料略低，但与酸酐固化的材料相比要好一些。

采用拉挤加工，EAS、ESO 和 EMS 已被应用于生物复合材料的制造，但这些环氧树脂在共混物中被限制为次要组分，如 30wt%环氧树脂混合物。由于环氧乙烷含量的改善和反应性更好，因此 EAS 比 ESO 或 EMS 有更好的力学性能。使用酸酐固化的纯 EGS，EGS-DGEBA 混合物，或纯 DGEBA 作为聚合物基体，通过真空辅助树脂传递成型制作的方法可用来得到玻璃纤维增强复合材料。EGS 基复合材料的力学性能可以与 DGEBA 的弯曲强度/弹性模量和冲击强度相媲美，只观察到略微降低的 T_g 和热稳定性。植物油基的高性能生物基复合材料具有很好的潜力取代石油基环氧树脂作为增值产品。

因为它们易得、大密度、低成本、环保等特点，纤维素纤维如亚麻、大麻或黄麻，也有望增强聚合物复合材料。纤维素增强的植物油基聚合物复合材料通常

被称为“绿色”复合材料，因为基体树脂和增韧材料都是生物可再生资源。然而，这些复合材料往往比玻璃纤维增强的同类复合材料具有较低的机械强度。由于纤维素纤维的亲水特性，还需要进行表面修饰，以提高纤维与聚合物基体之间的附着力或相容性。

9.1.7.2　纳米复合物

聚合物纳米复合材料在过去几年中引起了人们的兴趣，因为它们能够在相对较低的粒子浓度(如 5wt%)下提高材料的热性能和机械强度、轻质和光学透明度。各种纳米材料包括纳米黏土、碳纳米管、硅、多面体寡聚的硅倍半氧烷和氧化铝等已被用于聚合物纳米复合材料。其中，有机修饰的蒙脱石黏土纳米片(OMMT)是一种廉价但高效的聚合物纳米复合材料的增强填料。由于纳米黏土片层的超大面积和高纵横比，在压力下聚合物和纳米黏土之间的界面相互作用在聚合物链流动性的限制中起着关键的作用，聚合物性能可以大幅度提高。因此，在制备聚合物黏土纳米复合材料时遇到的主要挑战是合适的分散黏土。

通过对纳米复合材料的形貌、热性能和机械强度与黏土浓度和弥散技术关系的研究，发现机械剪切混合法导致类晶团聚体的夹层结构。高速剪切混合结合超声波减少了薄片类晶团聚并剥落成更小的鳞片，与剪切混合方法相比这反过来提供了更好的性能。与纯聚合物相比，超声波分散的黏土只有 1.0wt%，分别提高了纳米复合材料拉伸强度和弹性模量的 22%和 13%。换句话说，6wt%黏土的使用可使拉伸模数增加 34%，没有任何牺牲的强度。根据 OMMT 浓度的不同，T_g 也增加了 4～6℃。

在加入 8wt%的 OMMT 体系中，对低 T_g 的 EVO 基纳米复合材料的强度有了较大的提高。纳米复合材料的拉伸强度和弹性模量增加了 300%以上，如采用 TETA 作为 ESO 的固化剂，5wt%的 OMMT 被超声分散在 ESO 中，形成插层结构。T_g 的增加从纯聚合物的 11.8℃提高到 20.7℃。使用 EAS 和酸酐合成了纳米复合材料。采用气动和超声两种分散技术，将 OMMT 分散到 EAS 中。由于黏土的插层作用和与酸酐的反应，纳米黏土容易剥离并分散在树脂中。拉伸试验表明，OMMT 分别提高了 625%和 340%的拉伸弹性模量和拉伸强度。这些材料非常适合在非结构材料中的应用。

EVO 目前主要的商业应用是作为稳定剂和增塑剂。EVO 已经显示了多功能性不仅可作为环氧树脂单体的材料来源和制备各种各样环氧树脂热固性聚合物，从柔性橡胶到刚性塑料，还可以采用不同的聚合方法合成出一系列不同 EVOs 基的热固树脂。其中一些热固性聚合物与它们的石油基类似物相比已拥有可比的特性，并已显示出作为替代或补充，在以商业可用环氧树脂单体材料方面的潜力。

然而，EVOs 固有的活性内环氧基团少和柔性碳链结构特征，使得应用无法作为结构性高性能热固性聚合物来应用。剩余的机会是作为石油基商业环氧树脂单体的补充、作为基体材料的涂层、作为复合材料或纳米复合材料。这一领域的未来趋势将是提高生物基组分的百分比，同时通过结构-化学性质的研究来优化总体性能。扩大使用 EVOs 作为绿色材料将提供一个开发新的、具有较高活性和环氧乙烷功能的植物油衍生的环氧树脂单体的机会。作为新型的植物油基环氧树脂，EGSs 的性能比其他 EVOs 结构更有改善潜力，但这只有在饱和碳的含量较低时才可能。

环氧配方的多功能性不仅取决于环氧树脂单体，还依赖于固化剂、DAP 和聚合条件的联合作用。具有聚合时间短、固化温度低的有效的 EVO 固化系统被寄予厚望。通过工业应用，EVO 的研究将继续关注环境和可再生能源/可持续方面的努力，但只有当材料满足客户性能要求的反应性、兼容性、聚合物机械、热量和环境稳定的性质，并以竞争成本来体现其优势。

9.2 聚羟基脂肪酸酯复合物

9.2.1 聚羟基脂肪酸酯：结构、特性与来源[17]

聚羟基脂肪酸酯归属于生物聚酯，含有各种侧链和 4-羟基或 5-羟基的脂肪酸。它们由(*R*)-3 羟基脂肪酸组成。有三种类型的聚羟基脂肪酸酯：①短链羟基烷酸酯(PHA_{SCL})与烷基侧链，是由真氧产碱杆菌和其他众多细菌产生的。PHA_{SCL} 含有 3～5 个碳原子，如聚(3-羟基丁酸酯)(P3HB)、聚(4-羟基丁酸酯)(P4HB)。②中长链羟基链烷酸(PHA_{MCL})，由食油假单胞菌及其他假单胞菌产生的。PHA_{MCL} 含有 6～14 个碳原子。③14 个碳原子以上的长链脂肪酸。PHA 的单体组成、分子结构和物理化学性质取决于生产者有机体及用于生长的碳源。含双键的 PHA 也有发现。对于这样的目的，可选择甲醇营养型微生物。尽管 PHB 被认为是一种与聚丙烯具有类似材料性能的环境友好聚合物，但由于其在力学性能上存在一些缺陷，所以还没有大规模用于替代传统聚合物。考虑到聚合物的力学性能，在考虑三个基本属性时，重要的是要与一个给定的商品聚合物进行比较。PHB 很难加工，熔点高(约170℃)，接近其降解温度。因此，要解决这些缺点，可与其他单体共聚，特别是具有较小的刚度和硬度(赋予更大的灵活性和减少破损)及降低熔点。

PHA 的单体组成对其物理性能有很大影响。PHA 的结构可以有效地通过调整碳物质来实现所需的单体含量控制，由工程代谢途径和含有功能性侧链的碳物质实现，在第二步骤中还可以进行化学修饰。例如，PHB 和聚(3-羟基丁酯-*co*-3-羟基戊酯)(PHBV)，是脆性的，与它们的高结晶度有关，导致缺乏在生物医学和包装应用中所要求的优异的力学性能。这些特性是 PHA 的化学结构的结果。因此，由于这些不同类型的 PHA 具有不同的结构和物理化学性质，应该根据它们的性质

进行分类和修饰，以便易于用于应用的目标。采用噬铜菌属探索了生产不同 PHA 的方法，主要研究包括：利用高品位废碳源和限制因子来触发 PHA 的生产，并与富营养化下的运作进行对比。观察到 γ-变形菌中培养 72h 得到的 PHA 中 C/N 比较小，而延迟培养时间到 150h，则得到高 C/N 比的 PHA。

4-羟基丁酸酯(4-HB)是由嗜水气单胞菌、大肠杆菌 S17-1 或含有 1, 3-丙二醇脱氢酶基因和醛脱氢酶基因的恶臭假单胞菌 KT2442 合成得到的，能够转化 1, 4-丁二醇(1, 4-BD)为 4HB。含有 4HB 的发酵液可用于生产均聚物聚-4-羟基丁酸[P(4HB)]和聚(羟基丁酸-4-羟基丁酸酯)共聚物[P(3HB-4HB)]。在这方面，特别重视侧链端基含双键的 PHAs 的生产。得到的含双键的碳基质便宜，通常表现出较小的毒性，且具有反应性官能团。同时，PHAs 的不饱和侧链易进行化学修饰。从功能上看，修饰的 PHAs 已展示出作为生物材料功能的应用前景。PHAs 的机械特性与其结构和结晶度直接相关。增加聚合物的侧链可以修改其结晶性能，导致一些明显结晶能力差异的 PHA_{MCL}。一旦聚合物有大而不规则的侧基，就可能实现低结晶度。这些基团以规则的三维方式进行聚合物链的紧密堆积，形成晶体阵列。

PHAs 的物理和材料特性受其单体组成和化学结构的影响，即受聚合物主链上的侧基的延伸长度影响较大，含侧链基团的聚合物中酯键之间的距离也会影响其化学性质。细菌 PHA 可通过发酵直接产生，产物结构的变化是非常大的，有超过 150 种不同的羟基酸，甚至是已知的巯基链烷酸，这些 PHAs 的性质取决于亚基组成的酶，及其对底物成分的特异性，PHA 合成酶通常分为四类：Ⅰ型、Ⅱ型、Ⅲ型和Ⅳ型。

图 9.15 显示了 PHAs 的通用公式，其中 x 是 1 或更高，R 可以是氢或碳氢长链，可以到 C_{16}。PHA 均聚物家族的主要成员列于表 9.1。已在实验室规模生产了众多的 PHA 均聚物和共聚物。PHAs 是热塑性塑料的大家庭成员，已制备了 125 种不同羟基单体的各种类型的材料。它们的性能取决于共聚单体的结构(即聚合物主链重复单元的碳链侧基和长度)，以及其在聚合物链中的摩尔分数。不同 PHA 单体的摩尔分数的变化可影响 PHA 的性质。因此，很多重点放在化学改性、降解特性方面，并针对 PHAs 的工业应用的材料特性，大量研究也放在细菌基因组的生物工程方面，来生产不同类型的材料。

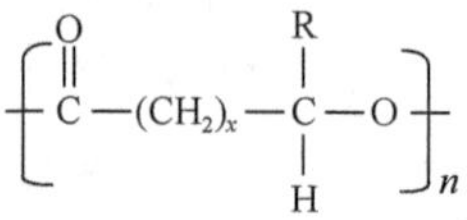

$$\left[\overset{\displaystyle O}{\overset{\|}{C}} -(CH_2)_x- \overset{\displaystyle R}{\overset{|}{\underset{\underset{\displaystyle H}{|}}{C}}} -O \right]_n$$

图 9.15　PHA 的典型化学结构

表 9.1　一些 PHA 均聚物的化学结构

化学名称	缩写	x 值	R 基团
聚(3-羟基丙酸酯)	P(3HP)	1	氢
聚(3-羟基丁酸酯)	P(3HB)	1	甲基
聚(3-羟基戊酸酯)	P(3HV)	1	乙基
聚(4-羟基丁酸酯)	P(4HB)	2	氢
聚(5-羟基丁酸酯)	P(5HB)	2	甲基
聚(5-羟基戊酸酯)	P(5HV)	3	氢

PHB 是一种高度结晶的聚合物，因此，它的应用非常有限。然而，PHB 可以在聚合物链通过引入共聚单体，具有一定程度的灵活性，从而减少链的结晶性，进而改进性质。例如，与戊酸共聚，并通过调节原料的处理和加工条件，可提供一种新的聚合物，具有较大的弹性。在众多 PHA 共聚物中，目前只有少数具备工业价值和商业化前景。

熔点和 T_g 的变化，除了改善 PHA 共聚物的弹性和模量性能外，还允许使用较温和的加工条件(如降低加工的熔体温度)。PHA 共聚物的序列通常是随机的，是混合的发酵产物，从而得到聚(3-羟基丁酸酯-*co*-羟基戊酸酯)或 P(3HB-*co*-3HV)，也称为 PHBV，是基于两单体的随机排列构建的。PHA 混合培养生产涉及复杂的废物原料如甘蔗糖蜜、造纸废水、污泥发酵、发酵橄榄油废水、工业和生活废水，以及聚合酶 PHA 合成酶等。

混合培养生产不仅有助于通过使用容易获得的廉价原料以降低成本，而且还提供了一种环保的废物管理方式。生命周期评价结果显示，混合培养生产的另一个优点是更有利于 PHAs 的无规共聚物的形成。而生物工程导致了不同性质的 PHA，处理后其结晶动力学的测定对材料的最终性能也很重要。因此，结晶形态和成核剂在减少 PHA 共聚物结晶方面也很重要。与聚乙烯相比，PHA 是一种线型脂肪族聚酯，虽然不是完全的抗紫外辐射，但有更好的抗紫外辐射性能。

PHA 是具有光学活性的生物聚酯，其羟基链烷酸单体具有 *R* 构型聚合酶的立体选择性。一旦从细胞中提取出来，PHB 呈现出高结晶度。相反，在体内 PHB 存在非晶聚合物。最初它被认为在体内完全处于无定形状态，可能是细胞内涵体的增塑剂和成核抑制剂存在的原因。然而，非晶 PHA 也可在体外存在，显示出结晶的 PHA 可能是提取过程中凝聚的聚合物链，反过来又加速了结晶过程的结果。

PHB 可以采取螺旋构象(称为 α-型)或平面构象(称为 β-型)。α-型构象导致形成片状晶体，而不常见的 β-型通常是通过扩大轴取向薄膜的 PHB 进一步形成的，占据了 α-型层状晶体之间的无定形区。图 9.16 给出的是在不同拉伸情况下 PHA 结晶为 α-型和 β-型的过程示意图，β-型占据了 α-型层状结晶之间的非晶区，而且 α-型更稳定。

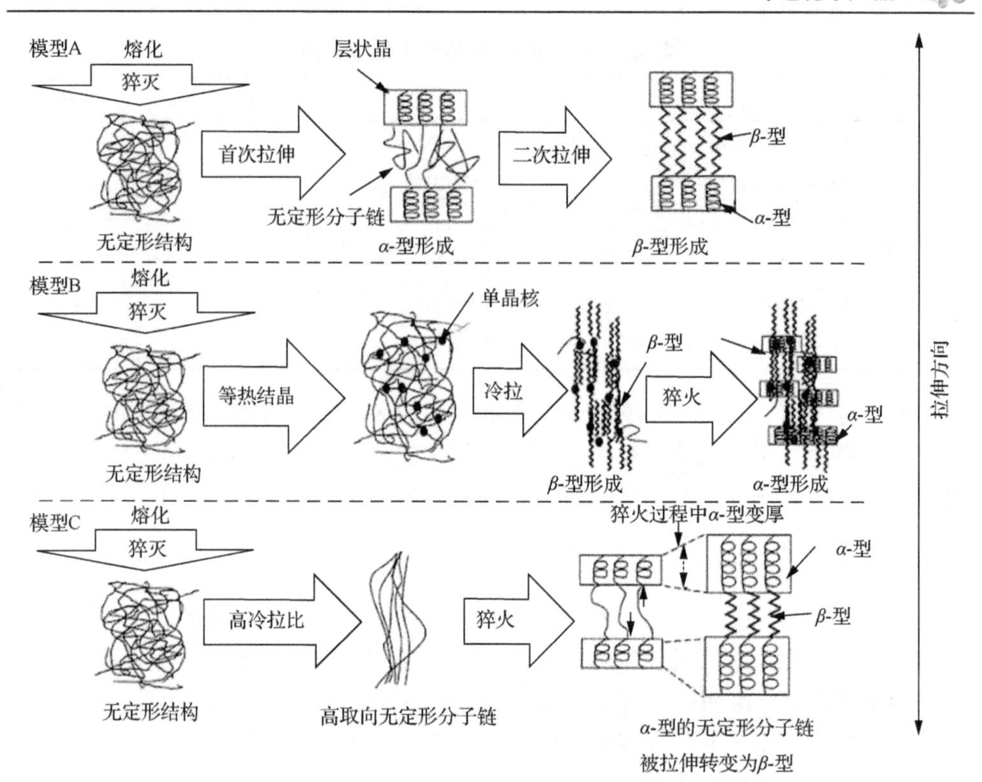

图 9.16 平面 zig-zag 构型（β-型）的模型示意图

模型 A：β-型在层状结晶层间的无定形区通过两步牵引形成；模型 B：β-型在小晶体核间产生，而后在样品温度控制在 T_g 附近时生长；模型 C：β-型在层状结晶间由猝火引起的增厚诱发形成

由混合培养得到的 mCL-PHA 也可导致螺旋构象，形成的每个晶胞中有两个分子晶格。共聚单体的侧链被认为可形成有序的片，这样，侧链越长，片层越厚。较长的侧链被认为有利于形成稳定有序的薄片。共聚物的结晶度也由共聚单体的摩尔比决定。对 PHBV 而言，HV 含量小于 30%时，甲基基团和 HB 的羰基之间的氢键与 PHB 的强度相似。在共聚物中的 HV 含量增加，亚甲基和羰基之间发生氢键的可能性变大。

9.2.2 聚羟基脂肪酸酯的回收[18]

回收系统可能影响产品回收量、后续纯化步骤的方便性和最终产品的质量。从发酵液中分离细胞是回收的初步步骤。为了回收 PHA 颗粒，有必要打破细菌细胞和去除包裹 PHA 颗粒的蛋白层。或者，必须选择性地将 PHA 溶解在合适的溶剂中。一般来说，有两种方法通常用于细胞生物质 PHAs 的净化回收，其中包括 PHA 增溶或非聚合物多孔材料（NPCM）溶解。大多数 PHA 回收方法是以氯仿和甲醇为主的溶剂萃取法进行的。改变细胞的渗透性，然后在溶剂中溶解 PHA。

PHA 从溶剂中的分离是采用溶剂蒸发或在非溶剂中聚合物沉淀完成的。PHA 非常黏稠，清除细胞碎片是困难的。若不考虑溶剂的回收，溶剂在 PHA 提取中占了很大的成本。因此，PHA 在高温(高于 120℃)下溶解在水不混溶的溶剂中是个值得探讨的问题。然后，加冷水提取 PHA，蒸馏后溶剂可循环多次。

最近开发了一种新的 PHA 回收工艺，利用次氯酸钠和氯仿在溶剂萃取中消化方法的优点。产生了三个独立的相，其中包括在上层的次氯酸盐溶液、中间相为 NPCM 和未破裂的细胞，以及含 PHA 的氯仿相。然后用非溶剂沉淀和过滤法回收聚合物。使用这个过程，聚合物降解造成的分子量减少可以得到明显的抑制。

一些机械的方法也被开发来补充这些系统或作为独立的系统，并广泛用于回收细胞内的 PHA，包括固体剪切(如珠磨、冷冻细胞挤压)或液体剪切(如高压均质)等。组合的方法，如化学和物理过程，有时会产生可接受的结果，而单独的一个方法通常无效。也有报道采用化学预处理以提高细菌干扰的敏感性，允许在物理过程中在较低的操作压力下获得相等的破坏程度。作为一种可行的选择，PHA 可成功取代以石油为基础的塑料，取决于设计、性能、高效、高选择性的 PHA 生产和回收技术。因此，进一步考察混合发酵，发现重组微生物菌株、廉价碳源和高效发酵可以大量生产 PHAs，并可显著降低生产成本。一种简单、高效和经济的商业回收系统可能侧重于各种 PHA 回收方法，其中包括基于非溶剂萃取的回收。此外，最终产品对所采用条件的耐受性是选择 PHA 回收过程的一个重要标准，而下游工艺的开发必须考虑 PHA 特性。如果 PHA 分子量太低，玻璃化转变温度和力学性能通常会降低，这不适合任何有价值的商业应用。因此，在回收过程中面临的挑战应该是分子量的维护，而不影响纯度及各种应用。合适的 PHA 提取方法的选择取决于几个工艺参数，如化学物质的浓度、反应时间、温度、pH 等。

9.2.3 PHA 的共混物[19]

各种各样的 PHA 共混物已经得到发展，目的是提高性能和抵消 PHAs 的高价格。PHAs 的共混将扩大其应用范围，提供更多的机会。P(3HB)/聚乳酸共混物是研究最多的一种混合物，具有好的力学性能。虽然 PLA 和 P(3HB)是从可再生资源合成的可生物降解聚合物，由于脆性和非常大的球晶，其潜在的应用受到阻碍。使用同向旋转双螺杆挤出机制备了 P(3HB-*co*-3HV)/聚乳酸共混物。在非晶态聚合物的 T_g 以上进行熔融共混。使用双螺杆挤出机的原因是确保所有的试样都具有相同的热机械历史。PCL 与 P(3HB)的融合提供了一个很好的选择，可以提高两个均聚物的特性。

纤维素衍生物也因其与 P(3HB)的良好相容性引起了人们的兴趣，乙基纤维

 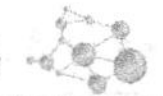

素也是一种类P(3HB)的生物材料，是美国FDA批准的一种应用广泛的凝血剂，用作药物片剂的表面涂层。P(3HB)与乙基纤维素共混物的性能也被系统研究。P(3HB)与淀粉、壳聚糖的混合物也很受关注。

研究发现每个聚合物发生的降解都是独立的，PLA的热稳定性比P(3HB-*co*-3HV)共聚物高。而且此共混物的热稳定性随着PLA含量的增加而增加。共混物的T_g在单独高分子的值之间，通过测定T_g可以推测各自的含量。当P(3HB-*co*-3HV)的含量增加时，其T_g值由60℃降低到45℃。这种行为在P(3HB)/PCL的共混物中也有，黏度分析发现在无定形态时P(3HB)与PCL不互溶。P(3HB)/丙酸纤维素(CP)二元混合物的相行为和结晶动力学研究表明，在CP含量较高时，体系的T_g与组成之间存在关联。

9.2.4 纳米复合材料[20]

可以制备得到PHBV/纤维素纳米晶须剥离型的纳米复合材料，在聚合物基质中纳米填料有均匀的分布。以细菌纤维素纳米纤维为填料，通过溶液浇铸法制备了纳米复合材料，可改善PHB的力学性能。此外，研究还发现纳米复合材料比纯PHB表现出更好的生物相容性和力学性能。含纤维素纳米晶须的聚(3HB-*co*-3HV)(PHBV)复合材料的等温结晶动力学研究发现，结晶速率受晶须的浓度和温度的影响。PHBHV/黏土纳米复合材料可以熔融挤出，用于生产。良好分散的PHB/层状硅酸盐纳米复合材料也已制备出来，如聚(3-羟基丁酸和3-羟基己酸)(PHBHHx)/层状硅酸盐和聚己内酯/膨胀石墨纳米复合材料。其他的复合材料还包括：PHA/细菌纤维素纳米复合材料、PHA/叶酸配体复合材料、聚(3HO-*co*-3HU)/倍半硅氧烷(POSS)、PHB/多壁碳纳米管/壳聚糖纳米复合材料等。

使用不同的层状硅酸盐矿物(蒙脱石、海泡石等)和精致的加工路线(铸造、熔化过程)也可以得到新的纳米复合材料。直到现在，层状硅酸盐矿物的全剥离状态尚未有报道，大部分是插层结构及其微胶囊，分别使用的是有机改性和未改性的层状硅酸盐(黏土)。尽管没有得到完全剥离的结构，但其力学性能和热性能，以及结晶和生物降解速率都得到了改善。通过多种表征技术，关于结构方面及材料特性、纳米黏土的作用(类型、内容和组织内的基质)对PHAs的性能有了更好的理解。对有机蒙脱土纳米复合材料的结构-特性关系也进行了研究，发现PHA与先前研究报道的在合成聚合物纳米复合材料中的特性有很好的一致性。但要注意到在复合体系中PHA降解的温度敏感性。

考虑到这些结果，热稳定性较差的PHAs和有机改性黏土的影响是获得竞争性材料的主要障碍。因此，科学家在其他PHA基纳米复合材料方面表现出浓厚的兴趣，如层状双金属氢氧化物(LDH)、纤维素晶须、羟基磷灰石(HA)等，后者可广泛用于生物医学和组织工程中。LDH结构与层状硅酸盐黏土相似。采用聚乙二醇磷酸酯(PMLDH)修饰剥离的 LDH，制备的 PHB/PMLDH 的结晶行为与 PHB/蒙脱土纳米复合材料有类似的性能。

对于纳米羟基磷灰石填料，如聚合物/黏土纳米复合材料，无机填料可良好地分散在 PHBV 中，提高了材料的力学性能。同时，研究还指出了增强材料的生物活性，因为生物相容性对于预期的骨组织修复至关重要。

在 PHBV 中添加 2%、4%或 6%的石墨烯导致 PHBV 复合材料的断裂弹性模量增加。随着石墨烯含量的增加，断裂弹性模量提高，是因为石墨烯的层状结构，这导致了更好的聚合物-填料的相互作用，因此可更好地实现应力转移。PHA-石墨烯复合材料，也类似于黏土纳米复合材料的合成，可以在一定水平上提高 PHA 的热稳定性。而在黏土纳米复合材料的情况下，减少热降解是由于降低了降解产物的挥发性、通透性；在石墨烯复合材料的情况下，石墨烯与亲核链切剂副产物之间的供体-受体复合物的形成，是导致其优异的热稳定性的原因。

基于 PHAs 的“绿色纳米复合材料”的出现，为新一代环保材料和扩大 PHAs 的应用范围提供了可能，可提高聚合物的性能，如韧性、熔体黏度、热稳定性等。因此，在不久的将来会出现更合适的新的大分子结构和基于纳米颗粒的复合系统，材料的某些限制将被克服，如高结晶度、脆性、热稳定性差等。

9.2.5 PHA 基多相材料[21, 22]

PHA 基多相材料的挤出通常与另一个处理步骤结合，如热成型与注塑、拉丝、吹膜、吹瓶、挤出涂布等。与熔融温度相比，PHA 具有较低的降解温度。例如，PHB 均聚物为加工条件提供了一个狭窄的窗口。PHB 的热和机械稳定性研究表明热降解发生在一步过程中，即随机断链反应。为了改善这样的缺点或创建新的 PHA 的性能，大量的多相材料已被开发，主要由 PHB 或 PHBV 与其他产品如增塑剂、填料或其他聚合物混合。许多研究者已经注意到 PHA 的性质在发生塑化时可以提升，如加入柠檬酸酯。

测试了不同的增塑剂如邻苯二甲酸二辛酯、癸二酸二辛酯和乙酰柠檬酸三丁酯(ATBC)等与 PHB 的复合材料，并对可生物降解的增塑剂对材料的热性能和力学性能的影响进行了研究，通过热机械分析发现，大豆油(SO)、环氧大豆油(ESO)、邻苯二甲酸二丁酯(DBP)和乙酰柠檬酸三丁酯进行增塑添加剂时，与 PHA 的共混聚合物不仅能够克服小的工艺窗口和 PHAs 耐冲击性低的弊端，也可以修改结晶趋势和其生物降解速率。PHA 和其他混合成分之间可能形成氢键供体-受体相互作用，有助于提高共混物的相容性和减少相分离的趋势。

应用这种 PHA 多层商品主要受 PHA 成本和可供能力的影响。因此，更多的关注是产品构成中只有一小部分这种产品，如食品或饮料纸盒和卫生巾的纸张涂料用塑料防潮薄膜。由于成核的影响，纤维素纤维的存在也增加了 PHBV 的结晶

速率，而热参数，如结晶度含量保持不变。PHB/红麻纤维复合材料的结晶行为研究表明，红麻纤维的成核作用影响纤维素纤维对结晶过程的作用。PHB 结晶动力学的差异归因于木质素含量，特别是在纤维素纤维的表面和界面。纤维素纤维的加入使拉伸强度和刚度有所改善，但仍较脆。在低含量时，纤维素纤维的掺入降低了刚度，但大量纤维素纤维的加入可大大提高 PHB 的力学性能。基于纤维长度对复合材料的纤维素纤维和 PHB 在拉伸和弯曲性能方面的影响，进行了表面改性。秸秆纤维增强的结果也已经有报道。

9.2.6 PHA 的改性[23]

化学、物理和酶的方法已被用于探索 PHA 聚合物改性，PHA 衍生化赋予独特官能化的反应基团，可增强其性能，如热稳定性、弹性、改善亲水性和降解性。虽然化学改性过程提供了很大的自由度，可用于控制和设计大量的改性 PHA，以适应特定的功能，但大多数情况下它们必须与引入有害杂质的缺点相抗衡，这就需要对下游产品进行艰难的处理。PHA 的结构可以通过化学改变产生一种在分子量和功能上可预测变化的改性聚合物。例如，PHA 活性大单体，可以接受一个反应性官能团，如酯键单体等。PHA 羧化反应改性，可在聚合物大分子单体中引入一个羧酸官能团。

羧酸和胺基基团之间的缩合反应被用于接枝改性 PHA 和亚油酸到壳聚糖链上。最近，使用点击化学反应的方法，把羧基化 PHA 与丙炔醇反应得到了新的产物。在低分子量单或二元醇化合物的存在下，通过羟基化或碱催化反应可进行 PHA 改性。羟基封端的 PHA 在嵌段共聚中起着重要作用。PHA 的甲醇化导致形成 PHA 甲酯。PHA 的卤化是一种改性聚合物的好方法，并加宽其功能和应用。卤素原子，如氯、溴和氟添加到含不饱和双键的 PHA 上，即可得到卤化产物。

另外，通过修饰还可把 PHA-Cl 转化为季铵盐类、硫代硫酸基和苯基衍生物。此外，还可通过 Friedel-Crafts 反应、亲电取代反应将改性的 PHA 与苯交联。硫烷基卤化改性的 PHA 可作为静电控制电子照相成像的调色剂，是 PHA 化学改性的另一潜在应用。另一种改性 PHA 的方法是通过接枝共聚，从而形成改性的嵌段共聚物，具有改善的性能，如提高润湿性和热机械强度。接枝反应可通过化学、辐射和等离子体放电方法诱导。化学改性方法较为剧烈，导致聚合物分子量较宽、副反应的发生和有毒杂质的存在。在某些情况下，需要轻微的表面改性处理，否则聚合物在其预期的应用中可能会失败。聚合物材料的辐照不需要在聚合物中引入污染物，射线如 γ 射线照射会导致三维网络结构拉伸强度的提高。有几项研究表明，辐照可导致不饱和酸酯的交联。PHA 侧链双键的存在提供了几种辐照聚合物改性途径的过程。离子注入是聚合物表面改性的另一种物理方法。该聚合物改性方法的优点是只对聚合物表面层进行改性，而不影响聚合物的性能。离子注入技术已成功应用于多种聚合物修饰，从而扩大了它的应用。对一个 PHB 的生物相容性材料表面上进行 O_2 和 CO_2 等离子体处理 3min(50W)，发现 O_2 等离子体处理可明显改善 PHB 的性能，其制备的静电支架的生物相容性和吸附特性均有提高。

9.2.7　PHA 作为包装材料[24, 25]

最常见的 PHA 包装树脂是聚羟基丁酸酯(PHB)和聚羟基戊酸酯及其共聚物[P(HB-*co*-HV)]。PHAs 可作为潜在的传统大宗商品塑料替代包装的可生物降解材料。PHAs 的真正生物降解包装的潜力在 20 世纪 80 年代已得到公认，随着 Biopols 的商业开发，P(3HB)热塑性树脂与不同(3HV)含量的聚合物已由英国帝国化学工业(ICI)公司开发出来，但目前还不能大规模使用，限制因素是 PHAs 作为包装材料的经济竞争力还不够。在目前的市场相比化石燃料来源的合成原料(FF 聚合物)，在生产 PHA 时，碳基质的成本约占生产总成本的 50%。要与目前用于包装的合成聚合物竞争，如聚乙烯(PE)、聚丙烯(PP)、聚苯乙烯(PS)等，如在物理和化学性质方面，PHA 均需要具有可比性。塑料包装的光学特性，在食品包装的情况下，为食品工业提供了一种方便、轻便和灵活的包装技术，减少了对玻璃和金属罐头的依赖。透明度、多种封装选项如拆封、改性和印刷使塑料包装更适合。在选择用于包装的聚合物时，热性能是一个至关重要的考虑因素。幸运地是，PHAs 提供(通过结构和化学多样性)了一个适合包装需求的热性能的较宽选择范围。熔化温度 T_m 从 60～177℃，玻璃化转变温度 T_g 从−50～4℃，热降解温度从 256～277℃。羧基封端的丁腈橡胶和聚乙烯吡咯烷酮(PVP)也被添加到 PHB 试图修改它的热性能，发现 PHB 的结晶速率、结晶度均有重大改变。相比于其他典型的包装聚合物如聚乙烯(PE)和聚苯乙烯(PS)，对氧气和水的阻隔性能被认为是 PHA 树脂天生的。包装的水蒸气阻隔性能与其阻止水蒸气越过聚合物包装边界的能力有关。几个因素，包括机械、形态和结晶度可以发挥重要作用。改善 PHA 包装阻隔性能的一个特殊策略是开发合适的纳米复合材料。特别是，蒙脱石和高岭土纳米复合材料还可以大幅度提高其机械强度和热稳定性，以及气体阻隔性能。在一个类似的策略中，还可用来提高聚合物的热性能。

9.2.8　PHA 的包装应用

包装的主要功能是包容、保护、方便、沟通和销售产品。食品包装的基本功能要便于产品包覆和便于运输、储存、销售和使用。PHB 可用于制造食品包装的注射成型过程中，与用于 PP 包装注射的设备相同。但应根据聚合物特性调整工艺条件。研究人员发现，PHB 和 PP 瓶在动态抗压性能和跌落试验中有显著差异，因为 PHB 与 PP 一样是硬材料，但弹性较小。PHB 在较高温度下性能更好。物理、尺寸、机械和感官测试表明，PHB 可替代聚丙烯容器，用于含有高脂肪含量的食

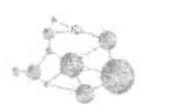

品(如蛋黄酱、人造黄油和奶油干酪)，包括在冷藏箱中储存和在微波炉中加热。PHB 材料存储适合酸奶。PHB 与各种共聚物的共混可提高潜在的包装应用灵活性，如聚(3-羟基戊酸酯)P(3HV)，可降低玻璃化转变温度和熔化温度。研究人员开发了戊酸含量 12%的 P(HB-*co*-HV)多层结构，含有高阻隔玉米醇溶蛋白的静电纺纳米纤维层。掺入戊酸酯(HV)在 PHB 中，导致形成 PHBV，提高了冲击强度、拉伸模量、拉伸强度，但杨氏模量下降，使材料更灵活、更耐用。

PLA 与 PHBV 混合对弹性模量的影响也是积极的，不同共混物的断裂伸长率、弯曲强度均可改变。然而，它们的拉伸强度没有提高。此外，聚乙酸乙烯酯(PVA)接枝聚(顺-1，4-异戊二烯)(PIP)和 PHB 混合物比 PHB/PIP 共混物具有较好的拉伸性能和冲击强度。

9.2.9 产品与应用[26, 27]

9.2.9.1 PHA 基材料的工业生产

PHA 的生产可在许多公司之间共享，如表 9.2 所示。在世界范围内，几十家公司在从事 PHA 的生产和应用。相比 PLA，PHA 的世界产量低。但是，很难有一个确切的数据，因为企业新闻公告和真实生产之间有很大的差距。大多数情况下，只给出了企业的生产能力。

表 9.2 主要的 PHA 供应商

公司	国家	商品名	PHA	生产规模
Biomatera	加拿大	Biomatera	PHBV	中试
Biomer	德国	Biomer	PHB 和共聚物	中试
Bio-On	意大利	Minerv PHA	PHB、PHBV	中试
Kaneka	日本	Kaneka	PHBHx	中试/工业化
Meredian	美国		共聚物	中试、工业化
Metabolix	美国		共聚物	中试、工业化
PHB/Copersucar	巴西	Biocycle	PHB、PHBV	中试、工业化
Poly Ferm Canada	加拿大	VersaMer PHA	PHBV 和共聚物	中试
Tianan	中国	Enmat	PHBV	工业化
Tianjin & DSM	中国	GreenBio	3HB/4HB 基共聚物	中试
Tianzhu	中国	Tianzhu	PHBHx	中试

PHAs 工业生产的历史是非常复杂和漫长的，开始于 20 世纪 50 年代。在 20 世纪 70 年代，Zeneca 公司(原 ICI 公司)生产了几吨 PHA 共聚物，商品名为 Biopols。在 20 世纪 90 年代，Zeneca 英国公司建成了 P(3HB-*co*-3HV)的中试生产装置，由

细菌发酵混合葡萄糖和丙酸得到。1996年，Zeneca公司出售其Biopols品牌给孟山都公司，后者继续进行转基因作物生产PHA的研究。孟山都公司实现了P(3HB-*co*-3HV)的商业化生产，其中HV的含量达到了20%，但在1999年底停止生产。2001年Metabolix公司购买了其Biopols品牌资产，并在2007年，Metabolix公司和Archer Daniels Midland(ADM)成立了一家合资企业，Telles，以Mirel为商品名进行PHAs的贸易生产。2012年，合资公司停止运行。与此同时，由十年前开始，Metabolix公司继续PHA的发展。Metabolix公司开发了PHA转基因作物生产技术。例如，公司在2009年宣布，它已经完成了烟草田间试验、基因工程表达的PHA生物基聚合物。该公司还宣布，在温室试验中，使用多基因表达技术可用柳枝植物生产PHA，其大量存在于叶片组织中。

不同的小公司目前在生产细菌PHA，如PHB产业(巴西)从甘蔗糖浆生产的PHB和PHBV含45%的晶体。在接下来的几年里，生物循环生产计划将增加产量到几千吨。2004年，美国P&G公司和日本Kaneka公司宣布研发一个联合研发项目，大规模生产聚羟基丁酸(PHBHx、PHBO、PHBOd)。虽然工业大规模生产计划是两小时产一千克，但项目在2006年停止。2007年Meredian公司购买了P&G公司PHA的生产技术，计划到2020年生产超过28万t。宁波天安生物材料有限公司，一个中国的公司也宣布，他们计划在未来的生产能力提高到几千吨。荷兰的DSM化学公司宣布其投资在PHA植物方面，连同中国的生物基塑料公司天津Green Bio科技有限公司将启动PHA生产，产能为10 000t/a。日本Kaneka公司计划在2020年每年生产PHA为10 000t。

9.2.9.2 PHA基材料在生物医药领域应用的实例

PHA的生产是为了取代合成不可降解的聚合物，由于PHA具有良好的生物相容性，有广泛的应用范围，如包装、农业、休闲、快餐食品、卫生，以及医学、生物医学等。生物医学应用需要某些关键的特性，如纯度、生物相容性、细胞生长和增殖，以及对无毒产品的生物降解性等。影响生物医学用PHA的一个重要因素是聚合物的纯度，通常的提取工艺和纯化的PHA还含有细菌内毒素(脂多糖/脂寡聚糖)、表面活性剂和残余蛋白，这不符合它作为一个医药级聚合物的要求。在这方面，PHA的纯化至关重要。使用氧化剂过氧化氢、次氯酸钠、过氧化苯甲酰已被提议作为一种方法来帮助去除细菌内毒素。采用超临界流体如超临界二氧化碳的处理有助于从聚合物中去除有机污染物。这些方法的组合可提供高纯度的PHAs，适用于生物医学。

除了具有良好的生物相容性，PHA在潜在生物医学应用中的另一个重要优势是宽泛构建基元的可剪裁性能、可调整的表面和力学性能、体内降解的可能性等。P(3HB-*co*-4HB)在组织植入工程中有吸引力，它可以通过脂肪酶和PHA解聚酶降

解。因此，当用作药物载体时，脂肪酶对 4HB 单元的敏感性可使聚合物在体内降解，甚至可能在 PHA 解聚酶缺失的情况下进行。其他的共聚单体，如 PHA 中的 5HV 和 6HHx 也显示脂肪酶修饰的降解行为。

不同的组织工程应用需要聚合物的特定降解速率。例如，在植入体内的应用中，粘连阻隔和伤口敷料需要几周或几个月后降解，而其他应用如心血管设备、支架和神经修复设备需要非常缓慢的降解，或持续几年。在一项研究中，作者采用紫外(UV)辐射来控制 PHBHx 薄膜的降解，对支架和植入物可控降解的同时，不显著影响薄膜的力学性能。据报道，PHBHx 辐照后的物理状态对膜的最终性能有重要影响。据观察，UV 处理可改善薄膜表面的亲水性，从而提高细胞的黏附和生长。因此，根据 PHA 的最终使用，可以使用各种方法在一定程度上对最终产品的力学性能和表面特性进行控制。研究中的一个有趣现象是聚合物的分子量及分子量分布随辐照时间延长而减小和加宽，因此，可通过控制辐照时间来控制聚合物的分子量及分布。PHAs 也具有光学活性、抗氧化性能和压电性能。如上所述，作为 *R* 构型的手性聚合物 PHA 还具有结晶性。

PHAs 的晶体结构被发现具有压电性质。PHB 和 PHBV 的单轴的层状晶体在施加压力时，它们的平均偶极矩方向会发生变化，这一特性称为压电性能。由此产生的介电常数和压电应变常数(偏振/应力)可计算出来。不同生物材料的压电性能是不同的，如木、骨、多糖、蛋白质、脱氧核糖等。但这种特性在常规塑料中却不多见。PHA 的压电性能也有助于其在生物医学中的应用，如与神经修复相关的应用。对 PHB 和 PHBV 的使用进行了研究，可引导神经通道的制备，可包绕植入物来帮助神经修复。其他的应用还包括作为骨填充增强材料、韧带和肌腱等。

9.3 绿色聚氨酯和生物纤维基产品及工艺

聚氨酯(PU)是涂层、泡沫、建筑、交通和弹性体应用中最广泛使用的聚合物，因为它们具有化学通用性和高耐久性，其生产和消费均快速发展。PU 制造中使用的关键原材料是异氰酸酯、多元醇等添加剂。北美和欧洲的汽车和建筑业的反弹，以及亚太地区的经济快速增长有望带动 PU 市场，特别是聚氨酯泡沫塑料。多元醇构成了 PU 生产的最大部分。根据一个市场报告，PU 的需求在 2012 年是 432 亿美元，并且很快可达 664 亿美元。这将推动 PU 市场，并影响多元醇市场，其 2012 年的产量为 750 万 t，2018 年将超过 1040 万 t。

自然界分解石油基 PU 需要花上百年的时间，因为它的碳和氮源不足以支撑微生物的生长。故生物基 PU 的需求不断增长，世界各地的制造商都增加了他们的承诺，使用可再生能源和生态友好的生物材料在他们的产品中。因此，生物基 PU 的发展前景良好，它与石化基类似产品的化学性质相同，但是从生物质中衍生出来的，对可持续的解决方案有帮助。生物基 PU 是由生物基多元醇衍生出来的产品。使用生物基多元醇可降低 PU 配方中石化原料的含量，增加其经济效益。根据工业估计，天然油衍生的多元醇产生温室气体的排放量可减少 36%，使用 61%的非可再生能源，并减少 23%的总能源需求。生物基 PU 与石化产品相比，具有显著改善的生物降解性。

传统上，异氰酸酯及其衍生物用于 PU 制造是由众所周知的方法，通过氮烯中间体，如图 9.17 所示。目前，还没有通过非异氰酸酯反应的 100%可持续的 PU 产品。然而，一些实验室的报道可以由脂肪酸通过光气和叠氮化物的方法合成生物基的异氰酸酯。例如，采用 Curtius 重排可由脂肪酸得到衍生的异氰酸酯，这与传统的脂肪族二异氰酸盐相似。迄今为止，生物基异氰酸酯商用的技术仍在评价中[28]。

众所周知，一些植物油，如腰果油，富含酚类化合物。然而，甘油三酯是大多数植物油或植物油脂的主要成分。脂肪族和芳香族异氰酸酯可以由相应的伯胺通过光气化相应获得，如图 9.18 所示，近年来已成功使用二氧化碳完成了光气的替代。尽管异氰酸酯是非生物可降解的，绿色 PU 产品大多是由植物和植物油衍生的绿色多元醇制成的。

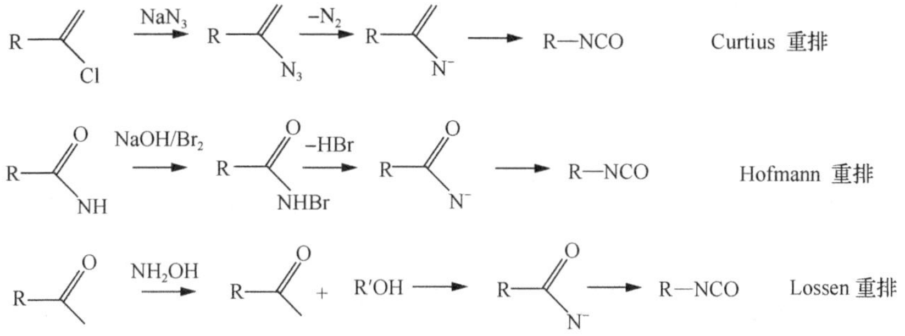

$$\mathrm{R{-}C(=O)Cl \xrightarrow{NaN_3} R{-}C(=O)N_3 \xrightarrow{-N_2} R{-}C(=O)N^- \longrightarrow R{-}NCO}\quad \text{Curtius 重排}$$

$$\mathrm{R{-}C(=O)NH \xrightarrow{NaOH/Br_2} R{-}C(=O)NHBr \xrightarrow{-HBr} R{-}C(=O)N^- \longrightarrow R{-}NCO}\quad \text{Hofmann 重排}$$

$$\mathrm{R{-}C(=O) \xrightarrow{NH_2OH} R{-}C(=O) + R'OH \longrightarrow R{-}C(=O)N^- \longrightarrow R{-}NCO}\quad \text{Lossen 重排}$$

图 9.17 实验室规模合成异氰酸酯

$$\mathrm{RNH_2 \xrightarrow{COCl_2} RNHCOCl \xrightarrow{-HCl} R{-}NCO}$$

图 9.18 光气方法合成异氰酸酯

众所周知，在 PU 众多产品中，泡沫塑料是最主要的产品，在 2011 年泡沫总需求占大于 65%的 PU 总量，主要用在建筑业、汽车和家具产业，还包括鞋类、包装等产品。建筑和汽车工业被认为是绿色 PU 产业增长的关键市场，特别是随着对环境和社会日益增加的关注。绿色 PU 泡沫塑料作为轻质耐用的核心材料，在整个建筑和汽车工业中广泛采用喷雾泡沫绝缘体。采用生物基多元醇制造 PU 的缺点是需要更多的添加剂。

为由生物基植物油合成 PU，一些研究组对生物基异氰酸酯和非生物基异氰酸酯路线进行了研究。目前，PU 泡沫塑料由 100%可再生生物降解异氰酸酯和多元醇制成的目标仍然远远没有实现。现在市场上的生物基 PU 产品还主要是由石油基异氰酸酯和可再生的多元醇制成的。由于多元醇的—OH 基团与异氰酸酯的—NCO 基反应，一些含有生物质羟基的物质，如木质素、天然纤维、树皮和它们的液体，可作为可再生的多元醇使用。这里，将主要讨论利用可再生多元醇和/(或)生物质组分进行可再生 PU 泡沫塑料的制备方法。

9.3.1 生物基多元醇制成的生物基聚氨酯泡沫塑料[29, 30]

多元醇是 PU 产品的主要组成部分。可再生多元醇来自植物和蔬菜油，也可由生物质如树皮、木质素和坚果壳的液化得到。继生物基琥珀酸商品化后，生物基聚酯多元醇可用于制作具有较高可再生成分的 PU 和同等性能的产品。

9.3.1.1 从植物或植物油中衍生出的生物基多元醇

蓖麻油在蓖麻油酸组成的天然油脂中具有独特的商业价值。众所周知，一个典型的蓖麻油含有羟基官能化的不饱和 C_{18} 甘油三酯(至少 80%，见图 9.19)。未反应羟基在 C_{12} 上，其羟值在 150～180mgKOH/g。因此，蓖麻油可以直接用作聚氨酯泡沫塑料中的反应单体。Icynene 公司的报告称，它已经生产了环保型喷雾泡沫绝缘体，当使用 30%可再生蓖麻油替代石油基多元醇时其热阻值 R 为 3.7 $(m^2\cdot K)/W$。

其他植物油，如大豆油和菜籽油是由无羟基的不饱和甘油三酯组成。因此，羟基必须通过 C═C 键的环氧化和羟基化引入到甘油三酯的碳链上，如图 9.19 所示。植物或植物油基多元醇一般具有低羟基和高分子量，这使它们更适合用于喷雾泡沫化和制备柔性泡沫，而不是刚性泡沫，可用于生产汽车零部件。利用专有的制造工艺，还可生产大豆油基多元醇，羟值为 56～370，可以生产各种物理性能的泡沫、家具和床上用品。这些生物基多元醇，有超过 86%的高可再生含量，且和传统的多元醇相容性极佳。

生物基多元醇和石油基多元醇之间的主要化学差异可用红外光谱来鉴别，如图 9.20 所示。生物基 PU 泡沫塑料使用蔬菜油基多元醇，含有典型甘油三酯的光谱指纹图谱，在 3000～2700cm^{-1} 区，而石油基 PU 泡沫塑料则显示了一个典型的聚醚多元醇指纹图谱。观察到生物基 PU 泡沫塑料与石油基 PU 泡沫塑料具有不同的类细胞结构(图 9.21)，与石油基 PU 泡沫塑料中的多孔细胞结构相比，生物基 PU 泡沫塑料的细胞由圆形窗膜覆盖。圆形窗膜是生物基 PU 泡沫塑料中甘油三酯存在导致的典型细胞结构。这种细胞形态学导致较高的闭合细胞含量(闭合细胞含量是整个泡沫细胞中封闭结构的细胞百分比，高闭合细胞含量意味着优越的 R 值）和生物基 PU 泡沫塑料的尺寸稳定性。

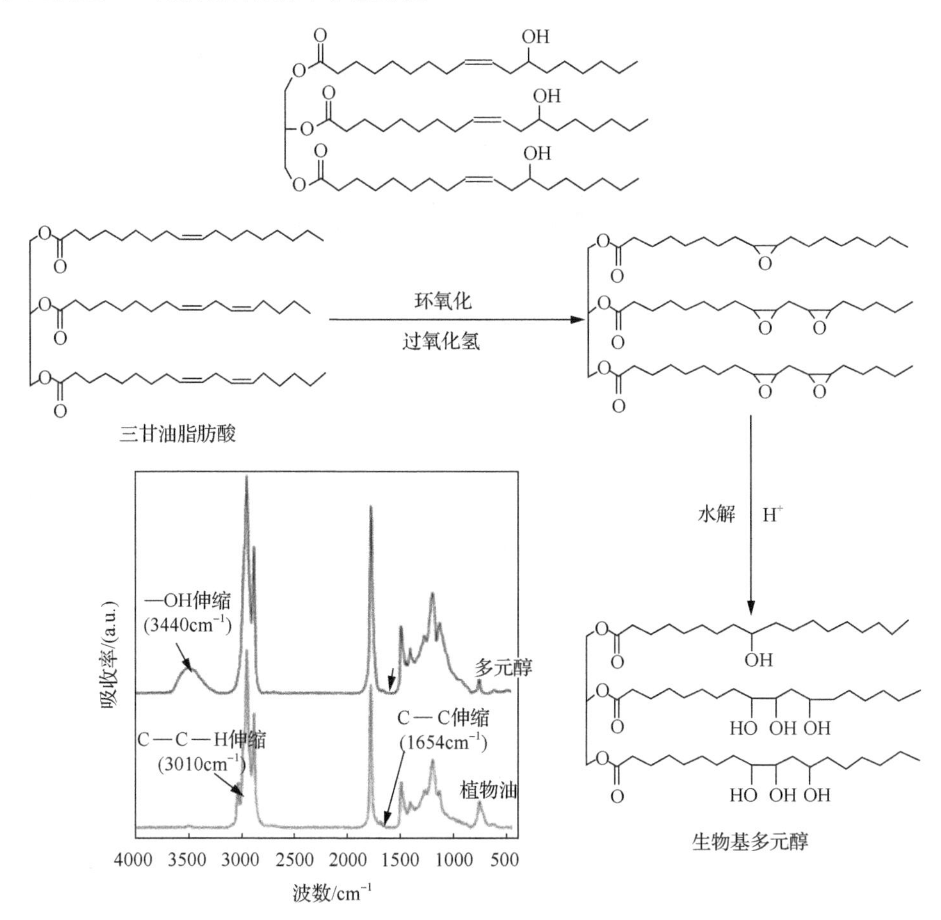

图 9.19 植物油基多元醇的制备

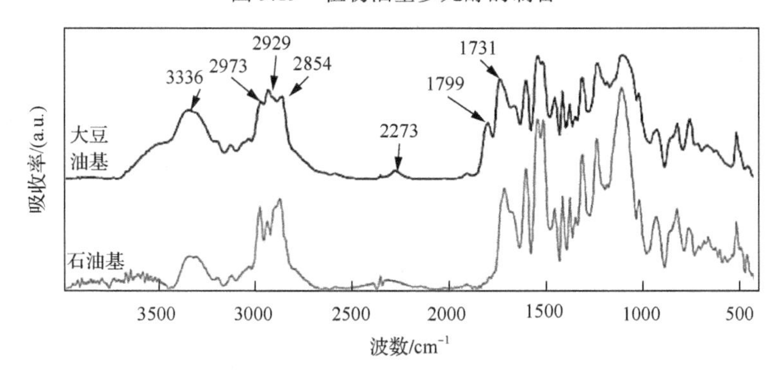

图 9.20 PU 泡沫塑料的 FT-IR 图谱

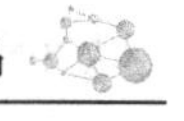

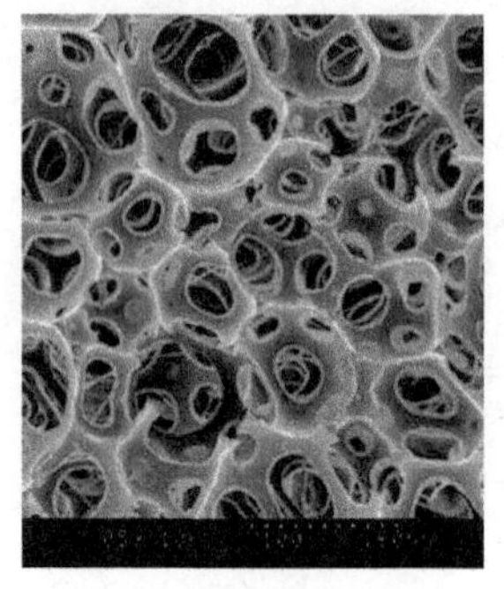
(a) 石油基

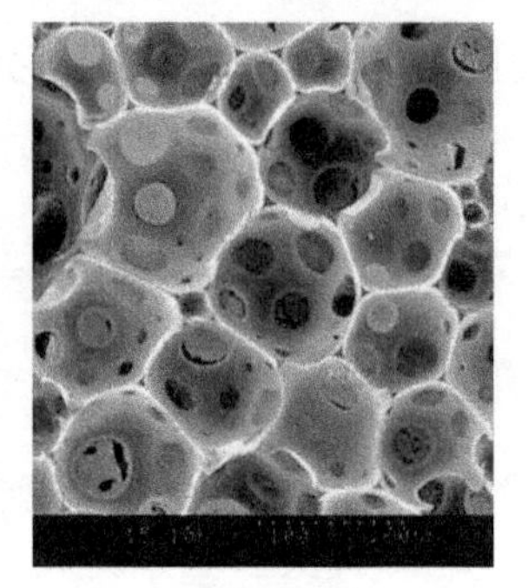
(b) 大豆油基

图 9.21　PU 泡沫塑料的细胞结构

众所周知，伯羟基与异氰酸酯反应速率比仲羟基基团更快。据报道，天然油脂多元醇适合生产刚性 PU 泡沫塑料，由于其主要羟基含量较高(～70%)。此外，它们与常规聚醚多元醇和吹塑剂的完全相容性使天然油脂多元醇适于生物基 PU 的发泡制造。研究还表明，在受控实验室条件下，与聚醚 PU 相比，聚酯 PU 更容易被细菌降解。由于其甘油三酯的高水平，由植物或植物油制成的生物基多元醇是典型的聚醚多元醇。由于其可再生含量较高，生物基 PU 通过其不稳定的化学基团在真菌的攻击下会更容易被分解。世界卫生组织的报告称，用蓖麻油制成的生物基 PU 泡沫塑料具有较高的耐热降解能力，可用于在 80℃以上的屋顶绝缘材料。然而生物基 PU 泡沫塑料在热工况下仍可降解。例如，用蓖麻油多元醇制成的 PU 材料可在 180℃时，通过碱性水解和蓖麻油甘油三酯的酯交换分解。

较高的异氰酸酯指数可产生具有较高热稳定性的聚酯泡沫。虽然植物油中的甘油三酯结构包括不饱和链，它的氧化稳定性差，环氧化和羟基化后在甘油三酯中不饱和结构对应的 3010cm^{-1} 和 1654cm^{-1} 峰消失，生物基羟基的峰出现在 3336cm^{-1} 处，如图 9.20 所示。大豆及 PU 泡沫塑料与石油基的相比，具有较高的玻璃化转变温度和低温性能。然而，由于天然分子链的热稳定性比石油骨架低，它在聚氨酯段降解中的热降解性能低。此外，生物基 PU 泡沫塑料在高温区具有更好的热稳定性，如用大豆油基多元醇生产的环戊烷吹塑的刚性 PU 泡沫塑料具有较高的热稳定性。生物基 PU 泡沫塑料热稳定性的提高，具有良好的尺寸稳定性。天然的油脂含有甘油三酯，与异氰酸酯的—NCO 基团反应可以生成稳定的三维网络。另外，从天然油基多元醇制备的生物基 PU 泡沫塑料会有小的收缩和膨胀问题。

9.3.1.2　从生物基丁二酸衍生的生物基多元醇

丁二酸是通过碳中性发酵糖生产的。一般来说，生物基丁二醇可由碳中性丁二酸制成。已有商业化报道的生物基丁二醇，它与石油基 1, 4-丁二醇的化学性质相同。生物基多元醇可通过生物基丁二甲酸与丁二醇在 170～200℃下通过酯化生产(图 9.22)。这些生物基多元醇可代替己二酸和 1, 4-丁二醇用于生物基 PU 泡沫塑料生产。琥珀酸的聚酯多元醇和己二酸多元醇具有相似的热力学性能。

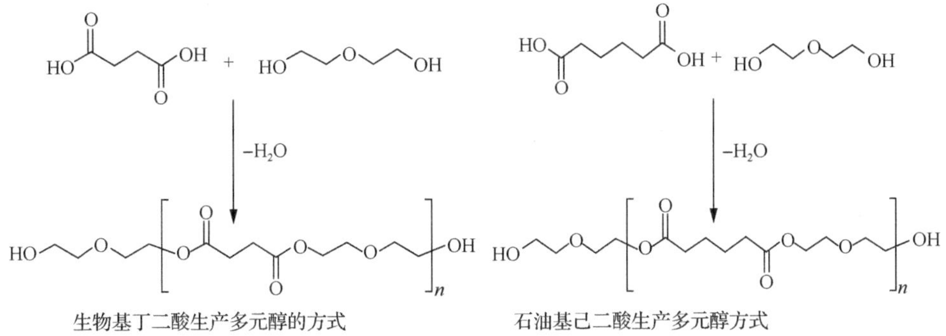

图 9.22 由生物基丁二酸和石油基己二酸制取的多元醇

9.3.1.3 生物质液化衍生的生物基多元醇

工业生物质如木质素、树皮和坚果壳均是经济材料，作为多元醇的可再生前体或生物质填料的来源，可用于 PU 泡沫塑料的生产。由于这些生物质含有高含量的芳香结构，由它们制成的多元醇具有丰富的酚醛组分。液化这些材料是一个诱人的路线，可生产多元醇并用于制备生物基 PU 泡沫塑料。废物生物质是廉价的，它是伐木业和制浆工业的副产品。生物质也富含可萃取化合物，具有高羟基功能，可轻易提取。

虽然多元醇结构因液化条件而异，但其酚醛结构具有热稳定性和耐火性能。木质素基液体可以在相当温和的条件下与异氰酸酯反应。腰果壳生物质与聚乙二醇液化有较高含量的酚醛组分。由于腰果壳液体富含酚醛结构，易于获得 Mannish 多元醇，可用于生产具有良好的物理力学性能的刚性 PU 泡沫塑料。据报道，PU 泡沫塑料中的高芳香含量导致阻燃性能低。用于 PU 泡沫塑料的树皮基多元醇是与乙二醇和聚乙烯乙二醇一起液化得到的。在温度为 130～160℃时，虽然一些棕纤维素被转换成了乙酰丙酸和甲酸酯，可提取的木质素组分只能是在它的软化点 150～160℃以上。此外，从木质素、树皮或废果壳中的提取物也会与液化溶剂进行缩合反应。

9.3.2 生物质增强的生物基 PU 泡沫塑料[31, 32]

9.3.2.1 木纤维

微黏土和木纤维粒子都在 PU 泡沫塑料中有成核效应。考虑到木纤维的羟基，木纤维有望成为PU泡沫塑料中的活性多糖。加入少量的木纤维到PU泡沫塑料中，可实现更高的分解温度、低的过渡温度和更高的玻璃化转变温度。随着水用量的

增加，生物基 PU 泡沫塑料中硬段的含量增加，表现为低的过渡温度和较高的玻璃化转变温度(图 9.23)。作为刚性多糖，木纤维在 PU 泡沫塑料中的使用，也导致更高的玻璃化转变温度，这意味着一些硬结构的产生。据了解，较小的纤维颗粒具有较低的纤维凝结度，从而导致交联密度较低。与增加木纤维的数量不同，较小的纤维粒子导致 PU 泡沫塑料具有较高的玻璃化转变温度。

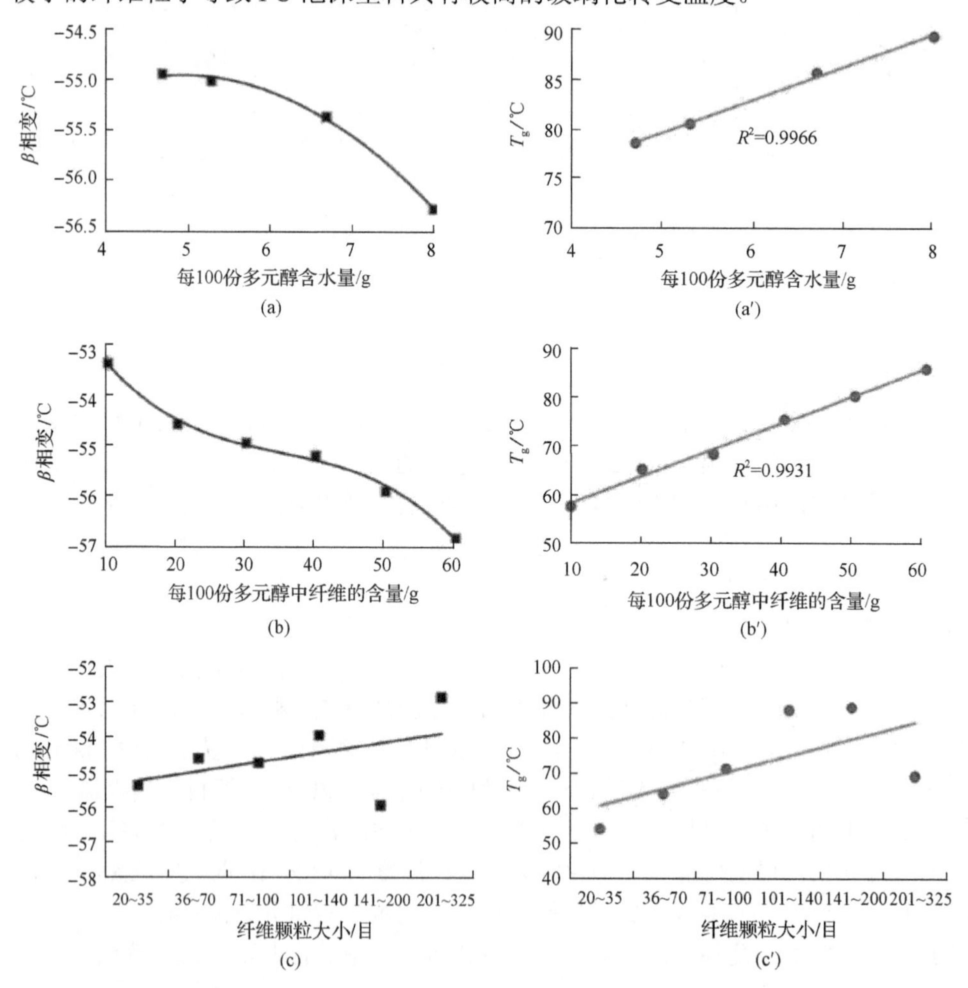

图 9.23 水和纤维对生物基 PU 泡沫塑料 DSC 性能的影响

由于木纤维具有与异氰酸酯—NCO 基团的反应能力，含木纤维的 PU 泡沫塑料与纯样品和微黏土增强的泡沫塑料相比，具有优异的压缩强度和拉伸强度(图 9.24)。另外，木纤维和微黏土可以提高泡沫塑料的拉伸和压缩强度，增加异氰酸酯指数从 110 到 250。此外，木材纤维比微黏土具有更好的加固性能和高的异氰酸酯指数。因此，木材纤维作为反应性生物质在 PU 泡沫塑料制造中优于微黏土，同样在环境和经济方面也是如此。

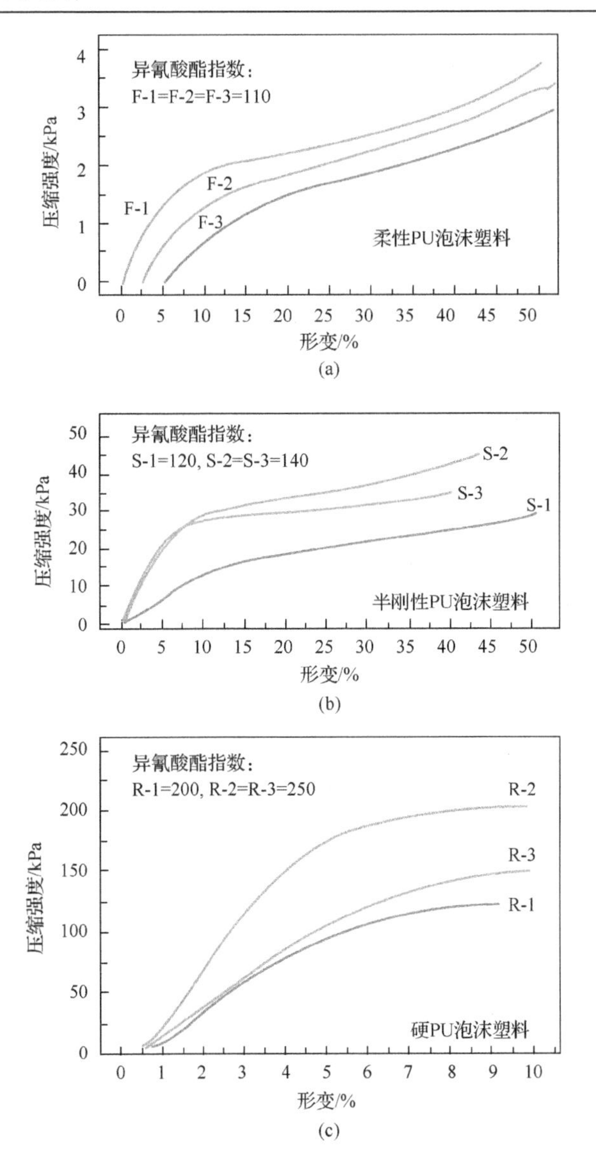

图 9.24　不同异氰酸酯指数生物基 PU 泡沫塑料的典型压缩行为

随着碳足迹的减少，生物质材料在 PU 泡沫塑料制造中吸引了人们的兴趣，通常用于合成建筑 PU 绝缘材料。木纤维增强 PU 喷雾泡沫塑料的潜力，在建筑中有应用潜力。由于在纤维表面上暴露的羟基，木纤维的存在增加了泡沫密度和细胞大小(图 9.25)，但降低了泡沫在低异氰酸酯指数时的拉伸强度。随纤维用量增加，PU 喷雾泡沫塑料的拉伸强度降低，而压缩强度增加(图 9.26)。

木纤维作为多糖，较小的纤维颗粒意味着较低的羟基，纤维尺寸减小，拉伸和压缩强度都随之下降(图 9.27)。当更多的水被用作吹泡剂时，PU 喷雾泡沫塑料

具有较高的热稳定性。木纤维颗粒的数量和大小影响 PU 泡沫塑料的热稳定性，如表 9.3 和表 9.4 所示。

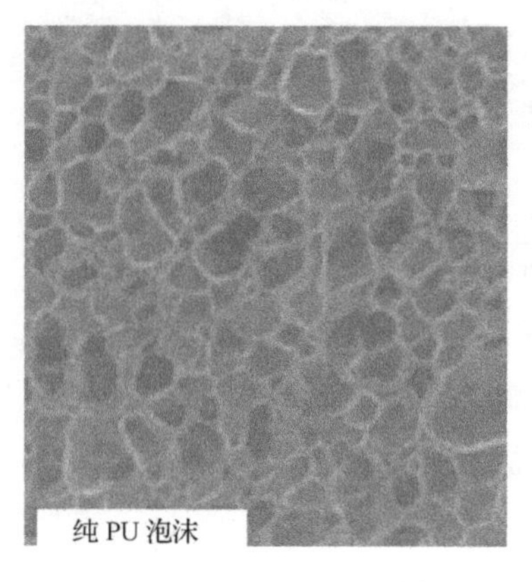

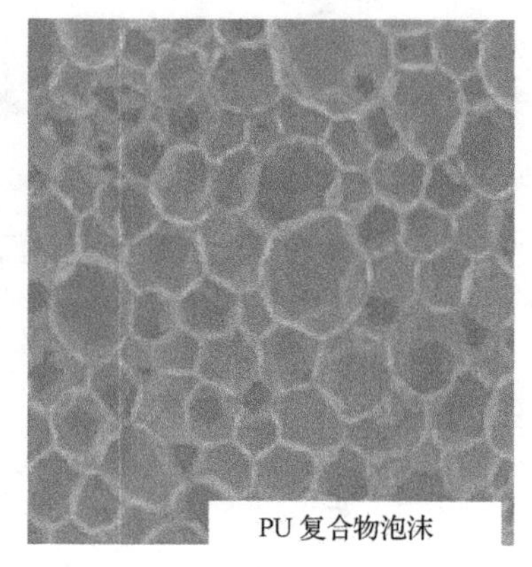

图 9.25　生物基 PU 泡沫塑料的 SEM 图

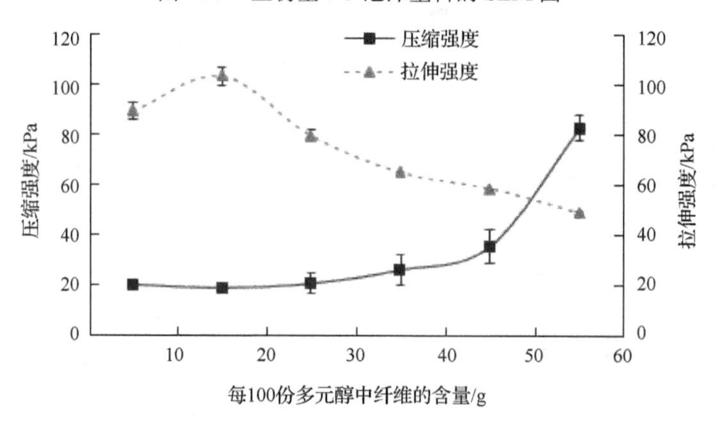

图 9.26　木纤维的含量对 PU 泡沫塑料力学性能的影响

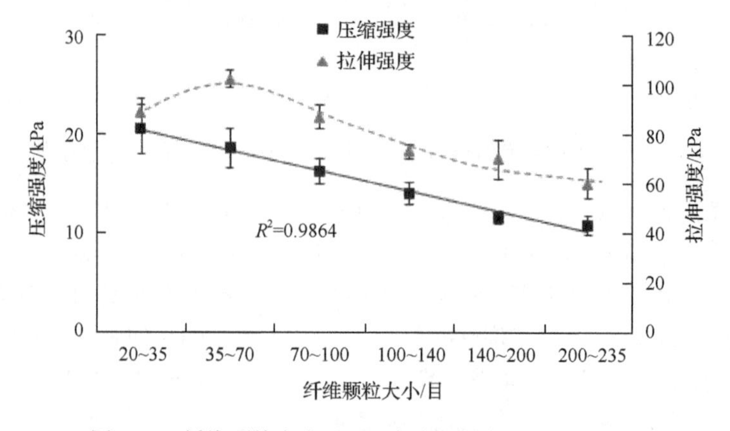

图 9.27　纤维颗粒大小对 PU 泡沫塑料力学性能的影响

表 9.3　纤维含量对 PU 泡沫塑料降解性能的影响

纤维含量/%	T_{d5}/℃	T_{d50}/℃
10	258	429
20	256	439
30	260	437
40	262	437
50	265	468
60	274	467

表 9.4　纤维颗粒大小对细胞热降解特性的影响

纤维颗粒大小/目	T_{d5}/℃	T_{d50}/℃
20～35	255	443
35～70	256	439
70～100	255	426
100～140	256	427
140～200	256	429
200～325	251	410

9.3.2.2　木质素

木质素是仅次于纤维素的第二丰富生物资源。然而木质素是从植物细胞壁中分离得到的，仍有大量的酚、羧基和羟基，可以与异氰酸酯反应形成聚氨酯键(图 9.28)。木质素作为网络的前身，与传统的蔬菜油基多元醇相比，拥有更高的功能。由于含有芳香族羟基的木质素，大多数木质素(有机溶剂木质素或硫酸盐木质素)在聚氨酯反应过程中与异氰酸酯发生化学交联。这就是木质素被用作填料而不是多元醇前体的原因。一般来说，木质素中的芳香族羟基比木纤维和多元醇中的脂肪族羟基有更高的活性。

在低 NCO/OH 比(小于 1)时，木质素对交联 PU 树脂的贡献明显，在木质素中的芳香族羟基与脂肪族多元醇中的羟基基团竞争。不同的 PU，从软到硬，可以在低 NCO/OH 比(0.5～1.2)时制备，随木质素含量增加，交联密度增加，链刚度也会受到影响。此外，由于交联密度的增加，木质素的引入提高了玻璃化转变温度。此外，无论是柔软的或强硬的 PU 材料，在低木质素含量时可以调节 NCO/OH 比获得。然而，增加木质素含量时在不同的 NCO/OH 比情况下，PU 复合材料的交联密度增大，其杨氏模量也会增加。此外，木质素含量很高时，木质素高的交联密度增加的功能综合效应，导致 PU 材料硬且脆，链的刚度也增加。在高水平的木质素(超过 30%)和低 NCO/OH 比(小于 1.5)时，随着木质素含量(高达 35%)增加，材料最终的应力也会增加。

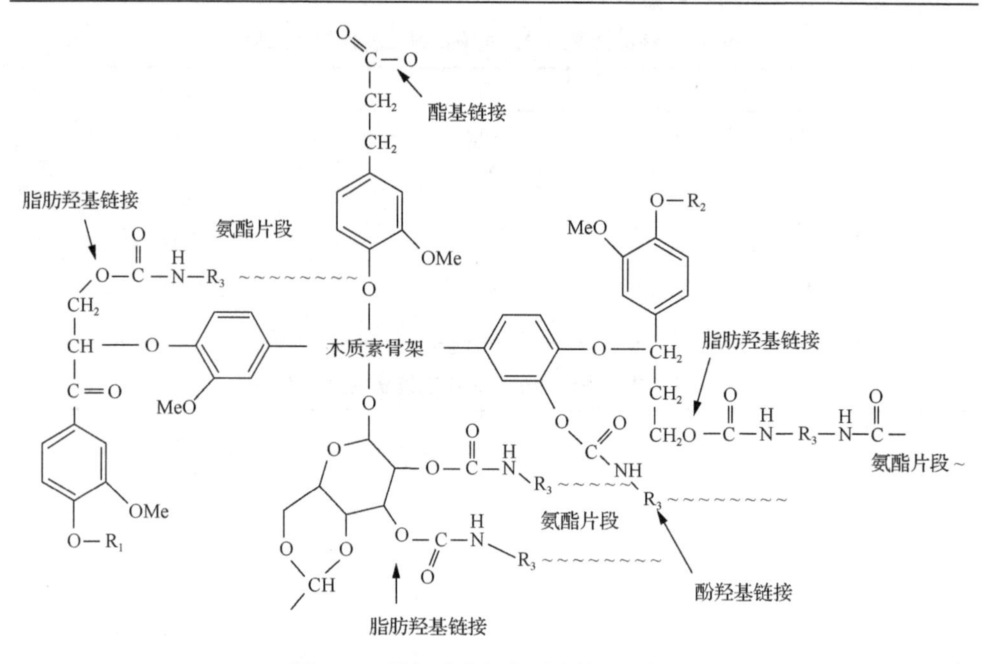

图 9.28　异氰酸酯与木质素的反应机理

不同的分离方法得到的不同木质素会对 PU 泡沫塑料造成不同的强化行为。尽管如此，在 20%～30%添加木质素时，刚性 PU 泡沫塑料具有可接受的细胞结构和压缩强度。毫无疑问，添加木质素可以增加其混合物的黏度。如上所述，NCO 与 OH 的比值影响 PU 泡沫塑料中木质素的强化行为。当有高水平的木质素含量和 NCO 的比例时，与纯泡沫相比 PU 泡沫塑料具有较低的压缩强度和泡沫密度。然而，使用低含量(约 5%)和较高的 NCO/OH 比(1.4)时，木质素的存在可以增加泡沫密度、压缩和冲击强度、刚性。

木质素生物质增强 PU 泡沫塑料具有生物降解特性。木质素作为一种多酚材料，具有固有的高可燃性。聚酯多元醇制成的 PU 泡沫塑料具有极高的抗生物降解性，而木质素制成的泡沫塑料则由真菌产生的木质素过氧化物酶使其具有较高的质量损失。PU 泡沫塑料中木质素的存在显著提高了其在无木质素 PU 泡沫塑料上的耐火性能，通过增加极限氧指数(LOI)，提高了 PU 泡沫塑料的阻燃性能、峰值放热率(PHRR)、总放热(MLR)、质量损失率(FGI)和火灾增长指数(TTI)、PHRR 时间和火灾性能指数，同时增加点火时间。在聚乙酸基材料中也发现了木质素的阻燃性，溴化木质素可作为一种高效的阻燃剂，这是由于溴化产品不受木材真菌的攻击，是通过木质素改性开发可持续阻燃剂的一种方法。

9.3.2.3　纳米纤维素

纳米纤维素是从纤维素源材料中分离得到的，如木浆、农业原材料等，使用机械脱纤、酸处理或细菌处理得到的。纳米晶纤维素(NCC)是由原纤维通过酸水解获得的，有高度晶体的刚性粒子。然而，NCC 比通过均匀化路线获得的纤维短。不同的纳米纤维素有不同的形态和纤维长度，可以通过不同来源获得，如图 9.29 和图 9.30 所示。

图 9.29 不同方法制备得到的纳米纤维素

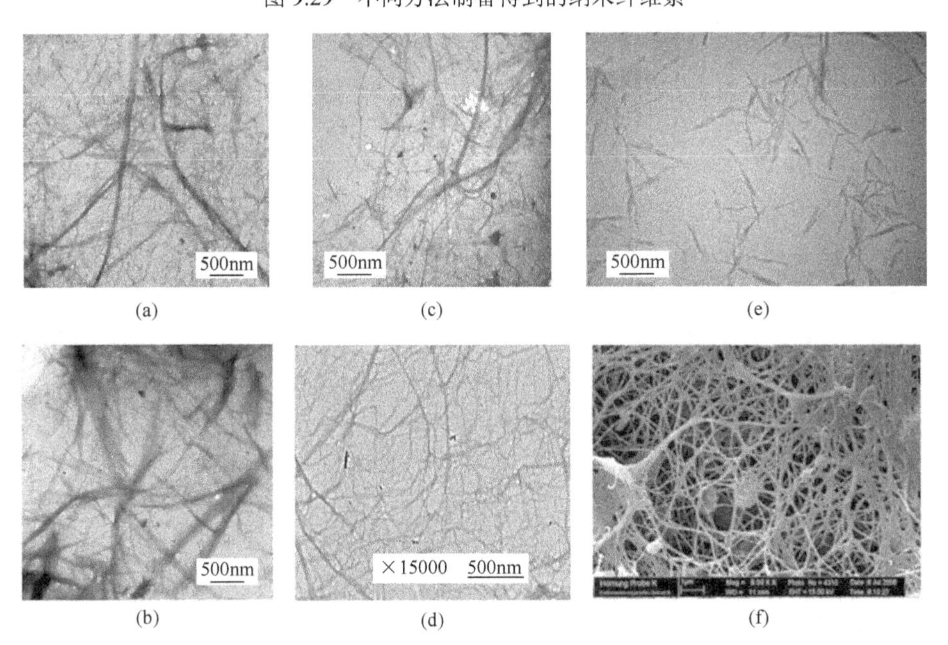

图 9.30 不同方法与来源制备得到的纳米纤维素的 TEM 图

当含有0.75%纤维素晶须时，刚性PU泡沫塑料具有优异的压缩强度、拉伸强度和压缩弹性模量，PU泡沫塑料中纤维素晶须的存在有助于细胞分散，并产生更好的细胞大小分布。像木纤维一样，纳米纤维素均被证明可与PU泡沫塑料反应。然而，有一个缺点，由于冻干的纳米纤维素需要首先在超声辅助下分散在二甲基甲酰胺(DMF)中，DMF在后续的过程中很难去除。为了将干纳米纤维素与多元醇拌匀，在发泡过程中采用不同的方法，如对纳米纤维素进行改良。尽管冷冻干燥后纳米纤维素很蓬松，但由于其高纵横比和氢键，仍难以与多元醇混合均匀。为了使它们混合好，制备了疏水性纳米纤维素，如用硅烷或疏水性聚丁丙烯酸酯(PBA)胶乳，以提高在PU树脂和泡沫中纳米纤维素和多元醇的相容性。例如，使用高速均质机混合细菌纳米纤维素与多元醇，可获得一种提高弯曲拉伸强度和弹性模量的PU复合材料，但冲击强度减小(表9.5)。

表9.5 PU复合材料力学性质改进

材料	弯曲强度/MPa	弯曲模量/MPa	冲击/(J/m)
PU	3.03(0.62)[b]	104(31)	82.8(5.7)
PUþ0.125% BC[a]	3.81(0.22)	125(80)	52.1(2.4)
PUþ0.250% BC	6.00(0.21)	135(11)	48.3(9.0)
PUþ0.375% BC	5.28(0.30)	152(21)	42.1(3.1)

注：a：BC代表细菌纤维素，b：括号内数值代表标准偏差。

目前，5%～30%纤维增强聚氨酯泡沫塑料已用于许多汽车零部件，包括前和后方保险杠。除了主要作为外部的缓冲器之外，也可以功能化作为内部组件，以提供多个内置的功能。近年来，汽车工业的主要变化之一是将碳中性材料引入到零部件制造中。耐用和柔性聚氨酯泡沫塑料在座椅系统中使用，而更强壮和更轻的增强聚氨酯刚性泡沫，连同绿色材料，被认为是可行的选项，如用作保险杠组件。例如，用木质素和纳米纤维增强硬质聚氨酯泡沫塑料制成的绿色缓冲器。NCC和纳米纤维素被认为是轻量级零件材料的未来发展方向。与现有的纤维玻璃增强的泡沫部件相比，这些聚氨酯泡沫塑料的主要功能是将部分质量降低到至少10%。纳米纤维素将利用其羟基活性和生物降解性增强聚氨酯泡沫塑料组分的发展潜力。与木纤维和木质素不同，纳米纤维素能够承载更高的载荷，并为汽车制造商提供更大的灵活性。

9.4 生物润滑剂

9.4.1 润滑剂的角色[33]

自发明车轮以来，人们已经知道了润滑移动部件的情况。那时，使用润滑剂的主要目的是减少摩擦，可以很容易地看到，使用木轴和车轮，甚至是金属车轮和轴的组合，都会产生大量的摩擦和磨损。所以，润滑就变成了机械机器的基本需要。在任何机械设备中，移动部件或金属表面接触均需润滑。一般来说，它们都是由表面上的不规则结构所支撑的，即使是在最精心制备的表面上也是如此。每一个工作表面都是粗糙的，表面上粗糙度产生了宏观的脊梁和谷折，反过来又支撑着摩擦力。接触面材料与周围系统之间的摩擦相互作用可能导致表面材料的损失。磨损是一种过程，当工程部件的表面被加载到一起时，就会受到滚动或滑动的影响。滚动或滑动运动产生的摩擦类型取决于材料的负载和几何形状。通过一个或多个“表面工程”过程或使用润滑剂，可以完善固体的表面性能。

润滑是一个过程，或者是一项技术，它可以减少一个或两个表面的磨损，通过在表面之间插入一种称为润滑剂的物质来携带或者帮助在不同的表面之间进行负载。润滑的主要目的是：①减少磨损，防止由于运动表面接触引起的热损失；②保护它不受腐蚀和减少氧化；③在变压器应用中充当绝缘体；④充当密封剂，防止灰尘和水的作用。虽然不能完全消除磨损和热量，但它们可以通过使用润滑剂减少到可以忽略的程度或可接受的程度。由于热量和磨损都与摩擦有关，因此可以通过减少接触面之间的摩擦系数来减小两者的影响。任何用来减少摩擦的材料都称为润滑剂。润滑剂是液体、固体和气态的形式，其中液体和固体或半固体在日常生活中广泛使用。

环境问题和石油短缺促使人们对生物润滑剂进行了广泛的研究。由于其生物降解性、低生态毒性和优良的摩擦学性能，植物油基润滑剂，如大豆油，在许多领域都有应用。从油脂到液压油，这些油能降低摩擦系数，提高了磨损性能和黏度指数，降低了挥发性和闪点。2012 年全球润滑剂需求量为 3870 万 t，2017 年达到 4210 万 t，年增长率不到 2%。在欧洲(年增长率 0.6%)和北美(年增长率 0.4%)，润滑剂的年增长率预计会停滞不前，而在其他地区，如亚太地区(年增长率 2.7%)、南美(年增长率 2.4%)、非洲和中东(年增长率 1.4%)则会有不错的需求。全球润滑剂市场价值 440 亿美元，从 2012～2018 年，全球润滑剂的年增长率为 5.5%，预计到 2018 年达到 652 亿美元。润滑剂的价格从 2005 年每吨 960 美元增加到了 2015 年每吨 1330 美元。

尽管许多植物油具有优异的润滑性，但由于在植物油中有高含量的多重不饱和脂肪酸(FA)，它们的氧化稳定性往往很差。这种不稳定的热和氧化稳定性限制了它们作为润滑剂的使用，特别是在一定程度的温度范围内。有报道称向日葵油等植物油是石油润滑剂和合成酯的替代品。通过对三甲基丙烷和菜籽油甲酯的酯化反应，采用选择性氢化法对多重不饱和键进行了改进，从而提高了其氧化稳定性。环氧化不饱和脂肪酸可作为金属加工液和润滑添加剂，以消除含氯化合物的腐蚀。具有分支结构的二羧酸酯在较宽的温度下可用作润滑剂和液压液。

9.4.2 生物基润滑剂[34]

利用生物质来合成各种高附加值产品的趋势已经成为研究人员优先考虑的领域。研究人员探索了各种可再生原料，如蛋白质、树叶、各种海藻、植物油、咖啡浆、造纸厂污泥、木纤维和其他农业残留物，用于合成生物塑料、生物柴油、生物润滑剂、生物吸附物、生物燃料和生物乙醇。这些基于生物的产品现已经在许多发达国家的商业水平上得到了成功的应用。

目前石油成分是构成润滑剂的主要成分。几乎所有润滑剂的主要来源都是从原油中提炼出的。广泛地使用基于石油的润滑剂，是因为它们有最长的排油时间，也就是润滑剂的使用寿命。这可以减少机器的故障时间，是因为完全更换润滑剂需要花费相当长的时间。润滑剂和功能性液体因其广泛使用而无处不在，因此在小范围、广泛传播的范围内污染环境。尽管基于石油的润滑剂具有许多有用的物理特性，但它们对环境来说也是不可再生和有毒的。在海上钻井或农业中使用的工业设备，需要机械设备与水源密切接触，使得基于石油的润滑剂对周围环境造成危险。对使用的石油基润滑剂的不当处置污染了水体，引起了感染，并对水生生态系统产生了至关重要的影响。

植物油有一流的环保性能，如固有的生物降解、具有低生态毒性和对人类的低毒性，来源于可再生资源和贡献没有挥发性有机化合物，且它们可用于各种工业应用，如乳化剂、润滑剂、增塑剂、表面活性剂、塑料、溶剂和树脂等。就像硬币的两面一样，植物油的润滑剂也有其自身的优缺点，它们具有良好的物理特性，使它们成为润滑剂，但却有很差的热氧化特性，限制它们被用作润滑剂。目前正在进行大量的研究，以提高其抗热氧化性能，使它们可以作为一种经济的替代品，与以石油为基础的润滑剂进行竞争。润滑剂的市场不可能完全转变为基于生物的，它必须是一个渐进的过程，需要政府支持、农业、工业和研究院所的合作。

9.4.3 植物油润滑剂[35, 36]

植物油具有很好的作为润滑剂的潜力。在发现石油资源之前，植物油已经被用作机械和运输工具的润滑剂很长一段时间了。石油主要是更便宜，性能也提高了，很快取代了植物油作为润滑剂。现在，随着石油成本的增加、石油储量的减少和环境的担忧成为主要因素，植物油作为润滑剂正在缓慢而稳定地回归。在过去的十年中，最初的应用是小众市场，如链锯、轨道润滑剂和其他全损润滑剂。

大量的开发和研究正在进行中，以改善植物油的物理化学特性，使它们能够与石油基润滑剂相竞争。工厂生产的润滑剂的数量已经发展到工业的各个领域（表 9.6）。与以石油为基础的润滑剂相比，植物油一般具有高闪点、高黏度指数、高润滑性、低蒸发损耗和良好的金属黏滞性。长烃链极性基团的存在使植物油具有两亲性的表面活性，使其可以用作边界润滑剂。这些分子具有很强的亲和力，并且与金属表面有很强的相互作用。长烃链从金属表面向外，形成一个单分子层，具有良好的边界润滑特性。目前开发了多种植物油的化学改性方法，目的是制备一种理想的生物降解润滑剂。植物油的化学改性提高了它的热稳定性和抗氧化稳定性，这有助于它们在广泛的操作条件下使用。

表 9.6　多种植物油的特殊应用

植物油	应用
菜籽油	液压油、拖拉机传动液、金属加工液、食品级润滑剂、渗透油、链条润滑剂
蓖麻油	齿轮润滑剂、润滑脂
椰子油	内燃机油
橄榄油	汽车润滑剂
棕榈油	轧制润滑剂、钢铁工业、油脂
菜籽油	链条润滑剂、空气压缩-农场设备、可生物降解的润滑脂
红花油	浅色涂料、柴油、树脂、珐琅
亚麻籽油	涂料、油漆、污渍
大豆油	润滑剂、生物柴油、金属铸件/工作、印刷油墨、油漆、涂料、肥皂、香波、清洁剂、杀虫剂、消毒剂、增塑剂、液压油
荷荷芭油	油脂、化妆品工业、润滑剂应用
海甘蓝油	油脂、化工中间体、表面活性剂
向日葵油	油脂、柴油替代品
萼距花属植物油	化妆品、机油
脂油	汽缸油、肥皂、化妆品、润滑剂、塑料

9.4.4　植物油的酯交换反应[37]

酯交换反应是一种通过烷基基团的交换把三甘油酯转化成另一种酯的反应。植物油的酯交换反应可用于合成各种脂肪酸烷基酯，通过植物油与不同的短链或更高的链长醇反应。这种反应可以进行酸催化或碱催化。最后一种产品，即从植物油中提取的脂肪酸烷基酯，可以用作润滑剂。化学计量的反应需要 1mol 的甘油三酯和 3mol 的醇。然而，过量醇的使用会增加烷基酯的产量，并使其与甘油形成的相分离。多种因素可影响酯交换效率，如醇油摩尔比、反应温度、催化剂类型(碱性或酸性)、催化剂浓度、反应物的纯度和游离脂肪酸含量等(表 9.7)。

表 9.7　不同的酯交换方法由植物油制造生物润滑剂

体系		油/脂肪酸对醇的比	催化剂	反应条件	产率
麻风树油	三乙醇基丙烷	4∶1	H_2SO_4(2%)	150℃，3h	98.6%
棕榈油甲酯	三乙醇基丙烷	10∶1	$NaOCH_3$	110℃，1～1.5mbar①	98.0%
棕榈油甲酯	三乙醇基丙烷	3.9∶1.0	$NaOCH_3$	120℃，20mbar，<1h	98.0%
油菜籽甲酯	三乙醇基丙烷	17.1∶5.3	$NaOCH_3$(0.5%)	110℃，8h，减压 3.3kPa	99.0%
卡兰贾树油甲酯	己醇	1∶1	$NaOCH_3$(3%)	真空、沸点	94.5%
卡兰贾树油甲酯	辛醇	1∶1	$NaOCH_3$(3%)	真空、沸点	93.1%
卡兰贾树油甲酯	戊基甘油	1.0∶0.5	$NaOCH_3$(3%)	真空、沸点	95.0%
油菜籽甲酯	乙二醇	3.5∶1.0	$NaOCH_3$(0.8%)	120℃，2.5h	—
向日葵油	正丙醇	1∶15	黏土杂多酸(K-10)	170℃，8h	72.0%
向日葵油	正辛醇	1∶15	黏土杂多酸(K-10)	170℃，8h	78.0%
硬脂酸	1-辛醇	6.25∶7.50	硫酸氧化锆	140℃，4h，300r/min	93.9%
油酸	1-辛醇	6.25∶7.50	硫酸氧化锆	140℃，4h，300r/min	98.6%
亚油酸	1-辛醇	6.25∶7.50	硫酸氧化锆	140℃，4h，300r/min	84.6%
油酸	十六烷醇	6.25∶7.50	硫酸氧化锆	140℃，4h，300r/min	81.7%

9.4.4.1　酸催化酯交换反应

与碱催化法相比，酸催化的转位法在商业应用中并没有广泛应用。酸催化反应的速率大约是碱催化反应的 4000 分之一，这是主要因素之一。在这种方法中，使用酸作为催化剂，最好是磺酸、硫酸、盐酸和磷酸，这些都可能导致反应设备的腐蚀。虽然使用酸催化剂获得的产品收率很高，但反应速率很慢，通常需要超过 100℃和 3h 才能达到完全的转化。过量的醇保证了烷基酯的形成，但会使甘油的回收变得困难，因此使用最优的醇油比是很重要的。

9.4.4.2　碱催化酯交换反应

碱催化反应机制认为，酯在碱的作用下形成阴离子的中间产物，可以与原酯分离，或形成新的酯。与酸催化反应相比，蔬菜油的碱催化反应速率更快。大多数的商业转化都是由碱性催化剂执行的，包括碱金属钠和钾的氢氧化物、碳酸盐、甲醇等醇盐、乙醇盐、丙醇盐和醚等。碱性金属醇盐为最活跃的催化剂，因为它们可在短的反应时间内完成反应。然而，它们需要无水的条件，这使得它们在典型的工业过程中是不合适的。碱金属氢氧化物(KOH 和 NaOH)比金属醇盐便宜，但活性较低。可以通过将它们的用量从 1%提高到 2%来进行高转化率的转换。

① bar，压强单位，1bar=10^5Pa。

9.4.5 环氧化

环氧化反应是对不饱和脂肪酸的一个重要反应，在过去的几年里，环氧化植物油作为润滑剂的使用越来越普遍。此外，从植物油中提取的增塑剂已被证明能提高耐热性能。环氧化的方法因不同的情况而异，这取决于不同的反应物和催化剂的性质。从烯类分子中生成环氧化合物，可用的方法是环氧酸，可以被酸催化，也可以被酶催化。原位环氧化反应通常需要两步：过氧酸的形成和不饱和双键的反应。乙烯的不饱和双键转化为环氧化物，取决于不同的因素，如不饱和度及与羧酸的比例、温度、催化剂、催化剂浓度，以及 H_2O_2 的添加时间等(表 9.8)。H_2O_2 的添加过程要缓慢，以避免高过氧化物浓度的区域，避免爆炸性混合物的形成。植物油如米糠、棉籽、花生、向日葵、油菜籽、芝麻、棕榈籽、椰子、亚麻籽、蓖麻籽等均可作为原料。

表 9.8 植物油的环氧化作用是多种生物润滑剂的研究方法

油	酸	H_2O_2 浓度	乙烯基不饱和酸：H_2O_2：油	催化剂	反应条件	产率
棉籽油	乙酸	50%	2.50：0.75：1.10	H_2SO_4，2%	60℃，8h，2400r/min	93.9%
棉籽油	甲酸	50%	2.50：0.75：1.10	H_2SO_4，2%	60℃，8h，2400r/min	94.6%
大豆油	乙酸	50%	2.00：0.75：1.30	H_2SO_4，2%	60℃，10h，1800r/min	83.3%
麻风树油	乙酸	50%	2.00：0.75：1.30	H_2SO_4，2%	60℃，10h，1800r/min	87.4%
亚麻油	乙酸	30%	1.0：0.7：1.0	Amberlite IR-120	75℃，8h，150r/min	88.0%
麻油	乙酸	30%	2.00：0.75：0.80	H_2SO_4，2%	85℃，3.5h，1500r/min	83.0%
油菜油	乙酸	30%	1.0：0.5：1.5	Amberlite IR-120	65℃	90.0%
橡子油	甲酸	30%	2：1：4	—	60℃，5h	94.0%
麻风树油	乙酸	30%	1.0：0.5：1.5	H_2SO_4，2%	70℃，6h，1500r/min	80.0%
印楝油	乙酸	30%	1.0：0.5：2.0	H_2SO_4，2%	65℃，6h，2000r/min	86.0%
烟草种子油	乙酸	30%	1.0：0.7：2.0	H_2SO_4，2%	65℃，6h，2000r/min	90.0%
棉籽油	甲酸	30%	1.00：0.15：1.00	—	60℃，5h	—
大豆油	甲酸	30%	1：2：20	—	40℃，20h	—
向日葵油	甲酸	30%	1：2：20	—	40℃，20h	—
棉籽油	乙酸	30%	1.0：0.5：2.0	H_2SO_4，2%	60℃，6h，850r/min	81.0%
大豆油	乙酸	35%	1：0：1	Novozyme 435 Lipase B. 20.8%	60℃，24h，350r/min	96.3%
油菜油	乙酸	50%	1.0：0.5：2.0	Amberlite IR-120	75℃，5.5h	93.0%
米糠油	甲酸	30%	1.0：0.5：1.5	H_2SO_4，3%	60℃，6h，1600r/min	92.0%

9.4.6 生物可降解油脂

油脂是为机床提供润滑的一种有效手段。液体润滑剂很容易流动，然而，固体润滑剂需要在润滑的时候有高效的直接接触，以有效地提供润滑。油脂是半固态的，具有液体润滑剂的优点，也可以通过保持自身结构来获得固体润滑剂的优点。在汽车的车轮轴承上，如果产生过度的热量，液体润滑剂就会变薄，并且会从轴承密封中泄漏出来。车轮轴承是一个很好的使用油脂的例子。润滑油脂是液体润滑剂基质中添加增稠剂的半固态胶状分散体。它们的一致性是由一个凝胶状的网络形成，在这个网络中，增稠剂分散在润滑基液中。

据估计，全球的油脂消耗为 12.3 万 t，其中 69 万 t 为工业应用。以石油为基础的油脂占全球需求的 90%，而合成酯占 9%，只有 1%的生物可降解基油用于制造油脂。寻找环保材料替代矿物油目前被认为是燃料和能源领域最优先的研究内容。这主要是由于世界化石燃料储量的迅速枯竭，以及由于过度使用和不当处理矿物油而引起的环境污染问题。可再生资源，如种子油和它们的衍生物，正被视为在某些润滑剂应用中潜在的替代品。植物油的无毒、易生物降解的特性对土壤、水、植物和动物的危害不大，特别是在发生意外泄漏或处置时。

各种可生物降解的工业润滑剂的发展，可能会导致世界润滑剂市场发生重大变革。关于环境法规和处理问题的法律越来越严格，这可能迫使用户转向使用可生物降解的产品。在近 15～20 年，环境友好型润滑剂市场的份额将会上升到大约 15%，在某些地区，这一比例将上升到 30%。在未来的 10～15 年，世界润滑剂市场将会有大量的替代品出现，而且对于润滑剂制造商来说，这肯定会是一个很有趣的发展领域。与石油基润滑剂相比，植物油和油脂的开发具有较强的开发潜力。

参 考 文 献

[1] Wang R, Schuman T. Towards green: a review of recent developments in bio-renewable epoxy resins from vegetable oils// Liu Z, Kraus G. Green materials from plant oils. London: The Royal Society of Chemistry, 2015: 202.

[2] Montero de Espinosa L, Meier M A R. Plant oils: the perfect renewable resource for polymer science?! Eur. Polym. J., 2011, 47(5): 837-852.

[3] Gunstone F. The chemistry of oils and fats: sources, composition, properties and uses. Boca Raton: CRC Press, 2004: 20.

[4] Chen J, Soucek M D, Simonsick W J, et al. Synthesis and photopolymerization of norbornyl epoxidized linseed oil. Polymer, 2002, 43(20): 5379-5389.

[5] Earls J D, White J E, Lopez L C, et al. Amine-cured ω-epoxy fatty acid triglycerides: fundamental structure-property relationships. Polymer, 2007, 48(3): 712-719.

[6] Pham H Q, Marks M J. //Elvers B, Ullmann's encyclopedia of industrial chemistry. Weinheim: Wiley-VCH, 2005: 30.

[7] Huang K, Zhang P, Zhang J W, et al. Preparation of biobased epoxies using tung oil fatty acid-derived C21 diacid and C22 triacid and study of epoxy properties. Green Chem., 2013, 15(9): 2466-2475.

[8] Zhu J, Chandrashekhara K, Flanigan V, et al. Curing and mechanical characterization of a soy-based epoxy resin system. J. Appl. Polym. Sci., 2004, 91(6): 3513-3518.

[9] La Scala J, Wool R P. Property analysis of triglyceride-based thermosets. Polymer, 2005, 46(1): 61-69.

[10] Carme Coll Ferrer M, Babb D, Ryan A J. Characterisation of polyurethane networks based on vegetable derived polyol. Polymer, 2008, 49(15): 3279-3287.

[11] Karger-Kocsis J, Grishchuk S, Sorochynska L, et al. You have full text access to this content curing, gelling, thermomechanical, and thermal decomposition behaviors of anhydride-cured epoxy (DGEBA)/epoxidized soybean oil compositions. Polym. Eng. Sci., 2014, 54(4): 747-755.

[12] Soucek M D, Johnson A H, Wegner J M. Ternary evaluation of UV-curable seed oil inorganic/organic hybrid coatings using experimental design. Prog. Org. Coat., 2004, 51(4): 300-311.

[13] O'Donnell A, Dweib M A, Wool R P. Natural fiber composites with plant oil-based resin. Compos. Sci. Technol., 2004, 64(9): 1135-1145.

[14] Henna P H, Kessler M R, Larock R C. Fabrication and properties of vegetable-oil-based glass fiber composites by ring-opening metathesis polymerization. Macromol. Mater. Eng., 2008, 293(12): 979-990.

[15] Lu Y, Larock R C. Fabrication, morphology and properties of soybean oil-based composites reinforced with continuous glass fibers. Macromol. Mater. Eng., 2007, 292(12): 1085-1094.

[16] Quirino R L, Ma Y, Larock R C. Oat hull composites from conjugated natural oils. Green Chem., 2012, 14(5): 1398-1404.

[17] Gumel A M, Annuar M S M. Nanocomposites of polyhydroxyalkanoates//Roy I, Visakh P M. Polyhydroxyalkanoate (PHA) based blends, composites and nanocomposites. London: The Royal Society of Chemistry, 2015: 98.

[18] Ray S, Bousmina M. Biodegradable polymers and their layered silicate nanocomposites: in greening the 21st century materials world. Prog. Mater. Sci., 2005, 50(8): 962-1079.

[19] Zhang M, Thomas N L. Blending polylactic acid with polyhydroxybutyrate: the effect on thermal, mechanical, and biodegradation properties. Adv. Polym. Technol., 2011, 30(2): 67-79.

[20] Raquez J M, Habibi Y, Murariu M, et al. Polylactide (PLA)-based nanocomposites. Prog. Polym. Sci., 2013, 38(10-11): 1504-1542.

[21] Khandal D, Poliet E, Averous L. Polyhydroxyalkanoate-based multiphase materials//Roy I, Visakh P M. Polyhydroxyalkanoate (PHA) based blends, composites and nanocomposites. London: The Royal Society of Chemistry, 2015: 119.

[22] Aoyagi Y, Yamashita K, Doi K. Thermal degradation of poly[(R)-3-hydroxybutyrate], poly[ε-caprolactone], and poly[(S)-lactide]. Polym. Degrad. Stab., 2002, 76(1): 53-59.

[23] Rhim J W, Park H M, Ha C S. Bio-nanocomposites for food packaging applications. Prog. Polym. Sci., 2013, 38(10-11): 1629-1652.

[24] Roy P K, Hakkarainen M, Varma I K, et al. Degradable polyethylene: fantasy or reality. Environ. Sci.Technol., 2011, 45(10): 4217-4227.

[25] Chen Q, Zhang L H. Study on synthesis of PHB by moderate halophile and aqueous extraction of PHB. Appl. Mech. Mater., 2014, 448(2): 160-163.

[26] Hazer D B, Kılıçay E, Hazer B. The mechanical properties of dry, electrospun fibrinogen fibers. Mater. Sci. Eng. C., 2012, 32(2): 637-647.

[27] Ueda H, Tabata Y. Polyhydroxyalkanonate derivatives in current clinical applications and trials. Adv. Drug Delivery Rev., 2003, 55(4): 501-518.

 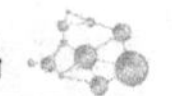

[28] Gu R, Sain M. Green polyurethanes and bio-fiber-based products and processes//Liu Z, Kraus G. Green materials from plant oils. London: The Royal Society of Chemistry, 2015: 127.

[29] Benes H, Cerna R, Durackova A, et al. Utilization of natural oils for decomposition of polyurethanes. J. Polym. Environ., 2012, 20 (1): 175-185.

[30] D'Souza J, Yan N. Producing bark-based polyols through liquefaction: effect of liquefaction temperature. ACS Sustain. Chem. Eng., 2013, 1 (2): 534-540.

[31] Urbanczyk L, Calberg C, Detrembleur C, et al. Batch foaming of SAN/clay nanocomposites with sc CO_2: a very tunable way of controlling the cellular morphology. Polymer, 2010, 51 (15): 3520-3531.

[32] Pan X, Webster D C. New biobased high functionality polyols and their use in polyurethane coatings. CHEMSUSCHEM, 2012, 5 (2): 419-429.

[33] Panchal T M. A methodological review on bio-lubricants from vegetable oil based resource. Renew. Sustain. Energy Rev., 2017, 70 (1): 65-70.

[34] Asadauskas S, Erhan S Z. Depression of pour points of vegetable oils by blending with diluents used for biodegradable lubricants. J. Am. Oil Chem. Soc., 1999, 76 (3): 313-316.

[35] Adekunle A, Orsat V, Raghavan V. Lignocellulosic bioethanol: a review and design conceptualization study of production from cassava peels. Renew. Sustain. Energy Rev., 2016, 64 (10): 518-530.

[36] Aji M M, Kyari S A, Zoaka G. Comparative studies between bio lubricants from jatropha oil, neem oil and mineral lubricant (engen super 20w/50). Appl. Res. J., 2015, 1 (4): 252-257.

[37] Dossat V, Combes D, Marty A. Lipase-catalysed transesterification of high oleic sunflower oil. Enzym. Micro. Technol., 2002, 30 (1): 90-94.

第 10 章

绿色涂层材料

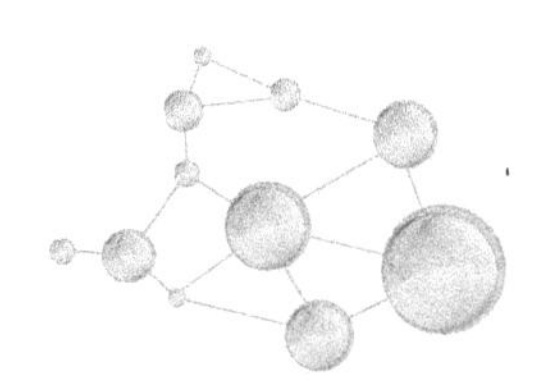

10.1　利用绿色材料作为涂料

涂料直接涂布在一个物体的表面，有两个功能：装饰(光彩、外观、色彩)和保护(防腐、防磨、抗擦划)。涂布的过程是在不同的底物表面形成一层功能材料的薄膜，底物包括金属、水泥、砖石、木、纸、纤维、皮革或塑料等[1]。

天然材料作为涂层应用在进入石油时代前已有千年的历史。最早的岩洞绘画使用了焦炭、氧化铁和(或)粉笔作为颜料，动物脂肪、血液、蛋白和蛋黄作为黏合剂。沥青和香膏作为古埃及船的保护层使用，日本漆树的树液早在公元前 400 年就被用于交通工具的涂层。在 19 世纪早期，虫漆被用作家具的油漆，历史上，树脂如柯巴脂、达马胶、山达胶和松香也被用于家具的涂层。牛奶基涂层在合成涂料发明之前是个时尚，目前也还在应用。然而，由于其保质期问题，它们通常以固体粉的形式出售，在使用之前与水混合，特别是对文物修复时。

后来，消费者与工业界对环境友好的涂料表现出巨大的兴趣，有机与聚合物科学的发展使得科学家可以突破传统天然材料的限制。使用天然化合物的涂层技术代替石化涂层工业可降低污染。2004 年，美国能源部发布了一个报告，给出了 12 种糖基的平台化学品，包括 1,4-二酸(琥珀酸、富马酸和马来酸)、2,5-呋喃二羧酸、3-羟基丙酸、天冬氨酸、葡萄糖二酸、谷氨酸、衣康酸、乙酰丙酸、甘油、山梨醇、木糖醇/阿拉伯醇和 3-羟基丁内脂，它们可以由糖经过生物发酵或者化学转化生产，可以作为原料用于合成高附加值化学品。Lux 公司的研究表明，生物基材料和相关化学技术在不断进步与扩张，对中间体化学品的需求也不断扩大，如乙二酸和乳酸，由原来的 200 万 t 增长到 2017 年的 490 万 t，相应的生物基聚合物由原来的 110 万 t 到 2017 年有 18%的增长，众多的公司开始提供含有高水平的再生原料制备的涂料。

10.1.1　再生资源在涂料中的应用[2-5]

10.1.1.1　植物油

无论是食用还是非食用，植物油的产量巨大，也在发展绿色聚合物方面备受关注。从结构上讲，植物油的典型结构是脂肪酸的甘油三酯。三种不饱和脂肪酸（油酸、亚麻酸和亚油酸）与两种饱和脂肪酸（棕榈酸和硬脂酸）以不同的比例配合构成了植物油。蓖麻油、斑鸠菊油和雷斯克懒勒油含有高含量的单一脂肪酸。植物油易于进行多样的化学修饰，如环氧化、臭氧分解、磺化、顺反异构化和羰基化反应等。植物油本身拥有羟基，可以通过简单的化学修饰路线与双异氰酸酯反应合成聚氨酯。

醇酸树脂（油修饰的聚酯）为第一个用于涂料的修饰植物油，第一步涉及甘油三酯通过酯解反应向羟基功能化的甘油单酯和甘油二酯的转化，第二步是这些醇与不同的二酸或酸酐反应以制备目标产物。醇酸树脂的特性取决于二酸，例如，邻苯二甲酸和马来酸产生硬的、易碎的树脂，己二酸和癸二酸得到的产物则是软的树脂。醇酸树脂中油酯的长度由醇酸固体中油的含量决定，油脂链长度大于60的醇酸称为长油醇酸，而油脂链长度在40～60的称为中油醇酸，油脂链长度小于40的称为短油醇酸。商业醇酸中，最常用的植物油包括亚麻油、大豆油、脱水蓖麻油、向日葵油、红花油和可可油。应用较少的如橡胶种子油、甜瓜种子油、烟草种子油、麻风树油、刺梧桐树种子油、南非莲花豆油、黄夹竹桃种子油等也被用于合成醇酸树脂涂料。另外一个合成植物油基聚酯的方法是把环氧植物油与二羧酸酐在催化剂的作用下反应，催化剂包括三级胺、咪唑或者乙酰丙酮铝等。

10.1.1.2 银菊胶

银菊通常生长在美国的西南地区和墨西哥的北部，是天然橡胶顺 1,4-异戊二烯的原料。大量的银菊胶衍生物被合成出来用于溶剂基、水基和粉末涂料，在其中作为消光剂使用。通过改进配方可以提升硬度、柔韧性和抗溶剂特性。氯化的银菊胶在聚丙烯产品中可以作为水基黏合促进剂，通常由于其低的表面能，它们是很难浸润与黏合的。环氧化银菊胶作为配方用于环氧酚溶剂基体系和聚酯-环氧粉末涂层体系中。

10.1.1.3 聚酯

作为一种普通的脂肪二酸，己二酸被广泛用于聚酯的合成，可以被丁二酸取代。丁二酸在 20 世纪 90 年代中期就已经可以由生物基原料商品化生产，使用生物基丁二酸在聚酯合成中可以使其可再生组成达 66%，并拥有比采用化石资源作为原料低的环境指数。可再生、可持续、100%生物基聚酯多羟基化合物也可以由生物基原料丙二醇和生物基丁二酸合成。同样，生物基的丁二醇也可进行类似的合成，它们均可用于涂料与黏合剂的商品中。

10.1.1.4 聚氨酯

众多的树脂制造商已开始供应植物油基聚氨酯和氨酯醇酸基涂料，可提供更好的耐受性和柔性，相对于醇酸油漆而言更具有竞争性。与其他脂肪族异氰酸酯相比，二脂肪酸基二异氰酸酯产物具有更好的柔性、抗水性和低毒性。超支化聚氨酯可由聚己内脂二醇作为巨醇、丁二醇作为链扩剂、植物油单甘油酯作为生物基链扩剂来合成。铁力木油基聚氨酯表现出最高的热稳定性，而蓖麻油基聚氨酯则表现出最低的热稳定性。然而，蓖麻油基聚氨酯与其他聚氨酯相比表现出最大的拉伸强度。由油酸合成了一种线型聚氨酯，其性能与广泛使用的石油基聚氨酯类似。由 1,3-丙二醇和 1,18-二烯十八二羧酸合成的聚酯多醇化合物制备的聚氨酯中生物基组成含量可达 34%，是典型的绿色产品。

采用蓖麻油衍生的十一碳酸与硫醇烯的偶合反应及 Curtius 重排合成了一种二异氰酸酯，其可以进一步与蓖麻油反应。由蓖麻油和 3-巯基嘌呤酸反应可以得到一种蓖麻油基的羧酸功能化的链扩剂，用于生产全生物基聚氨酯。用脂肪酸二聚体与油醇二乙醇基胺反应合成了聚酯胺基多元醇，该多元醇可以与芳香基二异氰酸酯反应制备木制品涂料，产品拥有很好的力学性能。用脂肪酸基二异氰酸酯与 1,4:3,6-二脱水-*D*-葡萄糖醇为原料合成了约含有 92%可再生化合物的水基聚氨酯分散液。然而，它得到的膜太软，不适合工业应用。具有抗菌特性的大豆油基阳离子聚氨酯涂料可以由胺基多元醇制备。

10.1.1.5 乳液

乳液聚合物通常设计的 T_g 接近室温，乳液中，在最小膜形成温度(MEET)以下，粒子融合、聚合物链缠绕、膜形成是低效的。为了高效成膜，通常要往乳液中加入融合溶剂，它们通常是 VOCs。高的 T_g 促进硬度和阻抗能力，然而这经常伴随着高的 MFFT 值。MFFT 与 T_g 的差异对所有乳液均是至关重要的，为了空气干燥方便，MFFT 通常被设置在略高于室温，大量的努力花费在如何提高膜的 T_g 而又不影响胶体膜的成型特性方面。自交联胶体有利于利用分子量的优势，对膜形成和扩大 MFFT 与 T_g 分离有帮助，植物油的自氧化交联特性在这方面很有吸引力。当把功能化的植物油衍生物如顺式异构的干油与胶体进行共混时，会出现相分离与不均匀的交联。固含量大于 40%的杂化水基醇酸-丙烯酸分散液不需要溶剂和表面活性剂，可以通过带羧基的丙烯酸预聚物和长油醇酸树脂的熔融缩合反应得到。在丙烯酸预聚物中插入酸酐部分可以确保丙烯酸与醇酸树脂的高效耦合，以阻止相分离。据报道，这种涂料可以稳定两个月。通常，由于醇酸树脂中水解敏感性酯基团的存在，长期的稳定性是个很大的挑战。

植物油基大单体(VOMMs)有一系列的植物油丙烯酸和甲基丙烯酸衍生物，它们可有效地帮助形成乳液。植物油衍生物和丙烯酸骨架的协同组合使得产品的存储稳定性、自氧化交联性能均有提升，有利于发展零 VOC 排放的工业涂料。通常，VOMMs 可由任何植物油合成，与其组成无关，VOMMs 有三个截然不同的特性，特别是作为环境友好的乳液时：①基于其分子长度和大单体尺寸的特点，它们是极好的塑化剂单体，不需要溶剂基塑化剂；②VOMMs 可以通过其烯丙基官能团与乙烯基单体稳定进行聚合；③VOMM 尾部含烯基功能团在室温下可以发生自动氧化，并在融合过程中产生高交联的网络，获得高的机械强度。VOMM 基胶体适合形成低 VOC 的涂层，更加环保。

研究最多的 VOMM 是 SoyAA-1，是基于大豆油的自由基共聚物。SoyAA-1 由大豆油与 *N*-甲基乙醇胺反应，而后再与甲基丙烯酸或者甲基丙烯酰氯反应得到的，如图 10.1 所示。合成是低能耗的，产量也很高(约为 95%)。SoyAA-1 的特征是高的植物油含量(约为 66wt%)、倾向于憎水-亲水平衡、有利于乳液形成，还具有极好的柔性(T_g 为 67.5℃)。SoyAA-1 是一个共聚物，可以用多种普通的单体来制备，如丙烯酸丁酯、甲基丙烯酸甲酯、苯乙烯和乙酰丙酮丙烯酰胺或脂肪基二酰肼。

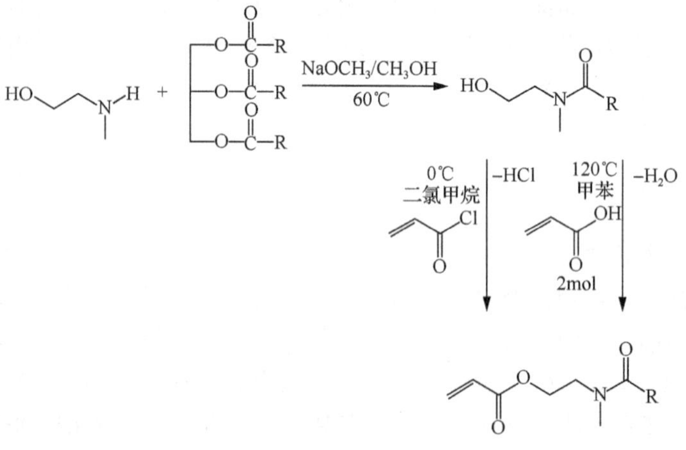

图 10.1　SoyAA-1 的合成

采用羟乙基甲基丙烯酸开环聚合 *L*-乳酸合成了聚乳酸大单体，聚乳酸的链长从 4～30 不等。而后通过大单体与乙烯基单体的共聚合成了稳定的微乳液，拥有很好的物理特性，可用于制备涂料，乙烯基单体包括甲基丙烯酸正丁酯和丙烯酸正丁酯等，可以得到不同结构的共聚物，而其均聚物则是梳型的。

羟基功能化的大豆油胺与异氰酸酯封端的预聚物反应可产生一种增稠剂，预聚物可由聚乙二醇和异佛尔酮二异氰酸酯合成得到。不同混合物的流变学数据显示，低水平的大豆胺基憎水修饰的乙氧基氨基甲酸酯可以使商品化的胶体得到足够的增稠。相比于商业化的增稠剂，大豆胺基增稠剂在光泽、黏度、抗松弛等方面性能优异。

10.1.1.6 融合溶剂

商品化生物基融合溶剂如二甲基琥珀酸具备典型的零 VOC 含量、低气味、生物可降解、无毒空气污染等特性，可以替代石油基的融合溶剂。二甲基琥珀酸还常用于合成二甲基琥珀酰醇琥珀酸，进一步加工可以制备喹吖酮颜料。甲基大豆油甲酯则具备很低的可燃性、K_b 值为 58、很高的闪点（>360°F[①]）、低的 VOC 水平（50g/L）、低毒性、无有害空气污染，是个理想的融合溶剂。乳酸甲酯可以由玉米制备，也是无害的、100%可生物降解的、非致癌和无臭氧破坏的融合溶剂，常用于特殊涂料中。*D*-柠檬油精是从柑橘外壳中得到的主要油性萃取物，可以作为优良的生物基溶剂使用，其 K_b 值为 67，这类分子也被成功用于水基涂层。

10.1.1.7 紫外交联涂层

环氧棕榈油、环氧大豆油、环氧亚麻油和一些其他的天然环氧油，在阳离子紫外固化涂层中得到应用，辐射固化丙烯酸酯可以由环氧植物油和丙烯酸反应得到。饱和脂肪酸提供了柔性，而脂肪酸链的端甲基则在紫外辐照下产生自由基，过程中双键附近的电子离域起着重要的作用。植物油衍生物的紫外固化是个巨大的市场。例如，环氧大豆油丙烯酸酯可用于提升流动和流平，脂肪酸修饰的丙烯酸聚酯对快速固化有帮助，脂肪酸修饰的环氧双丙烯酸酯对于促进颜料的浸润和流动与流平有帮助。采用丙烯酸化的环氧亚麻酸与紫外固化的方法对木制品进行涂层，其光泽度、抗拉伸性、抗溶剂特性和黏合性等均有改善。

通过接枝乙酸基噻唑酮和 4-二甲胺基苯甲酸到环氧大豆油骨架上合成了植物油基光引发剂。该植物油基光引发剂比它们的低分子量类似物具有更高的效率。利用丙烯酸化的环氧大豆油、丙烯酸化的蓖麻油和丙烯酸化的 7,10-二羟基-8-顺十八酸进行光交联可制备网络结构，2,5-呋喃二丙烯酸酯在其中做双功能硬化剂。

研究人员还研究了100%的生物基环氧蔗糖大豆酯和环氧三季戊四醇大豆酯的环氧均聚物。与其相比，石油基涂层表现出低的模量和 T_g 值。其生物基蔗糖核的硬环结构在宏观尺度上为材料提供了硬度。

10.1.1.8 粉末涂层

基于异山梨醇、1,4:3,6-双酐-*L*-艾杜糖醇和丁二酸合成的生物基三元共聚物被用于溶剂基和粉末基涂层。引入多功能基团的单体如甘油和柠檬酸可提升涂层的

---

① °F，温度单位，1°F=9/5*T*+32，其中 *T* 单位为℃。

性能，如力学性能和抗化学特性。柠檬酸修饰的树脂则表现出快的固化，并产生密集的网络及高储存模量。加速风化试验显示，异山梨醇基涂层比目前商品化的产品有更好的抗风化能力。利用丁二酸和异山梨醇，与其他的可再生单体如 2,3-丁二醇、1,3-丙二醇和柠檬酸等反应合成了共聚物和三元共聚物。这些生物基聚酯为粉末涂层提供了不同的功能和 T_g 值。支化聚酯涂层比常规的线型聚合物展现出了足够的机械强度和抗化学腐蚀能力。观察到柠檬酸修饰的线型羟端基的生物基聚酯产生了酸功能化的聚酯，具备足够优异的化学与机械功能。

最近，涂料公司和他们的供应商开始更加关注环境友好。这迫使配方设计师采用更多的生物基概念与材料，用于树脂和涂料的设计与合成，并保持其基本性能。另外，对天然材料成本的关注将会持续。相信，在不久的未来，在天然原料与涂料工业间会有越来越多的交叉。

10.1.2 生物基聚氨酯：高效环保涂料系统[6]

金属结构腐蚀是一个自发的过程，造成经济损失巨大、环境后果严重。物理层的应用，如无机、有机或转化涂层，是防止金属腐蚀最有效的方法，并可尽量减少巨大的腐蚀损失。涂层可以保护材料免受辐射、湿气、生物降解、化学或机械损伤等。有机涂料由于其制造价格低、应用方便、通用性好、体积大、美观等特点被广泛应用。在有机涂料中，聚氨酯涂料具有优异的耐磨性、韧性、耐低温、耐腐蚀、耐化学等性能，广泛应用于汽车工业中。从可再生资源中制备聚合物的兴趣日益浓厚，也就是说，由于不可再生原料的减少，生物聚合物可从植物、树木和藻类等生物体中提取出来。此外，生物基聚合物有许多好处，如它们巨大的可用性、低价格和环境无害。在地球上存在的两种主要的可再生资源是纤维素和植物油。在聚合物涂料中使用纤维素是受限制的，而植物油主要用于制备涂料配方、树脂应用和地板材料的聚合物黏合剂。在过去和现在，动植物的脂肪和油脂也可作为化学工业中精细化学品合成最重要的可再生原料。一般来说，植物油被转化为衍生品，如醇酸树脂和醇酸酯。然后用不同的二异氰酸酯对多元醇进行反应。聚氨酯是由各种植物种子(如蓖麻、棉花、油菜籽、麻疯树、棕榈、大豆等)获得的植物油合成的。其他生物可利用的资源也被用于生产聚氨酯涂料和植物油。

10.1.3 植物油基聚氨酯[7]

大量的植物油被用作各种化学物质的可再生资源，这些化学物质在生产肥皂、化妆品、表面活性剂、润滑剂、稀释剂、增塑剂、油墨、农药、复合材料、食品工业等方面都很重要。几十年来，植物油也被用于涂料配方和不同类型涂料的黏结剂，其是化学工业的良好原料，由于化学转化、物理和化学稳定性、毒性降低、生物降解性、生态友好性和灵活性的存在。植物油中的双键、烯丙基类、酯类和其他一些物质是最重要的反应性位点(图 10.2)，它们被用于获得单体或生成聚合物。聚氨酯和聚异氰酸酯是合成聚氨酯的主要原料，可以利用这些反应性位点合成。

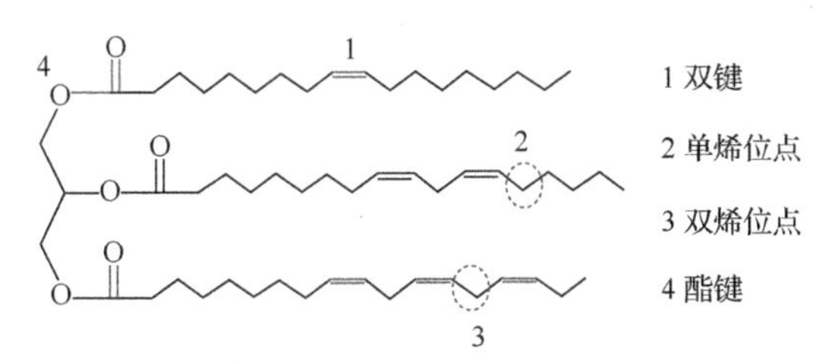

图 10.2 三酸甘油酯和反应性位点的结构特征

在水解过程中，甘油三酯会产生不同的脂肪酸(图 10.3)和甘油。脂肪酸由于长链亚甲基(—CH_2—)的存在，在生产环保聚合物和多功能性质材料方面发挥着重要作用。早期的研究表明，在聚合物材料中加入脂肪酸，可以提供诸如低熔点、柔韧性、易处理、增强降解聚合物等优异的性能。影响油基涂料性能的因素有很多，如脂肪酸组成、不饱和程度、脂肪酸链长度、脂肪酸链的位置和立体化学等。在 12～20 个碳原子之间链长的脂肪酸更常见，它们可以是饱和的(非活性的脂肪链，如硬脂酸、棕榈酸等)或不饱和脂肪酸(油酸、亚油酸、亚麻酸、蓖麻油酸等)，而不饱和脂肪酸的双键则位于位置 9、12 和 15 上。甘油三酯双键的平均数目在不同的油中是不同的。脂肪酸可以是聚酯多元醇的一部分，而羟基功能植物油则直接用于合成聚氨酯。在过去和现在，已有多种基于生物的聚氨酯涂料是由植物油和其他生物可再生资源合成的，见表 10.1。

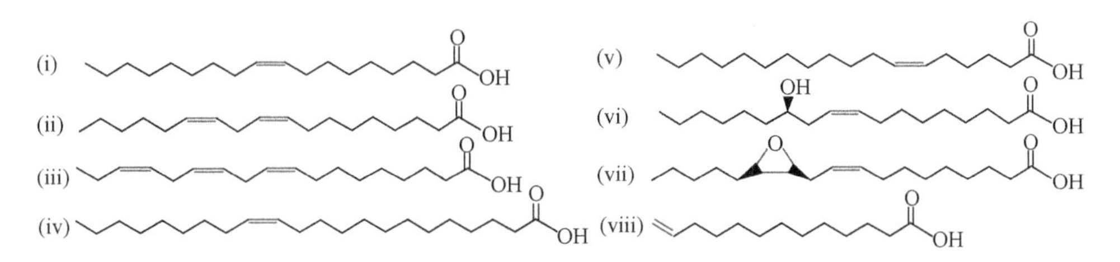

图 10.3 聚合物化学中常用的脂肪酸

(i) 油酸；(ii) 亚油酸；(iii) 亚麻酸；(iv) 芥酸；(v) 石化酸；(vi) 蓖麻酸；(vii) 维诺酸；(viii) 10-十一烯酸

表 10.1 生物基 PU 涂层的合成、标定技术和潜在应用

组成	标定技术	潜在应用
植物油基衍生多元醇	GC-MS、LC-MS、FT-IR、DMA、MDSC、GPC	高固 PU 涂料
植物油基	MALDI-TOF、^{1}H NMR、DSC、TGA	高断裂强度、杨氏模量和硬度 PU 膜
植物油基支化 PU 修饰生物相容性磺化环氧树脂/黏土纳米复合物	WAXD、SEM、TEM、FT-IR	先进涂层材料

 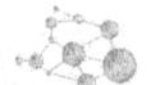

续表

组成	标定技术	潜在应用
植物油多元醇纳米复合物	TEM、FT-IR	抗菌 PU 涂层
植物油多元醇基 PU 金属杂化涂层	TGA、DSC、^{1}H NMR、^{13}C NMR	抗菌自灭菌涂层
纤维素纳米纤维增韧生物基 PU	DMA、DSC、张力测试、SEM	高性能高固涂层
生物基支化 PU	FT-IR、^{1}H NMR、UV、SEM、TGA、GPC、UTM	高性能涂层
脂肪酸基	^{1}H NMR、TGA、FT-IR、OCA	透明 PU 膜和涂层
生物基二聚脂肪酸组成 PU 涂层	FT-IR、^{1}H NMR、GPC、TGA	木抛光涂层
光交联修饰植物油基树脂	ATR-FTIR	木表面涂层
植物油基水基 PU 分散液	接触角、TGA	木黏合和涂层装饰涂层
水基 PU/明胶化学杂化	FT-IR、TGA、DMA、EIS	生物基溶胶-凝胶涂层
印度楝树油基聚酯酰胺基 PU 涂层	FT-IR、^{1}H NMR、TEM、FE-SEM、TGA	表面涂层中生态友好树脂
印楝脂肪酰胺基 PU 涂层	FT-IR、^{1}H NMR、GPC、TGA	工业涂层
向日葵油基生物可降解支化 PU	FT-IR、XRD、^{1}H NMR	多方面先端应用
烷氧基硅烷的蓖麻油基 PU/硅烷杂化涂层膜	FT-IR、SEM	高热稳定和机械特性防水涂层
蓖麻油基支化 PU	FT-IR、WAXD、SEM、^{1}H NMR	先进表面涂层材料
蓖麻油/季戊四醇三丙烯酸酯基 UV 交联水基 PU 丙烯酸酯	FT-IR、AFM、^{1}H NMR、^{13}C NMR、TGA、DSC	涂层材料
异氰酸酯封端蓖麻油混合物	干燥时间、黏合测试、柔性测试、刻蚀硬度、铅笔硬度、抗化学能力	表面涂层
蓖麻油基 2-包装水基 PU	GPC、FT-IR、TGA、DTG	木涂层
蓖麻油基多元醇和六甲氧基三聚氰胺基水基 PU	FT-IR、TGA、^{1}H NMR、GPC、DTA	热稳定涂层
大豆油基聚酯多元醇基	酸数和羟值、FT-IR、GPC	PU 涂层
季铵盐功能化大豆油基多元醇	^{1}H NMR、FT-IR、DMA、SEM、张力测试、硬度测试	生物医学装备和植入体抗菌涂层
甘油多元醇、邻苯二甲酸酐和油酸基多元醇	FT-IR、GPC、干燥时间、铅笔硬度、黏合特性、抗溶剂和腐蚀性、抗化学性	防腐高效表面涂层
油菜籽脂肪酸甲酯基水基 PU	电性测试、光洁度测量	木涂层
芥花籽油基聚醚酯多元醇	LC-MS、SEC、DMA、FT-IR、MDSC、TGA	水解稳定和抗碱涂层
亚麻籽 PU/四乙氧基硅烷/硅气凝胶杂化纳米复合材料	SEM	防腐涂层
亚麻籽油基水基紫外/空气双固化木涂层	FT-IR、ATR、GPC、DMA	木工业高性能和环境友好涂层
亚麻籽油和水黄皮茯苓种子油、环氧-	FT-IR、^{1}H NMR、^{13}C NMR、DSC、TGA	抗菌与防腐涂层

续表

组成	标定技术	潜在应用
多元醇和环氧-PU 涂层膜		
纳哈尔种子油聚氨基甲酸酯酰胺树脂	FT-IR、^{1}H NMR	高效表面涂层材料
玉米油基 PU	FT-IR、^{1}H NMR、^{13}C NMR、TGA、DSC	室温固化生态友好涂层材料
棉种子和卡兰贾油基 PU	FT-IR、^{1}H NMR、TGA、DSC	涂层黏合剂中配方
萜烯基+氨基甲酸酯基组成季铵盐	FT-IR、^{1}H NMR、^{13}C NMR	抗菌涂层
阴离子萜烯基多元醇分散液	FT-IR、^{13}C NMR、AFM、TGA	平滑透明膜
CNSL 基多元醇	环氧值、羟值、FT-IR、^{1}H、NMR、DSC、TGA	金属底物上高性能应用
腰果酚基涂层	FT-IR、DSC、EIS、GPC	钢表面抗腐蚀涂层
桉树焦油衍生物	FT-IR、TGA	金属基表面油漆或涂层
桉树基生物油	GC、FT-IR、GC/TOFMS	生态友好涂层
无异氰酸酯基丹宁酸基 PU	MALDI-TOF、TGA、GPC	木涂层
大豆蛋白和粗甘油基水基 PU 混合膜	FT-IR、TGA、DSC、SEM	憎水涂层
CNSL 基碳酸酯基无异氰酸酯基 PU	FT-IR、GPC、DSC、^{13}C NMR	NIPU 涂层

10.1.3.1 合成多元醇

报道了多种植物油基多元醇的生产路线，包括硫-烯偶合反应、臭氧分解、羟基化、光化学氧化、环氧化等，如图 10.4 所示。合成多元醇的主要反应途径是环氧类化合物的环氧化反应，然后是环氧基团与水、醇、甘油、1,2-丙二醇和酸等不同开环试剂的反应。制备聚氨酯材料的多元醇环氧开环反应如图 10.5(a)所示，得到的涂层表现出了优异的抗腐蚀性能。

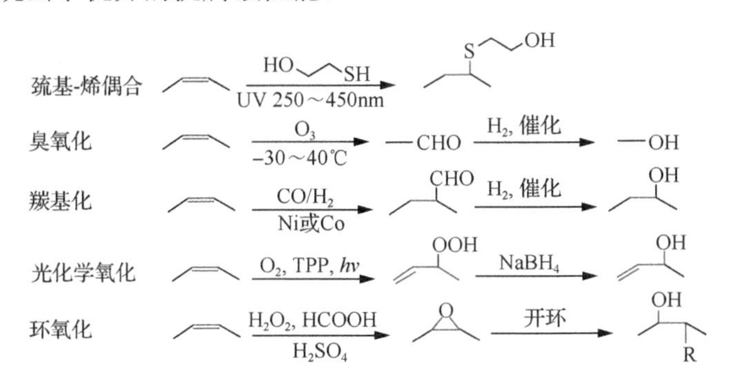

图 10.4　植物油基多元醇的合成

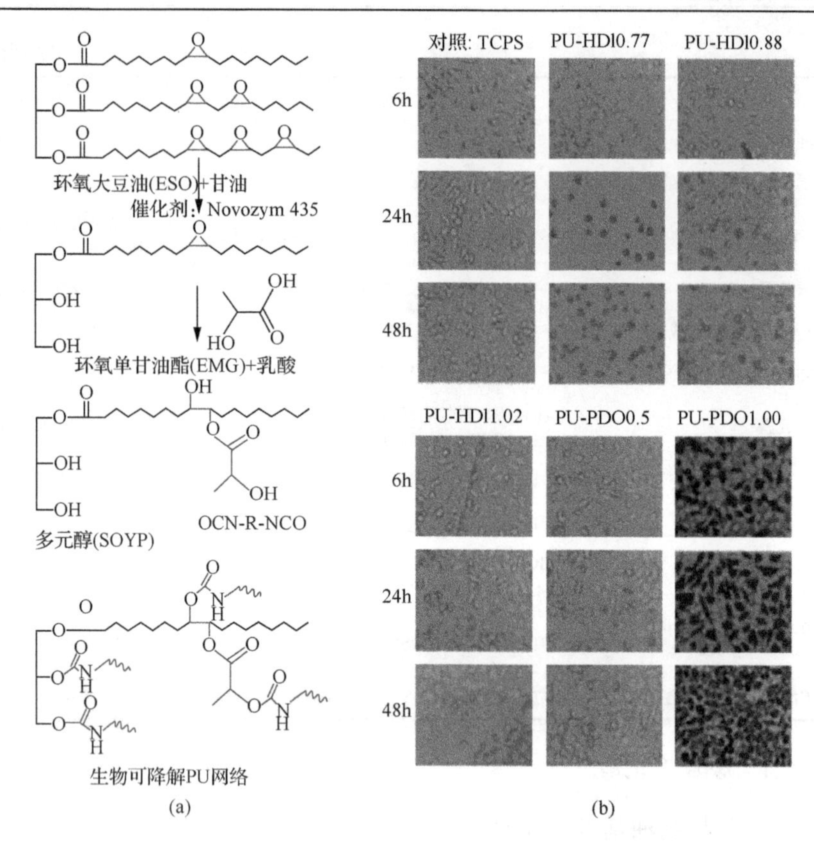

图 10.5 PU 的合成反应方案(a)，在 TCPS 板和大豆油基聚氨酯薄膜的表面 l-929 细胞黏附和生长 6h、24h 和 48h(b)

生物基涂料表现出良好的力学性能和生物相容性，使这种类型的聚氨酯适合广泛潜在的生物医学应用。在研究聚氨酯涂层、未涂布和横切涂层板的腐蚀性能时，将其浸泡在 NaCl(3.5 wt%)的水溶液中 6 天以上，结果如图 10.6 所示。聚氨酯涂料对酸、碱、溶剂具有优异的耐蚀性，具有良好的附着力。基于植物油的多元醇具有良好的涂层性能，如干燥、接触、耐刮、耐腐蚀、光泽度、铅笔硬度、柔韧性、耐冲击性、交叉切割附着力等。

10.1.3.2 合成异氰酸酯

脂肪酸也是异氰酸酯合成的良好起始原料。工业上，异氰酸酯是由高毒性光气与胺或它们各自的盐反应合成的。由于与这条路线有关的健康和安全风险，需要去寻找异氰酸酯制剂的非光性路线。以油酸为原料生产 1,7-庚甲基异氰酸酯和 1,16-二异氰酸酯十七烷-8-烯。第一步，油酸转化为二酸，第二步，二酸被转化为二异氰酸酯(图 10.7)，生物基 1,7-庚二烯二氰酸酯的物理性质类似于以石油基的

1,6-庚乙烯二异氰酸酯，但其拉伸强度甚至比石油基的产品更高。以乙醇为原料，合成了脂肪酸基二异氰酸酯(图 10.7)，并将其转化为二酰基叠氮。此外，二酰基叠氮可进行重排反应。

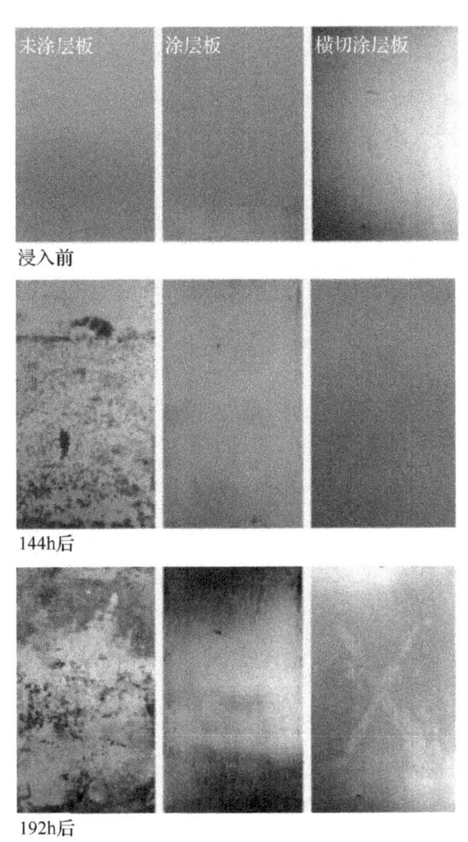

图 10.6 未涂层、涂层和横切涂层板的耐蚀性研究的嵌板的照片

$$\text{油酸}\xrightarrow[\text{催化剂}]{CH_2Cl_2,\ O_2,\ -78℃;\ Me_2S \quad CuCl,\ CH_3CN,\ t\text{-}BuOOH}HCOO{-}R{-}COOH\xrightarrow{Et_3N,\ THF \quad \text{乙基氯甲酸酯},\ NaN_3}OCN{-}R{-}NCO$$

$$H_3COOC{-}R{-}COOCH_3\xrightarrow[\text{乙醇，回流}]{NH_2NH_2}H_2NHNOC{-}R{-}CONHNH_2\xrightarrow[NaNO_2,\ 0\sim5℃]{CH_3COOH/HCl}NaOC{-}R{-}CONa$$

$$NaOC{-}R{-}CONa\xrightarrow{THF,\ \text{回流}}OCN{-}R{-}NCO$$

图 10.7 合成植物油基多元异氰酸酯

10.1.4 生物聚氨酯涂料[8-10]

10.1.4.1 腰果壳液聚氨酯涂料

作为腰果行业的一种农业副产品，腰果壳液(CNSL)也在涂料材料的黏合剂中使用了好几年。CNSL 的化学成分已被广泛地研究。CNSL 红褐色酚脂质，主要由腰果酚、腰果间二酚、2-甲基腰果间二酚和漆树酸类化合物组成(图 10.8)。CNSL 是不同寡聚体和聚合物的重要前体，它是由 CNLS 在高真空蒸馏下产生的。由它们可以制造出具有异氰酸酯的生物基聚氨酯涂料。所有的多醇基多元醇都有一个 15 个碳的链，可能影响聚合物的热和力学性能。通过改变 15 个碳的碳链上不饱和位点，合成了基于碳的多元醇。图 10.9 显示的是芳香型香醇的腰果酚基多元醇的产物结构合成路线图。由于酚和聚氨酯涂层的芳香环对金属具有良好的附着力，所以聚氨酯骨架非常坚硬。

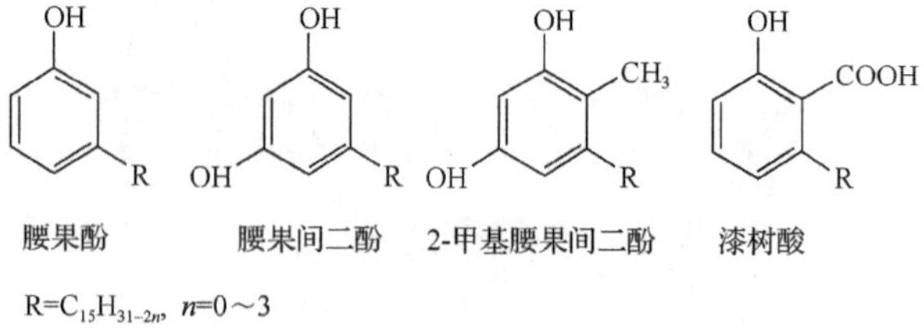

腰果酚　腰果间二酚　2-甲基腰果间二酚　漆树酸

$R=C_{15}H_{31-2n}$, n=0～3

图 10.8 CNLS 主要成分的化学结构式

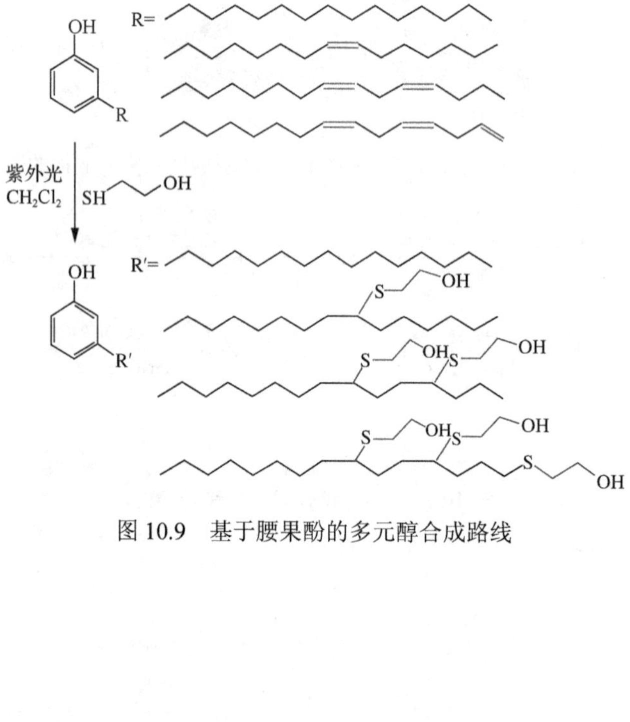

紫外光
CH_2Cl_2

图 10.9 基于腰果酚的多元醇合成路线

10.1.4.2 基于萜烯聚氨酯涂料

聚异氰酸酯与聚异氰酸酯交联的聚氨酯涂料具有良好的冲击强度、硬度、柔韧性、附着力和耐水性。

10.1.4.3 以桉树油为基础的聚氨酯涂料

桉树慢速热解（最高温度约 550℃）时，生成大量的生物油（bio-oil）。该油是一种复杂的混合物，其主要成分是苯酚，可作为制药产品，也可用于制造精细化学品。在生物油蒸馏过程中产生一种称为“生物沥青”的固体残渣。一种焦油基的清漆和一种基于生物沥青的黑色涂料是由桉树焦油衍生物生成的，它被用作羟基的来源。用桉油蒸馏和用于生产可再生多元醇的蓖麻油（图 10.10）来获得重油和生物沥青。

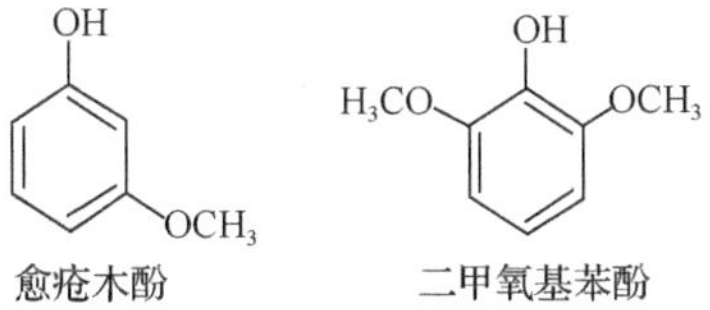

图 10.10 桉树焦油的主要成分

由于不可再生原料的减少，草、树木、藻类等可持续资源生产生物基聚氨酯涂料是一个新的研究领域。环氧化是植物油合成多元醇的主要途径，其次是开环反应。生物源性多元醇用于聚氨酯涂料的生产，具有良好的附着力、耐刮、抗坏、干接触、光泽、铅笔硬度、柔韧性、耐冲击性和交叉切割附着力。以脂肪酸为基础的生物基二异氰酸酯，是一种新的途径，在某些情况下，可以得到类似于石油的聚氨酯和更高的拉伸强度的聚氨酯。采用聚醚多元醇为基础的聚类化合物，用异氰酸酯制造自氧化的生物基聚氨酯涂料。萜烯基聚氨酯涂料具有优异的抗冲击强度、耐水性、硬度、附着力和灵活性。从桉油蒸馏获得的重油和生物沥青被用于生产可再生的多元醇。另外，由于化石燃料储量不断减少，未来如何避免原材料短缺？以生物为基础的聚氨酯涂料为未来的挑战提供了一个解决方案，因为在未来，纸张、包装、制药和纺织工业的新产品可以被不断创造出来。一些有远见的化学公司多年前就已经开始了生物基础研究，甚至将生物基础应用作为未来的战略。

10.2 油气工业中聚合物防腐剂

腐蚀在许多工业国家中均是主要的经济问题，存在于许多方面如生产、加工、交通和设备等。作为主体能源之一，石油与天然气工业也受腐蚀影响严重，其中石油和天然气的勘探与开采会损失 140 亿美元，石油精炼会造成 37 亿美元，而石化和化学品制造又会造成 17 亿美元的损失。主要的损失来源于要替换受腐蚀部件造成的不断关停。因此抗腐蚀技术虽然不能从根本上杜绝腐蚀的发生，但对油气工业而言仍是至关重要的。在油气生产和化学精炼工业中，环境与材料的腐蚀过程是密切相关的。从钻探、打井、运输、精炼到存储等过程，内外的腐蚀不可避免。这些不仅意味着金属部分的受损而导致的装备故障，而且可能带来灾难性的后果。易造成腐蚀的主要因素包括溶解氧、酸性气体如二氧化碳、二氧化硫、氯化氢和其他气体，而水则是主要的腐蚀性试剂，并与其浓度和加工条件有关。故对腐蚀机制的理解，特别是在不同阶段的理解对如何防止其发生就变得很重要[11]。

10.2.1 腐蚀的化学基础[12]

在对不同抗腐蚀技术的讨论之前，理解腐蚀的机理是很重要的。通常这个过程被认为是金属在水中的降解。从技术的角度而言，腐蚀是在材料表面局部的电化学还原氧化，特别是金属的表面。金属的溶解而导致电子的释放并传输到表面上不同的区域并还原氢离子或氧化水引起缓慢的降解，以及对主体材料致命的伤害。全部的化学反应汇总于图 10.11 中。

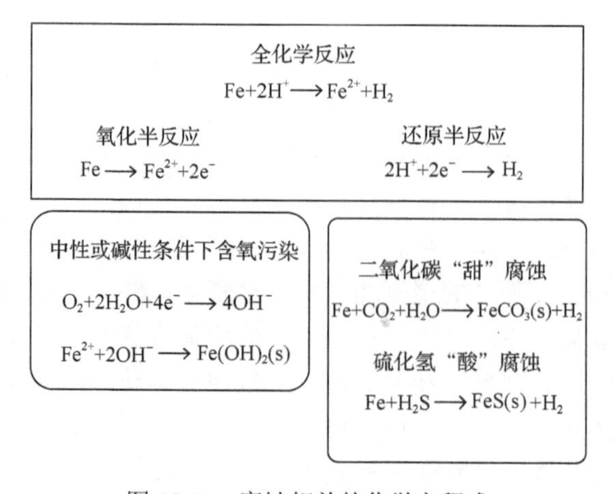

图 10.11 腐蚀相关的化学方程式

腐蚀过程可以拆分成两个主要的半电化学反应。第一个是金属氧化或阳极反应。由于暴露于腐蚀性溶液，不少的金属(如铁)倾向于溶解并向电解质中释放金属阳离子，并同步产生可沿金属传输的自由电子。另外，由于富集在阴极上产生的过量电子而引起的电势可以在阳极位点被吸收与中和，并产生氢气。除了阴极和阳极外，电解质的作用也是至关重要的，其通常是离子传输的介质。自由电子可以通过金属传播，而离子则需要电解质，以完成阴阳极间的电路循环。然而，在中性或碱性条件下，或者有氧污染的情况下，阴极上发生氧化过程而产生的电流将还原水并形成氢氧根离子。当阳极与阴极通过电解质连接时，这些离子可以通过电解质传输，与溶解的Fe^{2+}反应并形成不溶于水的氢氧化铁沉淀。

同时，油气产业特殊的富CO_2与H_2S的环境，还会使得还原反应更严重并导致更大的腐蚀。作为弱酸，H_2S更容易变成氢离子的来源，特别是当深井中高压导致的低pH环境下。H_2S腐蚀，也称为“酸蚀”，可以导致形成不同类型的FeS。

如果保持低温、无痕量氯化物盐和有氧存在情况下，H_2S腐蚀产物可以作为金属表面的保护层。然而，在高温条件下，FeS比保护层有更高的化学活性，导致电化学腐蚀。H_2S可以容易地通过污泥产品和磺化还原细菌(SRB)而更容易进入系统。H_2S腐蚀产生的FeS薄层也可以导致磺化加强的腐蚀(SSC)，阻止产生的H_2逃逸并压迫其进入金属，结果，由于压力的不完整性与非均匀性，金属甚至可以被压裂或者断裂。另外，氢的渗入还会导致起泡。

同时，干的CO_2本身在石油和工业环境中不会产生腐蚀，但是一旦溶解，其可以形成弱酸H_2CO_3，导致金属表面$FeCO_3$或菱铁矿的形成。

10.2.2 外部和内部腐蚀

可以把腐蚀分为外部腐蚀与内部腐蚀。外部腐蚀指环境对金属部分的影响，通常与使用合适的合金及外部的高温、高盐、高湿和高酸环境是关联的。最容易受影响的是碳钢，而很多合金和不锈钢则与特定的环境或接触的液体相关。使用聚合物基涂层可以黏附在钢的表面，并作为阻隔层和绝缘材料抵抗外部腐蚀。例子包括环氧、聚氨酯、聚丙烯酸酯、聚酯、醇酸树脂和其他树脂或油漆材料，可以保护金属管或其结构的外表面。另外，内部腐蚀是一种典型的涉及传输或存储液体或气体的腐蚀。它通常由于连续地暴露于流体，无论是厌氧还是嗜氧的环境。水是最常见的液体，与严重腐蚀的金属表面可以有密切接触。同时，尽管油是非腐蚀性的，许多碳氢相是含水、氧或者其他腐蚀性气体的乳液。当在地热环境中操作时，因存在不同的腐蚀性气体和酸，蒸汽变得更具腐蚀性。因此，在蒸汽流中整体的防腐蚀试剂与添加物更具有价值。

10.2.3 石油工业中的腐蚀[13]

基于石油工业复杂的需求，经常用到的蒸汽流也带来了严重的腐蚀。常暴露于雨水、浓缩液和海水中的结构也会导致严重的腐蚀。这些部分通常用锌进行覆盖保护，锌此时是作为牺牲电极工作的。另外，当相反的电流导致腐蚀时阳极保护也常被使用。此外，导致形成流体和钻泥的钻井管设备使用树脂或焙烧的涂层进行保护。钻泥分为水基或油基，也在腐蚀防护中扮演角色。油基钻泥是非腐蚀性的，但大多数时间聚合物黏度修饰剂和一些其他的添加物也被引入到体系中来

 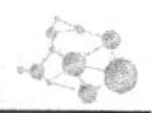

降低 pH，造成腐蚀。此外，钻泥还从混合和存储罐中引入氧和酸性气体污染。故保持 pH 就成了防腐蚀的关键。

在一些油井中，为了除去结垢覆盖层需要加入盐酸或者氢氟酸，它们也会引起严重的腐蚀。另外，在碳氢流精炼中也易造成管线与设备的腐蚀。除了氧气、二氧化碳和硫化氢污染外，下游过程由于萘酸和芳基羧酸的存在，特别是高温下，也是腐蚀性的。

伴着这些问题，除了使用阳极保护和应用高性能涂层外，油气工业中使用腐蚀阻止剂也被证明是一个最直接与经济的方法。

10.2.4 腐蚀阻止剂[14]

针对油气工业中不同宽泛的加工条件和盐及水的浓度，采用合适的抗腐蚀剂是个主要的解决方法。基于作用机理或组成，这些化学物质可以分为阻断、成膜、中和、牺牲和其他的各式各样的防腐剂。

特别是在精炼中的腐蚀，浓酸如盐酸、碳酸和大量的 SO_x 酸(包括硫酸、亚硫酸、硫代硫酸等)。通常，这些酸在过程流中以稀酸的形式存在，但在某些设备如热交换和蒸馏设备中，这些物质被浓缩，并引起严重的腐蚀。为了控制这些酸的腐蚀，中和型抑制剂可以加入到体系中以降低其中的氢离子浓度。最常用的中和剂包括氨水、氢氧化钠、吗啉，以及一些胺、烷基胺和多胺。在使用这些抑制剂时，很重要的一点是考虑其物理条件以使其达到最大的效率。中和剂最好与体系中的酸有匹配的浓度，特别是在酸形成的地方。例如，氨水是便宜的中和剂，但在浓缩相中不溶解并很快变成蒸气挥发，反而影响其效率。

为了除去腐蚀性试剂，在油气工业中还用到清除剂。溶解的氧，在锅炉中很常见，是一个最普通的目标。公司通常引入一个蒸汽分离系统，但其不能够完全除去痕量的氧。因此，合成的清除剂被使用，如肼和亚硫酸钠是众所周知的清除型抑制剂，如图 10.12 所示。

$$Na_2SO_3+\frac{1}{2}O_2 \longrightarrow Na_2SO_4$$

$$2H_2NNH_2+\frac{1}{2}O_2 \longrightarrow 2NH_3+H_2O+N_2$$

图 10.12 肼与亚硫酸钠的清除防腐机制

与中和型和清除型抑制剂相比，成膜腐蚀抑制剂也是一个有效的方法。可以阻止化学物质与底物的相互作用。这些材料可以通过强的与底物的相互作用而达到隔绝的目的，相互作用包括静电吸附、化学吸附和 π 轨道吸附等。一个典型的例子是，这些材料通常含有极性的端部，负责与金属表面的相互作用，而憎水性的基团则倾向于离开表面。憎水性部分还可以提供一个保护层隔绝水层。就应用而言，如果这些材料能够与碳氢流一起使用则是重点推荐的，因其可以与碳氢流一起接触到所有的地方。采用膜形成防腐技术解决了一个特别的问题就是环烷酸的腐蚀，通常发生在高温(约 205℃)下。虽然采用膜形成技术来防腐非常普通和高效，一些难以到达的点的防腐仍然是困难的。这时候，中和型防腐就变得必须了。

成膜或界面抑制剂依据其电化学反应可以进一步分类：阴极的、阳极的或混合型的。由于阴极反应涉及金属溶解为金属离子的过程，许多阴极抑制剂是那些可以发生溶解沉积的材料，包括氧化物、氢氧化物或接近中性条件的盐。这些沉积物可以作为钝化膜并进而发生阴极抑制，这些也称为钝化剂。在使用这些材料时，应先测定临界抑制浓度，因为低于这个值时，腐蚀可以被加速。同时，阳离子抑制剂通常通过形成钝化层减速还原反应，以防止酸性环境中氢或碱性环境中氧的腐蚀。这些阳极中毒引起氢起泡或硫压破裂。因此，一旦材料被分类为阳离子抑制剂，可采用氢渗透测试来表征其抑制的效率。最近常用的种类是混合型抑制剂，其中加入了 80%的有机抑制剂。保护层可以由物理吸附或化学吸附形成。一个典型的情况是当阴离子接触到正电荷的金属底物时涉及物理吸附，阳离子抑制剂贴服在表面。这些作用发生得很快，但很容易在升温时被打断。然而，化学吸附形成得较慢并随着温度增加而加强。

最近聚合物防腐剂也受到了很大的关注。聚合物是由单体重复单元按照一定方式连接而成的大分子结构，如线型、支化、超支化、梳状、交联等结构。这些材料不一定要非常高的分子量，10 个重复单元以下的寡聚物就足够满足。与常用的小分子防腐剂相比，聚合物具有更好的成膜能力、多功能性、柔性黏度、溶解度和更多的与金属基底结合的位点。聚合物骨架上的重复官能团可以设计为能与金属形成复合物的基团。这些复合物可以在金属表面覆盖很大的面积，能够提供更好的抵抗腐蚀性液体的能力。另外，小分子防腐剂趋向于在高温下降解，导致污染碳氢流。

10.2.5　常规聚合物腐蚀抑制剂[15-18]

10.2.5.1　多胺衍生物

长链多胺，特别是由长链脂肪酸衍生的，是标准的成膜型腐蚀抑制剂。一些研究表明，为了取得好的腐蚀防护特性含有某种链长和取代的胺是需要的。一个最早的典型的多胺是由等物质的量的聚烯胺、不饱和的二醇和羧酸合成得到的脂肪链多胺，如图 10.13 所示。有机酸由两部分组成: 羧基参与反应，亲脂部分提高其亲油性，并在金属表面形成一个二级保护层。为了实现这个目的，通常采用的是含有 5～20 个碳的单羧酸，如果碳数目少了则会限制材料的亲脂性。这些酸包括取代的丙烯酸和其他不饱和的酸，如萘丙炔酸、戊炔酸、己炔酸、辛炔酸和亚油酸等。某些聚羧酸也可以使用，但也要控制碳链的长度。基于这些原料的腐蚀抑制剂可以由聚炔胺和不饱和二醇在金属催化剂的作用下反应完成，金属催化剂包括 $Cu(C_2H_3O_2)_2$、$CuCl_2$、$CoCl_2$、$TiCl_4$ 和 $SnCl_2$。之后，有机酸加入到胺-二醇产物中，得到的成膜型腐蚀抑制剂可以在碳氢基溶剂中溶解，并直接添加到钻井液或通过管路直接泵送到油井的最底部，压力驱动的流体可以使流体接触到整个管路。另外，这种类型的腐蚀抑制剂也具备高的水分散特性。2-丁炔-1,4-二醇或2-丁烯-1,4-二醇、四乙烯戊胺或戊乙烯戊胺和油酸作为不饱和二醇、聚炔胺和有机酸可产生高分子量的防腐剂。在 5%NaCl/煤油(3∶1)腐蚀测试环境中持续鼓入 CO_2 (1.2L/min)和 H_2S (0.5L/min)气泡，这些高分子量的抑制剂在 5ppm 时可以起到 90%的防腐蚀保护性能，在 50ppm 时则可以实现 95%的防腐性能。另外，乙烯二胺取代的聚炔胺导致一个低分子量的抑制剂，在 100ppm 时可以实现 90%的防腐保护。因此，高分子量的聚合物抑制剂比低分子量的效果更好。

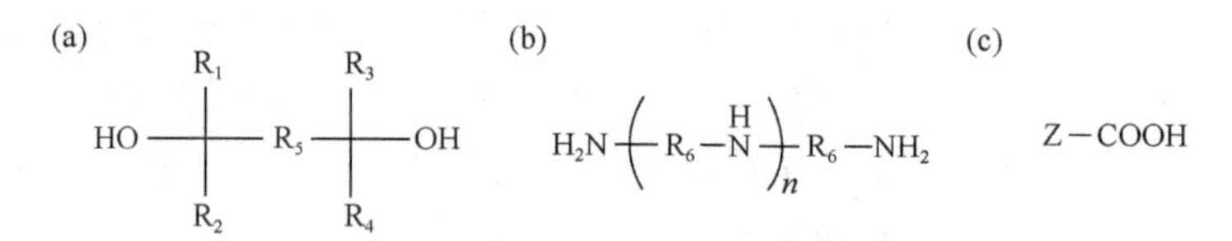

图 10.13 典型的成膜型防腐剂的组成

(a)不饱和二醇；(b)聚炔胺；(c)羧酸

不饱和二醇如 1,4-丁炔二醇与聚炔胺的混合物或反应产物可以与一个羟胺分子形成防腐剂。另外，氧污染是另外一个与含有不饱和碳氢化合物原料相关的因素，它们可以发生热聚合并在流体系统中形成污泥沉积。为了克服这些问题，采用了一个含有羟胺的混合物，其具备氧清除特性。在一个试验中，二乙基羟胺被加入到四乙烯戊胺和 1,4-丁炔二醇的反应中，并作为醇胺的再生试剂。金属的损失由原来的 12～15mm/年降低到了 4mm/年。另外，为了保持热稳定盐的含量为1.5%～2%，采用了 NaOH 处理。

图 10.14 为多种胺与多胺芳基烷卤代物合成的防腐剂。在盐酸环境中的有限防腐剂可以由苯甲酰氯和硬脂酸锌的缩聚反应合成得到，缩合试剂导致聚多胺芳基烷卤代物随后与三乙烯基使胺或四乙烯基戊胺反应。基于类似的化学合成过程与结构，针对 ST37 钢的精细防腐剂被发展出来。这些类型的防腐剂还可用于金属铜与铁的防腐，采用的是苄氯和硬脂酸锌与多胺的缩合产物。最近，这些防腐剂也被证明在 10%盐酸和 10%硫酸的水溶液环境中也有高的防腐能力。这些防腐剂可以单独使用，也可与一些添加物如脂肪胺、季铵盐、咪唑、噻唑、炔醇、磷酸等一起使用。这些结构通常在以下环境中被推荐使用：热交换介质(冷却或加热液)、液压机液体、石油（及其组分)、推进剂和燃料、金属工作液或乳液、纯化的酸、酸洗和酸钻孔、金属涂层剂和塑料等。

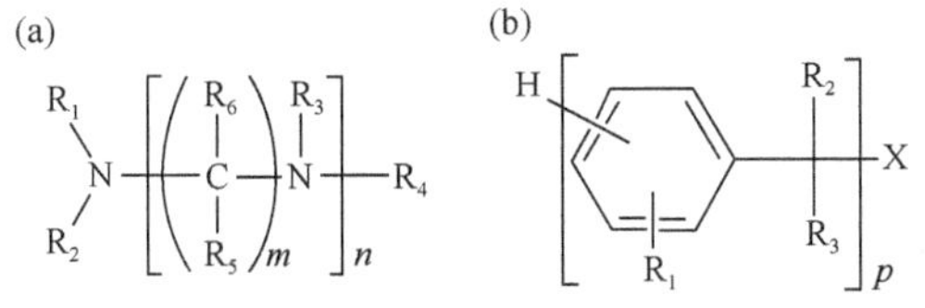

(a)　(b)

图 10.14　聚炔胺防腐剂(a)，(b)多胺芳基烷卤代物
R 可以是氢或者其他基团

一些专利也讨论了多胺防腐剂是如何通过与其他物质混合改进其特性的。例如，炔多胺与环氧氯丙烷和脂肪胺反应。得到的聚合产物没有防腐特性，其原因可能是其从其他聚合物中萃取了胺组分，使得其更易于与金属表面结合。一个特别的聚合物防腐剂是通过混合 95%的 N^1-N^3-二(1-乙基-3-甲基戊基)-二乙烯三胺和环氧氯丙烷得到的。其在甲苯与水的混合液中，在 0.0056mol/L 氯化铵的存在下可以提供 100%的防腐性能。没有聚合物时，防腐性能降低到 93%。这个产品可用于管路、热交换器、冷却器和原油柱的接收器中。另外一个例子是使用 10ppm 90%的 N^1-N^3 二(1-甲基己基)-二乙烯三胺和 10%的氢化牛脂胺及环氧氯丙烷的聚合反应产物，可用于保护燃料油管道。

不可避免地，有机多胺可以很容易地通过衍生化形成改进的缓蚀剂。一个例子是合成烷基苯磺酸盐聚合反应产物的有机多胺和环羧酸或多元羧酸的反应。一个类似的系统，但在组成上有轻微的变化，也可以产生溶解氧盐水的抑制剂。通过优选发现，有机多胺应包含多达 48 个碳原子，其与多元羧酸的比值应为 1∶3。采取这种方式的有效混合物包括用原油和二乙烯三胺或聚乙烯多胺同系物和四乙烯戊胺，特别是添加异丙醇、十二烷基苯磺酸、甲醇、破乳剂和高分子量有机酸时。这个混合物在 10ppm 时可达到 99%腐蚀抑制率。在硫化氢饱和的环境中，混合物在 40/60 油水混合液中能达到 80%的腐蚀抑制率。

多胺也可与二酮反应合成水溶性(或分散)的适用于盐水烃环境的缓蚀剂。反应产物可由烯胺和亚胺组成，含约 10ppm 时有效缓蚀剂体积约为 70%。与其他组成相比，亚胺的效果尤为明显。在连续的暴露于过程流中时，有效浓度范围为 10～250ppm。还有研究声称，聚合反应产物可以与硫化氢反应，并形成衍生物，有效地避免金属的腐蚀。应用范围包括井下管道、用于压力维护或处置地下注水，或钻井和生产应用中，也有地面管线。这种类型的抑制剂也可以应用于批量处理，还可以添加表面活性剂来改善分散和成膜性能。一般的腐蚀试验是使用不同的油水混合物，包括润滑油液及合成的 10%氯化钠和 0.5%氯化钙组成的盐水。在测试的所有试验中，2,5-己二酮和 1,8-二胺基辛烷在低于 10ppm 浓度时，在混合的硫化氢衍生物环境的组合测试中工作最好。

为了提高多胺或含胺缓蚀剂的性能，可以通过多种方法将硫醇结合到化学结构中。硫醇可与不饱和羧酸、环氧氯丙烷或丙烯腈衍生物形成硫酯键反应。由此产生的分子可以产生有效的多胺缓蚀剂。另外，乙醇酸衍生物可直接与多胺反应形成抑制剂。在图 10.15 中可以看出代表性的结构。作为一个例子，辛硫醇或月桂醇，甲基丙烯酸甲酯和二乙烯三胺的聚合反应产物在 2%氯化钠盐水饱和的二氧化碳环境中测试时，表现出 85%～90%的腐蚀抑制率。这些缓蚀剂不但能有效地在油井及气井中正常运作，也可用于其他应用，如加强油回收的水浸及污水处理的防腐蚀。此外，它们还被用于“酸洗”黑色金属，在其中最初形成的被动氧化层，在实际使用金属之前去除。这些配方也被声称在地球形成时极端条件下形成的酸性环境中也是有效的。

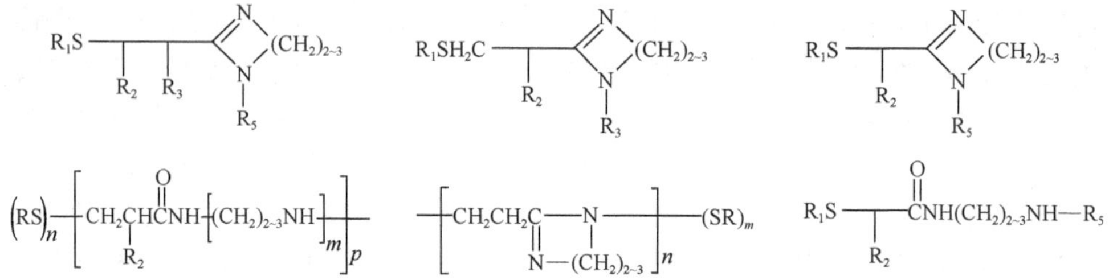

图 10.15　多胺和硫醇官能化羧酸反应产生的聚合物缓蚀剂

含有伯和仲胺的多胺也可以与烷基或环烷基酚和醛通过“曼尼希”型缩合反应形成一种类型的缓蚀剂，如图 10.16 所示，至少含有 2 个或更多伯或仲胺。这些分子可以进一步与环烷烃氧化物如乙烯或丙烯氧化物反应。另一种可能性是生产有机酸酯的环烷烃氧化物加合物的多胺缩合产物。有效缓蚀剂的用量是基于生产流总量确定的 10～200ppm。应用时，缓蚀剂通过“挤压”处理或在钻井液中加入。

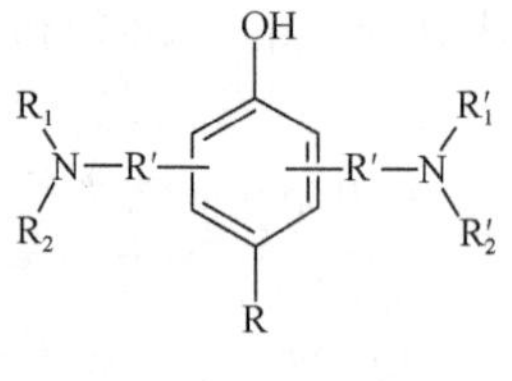

图 10.16　伯胺和仲胺通过“曼尼希”型缩合反应产生的多胺缓蚀剂

另一个有趣的变化是多胺和与含芳香杂环醛或酮材料的组合，有一个或多个环，至少一个氮原子和一个取代基团，可作为井下井流体的防腐蚀。图 10.17 中显示了可用于此目的功能杂环的示例。这些杂环已被成功地附着在多胺上，如组成为 1-十胺、1-十二胺、1-十四胺、1-十六胺、1-十八胺和十八-1-胺的多胺混合物。多胺可以部分烷氧化，甚至交联以提高热稳定性和成膜能力。这类抑制剂的浓度需要在 2000～50 000ppm，而分子可以承受的温度高达 260℃。试验发现这些材料的腐蚀抑制率至少达到 95%。

为了开发高效的缓蚀剂，在淡水或海水中和各种类型的盐水中具有较高的生物降解性，季铵盐寡聚/聚合物缓蚀剂，包含至少有两个烷氧基胺单位和两个或更多的酸酐单位，作为烷氧化脂肪酸胺和二羧酸衍生物的产物，最近被开发为金属表面的缓蚀剂，特别涉及油气工艺。烷氧化脂肪酸胺可采用如图 10.18 所示的一般形式。R 是一个有机链，最好拥有 8～24 个碳原子。AO 可以是乙氧基或丁氧基等。然后，B 是一个独立的含有 2～4 个碳原子的烃基链。第一反应物可以采取其他形式，如图 10.19 所示。另外，非憎水的二羧酸衍生物可以采取图 10.20 中所示的形式。D 可以是羟基、氯或另一个至多 4 个碳原子烷氧基基团，R_2 是至多 10 个碳原子的环烷烃。通过对第二反应物的直接酯化或酯交换，可以产生模型寡聚或聚合物。该材料可用于 1%～100%油含量和 3.1%～3.8%最低浓度盐度的工艺流。

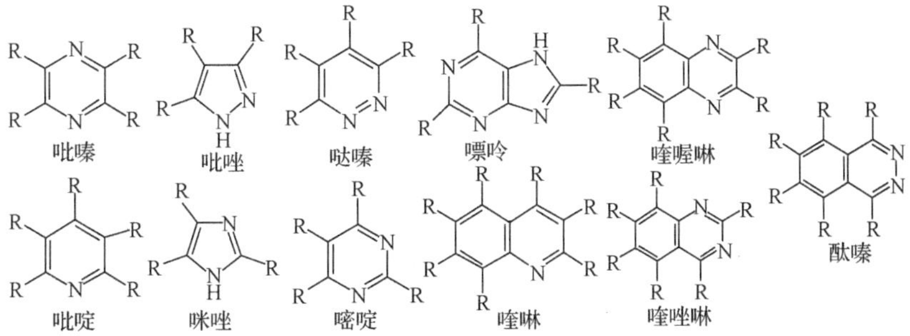

吡嗪　吡唑　哒嗪　嘌呤　喹喔啉　酞嗪
吡啶　咪唑　嘧啶　喹啉　喹唑啉

图 10.17　烃基取代含氮芳香杂环化合物
可与醛、酮和胺相结合，提高成膜能力

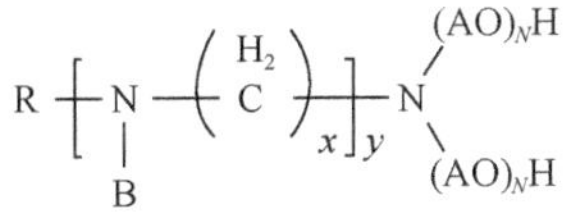

图 10.18　烷氧化脂肪酸胺的一般形式
可以用二甲酸衍生物和结果对最近合成的聚合物缓蚀剂进行反应

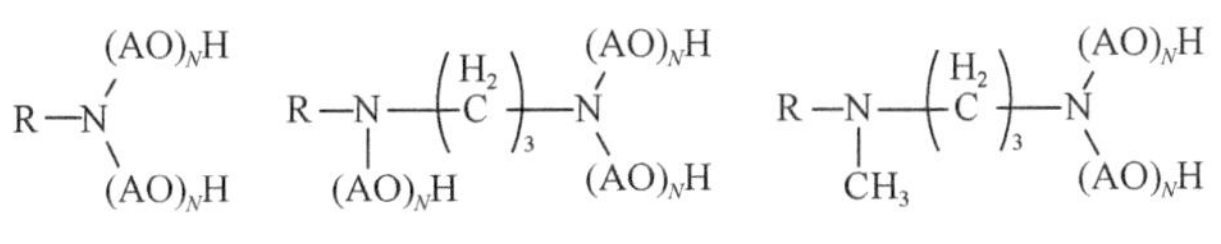

图 10.19　其他类型的烷氧化胺

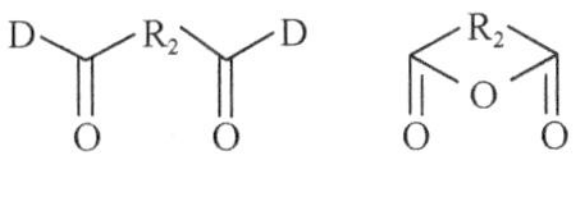

图 10.20　二羧酸衍生物的一般结构

丰富修饰的酯、胺甚至羟基可导致在金属表面更完善的吸附，这是在石油和天然气行业中应用的黑色金属特别有用的薄膜型缓蚀剂。最近，报告了一系列新

的增加分子量和分子量分布的烷氧基胺和季胺，比标准商用单体缓蚀剂有更多金属表面的吸附点和疏水性烷基链，结构为聚合物，如图 10.21 所示。可以由烷基链的长度和位置区分，存在着更长的乙烯氧基链和胺。聚合物的静态表面张力分析表明，这些结构确实显示了高表面活性和单体表面活性剂的行为，即使这些结构是聚合物也具有临界胶束浓度的值为 0.05～0.1g/L。

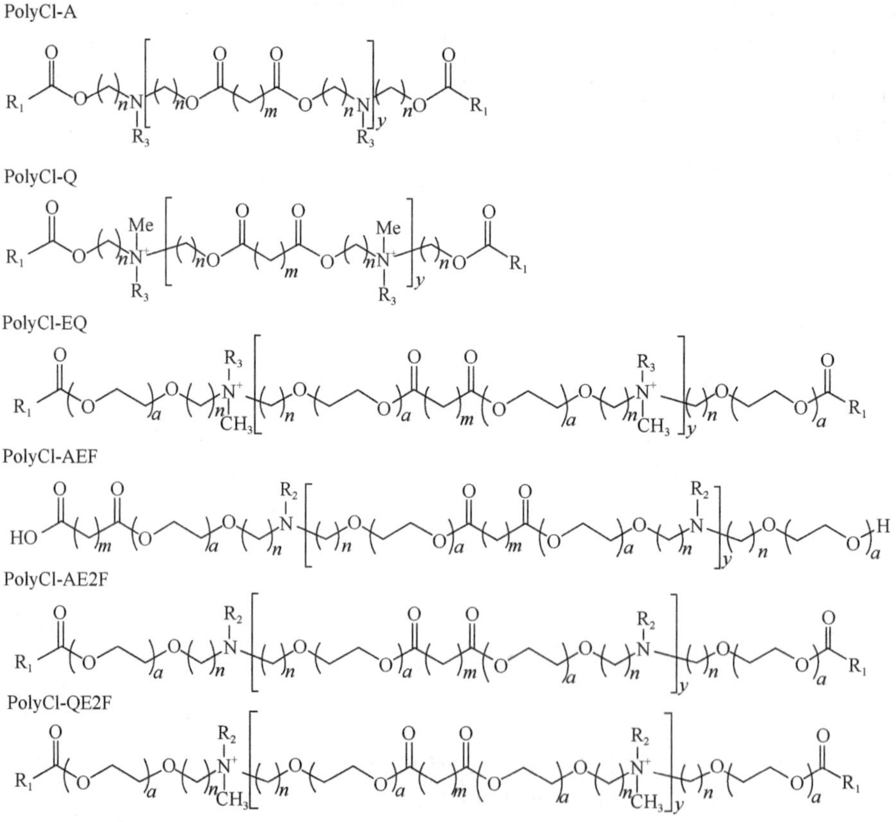

PolyCl-A

PolyCl-Q

PolyCl-EQ

PolyCl-AEF

PolyCl-AE2F

PolyCl-QE2F

图 10.21　新型多胺和聚季铵缓蚀剂

10.2.5.2　聚乙烯酰胺衍生物

一些文章和专利报道了环乙烯基酰胺聚合物的缓蚀性能，包括聚(*N*-乙烯基吡咯烷酮)和聚(*N*-乙烯基 *ε*-己内酰胺)衍生物。在最近的调查中，*N*-乙烯基-2-吡咯烷酮是与甲基丙烯酸甲酯(MMA)通过自由基聚合产生共聚物，材料在石油和天然气工业具有优异的防腐性能。聚乙烯基吡咯烷酮是一种环保和生物相容性的材料，而甲基丙烯酸甲酯的单元增加了更好地与碳氢基流体的兼容性。

除了作为主要的缓蚀剂，聚(乙烯基吡咯烷酮)也与其他单体共聚，赋予水溶解度得到另一个更有效的缓蚀剂。一个例子是聚甲基苯胺，它是一种在酸性介质中低碳钢有效的缓蚀剂。因为在溶液中沉淀，它在防腐方面的潜力尚未完全实现。加入聚乙烯基吡咯烷酮被证明是一个好的方法。它不仅充当一个非毒性的立体稳定剂，由此产生的共聚物达到 87%的腐蚀抑制率。

温度在防腐效率中起着重要作用。有趣的是，温度升到 333K 以上腐蚀抑制率反而会下降，在这个温度下则是随温度上升而上升。这种现象可能是由于抑制剂的吸附和覆盖所需的更高的活化能引起的。在油气工业中，聚丙烯酰胺及其衍生物由于其在水中的溶解度而得到了提高采收率的结果。然而，它也是一种良好的缓蚀剂。为了提高其性能，它可以与其他功能基团共聚或接枝，如环糊精、与 6～8 个葡萄糖单元的低聚糖，形成亲水性内部和疏水性外部。如果在酸化条件下如 0.5mol/L 硫酸注入，在 150ppm 共聚物的腐蚀抑制率达到 88.4%，这是基于失重试验与 X70 钢作为模型基底得到的。

为了设计绿色缓蚀剂替代合成抑制剂，天然发生的材料也被接枝到了聚丙烯酰胺上形成聚合物缓蚀剂，可用于石化相关的环境。例如，丙烯酰胺单元可以与果胶反应，然后通过自由基聚合得到聚合物。在 3.5%氯化钠的电化学腐蚀试验的基础上，EIS 结果表明，随着抑制剂浓度的不同，300～800ppm 的电荷转移阻力增大，电双层电容减小，预示着对保护性抑制剂层的吸附。800 ppm 时可达到 90%的最大腐蚀抑制率。

共聚物的理想结构，如图 10.22 所示，从各种酰胺基单体如 *N*-乙烯基甲酰胺、*N*-乙烯基-2-吡咯烷酮和 *N*-乙烯基 *ε*-吡咯烷酮得到的产物进行油田应用研究。由此产生的聚合物不仅对油田相关系统具有缓蚀性能，而且具有较高的云点和气体水合物抑制性能。

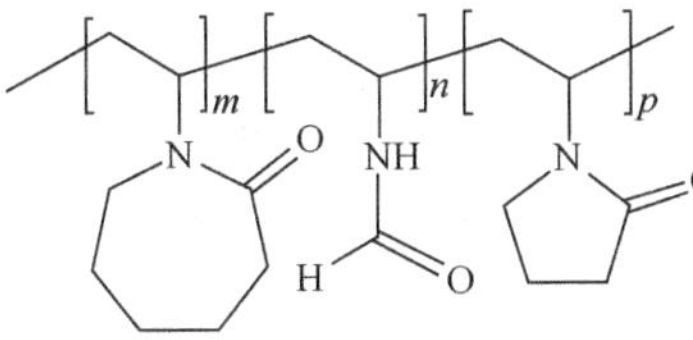

图 10.22 各种丙烯酰胺单体共聚物

甲酰胺、吡咯烷酮、乙烯基 *ε*-吡咯烷酮缓蚀剂

10.2.5.3 聚天冬氨酸和其他聚氨基酸

聚氨基酸，包括天冬氨酸和谷氨酸等氨基酸聚合物，也被用作各种应用的防水垢剂和缓蚀剂。其特性也由它们相应的盐体现，可以是碱金属盐、氨盐、烷基氨盐和芳基铵盐。聚天冬氨酸(PASP)是这种类型的聚合物缓蚀剂。它是一种水溶性，可降解的共聚物。它可以通过热聚合过程从水解聚琥珀酰亚胺，或热聚天冬

氨酸合成。有研究者对钢片的缓蚀性能进行了研究，发现在具有极酸性 pH 的二氧化碳填充环境中，材料的防腐性能也得到了证明。更确切地说，生物降解多肽能够抑制温和的钢铁在模拟盐水溶液中的腐蚀。优选的分子量应从 1000～10 000不等，最后组成应至少有 50%的 β-聚天冬氨酸。抑制剂的有效浓度可以至少 10～5000ppm。在室温下，聚天冬氨酸的分子量为 5000，降低了低碳钢 40%的腐蚀速率。另外，它在 50℃下的腐蚀抑制率为 70%。

对 PASP 在硫酸溶液中的缓蚀性能进行了测试。碳钢试样在 0.5mol/L H_2SO_4 中浸泡 72h，并通过电化学测量对腐蚀防护进行量化。在 PASP 的存在下基于极化扫描，观察了阳极抑制机制。在 10℃使用浓度 6g/L 时计算最大的腐蚀抑制率是 80.33%，增强极化电阻也支持这种 PASP 作为抑制剂的防腐功能。硫醇和二硫化的 PASP 也是性能优异的缓蚀剂(图 10.23)。

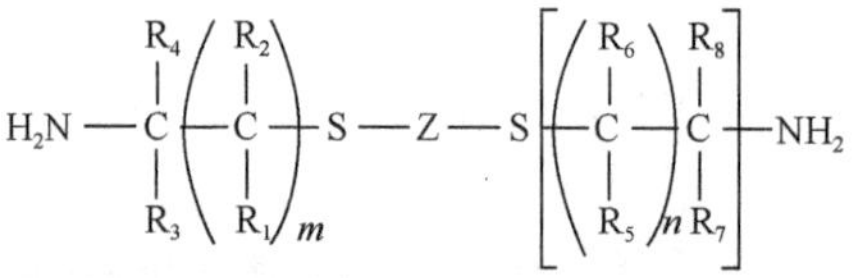

图 10.23　硫醇和二硫化的 PASP 缓蚀剂

为了改善缓蚀剂的吸附和后续的防腐保护，可将卤离子添加到缓蚀剂中，因为这些材料在负电荷的金属表面与阳离子聚合物之间建立互联桥梁。根据大小和极化率，卤化物可以按以下顺序排列，在发挥的角色中效率降低：$I^- > Br^- > Cl^-$。有了这些，I^-加入聚天冬氨酸，并在 0.5 mol/L H_2SO_4 中测试，发现它能抑制低碳钢的腐蚀。根据质量损失测量结果，使用 2g/L 的 PASP 的腐蚀保护达到了 87.9%。另外，可以从 EIS 奈奎斯特曲线的高和低频范围内看到 2 倍常数的变化。高频电容回路与电荷转移电阻平行的电双层对应。低频感应回路表明，H^+和 SO_4^{2-} 等离子可能在金属基体表面吸附。它还可以得出结论，抑制剂形成了保护层，由于 RCT 的增加及减少的水分子和离子已经取代了抑制剂基质。基于 XPS 结果，PASP 和 KI 可联合改进腐蚀防护，是两种材料协同共吸附的结果。

10.2.5.4　聚苯胺

由于苯环中的 π 电子和化学结构中丰富的氮原子，聚苯胺与理想的缓蚀剂相近。诚然，它的防腐效率已经采用 0.5mol/L H_2SO_4 的标准工业操作证明了，包括酸洗、清洁和除垢。最重要的是，它还展示了聚合物比其单体在缓蚀剂方面更有优势。添加卤化物离子或金属阳离子特别是 Cu^{2+}、Ni^{2+}和 La^{3+}可以加强各种各样抑制剂的防腐保护性能。Ce^{4+}可被加入到涂层和抑制剂中，并导致非铁合金的腐蚀延迟。另外，聚苯胺在掺杂了月桂苯磺酸钠盐后，100ppm 时可达到 70%的腐蚀抑制率。添加 1×10^{-3}mol/L 的 Ce^{4+}可将防腐性能提高到 90%。协同抑制性能可归因于金属-胺复合体的形成，具有更多醌型的功能基团，使金属表面能更好地吸附。

为了改善在更广泛的盐水溶液中的相容性，开发了水溶性磺化聚苯胺并在酸性和盐水介质中进行了试验。由此产生的聚合物热稳定性高达 320℃。材料合成是通过对聚苯胺和发烟硫酸反应，然后用氢氧化钠处理对其进行改良。聚苯胺也可以掺杂聚苯乙烯磺酸，由此产生的材料为低碳钢在 1mol/L 的盐酸中提供了优良的防腐性能。2h 浸泡后，在 70ppm 缓蚀剂中金属的失重测量显示缓蚀效率为 90%。

苯胺和邻甲苯胺的共聚物也被合成并用作抗 3%氯化钠的腐蚀抑制剂。与其他水溶性 PANI 基抑制剂相比，该材料只能在二甲基甲酰胺(DMF)中完全溶解。阴极和阳极极化扫描证明 DMF 不影响盐水溶液的性能。电化学测量表明，该材料是一种混合型抑制剂，在 100ppm 时由于吸附在金属基体上腐蚀抑制率达到 70%。更长的浸泡时间也会导致更好的腐蚀抑制率。与它的均聚物不同，该共聚物是热稳定的。

10.2.5.5 杂环功能基团与聚合物的加合物

与在骨架上带芳香杂环不同，已报道了某些带有环脒基团的聚合物也可作为缓蚀剂。这些分子是由氰醇与等摩尔环脒成型多胺的反应而形成的，最终聚合物具有腈基团和环脒形成的基团，图 10.24 显示了这种类型的一些例子，其中 A 代表环烷烃组和 Z 代表烷基氨基。其他变化的材料如图 10.25 所示。对这些分子的缓蚀性能进行了试验，对酸性和酸性物质特别是 H_2S 进行了研究。事实上，一些研究声称脒类化合物是清除 H_2S 的有用物种。此外，它们还有能力打破油包水乳剂特别是盐的油包水乳剂。

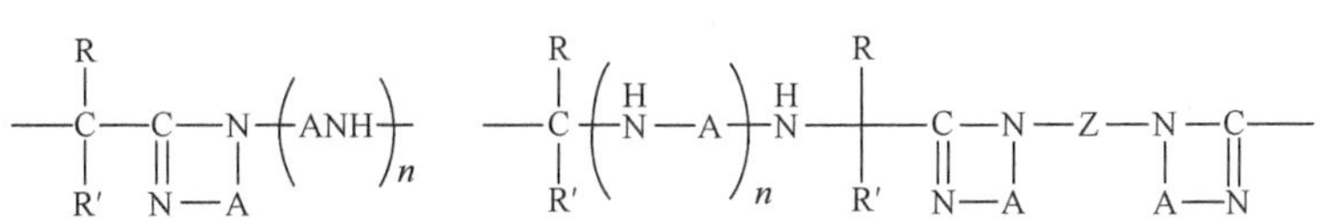

图 10.24 由环状脒基衍生得到的聚合物缓蚀剂

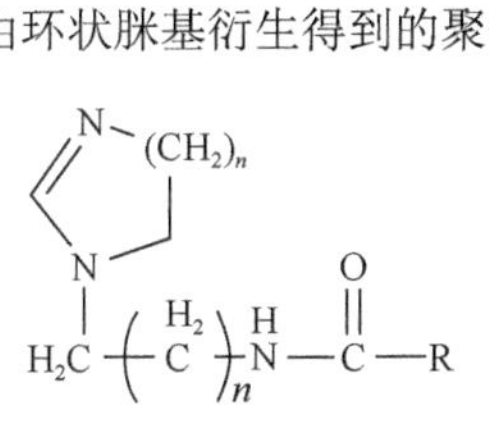

图 10.25 不同的具有循环脒功能的聚合物缓蚀剂

聚烯烃，如聚乙烯、聚丙烯和聚丁烯，以芳香基团功能化、含氮杂环官能团(吡啶、磺安剂、三嗪)和含硫基团(噻吩和苯并噻唑)不仅可作为石油和天然气工业的缓蚀剂，而且可作为润滑油组分和抗磨添加剂。长烃链可增加其与富含油的工艺流的亲和性，而极性功能基团使材料能够吸附在金属表面，甚至降低摩擦和耐磨性。图 10.26 给出了这些聚合物的结构，其中 R_1 对应于聚烯烃链，而 R_2 和 R_3 则可以是氢原子或任何元素。

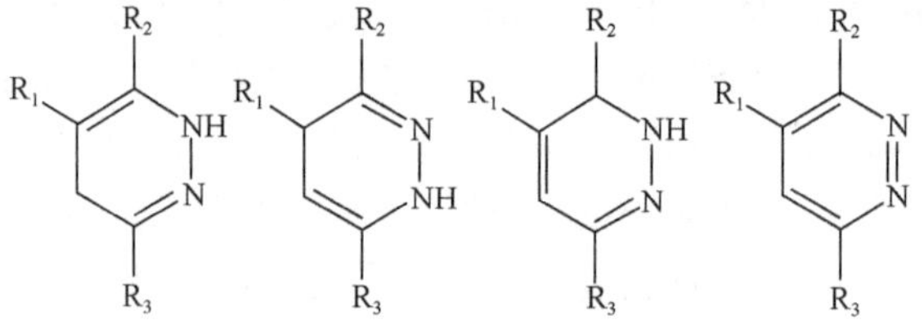

图 10.26　含氮杂环的官能团
可以附着在聚烯烃上，用于缓蚀剂

由于石油和天然气工业中的大部分原油过程都被酸性气体污染，因此，安装酸性气体去除装置以吸收和去除这些腐蚀性毒剂是一种常见的方法。氧气也会导致醇胺物种的退化，这也会造成更多的腐蚀问题。常见的解决问题的技术是使用酸性气体闪蒸、过滤、减压、工艺控制和缓蚀剂。一种解决这些问题有效的缓蚀剂的设计是利用聚合物硫冠醚化合物，含有 4～10 个硫原子。每个冠环都用聚合物取代。连接 M 可以是氧，—COO—基团、烷基取代或未取代线型或分支环烷烃。这些结构的几种变体也已被证明是有效的。

10.2.5.6　多糖

为了开发更环保和可降解的材料，使用多糖抑制腐蚀是很有意义的。这些抑制剂可以包括在水和羧酸的处理液中，也可以是水中的羧酸。具体而言，缓蚀剂是一种具有碳水化合物骨架和季铵功能团的聚合物。在失重试验的基础上，缓蚀剂配方能在 93℃的试验条件下，在 24h 后、500atm 压力下，提供了小于 0.05 lb/ft^2[①] 的腐蚀失重性能。羧酸盐水解与水形成羧酸，具有溶解滤饼的能力，可作为酸性破碎系统的一部分。另外，如图 10.27 所示的聚合物是一种阳离子表面活性剂，骨架由碳水化合物组成，可以是糖或纤维素。通过季铵盐烷基多苷或多季铵烷基多苷的聚合反应，可以合成糖骨架的多糖。纤维素骨架的多糖可由季铵盐纤维素或多季铵纤维素合成。由此产生的聚合物是环保、生物降解和非生物富集的。

羟乙基(HEC)是一种相对廉价和生物相容性的材料，是食品、造纸和制药行业中的重要材料。由于其大的分子量和所含的电子授体官能团部位，HEC 是一个很好的潜在候选物，可作为石油和天然气工业的缓蚀剂。事实上，1018 碳钢在 3.5%氯化钠中的测试显示它具有良好的防腐性能。

① lb/ft^2，面密度单位，$1lb/ft^2=4.88243kg/m^2$。

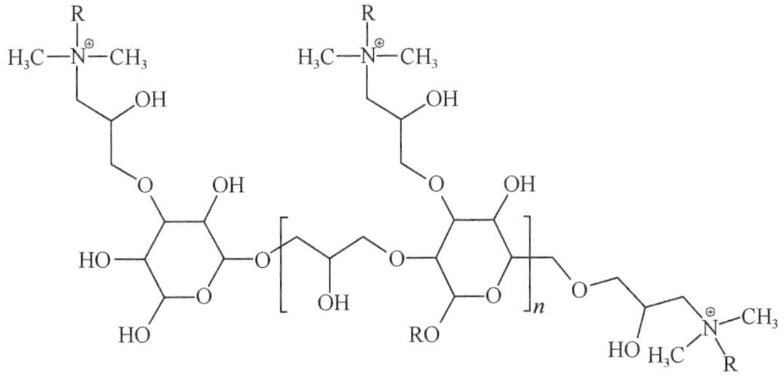

图 10.27 季铵盐修饰多糖防腐剂

另一多糖瓜胶也在石油和天然气行业获得巨大关注，特别是在增强石油采收率方面，最近瓜胶已与聚丙烯酰胺单元进行衍生化，形成了一个缓蚀剂，可使低碳钢在 1mol/L HCl 中防腐。通过接枝聚丙烯酰胺到瓜胶上，7.5%的接枝率和浓度为 500ppm 时，防腐效率达 90%。相同的值在 86%接枝率时也基本保持不变。

类似地，羧甲基纤维素(CMC)是另一种高分子量水溶性聚合物，在食品和造纸工业，以及提高采收率的应用中得到了广泛的关注。同样有趣的是，相对廉价的和非毒性的材料在强酸性环境中也有缓蚀的性能，且腐蚀抑制率是浓度依赖性，并随温度升高而降低。

其他的一些多糖材料也可用作缓蚀剂，如图 10.28 所示。这些材料是由半乳糖和甘露糖单位组成的天然多糖。通常见于豆科种子的胚乳，如瓜尔豆、蝗虫豆、蜂蜜蝗虫和火焰树。这些多糖包括以下功能基团：羟烷基、羧基、羧烷基、季铵盐、磺酸、氰烷基、磷酸和硅氧烷等。淀粉、纤维素和黄原胶是可替代的多糖材料，也可以作为起始材料。此外，还列举了聚葡萄糖、甲壳素/壳聚糖、海藻酸盐成分、卡拉胶、果胶和阿拉伯树胶等可能的来源。

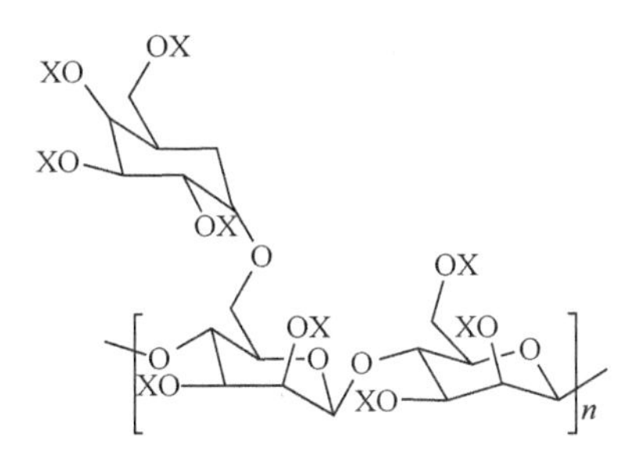

图 10.28 半乳甘露聚糖衍生物

这些多糖缓蚀剂多是以烷基多苷为基础的非离子表面活性剂。缓蚀剂配方由苷组分组成，其中至少有一个苷的配方 $R(OG)_x$，其中，R 是一个脂肪烃基与至多 25 个碳原子或一个 $R_1(OR_2)_n$ 结构的自由基。G 是糖类功能的残留物，可以是果糖、葡萄糖、甘露糖、半乳糖、塔罗糖、古洛糖、阿洛糖、艾杜糖、阿拉伯糖、木糖、来苏糖、核糖和烷氧基衍生物。第二个组分是基于聚天冬氨酸、脂肪酸、多元羧酸、多元羟基羧酸、磷酸二氢多羟基羧酸、烷氧基醇、烷氧基胺、氨基糖、碳水化合物、糖羧酸及其聚合物酸酐的产物。结果表明，两个组分的组合比一个更有效。

这里列举了一些最常见的聚合物结构作为缓蚀剂用于不同阶段的油气勘探、生产和运输行业。在缓蚀技术中，使用缓蚀剂仍然是控制腐蚀速率最经济可行的方法之一，因为这些材料可以很容易地通过批量和(或)连续的处理以最少的材料用量来应用。然而，与小分子抑制剂相比，聚合物材料尚未被广泛使用。但是，随着这些大分子的固有特征，如更好的成膜剂、多的附着点、多样的衍生，聚合物具有很大的潜力，超过了小分子抑制剂的性能，同时保持浓度降到最低限度。在工作中列举的大多数缓蚀剂是以羧酸、杂环基、硫醇、二硫化物和含磷功能基团修饰的多胺缓蚀抑制剂为基础的，能够附着在常用的各种设备和输送管线的金属表面上。由于聚合技术变得更受控制，可能更适于处理石油和天然气行业中的高度腐蚀性介质。

参 考 文 献

[1] Shah S N, Mendon S K, Thames S F. Utilization of green materials for coating applications//Liu Z, Kraus G. Green materials from plant oils. London: The Royal Society of Chemistry, 2015: 293.

[2] Saravari O, Praditvatanakit S. Preparation and properties of urethane alkyd based on a castor oil/jatropha oil mixture. Prog. Org. Coat., 2013, 76(4): 698-704.

[3] Odetoye T E, Ogunniyi D S, Olatunji G A. Improving Jatropha curcas Linnaeus oil alkyd drying properties. Prog. Org. Coat., 2012,73(4): 374-381.

[4] Dutta N, Karak N, Dolui S K. Synthesis and characteriza-tion of polyester resins based on Nahar seed oil. Prog. Org. Coat., 2004, 49(1): 146-152.

[5] De Silva S H U I, Amarasinghe A D U S, Premachandr B A J K, et al. Effect of karawila (Momordica charantia) seed oil on synthesizing the alkyd resins based on soya bean (Glycine max) oil. Prog. Org. Coat., 2012, 74(1): 228-232.

[6] Noreen A, Zia K M, Zuber M, et al. Bio-based polyurethane: an efficient and environment friendly coating systems: a review. Prog. Org. Coat., 2016, 91(1): 25-32.

[7] Barletta M, Pezzola S, Vesco S, et al. Experimental evaluation of plowing and scratch hardness of aqueous two-component polyurethane (2K-PUR) coatings on glass and polycarbonate. Prog. Org. Coat., 2014, 77(3): 636-645.

[8] Maisonneuve L, Lebarbe T, Grau E, et al. Structure-properties relationship of fatty acid-based thermoplastics as synthetic polymer mimics. Polym. Chem., 2013, 4(22): 5472-5517.

[9] Zhang J, Tua W, Daib Z. Synthesis and characterization of transparent and high impact resistance polyurethane coatings based on polyester polyols and isocyanate trimmers. Prog. Org. Coat., 2012, 75(4): 579-583.

[10] Akbarian M, Olya M E, Mahdavian M, et al. Effects of nanoparticulate silver on the corrosion protection performance of polyurethane coatings on mild steel in sodium chloride solution. Prog. Org. Coat., 2014, 77(8): 1233-1240.

[11] Tiu B D B, Advincula R C. Polymeric corrosion inhibitors for the oil and gas industry: design principles and mechanism. React. Funct. Polym., 2015, 95(1): 25-45.

[12] Marcus P. Corrosion mechanisms in theory and practice. 3rd ed. New York: CRC Press, 2011: 10.

[13] Kermani M B, Morshed A. Carbon dioxide corrosion in oil and gas production-a compendium. Corrosion, 2003, 59(8): 659-683.

[14] Zhang J S, Zhang J M. Expand article tools control of corrosion by inhibitors in drilling muds containing high concentration of H_2S. Corrosion, 1993, 49(2): 170-174.

[15] Blair J C M, Gross W F. Processes for preventing corrosion and corrosion inhibitors. 2015-06-02. US 2468163 A.

[16] Umoren S A. You have full text access to this content synergistic inhibition effect of polyethylene glycol-polyvinyl pyrrolidone blends for mild steel corrosion in sulphuric acid medium. J. Appl. Polym. Sci., 2011, 119(4): 2072-2084.

[17] Xu Y, Zhang B, Zhao L, et al. Synthesis of polyaspartic acid/5-aminoorotic acid graft copolymer and evaluation of its scale inhibition and corrosion inhibition performance. Desalination, 2013, 311(1): 156-161.

[18] Shukla S K, Quraishi M A. You have full text access to this content effect of some substituted anilines-formaldehyde polymers on mild steel corrosion in hydrochloric acid medium. J. Appl. Polym. Sci., 2012, 124(6): 5130-5137.